科学出版社"十三五"普通高等教育本科规划教材

遥感数字图像处理

主　编　周廷刚

副主编　席　晶　赵银娣

科学出版社

北　京

内 容 简 介

本书是作者在总结遥感数字图像处理教学经验以及遥感领域特别是遥感数字图像处理领域的重要研究成果的基础上编写而成的。本书基于遥感数字图像的信息特征，立足于遥感数字图像处理的基础，面向其技术发展前沿，系统地介绍了遥感数字图像处理的基本理论和方法。在系统介绍遥感数字图像的特点、产品、数据格式及其表示和度量方法的基础上，重点介绍遥感数字图像的校正、图像增强、图像融合、计算机分类的理论、方法及应用。本书侧重于遥感数字图像处理的基本理论和方法，并紧跟其发展步伐，力求结构合理、体系完整、概念清晰、内容丰富。

本书可作为高等院校地理信息科学、遥感科学与技术、地理国情监测等专业的本科生教材，测绘类、自然保护与环境生态类、地质类、林学类及水利和农业类专业的教学参考书，也可作为地图学与地理信息系统、摄影测量与遥感等专业的硕士研究生教学参考书和从事遥感、地理信息科学等相关领域研究的专业技术人员的参考书。

图书在版编目（CIP）数据

遥感数字图像处理/周廷刚主编. —北京：科学出版社，2020.11

科学出版社“十三五”普通高等教育本科规划教材

ISBN 978-7-03-066433-4

Ⅰ. ①遥… Ⅱ. ①周… Ⅲ. ①遥感图象-数字图象处理-高等学校-教材 Ⅳ. ①TP751.1

中国版本图书馆 CIP 数据核字（2020）第 201077 号

责任编辑：杨 红 郑欣虹 / 责任校对：何艳萍

责任印制：张 伟 / 封面设计：迷底书装

科学出版社 出版

北京东黄城根北街 16 号

邮政编码：100717

http://www.sciencep.com

天津市新科印刷有限公司 印刷

科学出版社发行 各地新华书店经销

*

2020 年 11 月第 一 版 开本：787 × 1092 1/16

2022 年 11 月第三次印刷 印张：15 1/2

字数：379 000

定价：59.00 元

（如有印装质量问题，我社负责调换）

《遥感数字图像处理》编写委员会

主　编：周廷刚（西南大学）

副主编：席　晶（西安科技大学）

　　　　赵银娣（中国矿业大学）

编　委：周廷刚（西南大学）

　　　　席　晶（西安科技大学）

　　　　赵银娣（中国矿业大学）

　　　　张　虹（重庆师范大学）

　　　　邓　睿（重庆交通大学）

　　　　刘建红（西北大学）

　　　　罗洁琼（南通大学）

　　　　许　斌（内江师范学院）

前　言

作为遥感技术的重要组成部分，遥感数字图像处理就是利用计算机技术对遥感数字图像进行校正、增强、信息提取、分析，为全球变化监测、地理国情监测、资源调查、智慧城市建设、生态环境建设、城乡规划、农作物估产、防灾减灾等诸多领域提供重要地表信息。遥感数字图像类型多样，涵盖内容非常广泛，处理对象也十分复杂，因此，遥感数字图像的处理不仅需要掌握数字图像处理方法，而且也需要具备相应的地学知识。

本书面向高等院校地理信息科学、遥感科学与技术、地理国情监测等专业的本科教学需求，兼顾对测绘类、自然保护与环境生态类、地质类、林学类专业及水利、农业类本科专业的参考作用，以及地图学与地理信息系统、摄影测量与遥感等专业的硕士研究生教学需求，按照"基础知识—遥感图像处理基本流程"组织相关教学内容。全书总体上分为两大板块，共九章内容。

第一章至第三章为第一板块，重点介绍遥感数字图像处理的基础知识。其中，第一章主要介绍图像、数字图像和遥感数字图像的基础知识，遥感数字图像处理的内容、特点与应用，遥感数字图像处理系统的相关知识，以及其相关学科及发展特点；第二章重点介绍遥感图像数字化、遥感数据产品及遥感图像的数据格式；第三章主要介绍遥感数字图像的表示与度量。第四章至第九章为第二板块，按照遥感数字图像处理的技术流程组织相关内容。其中，第四章辐射校正和第五章几何校正属于图像预处理内容，目的是校正图像成像过程中各种因素导致的图像失真，恢复图像的客观地理表达；第六章是图像增强方法，目的是改善图像质量，突出目标信息；第七章是遥感数字图像融合与评价，通过融合，提高图像的可用程度，并对融合效果进行评价；第八章重点介绍图像分类的一般原理、特征提取与特征选择和常用方法；第九章为遥感图像应用过程中的图像匹配与镶嵌的基本原理和方法等。

因为遥感数字图像处理涵盖的内容宽泛，本书不能面面俱到，所以重点讲授遥感数字图像处理的基本原理和常用方法，教师授课时可根据教学层次及专业特点选择相应的教学内容。

本书由多所院校教师合作编写。全书由周廷刚拟定编写提纲，最后由周廷刚、罗洁琼统稿、定稿。具体编写分工为：第一章绪论，刘建红；第二章遥感数字图像的获取与存储，张虹、罗洁琼；第三章遥感数字图像的表示与度量，邓睿；第四章遥感数字图像辐射校正，周廷刚、罗洁琼；第五章遥感数字图像几何校正，赵银娣、周廷刚；第六章遥感数字图像增强处理，席晶；第七章遥感数字图像融合与评价，周廷刚、许斌；第八章遥感数字图像计算机分类，周廷刚、张虹、许斌；第九章遥感数字图像匹配与镶嵌，罗洁琼、赵银娣。

在编写过程中，硕士研究生任彦霓、尹振南、谢舒蕾、朱文东等协助收集、整理国内外资料、图表，并做了一些插图编辑和文字校对工作。

本书得到科学出版社"十三五"普通高等教育本科规划教材专家组的审定与支持，同时得到西南大学教育教学改革研究重点项目（2017JY102）和西南大学质量工程项目的资助。中国矿业大学测绘遥感与地理信息专家郭达志教授，电子科技大学何彬彬教授，北京师范大学陈云浩教授，南京大学杜培军教授，西南大学马明国教授、汤旭光教授、罗红霞副教授、于文凭博士等，对本书的编写提出了一些建设性建议，并给予了多方面的关心和指导，作者在此一并致以衷心的感谢！

本书是作者在长期教学实践过程中所编写教学讲义的基础上，进一步优化和总结而成的。编写过程中，参考了许多国内外经典教材、专著、研究论文等相关资料，这些资料均以参考文献的形式列出，正文中不再详细列举，在此向各位文献作者表示衷心的感谢。虽试图在参考文献中列出全部文献，但仍难免有疏漏之处，对未能在参考文献中列出的文献作者，在此表示深深的歉意。书稿虽多次修改，但疏漏之处仍在所难免，诚挚希望各位同仁和读者提出宝贵意见和建议。同时，由于遥感数字图像处理理论和方法的迅速发展和作者水平限制，本书并不能全面反映最新研究成果，内容和体系尚存缺点和不完善之处，亦恳请读者批评指正并提出宝贵意见，以便我们以后进一步修订完善。

作　者

2019 年 10 月

目 录

第一章　绪　　论

遥感(remote sensing，RS)是获取地球空间信息的重要手段之一，在生态环境监测、地理国情普查与监测、自然资源调查等诸多领域和行业得到了广泛应用。在遥感信息获取过程中，地物的光谱特征一般以图像的形式记录。地面反射或发射的电磁波信息通过传感器以不同的亮度记录在遥感图像上。目前遥感传感器记录电磁波的形式主要以数字图像为主，即以数字图像的方式记录地物的遥感信息。

遥感数字图像处理是建立在物理学、数学、计算机科学、信息科学及地学基础之上的一门综合性技术，主要研究遥感图像信息的获取、传输、存储、处理、显示、判读及应用等内容。本章主要介绍遥感数字图像处理的基本概念、处理内容、相关学科及发展特点等内容。

第一节　图像、数字图像和遥感数字图像

一、图像

1. 图像的概念

图像是人类对客观存在的事物或场景的一种描述或写真，包含了被描述或写真对象的信息，是人们最主要的信息源。据统计，一个人获取的信息大约有75%来自视觉。尽管图像是一种不完全的描述，但在某种意义或特定要求下仍然是一种适当的表示。例如，在彩色照相机出现以前，很多人都拍摄了黑白照片，尽管它缺少丰富的色彩，但依然可以生动地展现人的五官神态，成为每个家庭最珍贵的回忆。而现在，手机自带的摄像头可以使人们随时随地记录每个场景，色彩的丰富程度和照片的分辨率都有了很大的提高，但是，不论色彩和分辨率如何提高，仍然难以完全记录场景所有的信息。例如，在景区拍摄的风景照，可以展示景区的风貌和景观，让没有到过该风景区的人看后马上获得一种直观的印象。从这个角度说，它是对景区的适当表示。但是，单从景区风景照片我们无法知道景区的位置、海拔、客流量等信息。从这个角度来说，它也是对景区不完全、不精确的描述。

2. 图像的分类

根据划分依据的不同，图像有不同的类型。

1) 物理图像与虚拟图像

根据图像的定义，可以将图像分为物理图像和虚拟图像。

物理图像是指反映物质或能量的实际分布的图像。根据人眼的可视性，物理图像又可以分为可见图像和不可见图像。可见图像的光强度空间分布能够被人的肉眼所看见，是我们所接触的、与人类的视觉特性相吻合的、通常意义下的图像。不可见图像是不可见的物理量通过可视化的手段转变成人眼可非常方便地进行识别的图像的一种表现形式。不可见的物理图像有温度、压力、磁场的分布图，以及在医学诊断中以超声波、放射手段成像得到的医学影像等。

虚拟图像是指采用数学的方法，将由概念形成的物体(不是实物)进行表示的图像。虚拟图像从想象中的物体到想象中的光照、摄像机等，都是采用数学建模的方式，利用成像几何原理，

在计算机上制作完成的。例如，在电影中，合成的灾难场面、历史场面等均属于虚拟图像，它为提升电影的感染力发挥了很好的作用，也取得了很好的效果。因为虚拟图像是在数学模型下生成的图像，所以在与实际拍摄的图像进行合成时，其真实感是否可以得到很好的保持，是一个比较关键的问题。例如，实际拍摄的图像，一定存在尘埃对画面的影响，存在摄像设备本身的固有噪声等，而虚拟图像是仿佛在真空中拍摄的图像，所有实际的干扰都不存在。但这种现象也在一定程度上降低了图像的真实感。

2) 二维图像与三维图像

根据图像表现的空间差异，可以将图像分为二维图像和三维图像。二维图像是指不包含深度信息的平面图像。遥感中直接获得的图像一般是二维图像。三维图像是用一个三维的数据集合来表示的图像。因为三维图像不能进行整体的直观可视化表达，所以通常是在一个二维的平面上显示其某个投影面，以达到表现三维目标物的效果。图 1.1 为二维图像与三维图像示例。

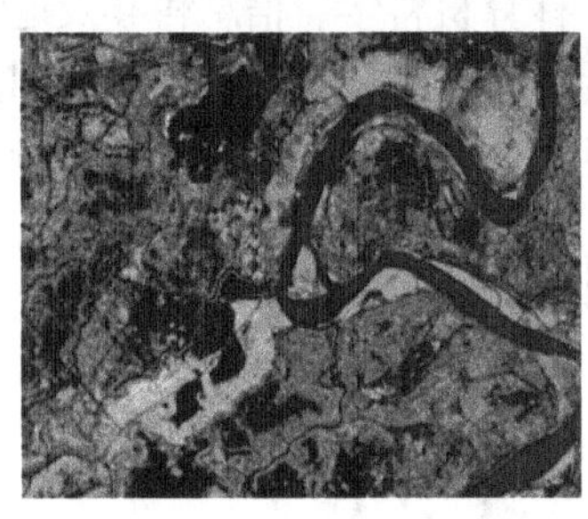

(a) 二维图像

(b) 三维图像

图 1.1　二维图像与三维图像示例

3) 模拟图像与数字图像

根据图像的明暗程度和空间坐标的连续性，可以将图像分为模拟图像和数字图像。模拟图像(analog image)又称连续图像，是指在二维坐标系中图像的空间坐标和明暗程度连续变化、计算机无法直接处理的图像。它反映了客观景物的亮度和颜色随空间位置和方向上的改变而发生的连续变化。

数字图像(digital image)又称离散图像或栅格图像，是指用一个数字阵列表示并可利用计算机存储和处理的图像，是一种空间坐标和灰度均不连续、以离散数学原理表达的图像。该阵列中的每一个元素称为像素或像元，本书统一称为像元。像元是组成数字图像的基本元素，按某种规律编成一系列二进制码(0 和 1)来表示图像上每个点的信息。

二、数字图像

1. 什么是数字图像

用数字阵列表示的图像称为数字图像。数字阵列中的每个数值，表示数字图像的一个最小单位，称为像元。通过对每个像元点的颜色或亮度等进行数字化的描述，可以得到在计算机上进行处理的数字图像(图 1.2)。数字图像可以是物理图像，也可以是虚拟图像。

因为目前的计算机所能处理的信息必须是数字信号，而我们得到的照片、图纸或景物等原始信息都是连续的模拟信号，所以数字图像处理的第一个环节就是将连续图像信息转化为数字形式。也就是说，需要将二维坐标系中连续变化的像点离散化，即将整幅画面划分为微小矩形区域的像元点，以及对表示明暗程度的数值的离散化处理；像元点的亮度或色彩取值空间离散

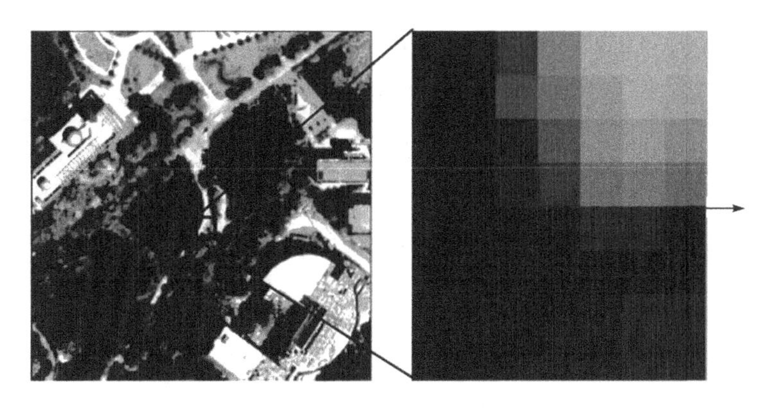

47	55	74	122	163	174	168
50	55	80	101	150	167	158
55	59	64	85	139	153	139
55	59	65	74	101	114	95
55	55	59	59	69	68	57
55	55	60	60	56	59	59
55	55	56	56	59	64	64
55	56	56	56	60	64	64

(a) 单波段灰度图像 (b) 单波段灰度图像（局部放大） (c) 数字阵列

图 1.2 数字图像

为有限个数值的量化级数，以数码表示图像信息。这两个操作分别称为图像数字化技术中的采样与量化。通过数字化处理，可以获得数字图像。利用计算机技术，模拟图像和数字图像之间可以相互转换。模拟图像转变成数字图像称为模/数转换，记作 A / D 转换；数字图像转变为模拟图像称为数/模转换，记作 D / A 转换。

2. 数字图像的空间特性

数字图像利用一组空间上相连且灰度值相同或相近的像元来直观地表现地物的空间分布特征(图 1.3)，如空间位置、形状、大小和空间关系等。

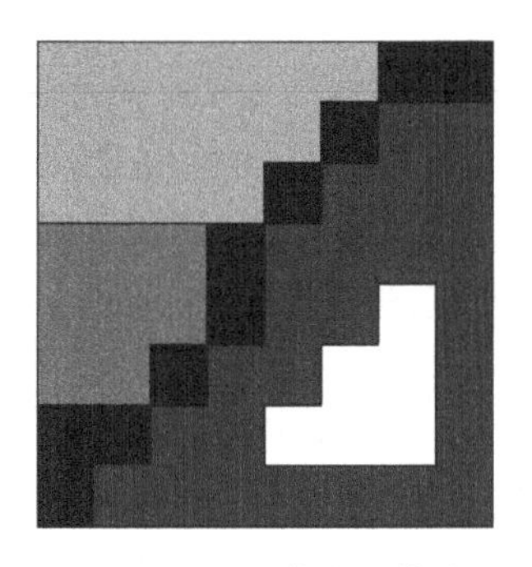

4	4	4	4	4	4	0	0
4	4	4	4	4	0	2	2
4	4	4	4	0	2	2	2
3	3	3	0	2	2	2	2
3	3	3	0	2	2	7	2
3	3	0	2	2	7	7	2
0	0	2	2	7	7	7	2
0	2	2	2	2	2	2	2

图 1.3 数字图像表达不同地物的空间分布特征

空间位置由数字图像的行列号定位表示，如果地物由多个像元组成，则地物的中心位置由所有像元行号和列号的平均值确定。

形状由数字图像上的像元组合来近似描述。现实地物一般抽象为点、线、面三种基本类型。对于点状地物，一般表现为一个或几个相邻像元的规则组合；线状地物一般表现为条形像元组合，如铁路、公路、河流、沟渠等，它们在较低空间分辨率图像上是链条状的像元组合，在较高空间分辨率图像上是带状的像元组合(主要取决于线状地物宽度与空间分辨率之间的相对大小关系)；而面状地物则采用大量连续块状分布的像元组合来表现。

地物的大小指线状地物的长度、宽度或面状地物的面积，在图像上表现为像元的集聚数量。在一幅图像上，像元集聚越多，面积越大；反之，面积越小。

空间关系指像元集合与像元集合之间的相互关系，地物通常由多个像元组合而成，它们在空间分布上也呈现一定的空间关系，如相邻、包含、相离等。

三、遥感数字图像

1. 什么是遥感数字图像

遥感数字图像(remote sensing digital image)是以数字形式存储和表达的遥感图像。遥感数字图像中的像元值又称为亮度值或灰度值。亮度值的大小由遥感传感器探测到的地物电磁波辐射强度决定。由于地物电磁波性质的差异和大气的影响，相同地点不同图像(不同波段、不同时期、不同传感器的图像)的亮度值可能不同。

2. 遥感数字图像的类型

遥感数字图像的主要类型见图 1.4。

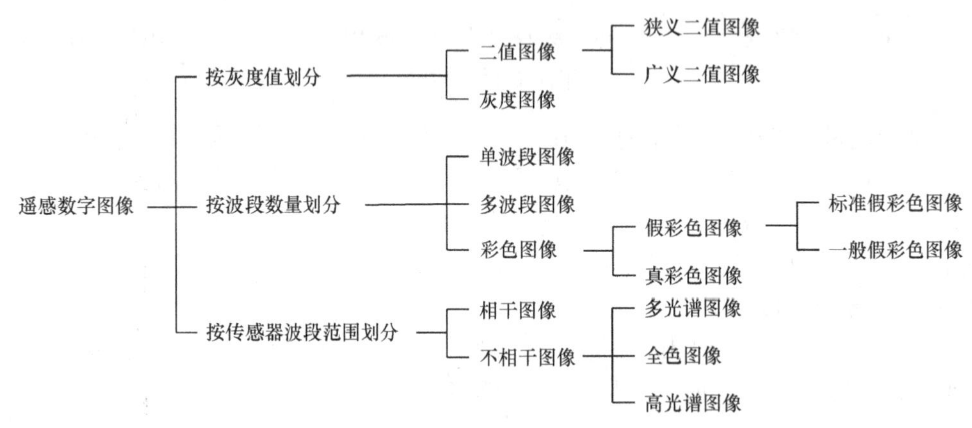

图 1.4　遥感数字图像的主要类型

根据灰度值的不同，可将遥感数字图像分为二值图像(binary image)和灰度图像。二值图像根据灰度值的不同可以划分为狭义二值图像和广义二值图像。狭义二值图像的灰度值为 0 和 1，而广义二值图像的灰度值可以是任意两个整数。灰度图像也称多值图像，其灰度值可为几十至上千个不同的值，且灰度图像中不包含彩色信息。

根据传感器波段数量的不同，可将遥感数字图像分为单波段图像、多波段图像和彩色图像。单波段图像为灰度表示，既可以是多波段图像中的任一波段，也可以是全色波段图像。多波段图像一般由多个波段组成，可任选三个波段组合为彩色图像。根据彩色图像对色彩表达的真实性，可分为真彩色图像和假彩色图像。真彩色图像一般将红、绿、蓝三个波段分别赋予 R、G、B 三个通道，是对地物真实色彩的表达；假彩色图像一般由任意三个波段分别赋予 R、G、B 三个通道，对地物的表达一般不是真实色彩，不同的合成方案会形成不同的色彩。假彩色图像根据选用的波段不同，又可分为标准假彩色图像和一般假彩色图像。标准假彩色图像是指将传感器的绿、红和近红外三个波段分别赋予 B、G、R 三个通道，例如，Landsat8 OLI 传感器的波段 3(0.525～0.600μm)、波段 4(0.630～0.680μm)、波段 5(0.845～0.885μm)，分别赋予 B、G、R 三个通道就可合成为标准假彩色图像。而一般假彩色图像由传感器的任意三个波段按任意顺序合成。

根据传感器波段范围的不同，可将遥感数字图像分为不相干图像和相干图像。不相干图像是光学遥感所产生的图像，通过自然光源或者非相干辐射源得到，包括多光谱图像、全色图像、高光谱图像。在该类图像中，像元记录的是物体的辐射能量之和。多光谱图像也称为多波段图像，在每个采样位置包含多个波段的值。Landsat TM 传感器获得的图像、SPOT 卫星的 HRG 图像、CBRES 卫星的 CCD 相机图像等都属于多光谱图像。高光谱图像的每个采样位置具有数十甚至上百个波段，具有很强的地物识别能力，适合于进行地物的遥感反演研究。高光谱图像的空间分辨率可能较低，例如，MODIS 图像的空间分辨率为 250～1000m；也可能较高，如欧洲航天局(European Space Agency，ESA)的高分辨率成像光谱仪(CHRIS)星下点的空间分辨率可达 17m。全色图像一般由同一卫星搭载多光谱传感器，可能获得波段范围相对较大、空间分辨率相对多光谱图像更高的图像，例如，Landsat7 ETM+传感器的全色(panchromatic，PAN)波段(0.520～0.900μm)和 Landsat8 OLI 的 0.500～0.680μm 波段的空间分辨均为 15m，且为全色图像。

相干图像指微波遥感图像，图像中的像元值是一些相关物体辐射的复振幅总和。这些辐射根据其同相或异相产生一个明亮的或灰暗的像元，其变化较少依赖于组成像元的物质，而更多地取决于传播的条件。通常，表面的状态相对于入射波长的尺寸是比较粗糙的，所以这些图像往往会有非常严重的噪声。图 1.5 是一幅汶川地震差分雷达干涉图，它是一种相干图像。

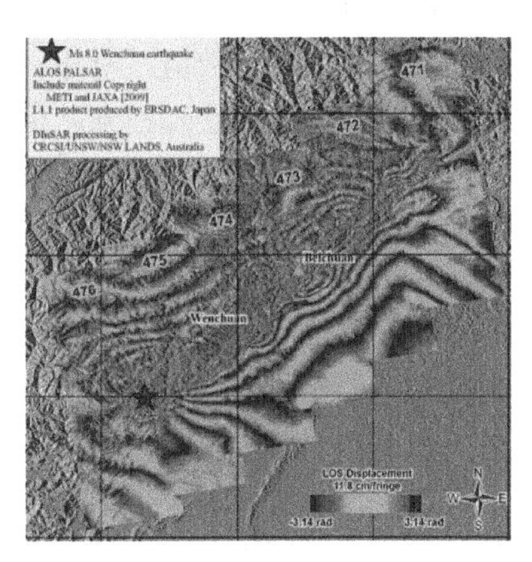

图 1.5 汶川地震差分雷达干涉图

3. 遥感数字图像的特点

图像内每个像元对应于三维世界里的一个实体(纯像元)、实体的一部分或多个实体(混合像元)。在太阳的照射下，一些电磁波被这个实体反射，一些被吸收。反射的电磁波与天空中大气的散射一起到达传感器被记录下来，称为特定像元点的像元值。

遥感数字图像中，像元值是相对的，只有在同一景图像内才能相互比较，相同位置但不同日期或不同传感器获取的图像中的像元值是无法直接比较的。只有当两景图像被同一物理过程获取，或者两景图像的亮度值经过标准化处理去除了不同物理过程的影响后，其像元值才可以进行比较。

遥感数字图像是人类视觉的扩展。一般认为，人类的视觉系统能够观测到的光谱范围为 400～700nm，灰阶为 15～30 级，对于 25Hz 以上的变化不敏感，观测到的空间范围受视场限制较大。遥感数字图像的传感器经过了定标而具有可供比较的标准，图像的波段为三至数千个，空间范围可从数厘米至数千米，提供了不同级别和不同层次的对地观测结果。人类视觉系统与遥感数字图像的紧密结合，极大地增强了分析处理大尺度复杂空间问题和环境问题的能力。

第二节 遥感数字图像处理

遥感数字图像处理涉及许多过程，包括格式转换、数据校正、图像增强、计算机自动分类等。如今绝大多数遥感数据都是以数字格式记录，因此几乎所有图像解译和分析都涉及遥感数字图像处理的某些部分。为了以数字方式处理遥感图像，必须记录数据并以适合存储在计算机磁带或磁盘上的数字形式提供。显然，数字图像处理的另一个要求是遥感数字图像处理系统，具有处理数据的适当硬件和软件。目前已有一些成熟的商业遥感数字图像处理系统，如 ERDAS (earth resource data analysis system)IMAGINE、ENVI(the environment for visualizing images)、ER Mapper、PCI Geomatica 等，专门用于遥感图像处理和分析。

一、遥感数字图像处理的内容、特点与应用

1. 遥感数字图像处理的内容

遥感数字图像处理是指对遥感数字图像进行一系列的操作，以求达到预期目的的技术的统称。遥感数字图像处理根据抽象程度不同可以分为三个层次：狭义的图像处理、图像分析和图像解译。

狭义的图像处理着重强调在图像之间进行变换。主要是对图像进行各种操作以改善图像的视觉效果，或校正图像误差，或对图像进行压缩编码，以减少所需存储空间或传输时间。狭义的图像处理是从一个图像到另一个图像的过程。

图像分析主要是对图像中感兴趣的目标进行检测和量测，从而建立对图像的描述。图像分析是从一个图像到数值或符号表示的过程。图像分析侧重于研究图像的内容，包括但不局限于图像处理的各种方法和技术，更倾向于对图像内容的分析、解释和识别。

图像解译进一步研究图像中各种目标物的性质、特征和它们之间的相互关系，并得出对图像内容的理解及对原来地面客观地物、场景的解释，从而为生产、科研提供真实的、全面的客观世界方面的信息。

遥感数字图像处理的基本内容见图 1.6。

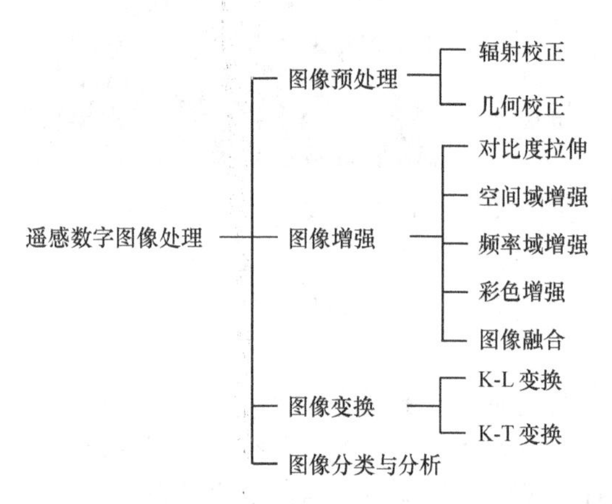

图 1.6　遥感数字图像处理的基本内容

图像预处理是在具体的数据分析或信息提取之前需要完成的基本操作，主要包括辐射校正和几何校正(geometric correction)。辐射校正包括校正传感器不规则性和消除数据中的传感器噪声或大气噪声，将数据转换为准确表示传感器测量到的地表反射(发射)的辐射。几何校正包括校正由传感器及地球几何变化引起的几何失真，以及将数据转换为地球表面上的真实地理坐标(如纬度和经度)。在进行信息提取前，有必要对遥感图像进行不同程度的预处理，以使图像信息尽可能地反映实际地物的辐射信息、空间信息和物理过程。

图像增强是指根据某些特定需求，采用多种方法抑制或去除噪声，增强显示图像整体或突出图像特定的信息，改善图像的显示效果，使图像更容易理解、解译和分析判读。图像增强的内容包括对比度拉伸、空间域增强、频率域增强、彩色增强、图像融合等。图像增强强调特定的图像特征，其过程本身并不增加图像信息，但改变了表达方式，突出了特定的图像特征。图像增强通常通过人机交互方式进行，增强的方法取决于具体的应用。

图像变换在概念上类似于图像增强的操作，然而，与通常一次仅应用于单个数据通道的图像增强操作不同，图像变换通常涉及来自多个波段数据的组合处理。执行算术运算(即减法、加法、乘法、除法)以将原始波段组合并变换成“新”图像，使其更好地显示或突出场景中的某些特征，如 K-L 变换、K-T 变换等。

图像分类与分析即信息的提取与分析，主要是根据地物的光谱特征和几何特征，确定提取规则，从处理后的遥感图像中提取和分析各种有用信息的过程。主要处理方法包括图像分割、图像分类、变化检测等，处理结果为遥感专题图。

2. 遥感数字图像处理的特点

同遥感图像的光学处理(即模拟图像处理)相比，遥感数字图像的计算机处理有很多优点，主要表现在以下几个方面。

(1) 图像信息损失低，处理精度高。由于数字图像是用二进制表示的，在图像处理时，其数据存储在计算机数据库中，不会因长期存储而损失信息，也不会因为处理而损失原有信息。对计算机来说，不管是 4 位、8 位还是 12 位存储的图像，其处理程序几乎是一样的。即使处理图像变大，也只需要改变数组的参数，处理方法不变。所以从计算机图像处理的原理上讲，不管处理多高精度的遥感数字图像都是可能的。而在模拟图像处理过程中，要想保持处理的精度，需要有良好的设备，否则将会使信息受到损失或降低精度。

(2) 抽象性强，再现性好。不同类型的遥感数字图像有不同的视觉效果，对应不同的物理背景，由于它们都采用数字表示，在遥感图像处理中，便于建立分析模型，运用计算机容易处理。在传送和复制图像时，只在计算机内部进行处理，这样数据就不会丢失和损坏，保持了完好的再现性。在模拟图像处理中，会因为外部条件(温度、湿度、照度、人的技术水平和操作水平等)的干扰或仪器设备的缺陷或故障而无法保证图像的再现性。

(3) 通用性广，灵活性高。遥感数字图像处理方法，既适用于可见光数字图像，又适用于数字传感器直接获得的紫外、红外、微波等不可见光成像，而且也可以用于模拟图像的处理，只要把模拟图像信号或记录在照片上的图像通过 A/D 变换转换为数字图像即可。对于计算机来说，无论何类图像都能用二维数组表示，都可以用同样的方法进行处理，这就是计算机处理的通用性。另外，在遥感数字图像处理时，只要对程序进行修改，就可以完成各种各样的功能，如上下滚动、漫游、拼贴、合成、放大、缩小、校正、转换、提取、套合和各种逻辑运算等。因此，可以说数字图像的计算机处理灵活性很高。

3. 遥感数字图像处理的应用

遥感技术作为地球资源探测、环境监测的主要手段已广泛应用于测绘、土地资源、矿产资源、水利资源、林牧资源和植物病虫害的调查，用于洪水、火灾、地震等自然灾害和环境污染监测，用于海洋温度、鱼群、气象等的预报，用于交通管理、铁路选线和城乡规划等方面，并显示出巨大的优越性。

遥感数字图像处理是遥感技术的重要组成部分，它在遥感技术应用中扮演着主要角色，具体表现在以下几个方面。

(1) 利用遥感数字图像处理技术，获得满足一定精度要求的各种图件。遥感图像在测绘中主要用来测绘地形图，制作正射影像图和各种专题地图。利用传感器获得的各种遥感图像其投影性质为中心投影(如摄影图像)或多中心投影(如扫描图像)，或者是电磁波传播时间的记录(如雷达图像)。这些图像都存在不同程度的倾斜误差、投影误差、大气折射和地球曲率引起的误差，并且还存在着因遥感平台飞行姿态变化引起的图像畸变。这些误差的存在，往往满足不了制图的精度要求，这就需要采用投影转换和几何校正等遥感数字图像处理方法，消除或者限制各种误差或畸变，把中心投影的图像变换为正射投影的、具有较高精度的、适当比例尺的图像，以满足专业图件的生产。

(2) 利用遥感数字图像处理技术，快速准确地提取所需信息。遥感图像反映了地表地形地物，但地表地形地物种类繁多，各种信息相互交错，而且图像上还存在着因大气、传感器性能不同引起的某些误差，极大地影响了所需信息的判读和信息提取。而通过辐射校正或图像增强等处理，可以减少辐射误差或噪声，突出图像上目标地物与其他地物的差异，改善图像的显示效果，提高判读结果的可靠性和准确性。

(3) 利用遥感数字图像处理技术，为图像的计算机解译奠定基础。遥感数字图像的计算机解译是以遥感数字图像为对象，在计算机系统支持下，综合运用遥感图像处理技术、地理信息系统、地学分析、模式识别和人工智能技术，实现地学专题信息的智能化获取。其基本目标是将人工目视遥感图像解译发展为计算机支持下的遥感图像解译。很显然，要实现这一目标，首先需要数字图像，其次要对数字图像进行计算机分类或遥感图像多种特征提取，这些工作都要用到遥感数字图像处理技术。因此，遥感数字图像处理技术是遥感图像计算机解译的基础。

二、遥感数字图像处理系统

遥感数字图像处理需要借助于由计算机硬件和具有特定用途的图像处理软件系统组成的数字图像处理系统来完成。硬件是指进行遥感数字图像处理所必须具备的设备，并配置必要的输入、存储、显示、输出等外围设备。软件是指进行遥感图像处理时的各种程序。需要强调的是，在遥感数字图像处理过程中，操作人员的专业技能和系统知识才是关键。

1. 遥感数字图像处理系统的构成

在选择遥感数字图像处理系统时，需要考虑中央处理器(central processing unit, CPU)、操作系统、处理模式、显示器的色彩分辨率、输出设备、应用软件等因素。

(1) CPU。遥感数据的数据量非常大，相应的计算量也比较大，因此选择计算机时需要考虑其性能、速度及所能达到的精度。CPU是计算机的计算核心部分，是图像处理系统中必须考虑的一个关键因素。个人计算机基于微处理器技术，将整个CPU放置在一个独立的芯片上，最常用的操作系统是Microsoft Windows。计算机工作站则能够访问更多的随机存取存储器。大型计算机的计算速度比前两者都快，能支持数百个用户同时操作。

(2) 存储器与协处理器。计算机有许多存储器，用于存储一系列指令来独立完成计算机的各种功能。一台计算机可以包含一个或多个CPU，串行或并行完成数据处理。目前，许多CPU都具有实现特殊用途的算术协处理器。并行图像数据处理效率比串行要高很多，完成并行处理的所有CPU可以通过复杂的分布式处理软件，利用网络来连接，不必位于同一台计算机内，甚至可以不在同一个城市。

(3) 操作模式及界面。使用人员可以在独立的工作站上利用交互或批处理模式来处理遥感图像。最理想的情况是，在交互环境中利用精心设计的图形用户界面完成处理过程。使用者尽可能密切地参与图像处理的各个环节，并发挥自己的主观判断能力，有助于对图像的理解和分析。具有图形用户界面的交互式数字图像处理系统为遥感数据分析提供了理想的科学可视化环境，如ENVI、ERDAS IMAGINE、eCognition、PCI Geomatica、ER Mapper等。

(4) 计算机操作系统及编译器。为了使遥感图像处理系统开发人员能够在系统中编程，实现自己设计的相对复杂的算法并进行系统实验，功能强大且操作简便的计算机操作系统和编译器是不可缺少的。操作系统提供用户接口并控制多任务操作，操纵着硬盘的输入输出及所有的外围设备，控制着计算机所有高级的功能。单用户操作系统与网络操作系统的区别在于后者支持多用户操作。

计算机软件编译器利用高级计算机语言，如C++、IDL、R、Python等，以编程的方式将指令翻译成能够被CPU理解的机器语言。

(5) 存储和存档要求。遥感数字图像的处理需要大量的存储资源。因此，大容量存储介质必须具有如下特点：读取时间短、使用寿命长(可持续使用时间长)和价格合理。

(6) 计算机显示的空间分辨率及色彩分辨率。将遥感图像显示在计算机屏幕上是数字图像分析最基本的功能。精心挑选计算机的显示性能能够为目视解译提供优良的可视化环境，其中最主要的两个特性就是计算机显示的空间分辨率和色彩分辨率。目前，主流的个人电脑屏幕分辨率可达 3840×2160，色彩分辨率可达 64 位，完全能够满足遥感数字图像处理过程中的显示需求。

2. 商业遥感数字图像处理系统

遥感数字图像处理系统由图像处理控制程序、管理程序和图像处理功能模块组成。目前用于遥感数据处理的商业处理系统主要有像素工厂(pixel factory，PF)、ENVI、ERDAS IMAGINE、eCognition、PCI Geomatica、ER Mapper 等。除此之外，还有各种面向专业应用领域的图像处理软件包和高级语言程序库等。

遥感数字图像处理系统的基本功能包括：图像打开/关闭、图像显示、图像统计、图像几何校正/大气校正、图像运算、图像增强、图像滤波、图像分类等。除了包含全部或部分基本功能，一些遥感数字图像处理系统还针对特定用途或用户开发了一些具有特色的功能，如正射校正(orthorectification)、高光谱图像处理、雷达图像处理、面向对象图像处理、无人机图像处理等。实际工作中的遥感图像处理往往需要结合多个功能，例如，在进行土地利用覆盖变化分析时，就需要对不同期数据分别进行辐射校正和几何校正，然后裁剪出共同的研究区，再进行土地利用分类，之后进行土地利用变化分析，最后对变化进行统计和制图。只有熟练掌握图像处理的基本原理和基本操作，才能综合运用遥感图像处理系统解决实际问题。下面对目前应用较为广泛的遥感数字图像处理系统进行简单介绍。

1) 像素工厂——对地观测数据处理系统

像素工厂是由法国地球信息(Infoterra)公司研制开发的大型对地观测数据处理系统。像素工厂是一种能批量生产，且由一系列算法、工作流程和硬软件设备组成的复合最优化系统，包含具有若干计算能力强大的计算节点。由于像素工厂具有高超的处理能力和开放的架构，它可以自动处理大数据量、多种传感器的原始对地观测数据。在少量人工干预的条件下，经过一系列自动化处理，可以输出包括全自动提取密集数字表面模型(digital surface model，DSM)、半自动提取数字高程模型(digital elevation model，DEM)、大规模生产正射影像(digital orthophoto map，DOM)和真正射影像(TDOM)，以及大面积影像无缝自动镶嵌及匀色等，并能生成一系列其他中间产品。

像素工厂集自动化、并行处理、多种影像兼容性、远程管理等特点于一身，代表了当前遥感影像数据处理技术的发展方向。像素工厂具有软硬件完美结合的系统架构；能够全面支持当前主流的航空航天传感器，既可以处理航空数码影像(如 ADS40、UCD、DMC 等)，光学或雷达卫星影像(如 SPOT、QuickBird、Landsat、WorldView、ALOS、RadarSat、CBERS、HJ 等)，也可以处理传统胶片影像(如 RC30 等)；强大的并行计算能力、自动化处理能力和存储能力，允许多个不同类型的项目同时运行，并能根据计划自动安排生产进度，充分利用各项资源，最大限度地提高生产效率，并确保数据的安全；对传统算法的改进和 200 多种先进的算法，能够自动实现传感器校正、原始图像增强(如大气校正)、快速多传感器空中三角测量、由数字地面建模(digital terrain model，DTM)自动生成等高线、自动生成镶嵌影像等；开放式的体系结构为主流应用软件(如 VirtuoZo、ESRI ArcServer 等)提供接口；周密而系统的项目管理机制和内嵌生产工作流机制，保证用户可通过图形界面定义满足特定需求的工作流。

像素工厂是基于对地观测数据的快速生产测绘产品的企业级生产系统。它采用先进高性能并行计算、海量存储与网络通信等技术，具有高度自动化和海量数据的处理能力，可无缝对接用户现有的测绘生产系统，优化和产业化用户当前的环境和资源，大幅提升用户在测绘产品生产中的快速反应能力。像素工厂生产的数字产品将会改变传统的作业模式，更广泛地应用于各个领域，为测绘地理信息行业的发展做出重大贡献。

2) ENVI

ENVI 是美国 Exelis Visual Information Solutions 公司的旗舰产品，是由遥感领域的科学家采用交互式数据语言(interactive data language，IDL)开发的一套功能强大的遥感图像处理软件。ENVI 软件的图像处理技术覆盖了图像数据的输入/输出、定标、几何校正、正射校正、图像融合、图像镶嵌、图像裁剪、图像增强、图像解译、图像分类、基于知识的决策树分类、面向对象的图像分类、动态监测、矢量处理、DEM 提取及地形分析、雷达数据处理、制图、与地理信息系统(geographic information system，GIS)整合，并提供专业可靠的波谱分析工具和高光谱分析工具。

ENVI 可以快速、便捷、准确地从遥感图像中获得所需信息，提供先进的、人性化的实用工具，方便用户读取、探测、准备、分析和共享图像中的信息。因为 ENVI 是基于 IDL 编写的，所以 IDL 允许对其特性和功能进行扩展或自定义，以符合用户的具体要求。借助 IDL 语言，用户可以创建批处理、自定义菜单、添加自己的算法和工具，甚至将 C++和 Java 代码集成到自己的工具中等。

ENVI 以模块化的方式组成，除主模块具有的常用功能外，其可扩展模块包括：大气校正(atmospheric correction)模块、面向对象空间特征提取(feature extraction，FX)模块、立体像对高程提取(DEM extraction)模块、正射校正(orthorectification)扩展模块、LiDAR 数据处理和分析(ENVI LiDAR)模块、NITF 图像处理扩展(certified NITF)模块。

ENVI 的特色是具有丰富的高光谱数据处理工具和内嵌的二次开发语言 IDL。

3) ERDAS IMAGINE

ERDAS IMAGINE 是美国 ERDAS 公司开发的遥感图像处理系统，它以先进的图像处理技术，友好、灵活的用户界面和操作方式，面向广阔应用领域的产品模块，服务于不同层次用户的模型开发工具及高度的 RS/GIS 集成功能，为遥感及相关应用领域的用户提供内容丰富且功能强大的图像处理工具。ERDAS IMAGINE 的设计体现了高度的模块化，主要功能模块包括核心模块、图像处理模块、地形分析模块、数字化模块、扫描仪模块、栅格 GIS 模块等，它的特色功能模块包括雷达模块、虚拟 GIS、数字摄影测量系统、正射校正等。ERDAS 图像处理模块包括增强、预分类、分类、分类后处理、辐射校正、几何校正等。

ERDAS IMAGINE 面向不同需求的用户，对于系统的扩展功能采用开放的体系结构，为用户提供了低、中、高三档产品，并有丰富的功能扩展模块供用户选择，用户可根据需要选择不同功能模块进行组合。

4) eCognition

eCognition 是由德国 Definiens Imaging 公司于 2009 年推出的智能化遥感影像分析软件，2010 年被美国 Trimble 公司收购。eCognition 是目前所有商用遥感软件中第一个基于目标信息的遥感信息提取软件，它采用决策专家系统支持的模糊分类算法，突破了传统商业遥感软件单纯基于光谱信息进行影像分类的局限性，提出了革命性的分类技术——面向对象的影像分析技术。这种分类方法充分利用了对象信息和类间信息，利用影像分割技术把影像分解成具有一定相似特征的集合——影像对象，继而对影像而不是传统意义上的像元进行分类，大大提高了高空间分辨率数据的自动识别精度，能有效地满足科研和工程应用的需求。

eCognition 的主要功能包括多源数据整合工具、多尺度影像分割工具、基本样本的监督分类工具、基于知识的分类工具。此外，它还提供了一个理想的遥感与 GIS 集成的平台，GIS 数据可以作为分类的基础图像使用，也可以将其作为专题图层加入，并且 eCognition 的影像对象和分类结果易于导出为常用的 GIS 数据格式，可用于集成或更新 GIS 数据库。

5) PCI Geomatica

PCI Geomatica 是加拿大 PCI 公司的旗帜产品，集成了遥感影像处理、专业雷达数据分析、GIS 空间分析、制图和桌面数字摄影测量系统，是一个强大的生产工作平台，软件模块面向应用而且简洁。PCI Geomatica 不仅可用于卫星和航空遥感图像的处理，还可应用于地球物理数据图像、医学图像的处理。PCI Geomatica 的优势包括：对最新发射的卫星提供最迅速的支持、正射处理效果最好，具有目前国际上公认的最好的图像融合方法、功能最强的雷达图像处理功能，提供五种不同的二次开发方式等。

6) ER Mapper

ER Mapper 是澳大利亚 Earth Resource Mapping 公司开发的一款图像处理系统，在 GIS、计算机辅助设计(computer aided design，CAD)、图像、办公和网络应用等领域得到广泛应用。ER Mapper 最大的特点是基于算法的图像处理，可以仅仅保存处理算法而不保存处理后的图像，从而极大地节省了硬盘的空间。再次使用处理过的图像时，系统会根据保存的算法自动产生相应的结果图像。同时，ER Mapper 具有无缝镶嵌、均衡色彩和压缩图像等功能。独有的 ECW 压缩格式，数据处理能力达到 TB 级，使得 ER Mapper 在遥感图像网络发布中发挥了重要作用。

第三节　遥感数字图像处理的相关学科及发展特点

一、遥感数字图像处理的相关学科

遥感数字图像处理以物理学、地学、数学等为基础，与社会经济发展紧密相连。有效学习、掌握和应用遥感数字图像处理技术，需要具备以下基础理论与基本知识。

(1) 物理学。遥感建立在电磁辐射与地物相互作用的基础上，遥感数字图像是地物电磁辐射特性的图像表示。遥感传感器是按照光学与电子技术原理设计和制造的，不同传感器获得的图像具有各自的几何特征和物理特征。同时，图像转换和图像处理的很多方法也基于光学、电子光学原理。因此，物理学中的电磁辐射、信号处理、光学和电子光学等是学习遥感数字图像处理不可缺少的知识。

(2) 地学。遥感数字图像处理的目的是更好地探测、提取地球空间信息。现代遥感技术在民用方面主要以探测地球资源和监测环境为目的。只有具备自然地理和人文地理知识，了解资源分布及其与周围环境的相互关系，以及地理要素的分布规律，才能利用适当的遥感图像处理方法进行有效的信息提取工作，监测地理环境的变化，并预测其发展方向。所以，具备丰富的地学知识是进行遥感数字图像处理的基本条件。

(3) 数学。在遥感图像处理过程中，无论是遥感平台的运行特征、传感器的性能参数和电磁辐射特性，还是遥感数据的传输和遥感图像的信息提取等，都以一定的数学模型为依据，并运用计算技术进行定量计算。所以，要深入掌握遥感数字图像处理技术，就必须具备扎实的数学基础。高等数学、线性代数、概率论与数理统计等都是需要掌握的重点内容。

(4) 信息理论。遥感作为一项信息工程，包括遥感信息的获取、记录、传输、信息处理和决策等内容。遥感数字图像处理是信息处理的主要组成部分。因此，只有掌握信息论的基本理论和方法，才能进行遥感数字图像处理。

(5) 计算机技术。计算机是图像处理的关键设备，直接影响图像的处理能力和处理速度。进行遥感数字图像处理不仅要掌握计算机的一般操作技能和计算机程序设计语言，更要掌握数据结构和数据库原理等知识。

(6) 地理信息系统。地理信息系统是在计算机硬件和软件支持下，通过综合分析各种地理数据进行模拟、决策、规划、预测和预报的技术。遥感可以快速获取现势性的地物信息，遥感图像既可用于快速更新 GIS 专题数据，又可以与 GIS 数据库中的数据叠加分析，极大地提高了 GIS 数据的现势性及决策能力。

二、遥感数字图像处理的发展特点

随着世界范围内遥感技术的发展，每年都不断有新的卫星发射成功和投入使用，遥感数据源极其丰富。而近些年快速发展的机载遥感技术和无人机遥感技术极大地提高了遥感数据获取的灵活性和及时性，满足了不同层次的遥感数据获取需求。新的技术和数据出现，同时也促进了遥感数字图像处理技术的发展。总的来说，近十几年遥感数字图像处理的发展特点可以归结为以下几个方面。

1. 由单源影像到多源信息融合

不同波段、不同成像方式、不同传感器获取的遥感数据，可以从不同方面反映地物的不同特征，因此利用多源遥感数据综合分析可以得到更好的结果。

2. 新型分类器的快速发展

1) 由基于统计模式识别的遥感分类器向多种新型分类器拓展

基于统计模式识别的分类器，如最大似然分类器、最小距离分类器等是当前遥感分类的主要技术，但是在分类精度方面存在明显不足。随着遥感技术和计算机技术的不断发展，专家系统、神经网络、模糊分类技术、深度学习、人工智能等新技术也在遥感分类中得到应用。支持向量机(support vector machine, SVM)就是其中很重要的一种，它的基本思想是通过非线性映射将样本映射到一个高维特征空间，使得在原来的样本空间中的非线性可分问题转化为在特征空间中的线性可分问题，在解决小样本、非线性及高维模式识别与分类中表现出许多特有的优势。SVM 分类器的应用十分广泛，特别是在高光谱遥感分类中，SVM 分类器的优越性得到了充分体现。因此，SVM 的应用被研究人员归纳为近年来高光谱遥感分类最重要的进展之一。

高分辨率遥感影像(如 SPOT7、QuickBird、WorldView、GeoEye)具有更加丰富的地物信息(光谱、几何、结构、纹理等)，同时同物异谱现象也更加突出，传统基于像元分类方法对图像中地物的细微光谱差异非常敏感，导致分类结果中的分类噪声非常多。基于面向对象的影像分类算法应运而生，其最重要的特点就是首先将图像分割成具有一定意义的同质影像对象(图斑)，然后综合运用对象的光谱、形状及邻近关系等特征进行分类。分类的对象不再是单个的像元，而是分割后得到的像元集合(斑块)，因此可以有效避免将同一地物分类到不同类别中去。

2) 由单一分类器向多分类器集成

遥感图像自动分类一直是遥感数字图像处理的一项重要工作，虽然目前出现的新的分类方法比传统方法在分类精度上有明显提高，但各分类器都有自身的不足。多分类器组合(multiple classifiers combination)的思想就是通过构建并结合多个分类器来完成分类，以达到综合各自分类器优点、提高分类精度的目的。多分类器集成是当前遥感分类一个重要的发展方向，如监督分类与非监督分类的结合、统计分类器与智能分类器的结合等。

3. 遥感信息的智能处理

遥感信息的智能处理是要用计算机去提取各种传感器获取的光谱信息、空间和时间变化信息，以及这些信息所表达的农业、林业、测绘、地质调查、城乡规划、自然资源调查、环境与灾害等实体模式的要素集合。

面对爆炸式增长的多源、异构、海量遥感数据，不相匹配的遥感信息分析处理能力与效率已经成为遥感应用面临的突出问题之一。随着遥感专题信息系统的广泛应用，国民经济和国防军事的诸多应用领域都迫切需要遥感数据这一宏观、快速、动态的信息源，而遥感图像分析识别的精度又直接影响其使用价值和更新这些专题信息系统空间数据库的潜力。现有的遥感图像分析识别精度和效率仍远远不能满足实际应用的需求，提高遥感图像分析识别精度和效率是遥感技术与应用的研究核心之一。目前，各学科、知识、技术的渗透越来越增加了遥感图像分析识别的精度与可靠性，并向普适性、高效性的方向发展。最大程度的模拟专家目视解译遥感图像的复杂过程，充分利用模糊理论、神经网络、智能知识处理、计算机视觉、模式识别、数学形态学、深度学习、人工智能等相关学科的综合交叉，分析识别遥感数据中的各种信息，是遥感信息智能处理的主要任务。

4. 高分辨率卫星遥感影像信息处理和分析

近年来，高分辨率卫星相继发射并得到广泛应用。其空间分辨率可达亚米级，如 WorldView-4 能够拍摄获取全色分辨率 0.3m 和多光谱分辨率 1.24m 的卫星影像，最大成图比例尺可达 1∶1000，这种大比例尺影像不仅能满足传统遥感用户的需求，也能满足城乡规划建设、地籍管理、应急救灾等要求大比例尺地图行业的需求。高分辨率卫星的辐射分辨率可达 11 位，信息量更加丰富，能更好地区分较亮和较暗的地物。

1) 高分辨率遥感影像的主要特点

高分辨率遥感影像的主要特点体现在以下几方面：第一，空间分辨率的提高，能够实现对地物的精确识别与分类。空间分辨率曾经是限制遥感应用的重要因素，但亚米级分辨率遥感影像的应用使得小目标识别、高精度分类成为可能。第二，空间结构信息将在高分辨率遥感影像分类中发挥重要作用。分辨率的提高，使得对地物细节信息的表达更加详细。因此结构信息，特别是纹理特征将发挥重要作用。第三，混合像元仍将是高分辨率影像分类所面临的重要问题。空间分辨率的提高，虽然以更高的分辨率对地物进行表达，但同时也不可避免地增加了对地物边界的表达，因此混合像元数更多。第四，空间分辨率使得面向对象分类技术具有明显的优越性。第五，数据量和处理效率将是高分辨率卫星遥感影像处理的重要限制因素。

2) 高分辨率遥感影像处理的主要问题

当遥感影像分辨率达到米级、亚米级时，人们平常视觉所见的多数野外目标物的个体，如单棵树、汽车、道路、房屋等在影像上直接可见。充分应用高分辨率的优越性，提高分类精度与目标提取可靠性具有重要意义。近 40 年来，除光谱特征外，人们越来越注重影像的空间特征，如纹理、形状和地学数据等在信息提取中的作用。同时在预处理、后处理方法方面也开展了诸多研究，但是如何将高分辨率遥感影像分类与人工智能和知识工程的方法，如人工神经网络(artificial neural networks，ANN)、遗传算法(genetic algorithm，GA)等结合，以提高解译自动化程度和效率，仍然需要继续研究。多源信息融合有利于提高分类精度，但在融合的理论框架、评价准则和新的算法方面还有待深入研究，特别是需要重点发展特征级和决策级融合算法。

影像分割是高分辨率遥感图像面向对象处理的前提和基础，影像分割的质量直接影响后续处理的精度，但针对遥感影像，尤其是高分辨率遥感影像的分割方法还有待进一步研究。近年来，国内外在该方向的研究工作主要集中于遥感影像分割方法探索、不确定性分析、基于分割的特征提取及面向对象分类应用等方面。存在的主要问题包括：对不同尺度、内部变化不同的地物分类精度显著不同，缺乏统一可靠的影像分割精度评价标准。

同时，目前高分辨率遥感中的主要问题还包括：如何建立基于对象分类和解译的方法体系？如何从高空间分辨率图像上提取形态和结构信息并准确理解形态和结构等不确定信息表达的内涵？如何消除高分辨率影像中的噪声？如何应用先验知识及物体的形状信息进行辅助分类？如何建立多层次的信息提取机制，包括光谱分层、空间分辨率分层和时间分层等，从而在较大程度上运用光谱、空间和时间线索进行图像自动化解译与参数提取？等等。

习　题

1. 什么是图像？什么是数字图像？什么是遥感数字图像？它们三者之间有何联系和区别？
2. 常见的遥感数字图像类型有哪些？各有何特点？
3. 什么是遥感数字图像处理？其处理内容主要有哪些？
4. 数字图像处理与遥感数字图像处理有何联系和区别？
5. 遥感数字图像处理发展的趋势是什么？有何特点？

第二章　遥感数字图像的获取与存储

第一节　遥感图像数字化

遥感图像数字化就是将一幅模拟遥感图像或实际地物转化成计算机能够处理的数字图像的过程，即将目标物分割成一个个小区域(像元)，并将该小区域的灰度值和空间范围用整数来表示，形成一幅数字图像，用(x，y)和f(x，y)分别表示图像在该小区域的空间位置及其属性。

因为目前计算机能处理的信息必须是数字信号，而得到的模拟遥感图像或是实际地物等原始信息都是连续的模拟信号，所以遥感数字图像处理的基本环节就是要将连续图像信息转化为数字形式。也就是说需要将二维坐标系中连续变化的像点离散化，将整幅画面划分为矩形微小区域的像元点，此外还需要对表示明暗程度的数值进行离散化处理，即遥感图像数字化的采样和量化。但是，在遥感图像处理过程中，针对遥感成像过程的图像数字化(实际景物的数字化)和模拟图像转换为数字图像的数字化，其内容存在较大差异，因此其数字化过程也不相同。

遥感数字图像的获取方式决定了该图像所具有的空间分辨率、辐射分辨率、光谱分辨率和时间分辨率等属性(图 2.1)。其中，空间分辨率和辐射分辨率由采样和量化决定，直接影响图像的质量；光谱分辨率和时间分辨率分别由传感器的光谱波段设置和图像获取的周期决定，直接影响图像的信息量；空间分辨率反映了目标物的形状、大小等几何特征，辐射分辨率和光谱分辨率反映了目标物的属性等物理特征；时间分辨率反映了目标物随时间变化的空间分布及变化特点。

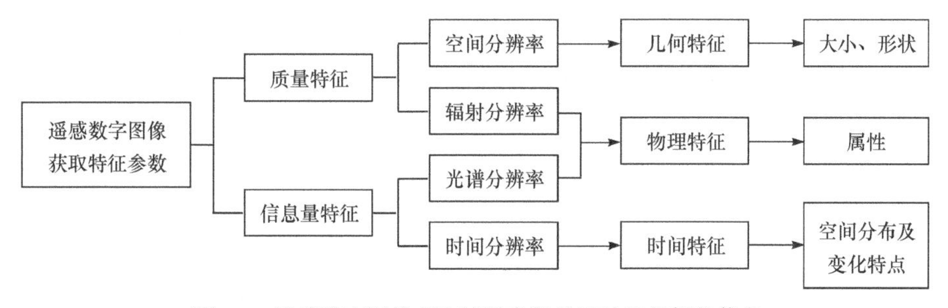

图 2.1　遥感数字图像获取特征参数及反映的目标物信息

一、采样

采样是指将空域或时域上连续的图像(模拟图像)变换成离散采样点(像元)集合的一种操作。

1. 地物分布与能量的离散化

采样(sampling)涉及两方面内容：与地物分布有关的空间采样和与地物能量有关的波谱采样。与前者有关的概念是空间响应；与后者有关的概念是波谱响应，涉及光学遥感和微波遥感。通过空间采样，空间上连续的图像变换成离散点，即像元；通过波谱采样产生图像的波段和辐射强度，即像元值。

1) 地物分布的离散化

与地物实际所在的物理空间相比，遥感图像在空间上具有两个特点：①模糊化，传感器的硬件导致较小空间上的地物在图像中被模糊化，需要进行必要的遥感图像恢复处理。②几何变形，地物在较大空间上会被拉伸、旋转和不规则地扭曲，需要进行几何校正。

地物分布的离散化即空间采样，形成图像的像元。空间采样是基于空间响应函数将地物映射为图像中的像元的过程。

在图像的单个像元空间内，较小的地物或地物细节消失了或被模糊化。模糊化的过程可以使用遥感传感器的点扩散函数(point spread function，PSF)来描述。PSF 描述了一个成像系统对一个点光源(物体)的响应，在大多数情况下，PSF 可以认为是能够表现未解析物体的图像中的一个扩展区块。从函数上讲，PSF 是成像系统传递函数的空间域表达。

对于光学遥感而言，PSF 即为传感器的空间响应函数，表示特定像元对理想点光源的响应，定义了坐标(x，y)周围的整合信息。不同遥感传感器的 PSF 不同，且利用 PSF 可以进行遥感图像的恢复。

波段 b 像元的能量 E 与光谱能量 L 之间的关系为

$$E_b(x,y)=\int_{\alpha_{\min}}^{\alpha_{\max}}\int_{\beta_{\min}}^{\beta_{\max}} L_b(\alpha,\beta)\mathrm{PSF}(x-\alpha,y-\beta)\mathrm{d}\alpha\mathrm{d}\beta \tag{2.1}$$

在空间采样中，采样间隔和采样孔径的大小是两个很重要的参数。采样间隔影响着图像表示地物的真实性，间隔越小，图像越接近于真实，但采样成本及后续处理成本也越高，图像的存储空间也越大。

2) 地物能量的离散化

以光学遥感的光谱测量和光谱成像为例，地物能量的离散化涉及如下概念。

光谱响应：基于光谱响应函数将地物能量转换为传感器的信号值的过程。

光谱响应函数：又称为传感器响应函数，描述了波段与连续波谱之间的关系，其中波段值是波段范围内光谱响应函数的积分。实际应用中，光谱响应函数表现为波长辐亮度数值表。

传感器上任意位置(x，y)的某个波段 b 的能量 L_b($\mathrm{W\cdot m^{-2}}$)与测量得到的连续光谱 L 和光谱响应函数 W 的关系为

$$L_b(x,y)=\sum_{i=\lambda_1}^{\lambda_2}(L_i\cdot W_i) \tag{2.2}$$

利用光谱响应函数可以进行光谱采样，将连续光谱转变为多光谱。设响应函数为 W，连续光谱数据为 L，多光谱波段为 L_b，则在 L_b 的波长范围 λ_1～λ_2 内：

$$L_b=\frac{\sum_{i=\lambda_1}^{\lambda_2}(L_i\cdot W_i)}{\sum_{i=\lambda_1}^{\lambda_2}W_i} \tag{2.3}$$

式中，W 为 L_b 的光谱响应函数，b 为波段号。

光谱响应函数中最大响应值对应的波长是中心波长。多光谱波段的波长范围常用半峰全宽(full width at half maximun，FWHM)，即传感器的光谱灵敏度曲线最大值一半处的光谱范围来确定，它确定了传感器的光谱分辨率，即传感器所能探测的光谱宽度。

2. 空间采样过程

因为图像是二维分布的信息，所以采样在 X 轴和 Y 轴两个方向进行。一般情况下，两个方向的采样间隔相同。

空间重采样是指获得图像后，按照特定规则根据需要对图像进行重新采样以设定新的图像空间分辨率、改变图像大小或在几何校正后进行采样以适应参照空间大小(地图或具有坐标投影的图像)的过程，常用于图像的几何校正、不同空间分辨率图像的匹配、图像分割等。

由于图像基本上是采取二维平面信息的分布方式来描述，为了对它进行采样操作，需要先将二维信号变为一维信号，再对一维信号完成采样，即将二维采样转换成两次一维采样操作来实现。

图 2.2 是图像采样处理过程示意图。将二维图像信号变换成一维图像信号最常用的方法是：首先沿垂直方向按一定间隔、从上到下的顺序沿水平方向以直线扫描的方式，得出各个水平行上的灰度值的一维扫描信息，从而获得图像每行的灰度值阵列，即一组一维的连续信号。然后对一维扫描线信号按一定时间间隔采样得到离散信号。换句话说，图像采样是先在垂直方向上采样，然后将得到的结果再沿水平方向采样两个步骤来完成的操作。经过采样之后得到的二维离散信号的最小单位称为像元。对于运动图像(即时域上连续的图像)，首先在时间轴上采样，其次沿垂直方向采样，最后沿水平方向采样，经过这三个步骤完成。

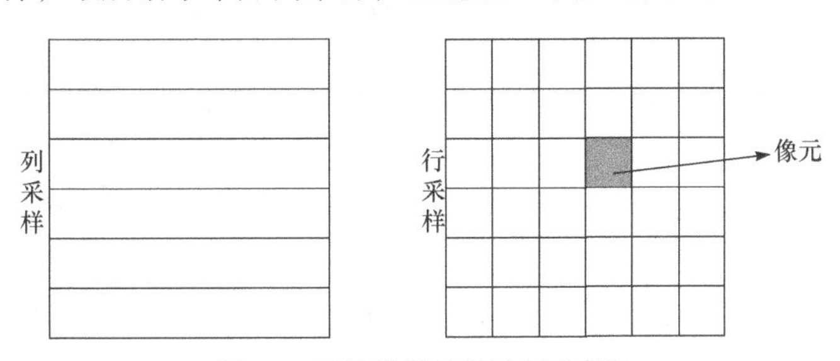

图 2.2　图像采样处理过程示意图

对一幅图像采样后，若每行(即横向)像元为 M 个，每列(即纵向)像元为 N 个，则图像大小为 $M \times N$ 个像元。例如，一幅 640 × 480 的图像，就表示这幅连续图像在长、宽方向上分别分成 640 个和 480 个像元。显然，想要得到更加清晰的图像，就要提高图像的采样像元点数，也就是要使用更多的像元点来表示该图像，相对需要付出更大的存储空间和更多的时间代价。图 2.3 为不同空间采样结果。

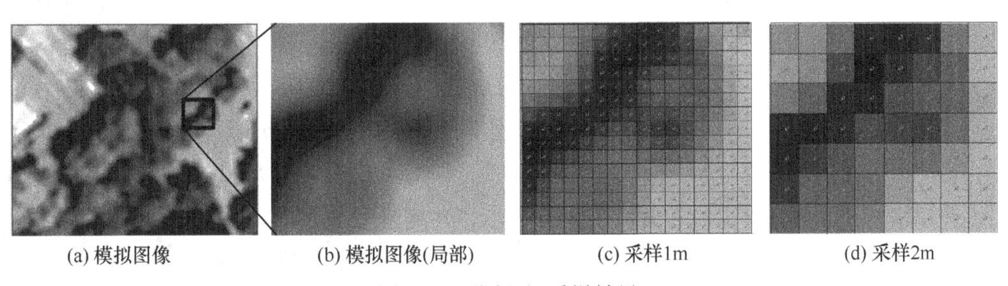

图 2.3　不同空间采样结果

在进行实际采样时，采样点间隔的选取是一个非常重要的问题，它决定了采样后图像的质量，即忠实于原图像的程度。采样间隔的大小取决于原图像中包含的细微变化。

根据香农理论，只要采样的频率高于或等于原始频率的两倍，就可以完全精确地复原原来的连续信息。如果采样分辨率无法满足香农理论的条件，则无法获得效果好的数字图像。如图 2.4(a)所示，当分辨率高到满足香农理论时，数字图像可以生动地再现原始场景。但是当分辨率较低不满足香农理论时，画面上的细节信息无法辨认，如图 2.4(b)所示，因为信息之间产生了频率混叠。

(a) 高分辨率数字图像　　(b) 低分辨率数字图像

图 2.4　不同分辨率下的采样效果

3. 图像空间分辨率的计算

在模拟图像转换为数字图像的过程中，需要根据数字图像的空间分辨率要求，计算扫描分辨率。扫描分辨率表示一台扫描仪输入图像的细微程度，指每英寸(1 英寸=25.4mm)扫描所得到的点，单位是 DPI(dot per inch)。数值越大，表示被扫描的图像转化为数字化图像越逼真，扫描仪质量也越好。

设模拟图像的比例尺为 $1/L$，扫描后图像空间分辨率为 d(m)，扫描分辨率为 D(DPI)，则

$$D = \frac{0.0254L}{d} \tag{2.4}$$

例如，一幅模拟遥感图像的比例尺为 1∶25000，需要扫描后的数字图像像元大小为 5m，则扫描分辨率为 127DPI；一幅模拟遥感图像比例尺为 1∶10000，需要扫描后的数字图像像元大小为 0.5m，则扫描分辨率为 508DPI。

二、量化

经过采样后，模拟图像已被分解成在时间上和空间上离散的像元，但这些像元的取值仍然是连续量(灰度值不变)，还不能直接用于计算机处理。

量化就是将像元灰度转换成离散的整数值的过程。经过采样和量化之后，数字图像可以用整数阵列的形式来描述。

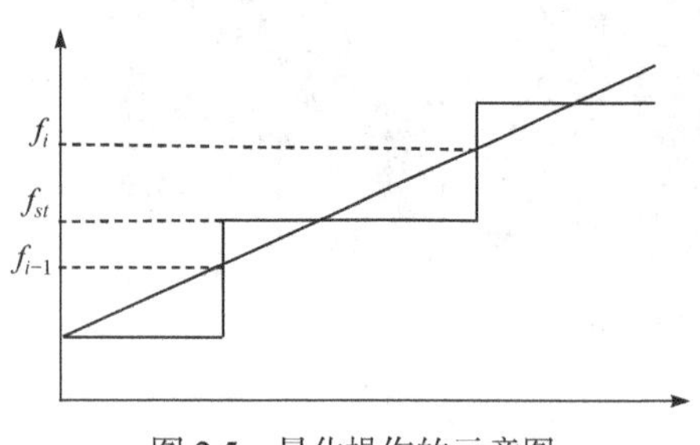

图 2.5　量化操作的示意图

1. 量化方法

图 2.5 是量化操作的示意图。将连续图像分布于 $[f_{i-1}, f_i]$ 的值量化为 f_{st}，f_{st} 称为灰度值或灰阶(gray level)。真实值 f 与量化值 f_{st} 之差称为量化误差，表示对应于各个像元的亮暗程度称为灰度等级或灰度标度。

量化有均匀量化和非均匀量化之分。

因为图像灰度值的概率分布密度函数因图像不同而异，所以不可能找到一个适用于不同图像的最佳非等间隔量化方案，因此实际上一般采用等间隔量化。等间隔量化又称为均匀量化，非等间隔量化又称为非均匀量化。

均匀量化是简单地把采样值的灰度范围等间隔地分割并进行量化，也就是采用相同的“等分尺”来度量量化得到灰度，这种量化方法也称为线性量化。对于像元灰度值在从黑到白的范围内较均匀分布的图像，这种量化方法可以得到较小的量化误差。图 2.6 所示为均匀量化的效果。

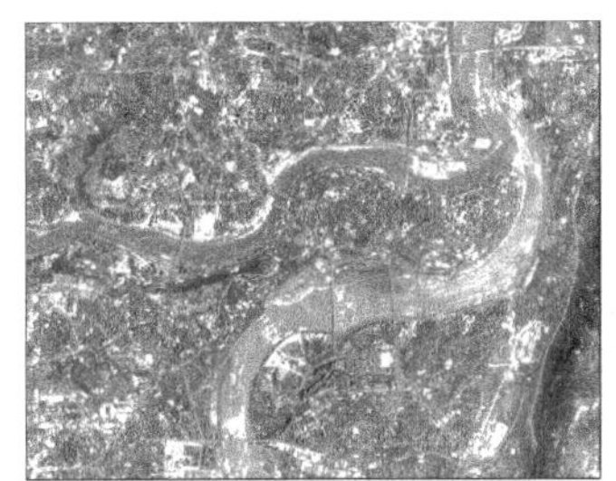
(a) 16灰度级(4位)量化

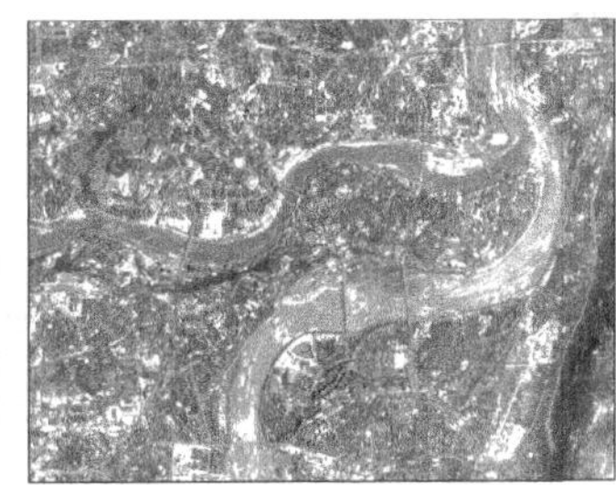
(b) 32灰度级(5位)量化

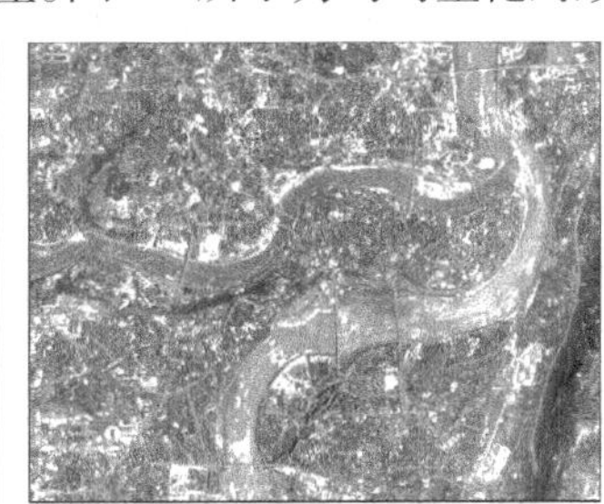
(c) 64灰度级(6位)量化

图 2.6　均匀量化效果

量化级别直接决定对地物属性的定量化表达。量化级别越多，越接近真实场景。以图 2.3(c)为例，均匀量化不同量化级别结果对地物属性的表达见图 2.7。

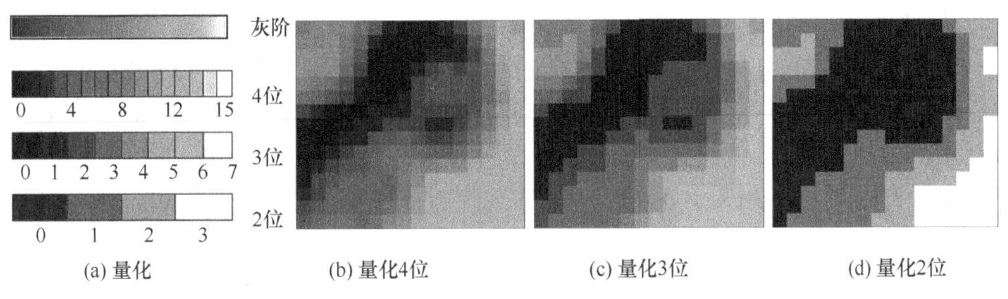

(a) 量化　(b) 量化4位　(c) 量化3位　(d) 量化2位

图 2.7　量化及量化灰度级比较

非均匀量化是依据一幅图像具体灰度值分布的概率密度函数，按总的量化误差最小的原则来进行量化的方法。具体方法是对图像中像元灰度值频繁出现的灰度值范围，量化间隔取小一些，而对那些像元灰度值极少出现的范围，量化间隔取大一些。这样就可以在满足精度要求的情况下用较少的位数来表示。如图 2.8 所示，与图 2.6 相比较，在相同效果下非均匀量化的灰度级数比较少[图 2.6(c)和图 2.8(c)]。在同样的灰度级数下，非均匀量化效果比均匀量化的图像效果好[图 2.6(b)和图 2.8(c)]。因此，在需要以少的数据量来描述图像的场合，一般可以采用非均匀量化的技术，以达到用尽量少的数据使所描述的图像效果尽可能的好。

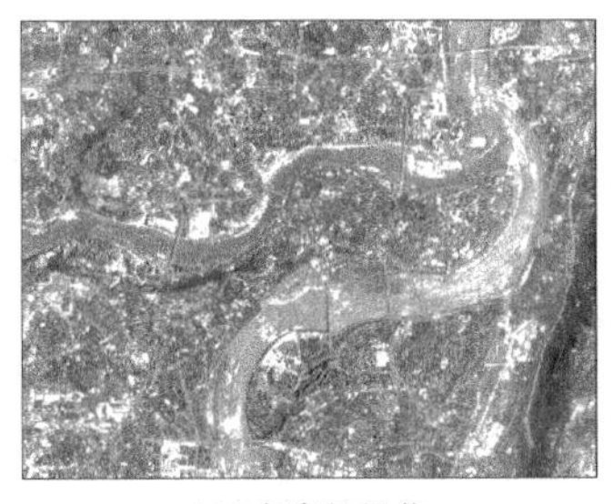
(a) 8灰度级量化

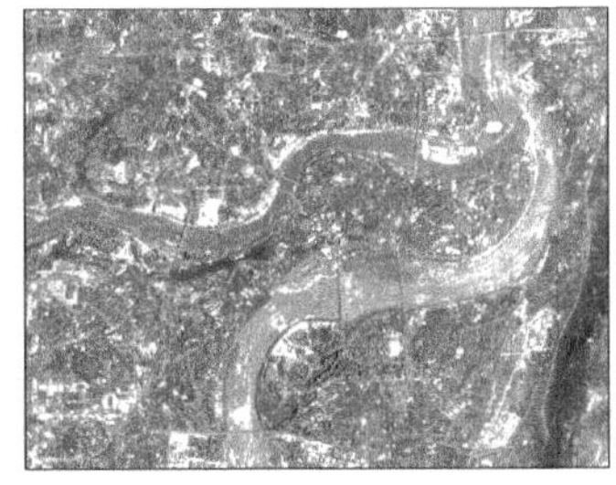
(b) 20灰度级量化

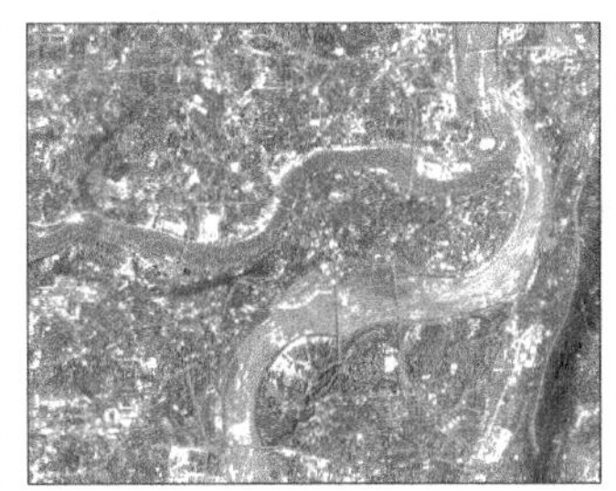
(c) 32灰度级量化

图 2.8　非均匀量化效果图

显然，对于某一幅特定的图像，根据其灰度的分布特征，在少的量化级数下，采用非均匀量化的效果一定比均匀量化的效果好。但是，当允许量化级数比较多时，因为均匀量化已经足够对图像的细节进行描述，采用非均匀量化的效果并不明显，只能徒增量化算法的复杂度，所以，在这种情况下多采用均匀量化。

经过采样和量化操作，可以得到一幅空间上表现为离散分布的有限个像元，灰度取值上表现为有限个离散灰度值的数字图像。采样和量化这两个步骤基本构成了数字化的过程，经过数字化得到一幅图像的数字表示，即数字图像。

2. 量化参数的选择

图像的量化等级反映了采样的质量。例如，图像中的每个像元都用 8 位二进制数表示，有 2 的 8 次方(256)个量级；若采用 11 位二进制数表示，则有 2 的 11 次方(2048)个量级。量级越大，表示图像可以拥有越丰富的明暗变化信息，可以产生越细致的图像效果，图像质量越高，当然，存储空间要求也就越大。但计算机的工作速度、存储空间是相对有限的，所以各种参数都不能无限地提高。

数字图像的量化级数随图像的内容及处理的目的不同而不同，如处理文字和图形时，各个像元只需要有“0”与“1”两个值，即 1 位量化就足以描述字迹或线条与背景之间的差别。这种用 1 位信息表示的图像称为二值图像。而对于目标地物而言，则至少需要用 32(大于 5 位)个灰度级来表现。

3. 常见遥感数字图像的量化级别

不同传感器有不同的设计应用目标，其遥感图像的光谱辐亮度具有不同的量化位数。例如，对于 ASTER 图像，VNIR 和 SWIR 传感器为 8 位量化，TIR 为 12 位量化。Landsat TM 传感器和 SPOT HRV 传感器为 8 位量化，IKONOS 卫星的传感器为 11 位量化，MODIS 传感器为 12 位量化，2013 年发射的 Landsat8 的 OLI 和 TIRS 传感器为 12 位量化，WorldView-4 的传感器为 11 位量化。一般来说，用于测量地表热量的传感器具有更高的量化位数。

在模拟遥感图像数字化过程中，其量化级别选择没有确定的方案，但一般选择灰度级 8 位量化，即 256 级。

数字化前需要确定影像大小(行数 M 和列数 N)和灰度级 G 的取值。一般数字图像灰度级数 G 为 2 的整数幂，即 $G=2^g$，g 为量化位数。则一幅大小为 $M \times N$、灰度级数为 G 的图像所需的存储量为 $M \times N \times g$，称为图像的数据量。

三、采样、量化参数与数字化图像间的关系

数字化方式可分为均匀采样、量化和非均匀采样、量化。均匀指采样、量化为等间隔。图像数字化一般采用均匀采样和均匀量化方式。

一般来说，采样间隔越大，图像像元数越少，空间分辨率越低，质量越差，严重时会出现像元呈块状的国际棋盘效应；采样间隔越小，图像像元数越多，空间分辨率越高，质量越好，但数据量也越大。

量化级别越多，所得图像层次越丰富，灰度分辨率越高，质量越好，但数据量也越大；量化等级越少，图像层次越欠丰富，灰度分辨率越低，质量越差，会出现假轮廓现象，但数据量越小。在极少数情况下，当图像大小固定时，减少灰度级能改善图像质量，产生这种情况最可能的原因是减少灰度级一般会增加图像的对比度，如对细节比较丰富的图像数字化。

第二节　遥感数据产品

需要明确区分遥感数据与遥感数字图像。遥感数字图像是个小概念，仅仅指图像本身，包括一个波段或多个波段，有多种文件格式；遥感数据是个大概念，包括遥感数字图像和相关的对于遥感数字图像的说明信息(主要是元数据)。在数据文件的组织上，遥感数据包括多个文件，一些文件是说明文件，一些文件是数字图像文件。提供商不同，数字图像文件也会不同，一个文件中可以包括多个波段的数据(如 BSQ 格式的文件)，也可以仅包括一个波段的数据(如 Landsat8 的 GeoTIFF 文件)。如果一个文件中包括了遥感图像数据和其他相关的数据，则该文件属于复杂格式，如 HDF 格式。

一、元数据

1. 元数据的含义与作用

元数据(metadata)是关于图像数据特征的表述，是关于数据的数据。元数据描述了与图像获取有关的参数和获取后所进行的处理。例如，Landsat、SPOT 等图像的元数据中包括图像获取的日期、时间、投影参数、几何校正精度、图像分辨率、辐射校正参数等。

元数据是重要的信息源，没有元数据，图像就没有使用价值，或者说使用价值较低。例如，对于变化检测(监测)工作，不知道图像的日期就无法进行变化分析。很多机构进行文档的标准化工作，建立元数据，以便进一步简化用户的处理过程。

元数据与图像数据同时分发，或者嵌入图像文件中，或者是单独的文件。在某些传感器的图像分发中，元数据又称为头文件(如早期 Landsat5 的 TM 图像光盘中的 header.dat 文件)。

多数遥感图像的元数据文件为文本格式，如 Landsat7 的 ETM+，SPOT 的 HRV；部分图像为二进制格式或随机文件格式，需要使用特定的工具软件才能阅读。

数据提供商随时间进展可能会改变元数据的格式和版本，在使用长序列遥感数据时要特别注意。

2. 我国光学遥感测绘卫星影像产品元数据

影像产品的元数据为用户发现影像、了解影像的适用程度、访问影像、转换影像和使用影像提供必要的信息。光学遥感测绘卫星影像产品元数据是描述各种比例尺光学遥感卫星影像产品所需的基本元数据元素的集合。我国建立《光学遥感测绘卫星影像产品元数据》(GB/T 35643—2017)国家标准的目的是使遥感测绘卫星影像元数据的建立与维护能够按统一的标准执行，以便更好地实现影像资源共享和信息服务社会化。该标准规定了光学遥感测绘卫星影像产品及提供信息服务所需要的元数据基本要求、信息内容和数据字典，适用于光学遥感测绘卫星影像产品的生产、建库、更新、分发服务和应用等。

该标准规定每景遥感影像产品应当提供对应的元数据。元数据由一个或多个元数据子集构成，后者包含一个或多个元数据实体，元数据实体包含标识各个元数据单元的元素。实体可以与一个或多个其他实体相关。

光学遥感测绘卫星影像产品元数据由标识信息包、卫星平台载荷信息包、数据质量信息包、空间参照信息包、分发信息包及关于元数据本身的信息组成。

二、遥感数据产品的级别

按照数据产品的获取方式差异，遥感卫星数据产品的类别包含光学数据产品、雷达数据产品、被动微波数据产品、激光数据产品、重力卫星数据产品等。

遥感卫星数据产品的分级是指为了方便数据的生产、应用和销售，根据数据间的相互关系划分等级。数据产品的分级一般针对同一类型、同一卫星平台或同一传感器的数据产品进行。

在遥感图像的生产过程中，可以根据用户的要求对原始图像数据进行不同的处理，从而构成不同级别的数据产品。

1. 光学影像产品的一般分级

Level 0 级：原始数据产品，即下行的原始数据经过解同步、解扰和数据分离后的原始数据图像。

Level 1A 级：辐射校正产品，即经过辐射校正但没有经过几何校正的产品数据，卫星下行扫描行数据按标称位置排列。

Level 1B 级：系统几何校正产品，经过辐射校正和系统几何校正后的产品数据，并将校正后的图像数据映射到指定的地图投影坐标下的产品数据。

Level 2 级：几何精校正产品，即经过辐射校正和系统几何校正，同时采用地面控制点(ground control point，GCP)改进产品的几何精度的产品数据，具有更精确的地理坐标信息。

Level 3 级：高程校正产品，利用 DEM 数据对 Level 2 级产品进行几何校正，纠正了地形起伏造成的视差且按照地理编码(geocoding)标准进行正射投影的产品数据。

2. SAR 影像产品的一般分级

Level 0 级：原始信号数据产品，即下行的原始数据经过解同步、解扰和数据分离后未经成像处理的原始信号数据，以复数形式存储，条带和扫描模式均提供。

Level 1A 级：单视复型影像产品，经过天线方向图和系统增益校正处理、距离压缩和方位压缩恢复处理的斜距向单视复数字产品，保留幅度和相位信息，以复数形式存储，条带和扫描模式均提供，斜距和地距可选。

Level 1B 级：多视复型影像产品，经过天线方向图和系统增益校正处理、距离压缩和方位压缩恢复处理的斜距向多视复数字产品，保留平均的幅度和相位信息，以复数形式存储，扫描模式提供，斜距和地距可选。

Level 2 级：系统几何校正产品，对 Level 1 级图像产品经斜地变换、系统辐射校正和系统几何校正，形成具有地图投影的图像产品，条带和扫描模式均提供。

Level 3 级：几何精校正产品，利用 GCP 对 Level 2 级图像产品进行几何精校正，条带和扫描模式均提供。

Level 4 级：高程校正产品，利用 DEM 数据对 Level 3 级图像产品进行几何精校正，纠正了地形起伏造成的影响，并按照地理编码标准进行正射投影的产品数据。条带和扫描模式均提供。

辐射校正产品和系统几何校正产品一般由图像分发部门生产。几何精校正产品和高程校正产品可由图像分发部门按照精度要求生产，但大多由用户自己来生产。对于一般的应用来说，系统几何校正产品已能够满足用户的需要。对于几何位置要求较高的应用，则必须使用几何精校正产品或高程校正产品。

3. 我国光学遥感测绘卫星影像产品级别

为了规范光学卫星遥感产品的生产，国家制定了标准《1∶25000 1∶50000 光学遥感测绘卫星影像产品》(GB/T 35642—2017)(表 2.1)。

表 2.1 1∶25000 1∶50000 光学遥感测绘卫星影像产品

产品名称	产品代码（英文全称）	描述
原始影像	RAW（raw image）	对原始获取的直接从卫星上下传的影像数据进行解扰、解密、解压和（或）分景等后得到的数据。该数据保留相机原始成像的辐射和几何特征，并包含从星上下传的外方位元素测量数据、成像时间数据、卫星成像状态，以及相机内方位元素参数和载荷设备安装参数等
辐射校正影像产品	RC（radiative corrected image product）	对原始影像进行辐射校正后形成的产品。辐射校正主要包括电荷耦合器件（charge coupled device，CCD）探元响应不一致造成的辐射差异，CCD 片间色差，去除坏死像元，消除不同器件间的灰度不一致，对拼接区辐射亮度校正等。该产品保留相机原始成像的几何特征，附带绝对辐射定标系数和从星上下传的外方位元素测量数据、成像时间数据、卫星成像状态，以及相机内方位元素参数和载荷设备安装参数
传感器校正影像产品	SC（sensor corrected image product）	在辐射校正影像产品基础上进行传感器校正处理后形成的产品。传感器校正处理通过修正平台运动和扫描速率引起的几何失真，消除探测器排列误差和光学系统畸变以消除或减弱卫星成像过程中的各类畸变或系统性误差，并实现分片 CCD 影像无缝拼接，构建影像成像几何模型
系统几何校正影像产品	GEC（geocoded ellipsoid corrected image product）	在传感器校正影像产品的基础上，按照一定的地球投影和成像区域的平均高程，以一定地面分辨率投影在地球椭球面上的影像产品。该产品通过与 SC 之间的像元对应关系，可构建成像几何模型，用于摄影测量的立体处理
几何精校正影像产品	EGEC（enhanced geocoded ellipsoid corrected image product）	在传感器校正影像产品或系统几何校正影像产品基础上，利用一定数量控制点消除或减弱影像中存在的系统性误差，并按照指定的地球投影和成像区域的平均高程，以一定地面分辨率投影在地球椭球面上的几何校正产品。该产品通过与 SC 或 GEC 之间的像元对应关系，可构建成像几何模型，用于摄影测量的立体处理
正射校正影像产品	GTC（geocoded terrain corrected image product）	在传感器校正影像产品、系统几何校正影像产品或几何精校正影像产品的基础上，利用一定精度的数字高程模型数据和一定数量的控制点，消除或减弱影像中存在的系统性误差，改正地形起伏造成的影像像点位移，并按照指定的地图投影，以一定地面分辨率投影在指定的参考大地基准下的几何校正影像产品

4. 典型卫星遥感影像产品的级别

部分传感器图像的产品级别定义可能会与一般产品级别不同，遥感卫星数据产品的级别由数据提供方针对标准产品进行划分。不同类别(光学、雷达)数据产品的分级规则存在差异，光学数据产品的分级以 Landsat 和 MODIS 为代表，而雷达数据产品的分级则以 RadarSat 为代表，实际使用时要查询该图像的分发单位信息。主要光学遥感卫星数据产品分级及其特征见表 2.2～表 2.7，典型雷达遥感卫星数据产品分级及其特征见表 2.8～表 2.10。

表 2.2 CBERS 02B 数据产品

产品级别	描述
Level 0 级	原始数据产品，分景后的卫星下传遥感数据
Level 1 级	辐射校正产品，经过辐射校正的产品
Level 2 级	系统几何校正产品，在 Level 1 级基础上经过系统几何校正处理

续表

产品级别	描述
Level 3 级	几何精校正产品，在 Level 2 级基础上采用 GCP 改进产品几何精度的产品
Level 4 级	高程校正产品，在 Level 3 级基础上同时采用 DEM 纠正了地形起伏造成的视差的产品
Level 5 级	标准镶嵌图像产品，对图像进行无缝镶嵌形成的产品

表 2.3　ZY-3 数据产品

产品名称	英文名称（简称）	平面/立体	定位精度		用途
			平面/m	高程/m	
传感器校正产品	sensor corrected（SC）	平面/立体	50（无控制点）	30（无控制点）	立体观测与量测、三维信息提取等
系统几何校正产品	geocoded ellipsoid corrected（GEC）	平面/立体	50（无控制点）	30（无控制点）	立体观测与量测、三维信息提取、空间信息解译与分析等
精校正产品	enhanced geocoded ellipsoid corrected(eGEC）	平面/立体	5	5	立体观测与量测、三维信息提取、空间信息解译与分析、高精度空间定位等
正射校正产品	geocoded terrain corrected（GTC）	平面	5	—	空间信息解译与分析、高精度空间定位、变化检测、数字成图、地理国情监测等
数字正射影像产品	digital orthorectification map（DOM）	平面	5	—	空间信息解译与分析、高精度空间定位、数字成图、地理信息成果更新等

表 2.4　HY-1A/ 1B 数据产品

产品级别	描述
Level 0 级	原始数据产品
Level 1 级	辐射校正产品，海洋水色水温扫描仪（Chinese ocean color and temperature scanner，COCTS）/ CCD 传感器经云检测、地理定位和辐射校正后的产品数据
Level 2 级	辐亮度、气溶胶辐射、光学厚度、叶绿素 a 浓度分布、海水表面温度分布、悬浮泥沙含量分布、漫衰减系数、归一化植被指数（normalized differential vegetation index，NDVI）、泥沙含量
Level 3 级	高级产品，COCTS 传感器，16 种 2 级产品要素的周和月统计结果

表 2.5　Landsat 数据产品

产品级别	描述
Level 0 级	原始数据产品，地面站接收的原始数据，经格式化、同步、分帧等处理后生成的数据集
Level 1 级	辐射校正产品，经过辐射校正处理后的数据集
Level 2 级	系统几何校正产品，在 Level 1 级基础上经过系统几何校正处理，并将校正后的图像映射到指定的地图投影坐标系下的产品数据
Level 3 级	几何精校正产品，采用 GCP 进行几何精校正的数据产品
Level 4 级	高程校正产品，采用 GCP 和 DEM 数据进行校正的产品

表 2.6　SPOT-5 数据产品

产品类型	产品级别	处理形式	定位精度	适用范围
	0 级	未经任何校正的原始图像数据产品，包括进行后续的辐射校正和几何校正的辅助数据		适合专业人员进行相关处理
SPOT Scene（SPOT 普通图像产品）	1A 级	只经过了辐射校正	定位精度优于 50m	适合专业人员进行正射校正和 DEM 提取
	1B 级	在 1A 级基础上进行了部分几何校正，校正了全景变形和地球自转及曲率、轨高变化等带来的变形	定位精度优于 50m	适合进行几何量测、像片解译和专题研究
	2A 级	几何校正（卫星成像参数 + 标准地图投影），将图像数据投影到给定的地图投影坐标系下，GCP 点参数不予引入	定位精度优于 50m	可在其上提取信息或与其他信息叠加分析
SPOT View（SPOT 影像地图产品）	2B 级	地理校正（卫星成像参数 +GCP+ 标准地图投影），引入 GCP 生产高几何精度的图像产品，高程取相同的值	定位精度优于 30m（与 GCP 精度有关）	可作为地理信息系统底图，在其上提取信息或与其他信息叠加分析
	3 级	正射校正（卫星成像参数 +GCP+ 标准地图投影 +DEM）	定位精度可达 15m（与 DEM 和 GCP 精度有关）	正射影像

表 2.7　MODIS 数据产品

产品级别	描述
Level 0 级	是对卫星下传的数据包解除信道存取数据单元(channel access data unit，CADU)外壳后所生成的 CCSDS 格式的未经任何处理的原始数据集合，其中包含按照顺序存放的扫描数据帧、时间码、方位信息和遥感数据等
Level 1 级	对没有经过处理的、完全分辨率的仪器数据进行重建，数据时间配准，使用辅助数据注解，计算和增补到 Level 0 级数据之后的产品
Level 1A 级	是对 Level 0 级数据中的 CCSDS 包进行解包后所还原出来的扫描数据及其他相关数据的集合
Level 1B 级	对 Level 1A 级数据进行定位和定标处理后生成的，其中包含以 SI（scaled integer）形式存放的反射率和辐射率的数据集
Level 2 级	在 Level 1 级数据基础上开发出的具有相同空间分辨率和覆盖相同地理区域的数据
Level 3 级	以统一的时间-空间栅格表达的变量，通常具有一定的完整性和一致性。在该级水平上，可以集中进行科学研究，如定点时间序列、来自单一技术的观测方程和通用模型等
Level 4 级	通过分析模型和综合分析 Level 3 级以下数据得出的结果数据

表 2.8　RadarSat-1 数据产品

产品级别	产品名称	处理方法
原始信号级（RAW）（Level 0）	原始信号产品	以复型方式将未经压缩成像处理的雷达信号记录在介质上（RadarSat-2 不提供该产品），面向具有 SAR 成像处理能力的用户
地理参考级（Level 1）	SLC：单视复型产品 SGF：SAR 地理参考精细分辨率产品 SGX：SAR 地理参考超精细分辨率产品 SGC：SAR 地理参考粗分辨率产品 SCN：窄幅 ScanSAR 产品 SCW：宽幅 ScanSAR 产品	使用卫星轨道和姿态信息进行几何校正。其中，SLC 采用单视处理，以 32 位复数形式记录图像数据，含有幅度及相位信息，数据经过定标，坐标是斜距；SGF 数据做过地距转换，且经过多视处理，图像经过定标，为轨道方向；SGX 数据做过地距转换，并在处理时使用了比 SGF 更小的像元，图像经过定标，为轨道方向；RadarSat-2 不提供 SGC 产品；SCN 图像像元大小为 25m ×25m；SCW 图像像元大小为 50m ×25m

续表

产品级别	产品名称	处理方法
地理编码级（Level 2）	SSG：SAR 地理编码系统校正产品	在 SGF 产品的基础上进行了地图投影校正
	SPG：SAR 地理编码精校正产品	在 SSG 基础上使用 GCP 对几何校正模型进行了修正，提高了产品的几何定位精度

表 2.9　TerraSAR 数据产品

产品级别	产品名称	处理方法
CEOS Level 0	原始信号产品	未经压缩成像处理，面向具有 SAR 成像处理能力的用户
CEOS Level 1	SSC：单视斜距复影像	数据以复数形式存储，保持原始数据的几何特征，无地理坐标信息
	MGD：多视地距探测产品	具有斑点抑制和近似方形地面分辨单元的多视影像，通过卫星的飞行方向来定位，无地理坐标信息
	GEC：地理编码椭球校正产品	用 WGS84 椭球对影像进行 UTM 或 UPS 投影，仅使用轨道信息进行快速几何校正
	EEC：增强型椭球校正产品	使用 DEM 数据对 GEC 数据进行校正

表 2.10　EnviSat 数据产品

产品级别	处理方法
原始数据	直接从卫星接收并存储在高密度数字磁带（high density digital tape，HDDT）上的数据，还不能认为是一个产品
Level 0 级	由原始数据经过重新格式化，按时间顺序存储的卫星数据
Level 1B 级	在 Level 0 级数据基础上，经过地理定位的工程基础产品，数据已经被转换成工程单位，辅助数据同测量数据分离，并对数据进行了有选择的定标
Level 2 级	经过地理定位的地球物理参数产品

三、遥感数据检索

遥感卫星的观测数据通常可以通过该卫星的机构或世界各地的接收站、数据分发中心等有偿或无偿获得。表 2.11 是主要遥感数据及相关地理信息产品检索平台或机构及其可能提供的数据服务。

表 2.11　主要遥感数据及相关地理信息产品检索

数据平台或机构	典型遥感数据及地理信息产品
国家综合地球观测数据共享平台 http://www.chinageoss.org/dsp/home/index.jsp	陆地卫星 9 颗：ZY3-1、ZY02-C、HJ-1A、HJ-1B、HJ-1C、CBERS-01、CBERS-02、CBERS-02B、BJ-1 气象卫星 3 颗：FY-3A、FY-2D、FY-2E 海洋卫星 1 颗：HY-1B
全国地理信息资源目录服务系统 http://www.webmap.cn/main.do?method=index	国家大地测量成果、遥感影像、分幅正射影像数据、矢量地图数据、DEM、DRG、DOM、DLG、模拟地形图、GNSS 成果、土地覆盖数据、土地利用数据、植被数据、全球地表覆盖数据等
天地图国家地理信息公共服务平台 http://www.tianditu.gov.cn/	主要提供中国全图、世界地图、专题地图（G20 国家、长江经济带区域、京津冀都市圈）等标准地图服务，以及地图 API、在线地图等
中国遥感数据网 http://rs.ceode.ac.cn/	Landsat-5、7、8，IRS-P6，ERS-1 / 2，ENVISAT-1，RadarSat-1，RadarSat-2，SPOT-1、2、3、4、5、6，TERRA，ALOS，THEOS

续表

数据平台或机构	典型遥感数据及地理信息产品
中国遥感数据共享网-RTU 产品（对地观测数据共享计划） http://ids.ceode.ac.cn/	地表火点产品、地表反射率产品、RTU 产品（共享的产品种类包含镶嵌产品、正射产品、融合产品、星上反射率/星上亮度温度产品，以及在星上反射率/星上亮度温度基础上进一步研发得到的地表反射率/陆地表面温度产品）；地理覆盖范围包括中国陆地和中亚五国（哈萨克斯坦、吉尔吉斯斯坦、塔吉克斯坦、乌兹别克斯坦和土库曼斯坦）；时间覆盖范围包括 2000 年、2005 年、2010 年和 2014 年。同时，提供了长江三角洲地区、黄河入海口地区以及珠江三角洲地区自 1986 年以来每年一期的序列产品
国家卫星气象中心　风云卫星遥感数据服务网 http://satellite.nsmc.org.cn/portalsite/default.aspx	主要提供风云系列卫星、EOS/MODIS、NOAA、MTSAT、Meteosat-5 等卫星数据及相关产品
地理空间数据云 http://www.gscloud.cn/sources/	免费数据：Landsat 系列数据、CBERS、MODIS 陆地标准产品、MODIS 中国合成产品、DEM、EO-1 系列数据、NOAAA VHRR 数据产品、大气污染插值数据、Sentinel 数据、TRMM 系列数据、高分系列、环境卫星系列 商业数据：资源系列卫星数据、高分系列数据
全球变化科学研究数据出版系统 http://www.geodoi.ac.cn/WebCn/Default.aspx	创办于 2014 年，包括元数据（中英文）、实体数据（中英文）和通过《全球变化数据学报》（中英文）发表的数据论文。2017 年创办了《全球变化数据学报》（中英文版），进一步完善了该系统，很好地解决了科学数据知识产权保护问题，推动了科学数据的共享。可下载科研用途数据，数据种类较丰富，涉及领域很多
地理国情监测云平台 http://www.dsac.cn/	2009 年以来的中国土地资源类数据、生态环境类数据、气候/气象数据、社会经济类数据、灾害监测类数据、基础卫星遥感影像、电子地图矢量数据、行政区划矢量数据等
遥感集市 http://www.rscloudmart.com/	主要标准数据有：Planet，GF-1、2、3、4，ZY1-02C，ZY3，Terra，Aqua，Sentinel-2A 等
美国地质调查局 http://glovis.usgs.gov/	Landsat、MODIS 等
欧洲航天局 ESA　哨兵数据 https://scihub.copernicus.eu/	Sentinel-1 号 SAR 数据和 Sentinel-2 号光学数据
北京中景视图科技有限公司 http://www.zj-view.com/cpfw	WorldView-1、2、3、4，QuickBird，GeoEye，IKONOS，Pleiades，ALOS，Landsat8，ZY-3，GF，SPOT，BJ-2，RadarSat-2，TerraSAR-X，KOMPSAT，CIRS-P5，Planet，高景一号（SuperView-1）
美国国家海洋和大气管理局 http://ngdc.noaa.gov/ngdcinfo/onlineaccess.html	Bathymetry/Topography and Relief/Digital Elevation Models (DEMs)，Earth Observation Group (EOG)，Geomagnetism, Geothermal Energy, Gravity, Global Positioning System (GPS) Continuously Operating Reference Stations (CORS), Hazards, Marine Geology and Geophysics, Metadata Resources, Satellite Data Services(DMSP, GOES SEM, GOES SXI, POES/MetOp SEM), Snow and Ice (external link), Space Weather
全球 WELD 产品数据 http://globalmonitoring.sdstate.edu/projects/weld/	目前提供全球和美国区域 Landsat 时序定量遥感产品
NASA 空间观测数据系统（EDSDIS） http://sedac.ciesin.columbia.edu/data/sets/browse	主要数据包括：Agriculture、Climate，Conservation，Governance，Hazards，Health，Infrastructure，Land Use，Marine and Coastal，Population，Poverty，Remote Sensing，Sustainability，Urban，Water
Open Topography http://www.opentopography.org	提供高空间分辨率的地形数据和操作工具的门户网站，用户可以在此下载 LiDAR 数据(主要包括：美国、加拿大、澳大利亚、巴西、海地、墨西哥和波多黎各)

第三节　遥感图像的数据格式

无论是直接由遥感传感器获取的遥感数学图像，还是由扫描设备将模拟光学影像扫描而获得的遥感数字图像，总是按照一定的格式存储在一定的介质上，这些介质包括磁带、磁盘、光盘等。遥感图像必须以一定格式存储，才能有效地分发和利用。

在遥感数据中，除遥感数据以外还附带其他各种附加信息，这部分数据称为辅助数据(元数据)，主要包括数据的存储方式和数据的描述方式、存储图像的信息、平台的信息、遥感传感器的信息、提供数据的机构所进行的处理的信息，以及其他遥感信息等。遥感技术被应用以来，遥感数据的存储采用过很多格式，后来 Landsat Technical Working Group 提出了 LTWG 格式，即世界标准格式。从 1982 年以后，包括 Landsat、SPOT 等在内的卫星遥感数据主要采用这种世界标准格式。通过这种世界标准格式，遥感图像处理系统可以对不同传感器获取的图像数据进行转换。

图像格式包括开放式存储格式和封装式存储格式两大类。开放式存储格式的头文件和数据文件是分开的，其中以 ENVI 软件的标准数据存储格式最为常见。封装式存储格式的头文件和数据文件封装在一起，如遥感图像处理中常见的 TIFF、GeoTIFF、HDF、ERDAS IMAGINE 等图像格式。

一、开放式存储格式

ENVI 软件的标准数据格式是一种开放式存储格式，头文件和数据文件分开存储。ENVI 头文件信息是公开、透明的，头文件的后缀名为.hdr，可以直接用文本编辑器(如记事本、写字板)打开，存储的内容主要包括图像的数据类型、字节序、图像的列数和行数、多波段图像的存储方式、图像的偏移量及其他信息(如投影、调色板等)，这些信息均采用关键词/数字值对(keyword/value pair)的方式存储，方便软件解析。

二、封装式存储格式

1. 遥感图像的通用数据格式(LTWG 格式)

在遥感数据中，除图像信息以外还附带有各种注记信息，这是数据提供机构在进行数据分发时对存储方式用注记信息的形式来说明所提供的格式。以往曾使用多种格式，但从 1982 年起逐渐以世界标准格式(LTWG 格式)的形式进行分发。如图 2.9 所示，LTWG 格式是具有超结构的构造，在它的卷描述符、文件指针、文件说明符的三种记录中记有数据的记录方式。

物理卷												
卷目录文件				数据文件 1				数据文件 2				…
A	B1	B2	…	C	D1	D2	…	C	D1	D2	…	…

A：卷描述符记录；B1，B2，…：文件指针记录；C：文件描述记录；D1，D2，…：数据记录

图 2.9　LTWG 格式结构

设图像数据为 M 行 N 列，K 个波段。数字图像数据主要是二进制文件，保存在光盘、磁盘

和磁带中。遥感图像包括多个波段，有多种存储格式，但基本的通用格式有三种，即波段顺序(band sequential，BSQ)格式、波段按行交叉(band interleaved by line，BIL)格式和波段按像元交叉(band interleaved by pixel，BIP)格式。通过这三种格式，遥感图像处理系统可以对不同传感器获取的图像数据进行转换。

1) BSQ 格式

BSQ 是像元按波段顺序依次排列的数据格式。图像数据存储时先把图像的第一波段数据逐像元、逐行存储，再对第二波段数据逐像元、逐行存储，直到所有的波段数据完成存储。即先按照波段顺序分块排列，在每一个波段块内再按行列顺序排列，同一波段的像元保存在一个块中，这保证了像元空间位置的连续性。BSQ 是最简单的存储方式，提供了最佳的空间处理能力，适合读取单个波段的数据。如果要获取图像单个波段的空间点(x，y)信息，BSQ 方式存储是最佳选择。ENVI 和 ER Mapper 遥感软件使用 BSQ 格式保存图像。

表 2.12 为 BSQ 格式数据排列示意，图像大小为 $MK \times N$。

表 2.12　BSQ 格式数据排列示意

<table>
<tr><td rowspan="4">波段 1</td><td>Line 1</td><td>(1,1)</td><td>(1,2)</td><td>…</td><td>(1,N)</td></tr>
<tr><td>Line 2</td><td>(2,1)</td><td>(2,2)</td><td>…</td><td>(2,N)</td></tr>
<tr><td>⋮</td><td>⋮</td><td>⋮</td><td></td><td>⋮</td></tr>
<tr><td>Line M</td><td>(M,1)</td><td>(M,2)</td><td>…</td><td>(M,N)</td></tr>
<tr><td rowspan="4">波段 2</td><td>Line 1</td><td>(1,1)</td><td>(1,2)</td><td>…</td><td>(1,N)</td></tr>
<tr><td>Line 2</td><td>(2,1)</td><td>(2,2)</td><td>…</td><td>(2,N)</td></tr>
<tr><td>⋮</td><td>⋮</td><td>⋮</td><td></td><td>⋮</td></tr>
<tr><td>Line M</td><td>(M,1)</td><td>(M,2)</td><td>…</td><td>(M,N)</td></tr>
<tr><td>⋮</td><td>⋮</td><td>⋮</td><td>⋮</td><td></td><td>⋮</td></tr>
<tr><td rowspan="4">波段 K</td><td>Line 1</td><td>(1,1)</td><td>(1,2)</td><td>…</td><td>(1,N)</td></tr>
<tr><td>Line 2</td><td>(2,1)</td><td>(2,2)</td><td>…</td><td>(2,N)</td></tr>
<tr><td>⋮</td><td>⋮</td><td>⋮</td><td></td><td>⋮</td></tr>
<tr><td>Line M</td><td>(M,1)</td><td>(M,2)</td><td>…</td><td>(M,N)</td></tr>
</table>

2) BIP 格式

BIP 格式以像元为核心，同一像元不同波段数据保存在一起，打破了像元空间位置的连续性。BIP 有最佳的波谱处理能力，适合读取光谱剖面数据(即同一空间位置像元所对应的多个波段数据)。

以 BIP 格式存储的图像，按照顺序存储第 1 个像元的所有波段值，接着是第 2 个像元的所有波段值，然后是第 3 个像元的所有波段值，交叉存储直到所有像元都存完为止。这种格式为图像数据光谱(即 Z 轴方向)的存取提供了最佳性能。

表 2.13 为 BIP 格式数据排列示意，图像大小为 $M \times NK$。

表 2.13　BIP 格式数据排列示意

波段	波段 1	波段 2	…	波段 K	波段 1	波段 2	…	波段 K	…	波段 1	波段 2	…	波段 K
第一行	(1,1)	(1,1)	…	(1,1)	(1,2)	(1,2)	…	(1,2)	…	$(1,N)$	$(1,N)$	…	$(1,N)$
第二行	(2,1)	(2,1)	…	(2,1)	(2,2)	(2,2)	…	(2,2)	…	$(2,N)$	$(2,N)$	…	$(2,N)$
⋮	⋮	⋮		⋮	⋮	⋮		⋮		⋮	⋮		⋮
第 M 行	$(M,1)$	$(M,1)$	…	$(M,1)$	$(M,2)$	$(M,2)$	…	$(M,2)$	…	(M,N)	(M,N)	…	(M,N)

3) BIL 格式

BIL 是介于空间处理和光谱处理之间的一种折中的数据存储格式，也是大多数 ENVI 处理操作中推荐使用的文件格式。以 BIL 格式存储的图像，先存储第 1 个波段的第 1 行，接着存储第 2 个波段的第 1 行，直到存储第 K 个波段的第 1 行。每个波段随后的行都按照类似的方式交叉存储。

表 2.14 为 BIL 格式数据排列表，图像大小为 $KM \times N$。

表 2.14　BIL 格式数据排列表

所有波段第 1 行	波段 1	(1,1)	(1,2)	…	$(1,N)$
	波段 2	(1,1)	(1,2)	…	$(1,N)$
	⋮	⋮	⋮		⋮
	波段 K	(1,1)	(1,2)	…	$(1,N)$
所有波段第 2 行	波段 1	(2,1)	(2,2)	…	$(2,N)$
	波段 2	(2,1)	(2,2)	…	$(2,N)$
	⋮	⋮	⋮		⋮
	波段 K	(2,1)	(2,2)	…	$(2,N)$
⋮	⋮	⋮	⋮		⋮
所有波段第 M 行	波段 1	$(M,1)$	$(M,2)$	…	(M,N)
	波段 2	$(M,1)$	$(M,2)$	…	(M,N)
	⋮	⋮	⋮		⋮
	波段 K	$(M,1)$	$(M,2)$	…	(M,N)

2. 遥感图像的专用数据格式

1) HDF 图像格式

层次型数据格式(hierarchical data format，HDF)是美国国家高级计算应用中心(National Central for Supercomputing Applications，NCSA)为了满足各领域研究需求而研制的一种能高效存储和分发科学数据的数据格式，被地球观测系统数据和信息系统核心系统选用作为标准数据格式。HDF 主要用来存储不同计算机平台(操作系统)产生的各类科学数据，适用于多种计算机平台，易于扩展。它的主要目的是帮助科学家在不同计算机平台上实现数据共享和互操作。

HDF 文件有六种主要的数据类型：栅格图像数据、调色板(图像色谱)、科学数据集(用于存储和描述多维科学数据)、Vdata(数据表)、HDF 注释(信息说明数据)和 Vgroup(相关数据组合，用来把相关的数据目标联系在一起)。

HDF 采用分层式数据管理结构，通过其所提供的“总体目录结构”可以直接从嵌套的文件中获得各种信息。如图 2.10 所示，它将地理定位数据、图像数据和数据属性等统一在一起，是一个综合的信息表达。打开一个 HDF 文件，在读取图像数据的同时，可以方便地查取到其地理定位、轨道参数、图像属性、图像噪声等各种信息参数。

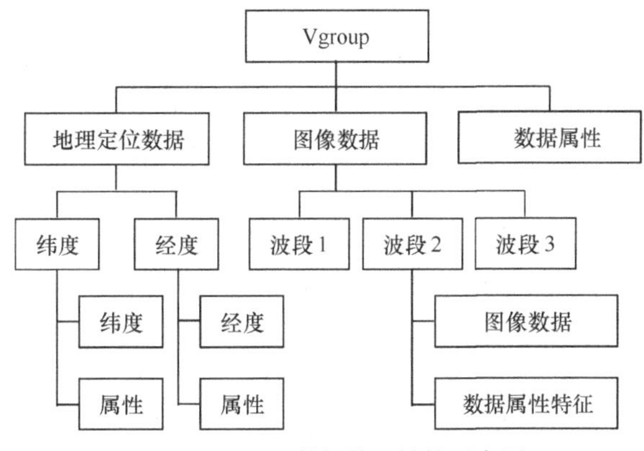

图 2.10　HDF 数据管理结构示意图

一个 HDF 文件包括一个头文件(file header)和一个或多个数据对象(data object)。一个数据对象由一个数据描述符和一个数据元素组成。数据描述符包含数据元素的类型、位置、尺度等信息；数据元素即为实际的数据资料。HDF 这种数据组织方式可以实现数据的自我描述。HDF 文件通常将含有相关数据的数据对象分为一组，这些数据对象组称为数据集。例如，一套 8 位的图像数据集一般有三组数据对象：第一组数据对象用来描述这个数据集的成员，即有哪些数据对象；第二组数据对象是图像数据；第三组数据对象则用来描述图像的尺寸大小。这三组数据对象都有各自的数据描述符和数据元素。一组数据对象可以同时属于多个数据集，例如，包含在一个栅格图像中的调色板对象，如果它的标识号和参照值也同时包含在另一个数据集描述符中，那么可以被另一个栅格图像调用。

HDF 数据结构综合管理二维、三维、矢量、属性、文本等多种信息，能够帮助人们摆脱不同数据格式之间相互转换的烦琐，而将更多的时间和精力用于数据分析。HDF 能够存储不同种类的科学数据，包括图像、多维数组、指针及文本数据。HDF 格式还提供命令方式，分析现存 HDF 文件的结构，并即时显示图像内容。用户可以通过这种标准数据格式快速熟悉文件结构，并能立即着手对数据文件进行管理和分析。

HDF 格式的主要优点在于：①自述性。对于一个 HDF 文件里的每一个数据对象，HDF 中都有关于该数据的综合信息(元数据)，在没有任何外部信息的情况下，HDF 允许应用程序解释 HDF 文件的结构和内容。②通用性。许多数据类型都可以被嵌入一个 HDF 文件。例如，通过使用合适的 HDF 数据结构，符号、数字和图形数据可以同时存储在一个 HDF 文件里。③灵活性。HDF 允许用户把相关的数据对象组合在一起，放到一个分层结构中，向数据对象添加描述和标签。它还允许用户把科学数据放到多个 HDF 文件里。④扩展性。HDF 极易容纳新增加的数据模式，容易与其他标准格式兼容。⑤跨平台性。HDF 是一个与平台无关的文件格式，无须任何转换就可以在不同平台上使用。

由于HDF的诸多优点,其广泛应用于多种卫星传感器的遥感数据存储,包括Landsat ETM+、ASTER、MODIS、MISR 等。在影像数据库多源数据管理中，HDF 格式发挥了很好的作用，如利用 HDF 数据结构建立图像工程，并与数据库进行交互；影像解译，统计分析；影像运算、信息挖掘、影像分类；综合处理影像、矢量、高程数据，三维显示等。

HDF 文件的免费工具 HDF Explorer 可从 http://www.space-research.org/下载。常用的 MODIS 图像和中国环境 1 号卫星的高光谱图像的数据文件均为 HDF 格式。

2) TIFF 图像格式

标记图像文件格式(tagged image file format，TIFF)，文件扩展名为 TIF 或 TIFF，是一种主要用于传统印刷及存储包括照片和艺术图在内的图像文件格式，能够支持多种彩色系统和压缩算法。TIFF 是一种通用的位映射图像格式，可以支持从单色到 24 位真彩色的任何图像，其特点是扩展性好、移植方便、可改性强。它可以在不影响旧的应用程序读取图像文件的同时让图像支持新的信息域，也可以在不违反旧的格式的前提下支持新的图像类型。不同版本的 TIFF，都可以在不同的平台方便使用，适用于广泛的应用程序，与计算机的结构、操作系统和图像硬件无关。其特点是图像格式复杂、存储信息多。因为它存储的图像细微层次的信息非常多，图像的质量也得以提高，所以非常有利于原稿的复制。

TIFF 由于采用了指针的方式来存储信息和数据，其存储方式是多种多样的，不存在一种软件可以读取所有的 TIFF。在同一个 TIFF 文件中，存放的图像可能不是一幅而是多幅。图像数据可以存储在文件的任何地方，也可以是任意的长度。

因为 TIFF 文件支持不同的平台和不同的软件，所以它的结构是多种的、可变的。TIFF 文件有多种压缩存储方式，常用的压缩方式有不压缩、LAW 压缩和 PackBits。新的压缩方式可以方便地加入其中，因此 TIFF 格式是一种永不过时的图像文件格式。

3) GeoTIFF 图像格式

GeoTIFF(geographically registered tagged image file format)是在 TIFF 格式上发展起来的图像格式。随着地理信息系统的广泛应用和遥感技术的日渐成熟，遥感影像及数据的获取正在向多传感器、多分辨率、多波段和多时相方向发展，这就迫切需要一种标准的遥感卫星数字影像格式，GeoTIFF 应运而生。

GeoTIFF 是一种包含地理信息的 TIFF 格式的文件，其后缀名也是 TIF 或 TIFF。在地理信息系统、摄影测量与遥感等应用中，要求图像具有地理编码信息，如图像所在的坐标系、比例尺、图像上点的坐标、经纬度、长度单位及角度单位等。对于存储和读取这些信息，纯 TIFF 格式的图像文件是很难做到的，而 GeoTIFF 作为 TIFF 的一种扩展，在 TIFF 的基础上定义了一些 GeoTag(地理标记)，用来对各种坐标系统、椭球基准、投影信息等进行定义和存储，使图像数据和地理数据存储在同一图像文件中，为制作和使用带有地理信息的图像提供了方便。

在 GeoTIFF 框架下，目前支持三种坐标空间：栅格空间(raster space)、设备空间(device space)和模型空间(model space)。栅格空间和设备空间是 TIFF 定义的，实现了图像的设备无关性及其在栅格空间内的定位。为了支持影像和 DEM 数据的存储，GeoTIFF 又将栅格空间细分为描述“面像元”和“点像元”两类坐标系统。设备空间通常在数据输入/输出时发挥作用，与 GeoTIFF 的解析无关。GeoTIFF 增加了一个模型坐标空间，用于描述数据对应的地理位置，准确实现了对地理坐标的描述，根据不同需要可选用地理坐标系、地心坐标系、投影坐标系和垂直坐标系(涉及高度或深度时)。

GeoTIFF 引入了 6 个地理标记(GeoTag)记录坐标信息，对于其他与地图投影有关的辅助信息，则采用一系列“地理键”(GeoKey)处理。6 个地理标记的含义如下：

(1) ModelTransformationTag，含有 16 个双精度型字段，保存了栅格空间到模型空间的转换矩阵的各个元素。

(2) ModelTiepointTag，含有 6 的整数倍个双精度型字段，记录了控制点的栅格坐标和模型坐标。

(3) ModelPixelScaleTag，含有 3 个双精度型字段，存放栅格空间中某点在模型空间的缩放比例。

(4) GeoDoubleParamsTag，代表 GeoTIFF 定义的一种数据类型，用来存储双精度类型的地理键。

(5) GeoAsciiParamsTag，用来存储字符型的地理键。

(6) GeoKeyDirectoryTag，用来索引地理键的地理信息目录，可分为头和记录两部分。头部的结构为 Header = { 目录版本号，修订版本号，副版本号，地理键的个数 }，每条记录的结构为 KeyEntry = { 地理键 ID，存放位置，元素的个数，值，索引 }。

单独使用 ModelTransformationTag 或者联合使用 ModelTiepointTag 和 ModelPixelScaleTag 均可以描述栅格空间到模型空间的对应关系，再加上 GeoDoubleParamsTag、GeoAsciiParamsTag 和 GeoKeyDirectoryTag 提供的信息，就可以得到模型空间的点对应的实际地理位置。

上述 6 个地理标签在由栅格空间到实际地理位置的表示中的使用情况如图 2.11 所示。

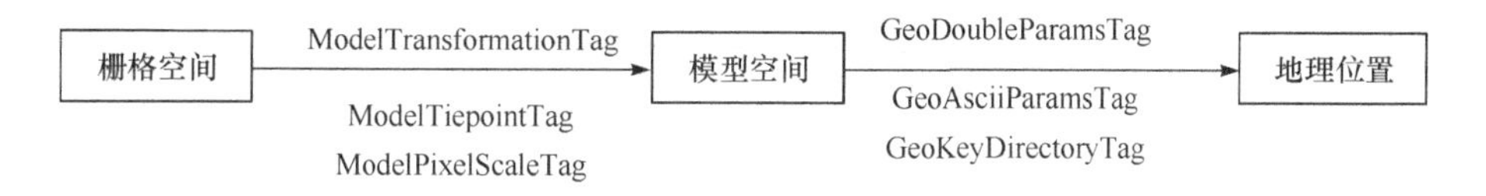

图 2.11　栅格空间到实际地理位置的地理标签使用

GeoTIFF 描述地理信息条理清晰、结构严谨，而且容易实现与其他遥感影像格式的转换。因此，GeoTIFF 图像格式应用十分广泛，绝大多数遥感和 GIS 软件都支持读写 GeoTIFF 格式的图像，如 ArcGIS、ERDAS IMAGINE 和 ENVI 等。在图像处理中，将经过几何校正的图像保存为 GeoTIFF，可以方便地在 GIS 软件中打开，并与已有的矢量图叠加显示。

习　题

1. 如何理解遥感图像获取的特征参数与反映的目标物的相关信息？
2. 说明遥感图像数字化、图像的采样与量化的过程。量化级别有何意义？不同采样和量化对图像的主要影响是什么？
3. 某遥感影像为 BSQ 格式，共有三个波段，如下所示，请分别表示为 BIL 格式和 BIP 格式。

B1	30	30	50	50	50	16
	30	30	50	50	16	77
	30	30	16	16	77	77
	16	16	77	77	77	77

B2	120	120	20	20	20	132
	120	120	20	20	132	89
	120	120	132	132	89	89
	132	132	89	89	89	89

B3	54	54	38	38	38	15
	54	54	38	38	15	27
	54	54	15	15	27	27
	15	15	27	27	27	27

第三章　遥感数字图像的表示与度量

第一节　遥感数字图像的表示

地物的光谱特征一般以图像的形式记录。地面反射或发射的电磁波信息经过地球大气到达传感器，传感器根据电磁波的强度将其以不同的亮度记录在遥感图像上。目前遥感传感器主要以数字形式记录地物电磁波信息，即以数字图像的方式记录地物的光谱信息。

在遥感图像处理过程中，为了便于问题的分析，需要用数学的方式来表达图像。其表达的基本方法有两类：一类是确定的表示方法，直接写出图像的函数表达式；另一类是统计的表达方法，用统计特征表示图像。

一、遥感数字图像的确定性表示

图像反映的是地物的辐射能量分布，确定性的表示方法即用数学函数表达式来表示图像，遥感数字图像可用矩阵、向量或是频率来表示。

1. 图像坐标系

客观世界是多维的，从客观场景中所获得的遥感图像一般是二维信息。因此，一幅遥感图像可以定义为一个二维函数 $f(x, y)$，其中，(x, y)是空间坐标。任何一对空间坐标(x, y)上的值 $f(x, y)$，表示图像在该点上的辐射强度或灰度，也称为像元值。经过采样与量化操作之后，图像的坐标(x, y)和图像的值 $f(x, y)$均为有限的、离散的数值。

因为矩阵是二维结构的数据，同时量化值取整数，所以一幅遥感数字图像可以用一个整数矩阵来表示。矩阵的元素位置(i, j)对应于遥感数字图像上一个像元点的位置。矩阵元素的值 $f(i, j)$即为对应像元上的像元值。

矩阵是二维结构的数据，可以用来描述图像。矩阵中元素 $f(i, j)$的 i，j 分别为行、列坐标，表明第 i 行和第 j 列；而图像像元 $f(x, y)$的坐标含义一般指直角坐标系中的坐标，两者的差异如图 3.1 所示。为便于阐述，本书将遥感数字图像的坐标系定义为矩阵坐标系，其函数不论是 $f(x, y)$还是 $f(i, j)$，均为矩阵坐标系中的图像表示。

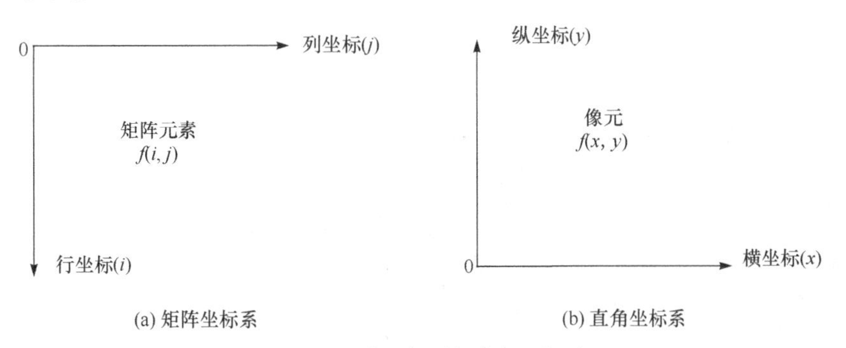

图 3.1　矩阵坐标系与直角坐标系

2. 确定性表示类型

主要图像类别及其确定性表示方式见表 3.1。

表 3.1　主要图像类别及其确定性表示方式

图像类别	表示方式	定义
二值图像	$f(x,y)=0,1$	图像只有黑白两种颜色，如文字、线画稿、指纹等
灰度图像	$0\leqslant f(x,y)\leqslant 2^n-1$	像元灰度值介于黑色和白色之间的 2^n(n 为亮化级别)种灰度中的一种，灰度图像只有灰度信息而没有色彩信息
彩色图像	$\{f_i(x,y)\}$ ，$i=$ R,G,B	每个像元由 R、G、B 三个字节组成，每个字节表示不同的灰度值，三个字节的组合可以产生不同的颜色
多光谱图像	$\{f_i(x,y)\}$ ，$i=1,2,\cdots,k$	每个像元包含多个对应不同波段的灰度值，其典型代表是遥感图像，k 为波段数
立体图像	f_L, f_R	用于摄影测量和计算机视觉分析等，L 和 R 分别为左图像和右图像
运动图像	$\{f_i(x,y)\}$ ，$i=1,2,\cdots,t$	包含不只一幅图像的图像序列，与时间有关，主要用于动态分析，t 为时间

对于不同的图像，确定性表示方法有一定的差别。二值图像由于只有两个取值，其确定性表示方法是 $f(x,y)=0,1$；量化位数为 n 的灰度图像，其确定性表示方法为 $0\leqslant f(x,y)\leqslant 2^n-1$；彩色图像用彩色三原色来表示，其确定性表示方法为 $\{f_i(x,y)\}$，i 代表 R、G、B 三原色；遥感多光谱图像表示为 $\{f_i(x,y)\}$，i 代表多光谱图像的波段；主要用于动态分析的运动图像则表示为 $\{f_i(x,y)\}$，i 代表时间。

3. 确定性表示方式

1) 图像的矩阵表示

把连续图像进行离散化后的数字图像，可以看作一个矩阵，因此，可以应用矩阵相关理论来处理图像。设图像数据为 m 行，n 列，有 k 个波段。任一波段的图像数据都可以表示为包括 $m\times n$ 个像元的矩阵。其中，m、n 为正整数。

$$F=\begin{bmatrix} f(0,0) & f(0,1) & \cdots & f(0,n-1) \\ f(1,0) & f(1,1) & \cdots & f(1,n-1) \\ \vdots & \vdots & & \vdots \\ f(m-1,0) & f(m-1,1) & \cdots & f(m-1,n-1) \end{bmatrix} \tag{3.1}$$

二值图像是指图像中每个像元由 0(黑)或 1(白)构成，其灰度没有中间过渡值的图像(图 3.2)。在遥感数字图像处理过程中，二值图像一般作为中间结果产生，是逻辑运算或图像二值化(阈值化)后的结果，常采用压缩方式存储，每个像元采用一位来表示，相邻八个像元的信息记录在一个字节中，这样可节省存储空间。

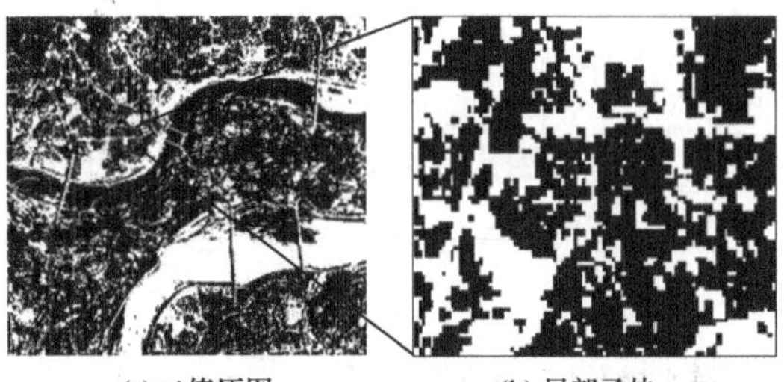

$$I=\begin{bmatrix} 0 & 0 & 1 & 1 & 1 & 1 \\ 0 & 0 & 1 & 0 & 1 & 1 \\ 1 & 0 & 0 & 0 & 1 & 1 \\ 0 & 1 & 1 & 0 & 1 & 1 \\ 0 & 0 & 1 & 0 & 0 & 1 \\ 1 & 0 & 0 & 1 & 0 & 0 \end{bmatrix}$$

(a) 二值原图　(b) 局部子块　(c) 数值矩阵(局部)

图 3.2　二值图像及其矩阵表示

为了便于理解，从图 3.2(a)中取出一小块进行局部放大，如图 3.2(b)所示，子块的数值矩阵(局部)见图 3.2(c)。

灰度图像是指每个像元的信息由一个量化后的灰度级来描述的数字图像，灰度图像中不包含彩色信息。图像量化的位数不同，矩阵的取值也不同。单波段图像也是灰度图像。一幅 8 位量化的图像，灰度值 0 为黑色，255 为白色(图 3.3)。标准灰度图像中每个像元的灰度由一个字节表示，灰度级数为 256 级，每个像元可以是 0～255(从黑到白)的任何一个值。图 3.3(a)是一幅灰度图像，从图像中取出一小块进行局部放大，如图 3.3(b)所示，子块的数值矩阵(局部)见图 3.3(c)。

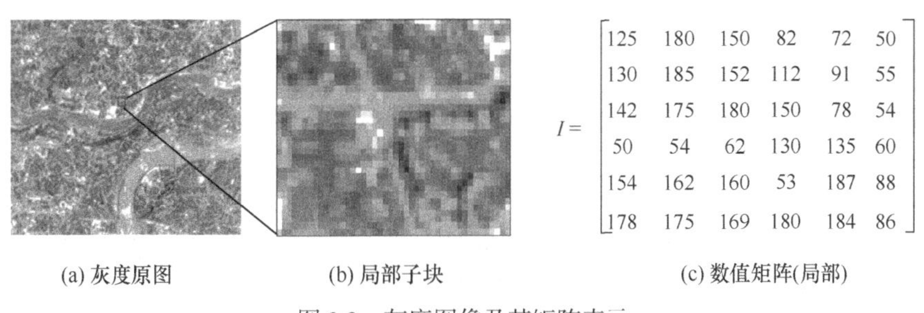

(a) 灰度原图　(b) 局部子块　(c) 数值矩阵(局部)

图 3.3　灰度图像及其矩阵表示

彩色图像是指由红、绿、蓝(分别用 R、G、B 表示)三个数字层构成的图像，在每一个数字层中，每个像元用一个字节记录地物亮度值，数值范围一般为 0～255。每个数字层的行列数取决于图像的尺寸或数字化过程中采用的空间分辨率。三层数据共同显示即为彩色图像。

如果三种基色的灰度分别用一个字节(8 位)表示，则三原色之间不同的灰度组合可以形成不同的颜色。图 3.4 是数字彩色图像的三原色通道分量图及矩阵表示示意图。与图 3.4(c)、图 3.4(d)相比，图 3.4(b)所示的红色分量图的灰度值最大，所以彩色图像的画面呈现暖色调。

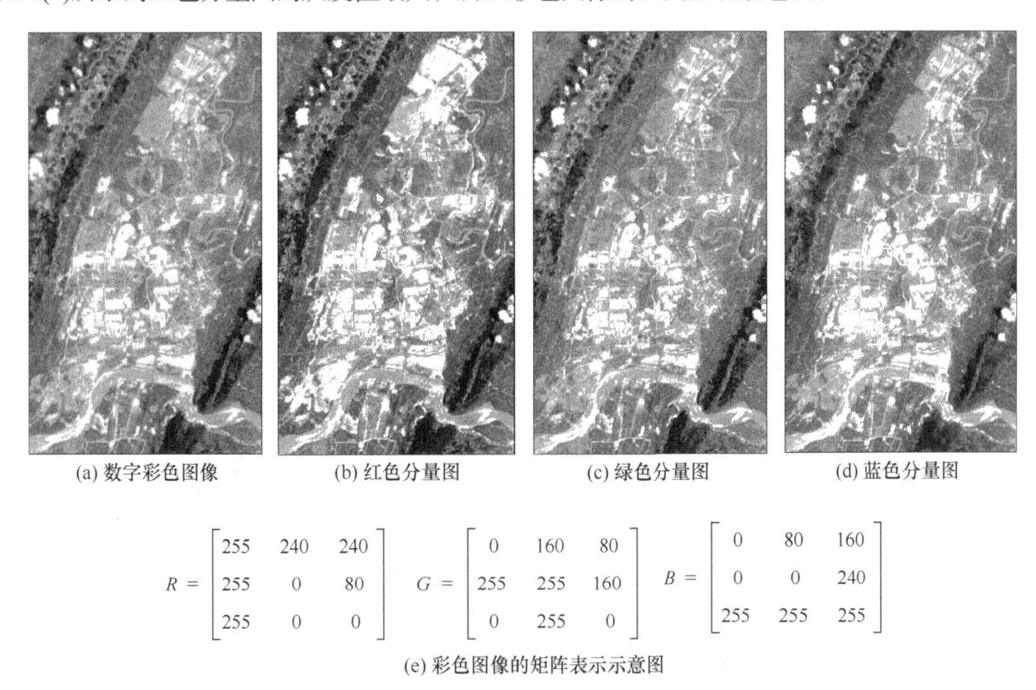

(e) 彩色图像的矩阵表示示意图

图 3.4　数字彩色图像的三原色通道分量图及矩阵表示示意图

因为彩色图像的每个像元由红、绿、蓝三原色构成，一幅彩色图像由对应的 R、G、B 三个灰度波段组成，所以彩色图像的矩阵由三个灰度波段的矩阵组成，如图 3.4(e)所示。对于多光谱图像，可通过任意三个波段分别赋予 R、G、B 三个通道而产生彩色图像。

2) 图像的向量表示

在某些分析中应用矩阵表示不方便，此时需要使用图像的向量表示方式。例如，对于数字图像的能量等特征，用图像的向量表示会比矩阵表示更方便。

按行的顺序排列像元，使图像下一行第一个像元紧接着上一行最后一个像元，图像可以表示成 $1\times mn$ 的列向量 f：

$$f=\left[f_0,f_1,\cdots,f_i,\cdots,f_{n-1}\right]^{\mathrm{T}} \tag{3.2}$$

式中，$f_i=[f(i,0),f(i,1),\cdots,f(i,n-1)]^{\mathrm{T}}(i=0,1,\cdots,m-1)$。

这种表示方式的优点在于可以直接利用向量分析的有关理论和方法。

3) 图像的频域表示

遥感数字图像是一种空间域的表现形式，它是空间坐标的函数。遥感数字图像还可以采用频率的表现形式，这时图像是频率坐标 u 和 v 的函数，用 $F(u,v)$表示，通过傅里叶变换和傅里叶反变换实现图像的空间域与频率域的相互变换。

$F(u,v)$包括原始图像 $f(x,y)$的空间频率信息，称为频谱，它是一个复函数，可以表示为实部与虚部之和：

$$F(u,v)=R(u,v)+iI(u,v) \tag{3.3}$$

等价为

$$F(u,v)=|F(u,v)|\,\mathrm{e}^{i\phi(u,v)} \tag{3.4}$$

其中，$|F(u,v)|$是一个实函数，并且：

$$|F(u,v)|=\sqrt{R(u,v)^2+I(u,v)^2} \tag{3.5}$$

$|F(u,v)|$是傅里叶变换的振幅，可以用二维图像表示，它代表了图像 $f(x,y)$中不同频率组分的振幅和方向，提供了通过空间频率来分析和处理图像的途径。傅里叶振幅图像都呈中心对称，通常将 $F(0,0)$作为傅里叶图像的中心，而不是空间图像的左上角。因此中心的亮度代表了最低频组分的振幅，频率由中心向外逐渐增大。遥感数字图像的频率域表示可以给出图像的频率成分，为遥感图像的表示和处理提供了新的空间和方法。图 3.5 是一幅遥感数字图像的空间域图像与频率域图像。

(a) 空间域图像

(b) 频率域图像(傅里叶频谱图像)

图 3.5　离散傅里叶正反变换前后图像

二、遥感数字图像的统计表示

在遥感图像成像过程中，受多种因素的影响，图像的像元值变化具有随机性的特点。因此当图像不便于确定性表示时，可以采用统计方式来描述。一般来说，遥感图像中像元的出现频率服从高斯分布，其概率密度函数为正态分布。将遥感图像看作随机向量，可以用概率密度函数来表示；当概率密度函数不可知时，可以采用期望、方差、协方差等统计特征参数来表示。

第二节　遥感数字图像直方图

遥感数字图像的数据是二维的，包含了成像区域的明暗信息和位置信息，因此可以再现该区域的原始场景。但是，在对遥感图像进行质量评价或对目标物进行观察与分析时，会在不考虑图像位置信息的情况下，对图像的明暗程度或对比度等进行定性描述，因此就涉及对整幅遥感数字图像的明暗程度的定量表示问题。遥感数字图像的直方图及累计直方图是对图像明暗程度进行直观描述的有效方式。

一、直方图

1. 直方图的概念

直方图是灰度的函数，是对图像中灰度级分布的统计，表示图像中各个灰度级像元出现的次数或频率。

图像灰度级直方图的横坐标是图像的灰度级，纵坐标是各灰度级像元出现的次数或频率。若纵坐标表示的是像元的灰度级出现的频率，其计算公式为

$$F(i)=n_i/N \quad (i=0,1,\cdots,L-1) \tag{3.6}$$

式中，$F(i)$为第 i 灰度级像元出现的频率；n_i 为第 i 灰度级像元的个数；N 为图像的像元总个数；L 为最大的灰度级。

例如，一幅 8×8 的数字图像，如图 3.6(a)所示，灰度级最大值为 9，最小值为 1，对各灰度级的像元数及频率的统计见表 3.2。根据统计值，生成该图像的直方图如图 3.6(b)所示。

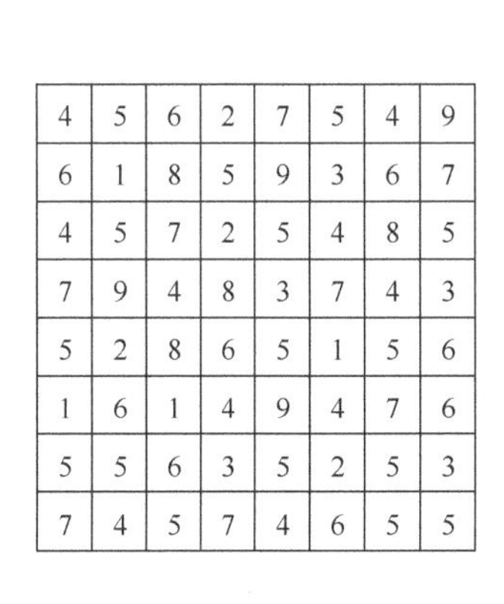

4	5	6	2	7	5	4	9
6	1	8	5	9	3	6	7
4	5	7	2	5	4	8	5
7	9	4	8	3	7	4	3
5	2	8	6	5	1	5	6
1	6	1	4	9	4	7	6
5	5	6	3	5	2	5	3
7	4	5	7	4	6	5	5

(a) 数字图像

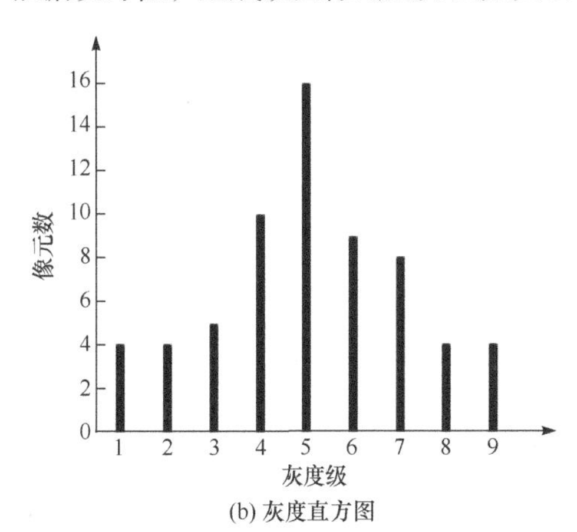

(b) 灰度直方图

图 3.6　数字图像及其灰度直方图

表 3.2　直方图统计表

灰度级	1	2	3	4	5	6	7	8	9
像元数	4	4	5	10	16	9	8	4	4
频率/%	6.25	6.25	7.81	15.63	25.00	14.06	12.50	6.25	6.25

虽然遥感数字图像与一般数字图像一样，也是离散图像，但其数据量要大得多，每一个灰度级数据量都比较大，因此其直方图纵坐标一般用各灰度级的百分数表示，有时也称频数、频率。图 3.7 为一幅遥感数字图像及其直方图。

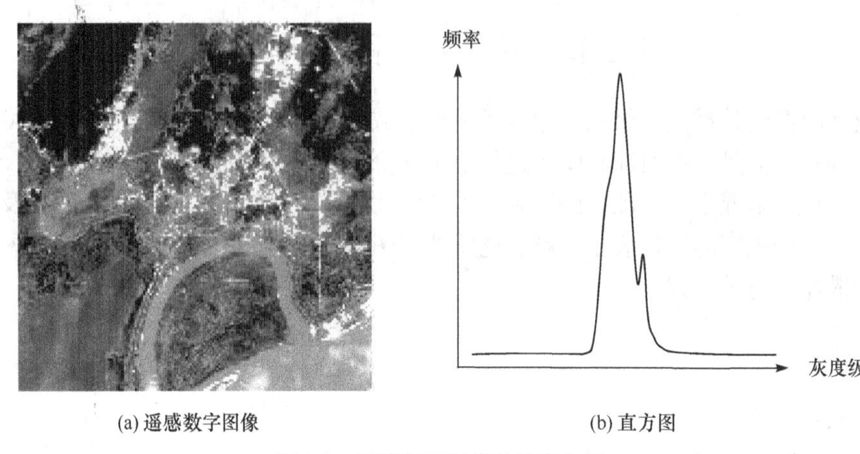

(a) 遥感数字图像　　(b) 直方图

图 3.7　遥感数字图像及其直方图

2. 直方图的性质

(1) 直方图反映了图像中灰度的分布规律。当一幅图像用直方图来描述时，图像所有的空间信息均丢失，直方图仅表达了灰度分布的统计信息，即直方图仅描述每个灰度级具有的像元个数或频率，但不能反映这些像元在图像中的位置。在遥感数字图像处理中，可通过修改图像的直方图来改变图像的反差。

(2) 直方图具有唯一性。任何一幅图像都对应唯一的直方图，但不同的图像可能有相同的直方图，即图像与直方图之间是多对一的映射关系。因此，图像的直方图可用于图像的定性分析。

(3) 直方图具有可相加性。如果一幅图像由若干个不相交的区域构成，则整幅图像的直方图是这若干个区域直方图之和。

(4) 由于遥感图像数据的随机性，在图像区域比较大，或是像元数量足够多且地物类型差异不是非常悬殊的情况下，遥感图像数据服从或接近于正态分布，即直方图的形态与数学上的正态分布曲线形态类似，其表达式为

$$f(x)=\frac{1}{\sqrt{2\pi\sigma}}\exp\left[-\frac{(x-\mu)^2}{2\sigma^2}\right] \tag{3.7}$$

式中，σ 为标准差；μ 为均值。

如果遥感图像数据不完全服从正态分布，即遥感图像直方图分布曲线与正态分布曲线存在较大差异，则图像灰度值均值、众数和中值将明显不一致。图像偏斜程度为

$$S_K=\frac{\mu-f_{\text{mod}}}{\sigma} \tag{3.8}$$

式中，S_K 为图像偏斜程度；f_{mod} 为图像灰度众数；σ 为标准差；μ 为均值。

3. 直方图的用途

直方图反映了图像的灰度分布状况，在图像质量初步评价、图像分割等方面具有如下用途。

(1) 根据直方图形态可以大致推断图像质量。如果图像直方图的形态接近正态分布，则图像的对比度适中；如果图像直方图的峰值偏向灰度值较大的一侧，则图像总体偏亮；如果图像直方图的峰值偏向灰度值较小的一侧，则图像总体偏暗；如果图像直方图的峰值变化较陡、较窄，则图像的灰度值分布较集中，反差较小。

图 3.8 是不同形态的直方图，反映了图像的总体质量特征。

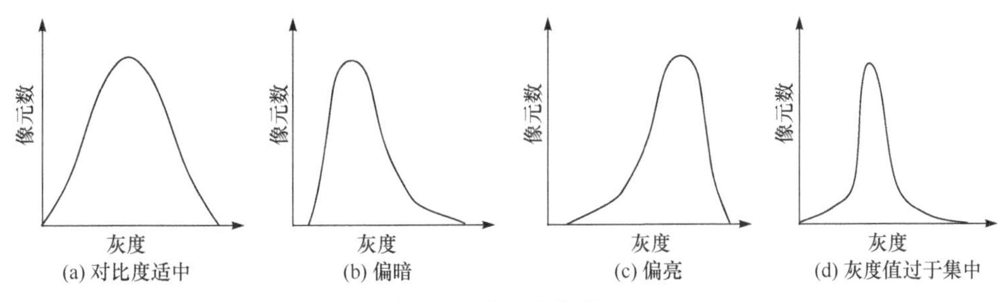

图 3.8　直方图的形态

(2) 直方图形态可作为图像分割阈值的选择依据。图像分割是图像识别、图像测量系统中不可缺少的处理环节。如图 3.9 所示，依据图像的直方图，对一些具有特殊灰度分布的图像可以直接选择图像的分割阈值。当直方图具有两个或两个以上的峰值时，说明图像中主要有两类或更多类别的目标地物，因此波峰之间的谷底灰度值可被选作阈值来区分不同类别的目标地物。

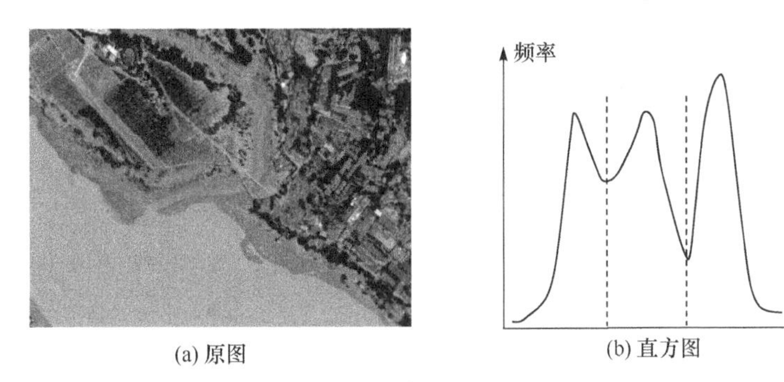

图 3.9　基于直方图的分割阈值选择

(3) 噪声类型判断。直方图还有助于判断图像上的噪声类型，可以为图像去噪声处理提供参考。

二、累积直方图

图像的累积直方图横轴表示灰度级，纵轴表示某一灰度级及其以下灰度级的像元个数或是像元出现的频率。累积直方图计算公式为

$$S(i)=\sum_{j=0}^{i}\frac{n_j}{N}\quad (i=0,\ 1,\ \cdots,\ L-1) \tag{3.9}$$

式中，$S(i)$为第 i 灰度级累积概率分布；i 为灰度级；n_j 为第 i 灰度级像元的个数；N 为图像的像元总个数。

表 3.3 为图 3.6(a)的累积直方图统计表，图 3.10 为图 3.6(a)的直方图与累积直方图。

表 3.3 累积直方图统计表

灰度级	1	2	3	4	5	6	7	8	9
累积像元数	4	8	13	23	39	48	56	60	64
累积频率/%	6.25	12.50	20.31	35.94	60.94	75.00	87.50	93.75	100.00

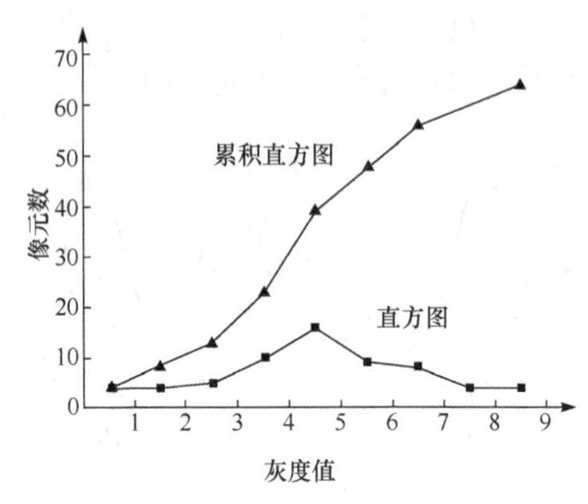

图 3.10 直方图和累积直方图

第三节 遥感数字图像的统计特征

设遥感数字图像为 $f(i,j)$，大小为 $M \times N$，M 为图像的行数，N 为图像的列数，$i=0,\cdots,M-1$；$j=0,\cdots,N-1$。

一、单波段图像的基本统计特征

1. 图像的平均信息

1) 均值

均值是像元的算术平均值，反映图像中地物的平均辐射强度，大小由图像中主体地物的辐射信息决定。计算公式为

$$\mu_f = \frac{1}{M \times N} \sum_{i=0}^{M-1} \sum_{j=0}^{N-1} f(i,j) \tag{3.10}$$

2) 中值

中值指图像所有灰度级按高低顺序排列后处于中间的值，当灰度级数为偶数时，取中间两灰度级的平均值。由于一般遥感图像的灰度级都是连续变化的，中值可通过灰度值的最大值和最小值求平均来获得。

$$f_{\text{mid}} = \frac{f_{\max}(i,j) + f_{\min}(i,j)}{2} \tag{3.11}$$

式中，$f_{\max}(i,j)$为图像的最大灰度值；$f_{\min}(i,j)$为图像的最小灰度值。

3) 众数

众数是图像中出现次数最多的灰度值，反映了图像中分布较广的地物反射能量。

2. 图像的变化信息

1) 方差

方差是图像中像元值与平均值差异的平方和，表示像元值的离散程度，用于衡量图像信息量的大小。方差越大，图像的信息量越大；反之，图像的信息量越小。计算公式为

$$\sigma^2=\frac{1}{M\times N}\sum_{i=0}^{M-1}\sum_{j=0}^{N-1}[f(i,j)-\mu_f]^2 \tag{3.12}$$

式中，σ^2为方差；σ为标准差；μ_f为图像的平均值。

2) 变差

变差是图像像元的最大值和最小值之间的差值，表示灰度值的差异大小，能间接反映图像的信息量。计算公式为

$$f_{\mathrm{range}}(i,j)=f_{\max}(i,j)-f_{\min}(i,j) \tag{3.13}$$

3) 反差

反差反映图像的显示效果和可分辨性，有时又称对比度。反差大，不同地物的可分辨性大；反之不同地物的可分辨性小。因此，图像处理的一个基本目标就是提高图像的反差。反差可用方差或标准差、变差等来表示。

$$C_1=f_{\max}/f_{\min} \tag{3.14}$$

$$C_2=f_{\max}-f_{\min} \tag{3.15}$$

$$C_3=\sigma \tag{3.16}$$

反差除了可用以上公式表达以外，在使用过程中也可用相对亮度对比度C_{r}、灰阶水平对比度C_{g}及对比度C来表示。

$$C_{\mathrm{r}}=(f_{\max}-f_{\min})/(f_{\max}+f_{\min}) \tag{3.17}$$

$$C_{\mathrm{g}}=(f_{\max}-f_{\min}+1)/f_{\mathrm{d}} \tag{3.18}$$

式中，f_{d}为图像灰度级。

$$C=\sum d(i,j)^2\cdot p(i,j) \tag{3.19}$$

式中，$d(i,j)$为相邻像元i与j的灰度值差；$p(i,j)$为该灰度值差出现的概率。

对比度C主要用于图像的对比分析研究，每个像元的d值和p值都是可变的。实际计算时，式(3.19)可简化为

$$C=\sum d(i,j)^2/\mathrm{NN} \tag{3.20}$$

式中，NN为相邻像元的总个数。

图像对比度C的计算实例见表3.4。像元编号按从左向右，自上而下进行；差值按照左、

上、右、下的顺序计算，仅考虑四邻域。

表 3.4　图像对比度 C 的计算

图像数据				编号	相邻像元的差值				相邻像元数量	编号	相邻像元的差值				相邻像元数量
1	2	4	3	1			1	3	2	9		1	2	2	3
4	3	3	2	2	1		2	1	3	10	2	0	1	1	4
5	3	4	3	3	2		1	1	3	11	1	1	1	2	4
3	4	2	5	4	1			1	2	12	1	1		2	3
				5		3	1	1	3	13		2	1		2
NN＝48				6	1	1	0	0	4	14	1	1	2		3
相邻像元差的平方和 ＝112				7	0	1	1	1	4	15	2	2	3		3
C＝2.33				8	1	1		1	3	16	3	2			2

二、多波段图像的统计特征

遥感图像的特征不仅仅考虑单个波段，很多时候需要综合考虑多个波段之间的关系，因为多个波段之间的统计特征也是进行图像融合的主要依据之一。不同波段之间的关系可以用协方差和相关系数这两个统计参数来表示。两个基本统计量的值越高，说明两个波段的图像之间的协变性越强。利用图像波段之间的协方差，可以实现图像的压缩处理(如 K-L 变换)；利用波段之间的相关性，可以提取特定的图像信息，对图像信息进行复原(如基于暗像元法的大气校正方法)。

1. 协方差矩阵

协方差矩阵定义了两个变量之间的协变关系。设 $f(i,j)$ 和 $g(i,j)$ 是图像的两个波段，它们之间的协方差为

$$S_{gf}^2 = S_{fg}^2 = \frac{1}{M \times N}\sum_{i=0}^{M-1}\sum_{j=0}^{N-1}\{[f(i,j)-\mu_f]\cdot[g(i,j)-\mu_g]\} \tag{3.21}$$

式中，μ_f 和 μ_g 分别为图像 $f(i,j)$ 和 $g(i,j)$ 的均值。

将 k 个波段的协方差排列在一起组成矩阵称为波段的协方差矩阵 Σ，即

$$\Sigma = \begin{bmatrix} S_{11}^2 & S_{12}^2 & \cdots & S_{1k}^2 \\ S_{21}^2 & S_{22}^2 & \cdots & S_{2k}^2 \\ \vdots & \vdots & & \vdots \\ S_{k1}^2 & S_{k2}^2 & \cdots & S_{kk}^2 \end{bmatrix} \tag{3.22}$$

协方差矩阵的对角线是某一波段的方差，即

$$S_{ff}^2 = \frac{1}{M \times N}\sum_{i=0}^{M-1}\sum_{j=0}^{N-1}[f(i,j)-\mu_f]^2 = \sigma^2 \tag{3.23}$$

2. 相关系数矩阵

相关系数反映不同波段之间的相关程度，即反映图像中两个波段之间信息的重叠程度。相关系数大则两个波段之间的信息重叠较大，反之，两个波段之间的信息重叠较小。为了能够从影像中获取更多的信息，在多波段合成时，可以考虑选择相关性较小的波段。相关系数的计算公式为

$$r_{fg}=\frac{S_{fg}^2}{S_{ff}\cdot S_{gg}}=\frac{S_{fg}^2}{\sigma_f\cdot\sigma_g} \tag{3.24}$$

式中，σ_f和 σ_g 分别为图像 $f(i,j)$和 $g(i,j)$的标准差。

将 k 个波段之间的相关系数排列在一起组成的矩阵称为相关系数矩阵，即

$$r=\begin{bmatrix} 1 & r_{12} & \cdots & r_{1k} \\ r_{21} & 1 & \cdots & r_{2k} \\ \vdots & \vdots & & \vdots \\ r_{k1} & r_{k2} & \cdots & 1 \end{bmatrix} \tag{3.25}$$

相关系数矩阵的对角线是某一波段与自身的相关系数，所以都为 1。

协方差和相关系数是两个不同的统计量，协方差强调绝对的差异性、偏离均值的程度，而相关系数强调相对的相关性。

第四节　遥感数字图像的度量和计算

一、遥感数字图像的空间

遥感数字图像的空间可以是几何上的三维空间，也可以是数学上的欧氏空间。遥感数字图像处理常有图像空间、光谱空间和特征空间三种空间表现方式。

1. 图像空间

图像空间具有二维坐标，是数字图像的直观表示，地物在图像空间能直观地表现，利用图像合成可以产生不同的表示方式，这也是遥感图像最主要的表示方式。

2. 光谱空间

每个图像的像元具有特定的属性，即灰度值，不同波段的灰度值构成光谱。光谱是区分、识别不同地物的基本依据。不同的地物类型具有不同的光谱。在光谱空间，可以分析当前像元的光谱，也可以对不同像元、不同地物的光谱进行对比。

3. 特征空间

图像特征是图像的基本属性和测度，从不同的角度描述了图像的性质。图像的波段是最基本的图像特征。特征空间就是任意两个或多个波段(或特征)所构成的像元空间。在特征空间中，同类地物像元点往往聚集在一起，不同的特征空间表达了像元间的不同关系。利用特征空间可以有效地进行遥感信息提取、遥感图像分类和模式识别。

图 3.11 是一景 TM 影像部分波段的二维特征空间图。

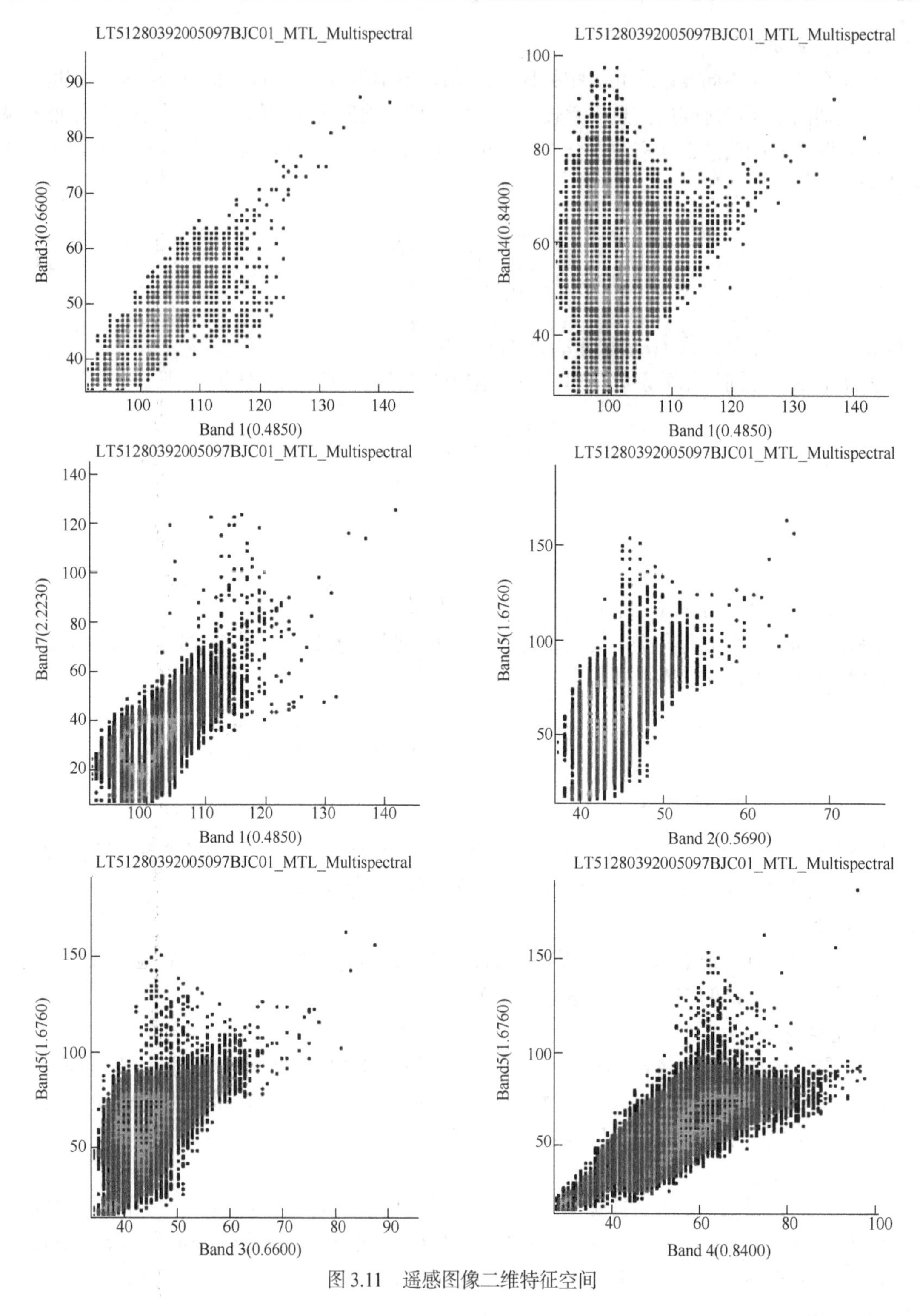

图 3.11　遥感图像二维特征空间

二、遥感数字图像的窗口与邻域

1. 窗口与邻域

对于图像中的任一像元，其上下左右对称的像元范围称为窗口。窗口多为矩形，其行列多为奇数，以行数×列数来表达，如3×3窗口、5×5窗口等，或用近似表示圆或其他形状的窗口。图3.12为一个3×3矩阵窗口、圆形窗口和菱形窗口。

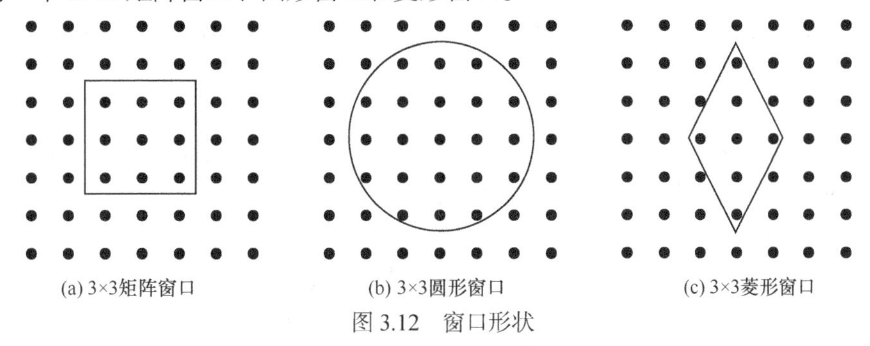

图3.12　窗口形状

中心像元周围的行列称为该像元的邻域。邻域考虑的是中心像元相邻的行列总数。例如，3×3窗口可以有4邻域和8邻域(图3.13)。

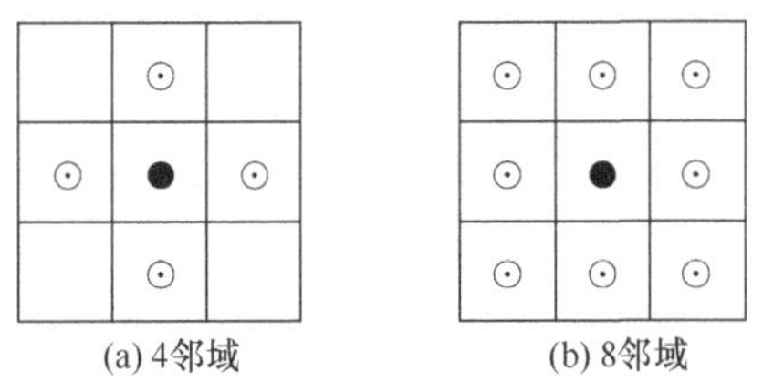

图3.13　3×3矩阵窗口的像元邻域

2. 邻域计算

邻域计算就是对中心像元(x,y)，其值用$f(x,y)$表示，可以按照相邻性规则计算。最常用的邻域计算方法是卷积运算和邻域统计。

根据运算过程中的不同平移方式，窗口可分为滑动窗口和跳跃窗口。滑动窗口是指在邻域计算时，窗口逐像元移动，即每次移动一个像元的位置，并将原图像在窗口范围内的计算结果赋予输出图像对应的中心像元(图3.14)；跳跃窗口是指在邻域计算时，以窗口大小为步长进行移动，即每次移动一个窗口大小的位置，计算后的值通常被赋予输出图像对应窗口的相应像元(图3.15)。

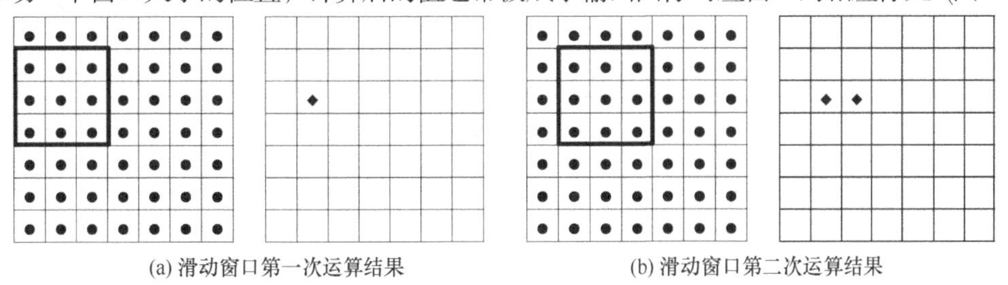

(a) 滑动窗口第一次运算结果
(b) 滑动窗口第二次运算结果

图3.14　滑动窗口的邻域运算

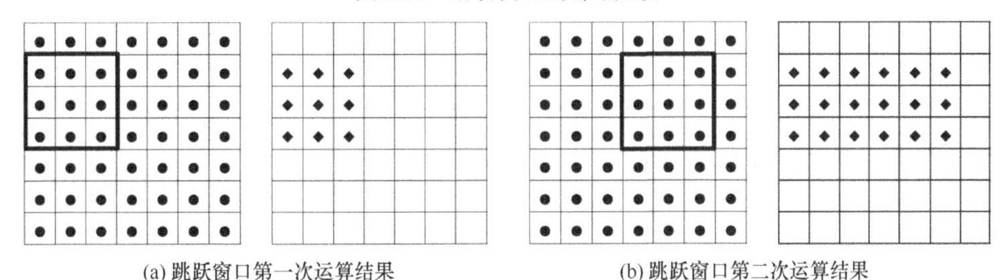

(a) 跳跃窗口第一次运算结果
(b) 跳跃窗口第二次运算结果

图3.15　跳跃窗口的邻域运算

本小节以 3×3 窗口的 8 邻域为例介绍邻域统计功能。

多样性(diversity)：输入图像在邻域窗口中所包含的像元类型个数[图 3.16(b)]。

密度(density)：某一灰度值(通常为输入图像在邻域窗口中心的像元值)在输出图像邻域窗口所覆盖区域内出现的次数[图 3.16(c)]。

众数(majority)：邻域窗口内出现次数最多的灰度值。需要注意的是，如果存在多个满足条件的灰度值，则优先选取最小的灰度值作为输出结果，此规则也适用于少数运算[图 3.16(d)]。

少数(minority)：邻域窗口内出现次数最少的灰度值[图 3.16(e)]。

求和(sum)：邻域窗口范围内灰度值之和[图 3.16(f)]。

均值(mean)：邻域窗口范围内灰度值的平均值[图 3.16(g)]。

标准差(standard deviation)：邻域窗口范围内灰度值的标准差[图 3.16(h)]。

最大值(maximum)：邻域窗口范围内最大的灰度值[图 3.16(i)]。

最小值(minimum)：邻域窗口范围内最小的灰度值[图 3.16(j)]。

秩(rank)：邻域窗口范围内灰度值小于等于中心像元灰度值的像元类型个数(即中心像元灰度值在窗口中由小到大的序号)[图 3.16(k)]。需要注意的是，在秩的计算过程中，仅计算出现了哪些像元值，而不考虑相同像元出现的次数，即重复出现的像元不予计算。

在邻域运算过程中，窗口不同或是窗口相同但邻域不同时，输出结果也会发生变化。图 3.16(k)和图 3.16(l)分别是 8 邻域和 4 邻域的秩的运算结果。

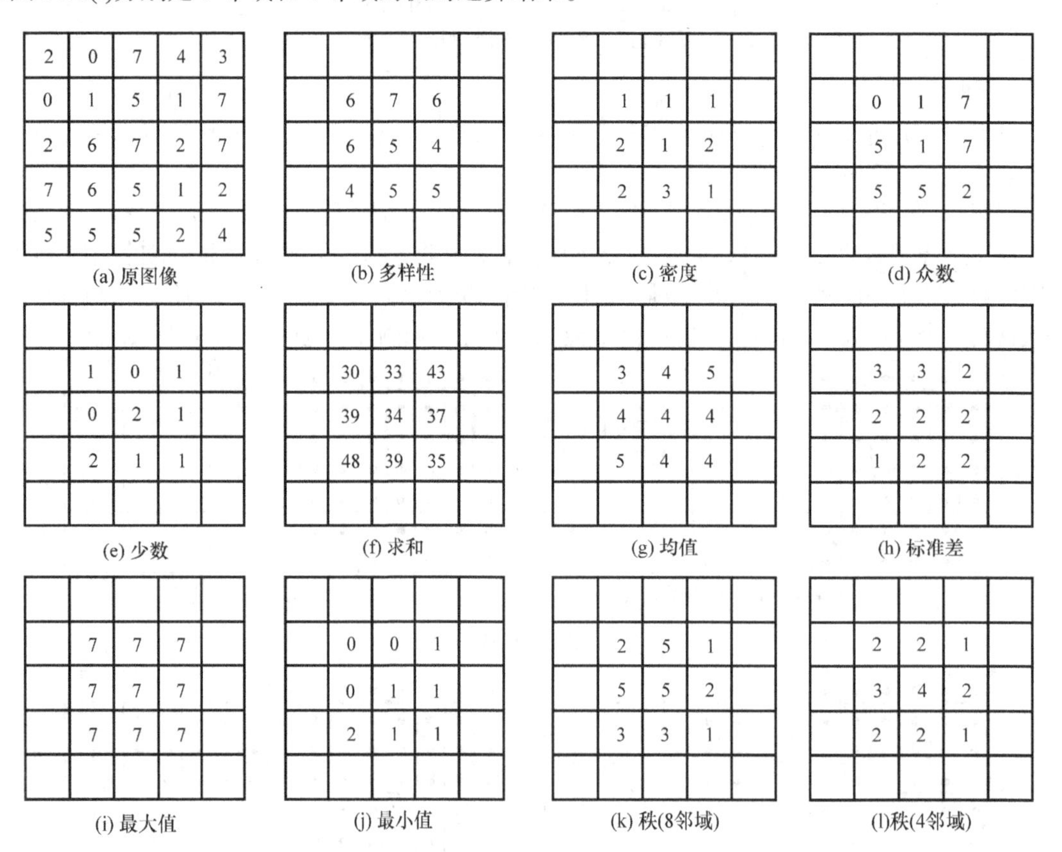

图 3.16　邻域运算窗口

三、遥感数字图像的卷积与滤波

1. 卷积

卷积(convolution)是针对空间域的操作，可以对图像进行平滑和锐化。在频率域与其对应的是滤波处理。设图像中窗口大小为 $m \times n$，(i, j)是中心像元，$f(x, y)$是图像的像元值，$g(i, j)$是运算结果，$h(x, y)$是卷积模板(或称为卷积核，kernel)，图像中的卷积运算为

$$g(i,j)=\sum_{x=1}^{m}\sum_{y=1}^{n}\left[f(x,y)\cdot h(x,y)\right] \tag{3.26}$$

卷积核是相邻像元对中心像元影响程度的表达，可以根据工作的目的来选择，也可以根据问题的要求来创建。模板内像元值可以是固定的，也可以是随窗口变化的，像元值的总和为 0 或 1，或根据需要来确定。以图 3.16(a)的数据为例，卷积模板(卷积核)如图 3.17(a)所示，卷积运算结果如图 3.17(b)所示(结果四舍五入)。

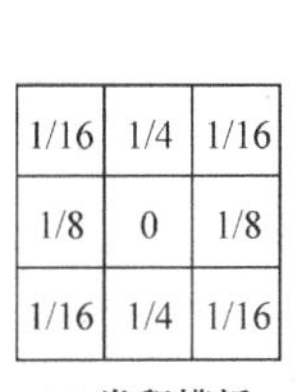

1/16	1/4	1/16
1/8	0	1/8
1/16	1/4	1/16

(a) 卷积模板

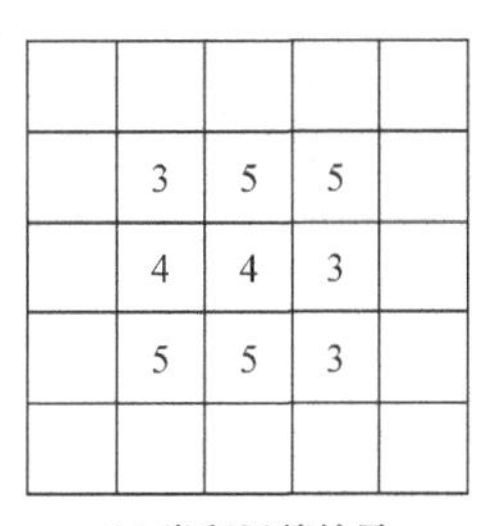

	3	5	5	
	4	4	3	
	5	5	3	

(b) 卷积运算结果

图 3.17　卷积运算

例如，$g(1,1)=f(0,0)\times 1/16+f(0,1)\times 1/4+f(0,2)\times 1/16+f(1,0)\times 1/8+f(1,1)\times 0+f(1,2)\times 1/8+f(2,0)\times 1/16+f(2,1)\times 1/4+f(2,2)\times 1/16=3$。

2. 滤波

广义的滤波是指从含有干扰的信号中提取有用的信号；狭义的滤波是指改变信号中各个频率分量的相对大小，或者把某些频率分量分离出来并加以抑制或去除的过程。滤波处理可以将频率函数作用于信号的频谱。从计算上看，滤波 $Y(f)$是频率函数 $H(f)$与信号 $x(t)$的频谱 $X(f)$之间的相乘计算：$Y(f)=X(f)H(f)$。滤波主要应用在频率域图像处理中，在空间域，滤波即为卷积运算。

四、遥感数字图像的纹理

纹理是图像的某种局部性质，也是图像中某个区域内像元之间的某种关系。纹理是由纹理基元按照某种规律重复排列而成的。纹理可以分为人工纹理和自然纹理。人工纹理由自然背景上的符号排列组成，通常是不规则的，而自然纹理是具有重复排列现象的自然景物，往往是有规则的。

对纹理的描述可以是定性的，也可以是定量的，定量的方法主要包括统计方法和结构方法。统计方法目前使用较多，发展较完善，主要包括空间自相关函数和灰度共生矩阵两种。

1. 空间自相关函数

空间自相关函数是对物体的粗糙程度进行描述，其定义为

$$r(x,y)=\frac{\sum_{i=0}^{m-1}\sum_{j=0}^{n-1}f(i,j)f(i+x,j+y)}{\sum_{i=0}^{m-1}\sum_{j=0}^{n-1}f(i,j)^2} \tag{3.27}$$

粗纹理的自相关函数随距离变化较为缓慢，而细纹理则变化比较快。如果距离固定，粗纹理具有较高的自相关函数。图 3.18 为粗细纹理的对比图。

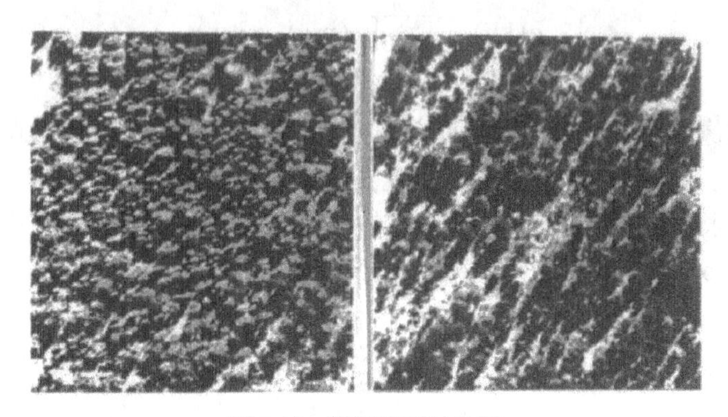

图 3.18　粗细纹理对比图

2. 灰度共生矩阵

灰度共生矩阵描述了当图像中像元(i,j)处灰度为 m，与(i,j)相距位移为(a,b)且灰度为 n 的概率。一副图像的灰度共生矩阵能反映出图像灰度关于方向、相邻间隔、变化幅度的综合信息，是分析图像的局部模式和它们排列规则的基础。

在图像中任意取一点(x,y)及偏离它的另一点$(x+a,y+b)$(设 a,b 为整数)构成点对。设该点对的灰度值为(f_1,f_2)，再令点(x,y)在整幅图像上移动，则会得到不同的(f_1,f_2)值。

设图像的最大灰度级为 L，则 f_1 和 f_2 的组合共有 L^2 种。对于整幅图像，统计出每一种(f_1,f_2)值出现的次数，然后排成一个方阵，再用(f_1,f_2)出现的总次数将它们归一化为出现的概率 $P(f_1,f_2)$，由此产生的矩阵就是灰度共生矩阵。

(a,b)取值要根据纹理周期分布的特性来选择，对于较细的纹理，选取(1,0)、(1,1)、(2,0)等小的差分值。

当 $a=1$，$b=0$ 时，像元对是水平的，即 0°扫描；当 $a=0$，$b=1$ 时，像元对是垂直的，即 90°扫描；当 $a=1$，$b=1$ 时，像元对是右对角线的，即 45°扫描；当 $a=-1$，$b=1$ 时，像元对是左对角线，即 135°扫描。

习　　题

1. 如何理解图像矩阵坐标系与直角坐标系之间的关系?
2. 如何理解图像的不同表示方式、特点及其适用性?
3. 举例并计算图像的直方图和累计直方图，并分析直方图与累计直方图之间的关系与特征。
4. 简要分析直方图的性质和用途。
5. 两个波段的遥感数字图像分别如下：

$f_1(i,j)$

60	60	80	82	174	175
61	56	82	81	175	174
175	175	23	24	120	120
175	22	24	22	23	118

$f_2(i\ j)$

140	141	84	84	43	41
140	138	85	83	40	42
43	41	224	223	205	204
40	224	224	225	204	202

(1) 请计算图像$f_1(i,j)$的均值、中值、众数、标准差、对比度 C；

(2) 请计算图像$f_2(i,j)$的直方图、累计直方图；

(3) 计算图像$f_1(i,j)$和$f_2(i,j)$的协方差矩阵、相关系数矩阵。

6. 简要分析遥感数字图像的图像空间、光谱空间、特征空间的特点，以及三种不同空间的联系。

7. 某遥感图像如下，以 3×3 窗口分别计算该图像的多样性、密度、众数、少数、求和、均值、标准差、最大值、最小值和秩(4 邻域)。

5	0	9	9	3
0	6	7	1	7
2	8	9	2	4
6	6	5	3	6
7	5	7	5	4

原图像

第四章　遥感数字图像辐射校正

在理想的遥感系统中，太阳辐射强度恒定，没有大气对辐射传输的影响，不存在地形因素的影响，也不考虑传感器本身的误差，传感器所接收到的辐射值直接取决于地物目标辐射的差异，即遥感图像的辐射亮度直接反映地物目标的差异。但是，这种理想的情况现实中并不存在。除了地物目标差异外，还有许多因素会对传感器接收到的辐射值产生影响，如日地距离和太阳入射光的几何条件、太阳辐射在上行和下行过程中大气的吸收和散射作用、地形因素、传感器误差等。在利用遥感图像进行地表遥感监测时，需要对这些干扰因素进行辐射校正，使得遥感图像尽可能地反映并且只反映地物目标的差异。

第一节　概　　述

一、基本概念

遥感传感器所得到的目标测量值与目标的光谱反射率或光谱辐射亮度等物理量之间的差值称为辐射误差。

遥感传感器在接收来自地面目标物的电磁辐射能量时，受传感器本身特性、大气作用及地物光照条件(如地形起伏和太阳高度角变化)的影响，其探测值与地物实际的光谱辐射值不一致，遥感图像产生的这种辐射误差(即灰度失真)称为辐射畸变(radiometric distortion)。

为了正确评价目标物的辐射特性，必须消除像元值的失真。消除图像数据中依附于辐射亮度中的各种失真的过程称为辐射校正(radiometric correction)。

二、辐射校正的目的

辐射校正的目的是：尽可能地消除因遥感传感器自身条件、薄雾等大气条件、太阳位置和地形条件及某些不可避免的噪声而引起的遥感传感器的测量值与目标的光谱反射率或光谱辐射亮度等物理量之间的差异，尽可能恢复图像的本来信息，提高遥感系统获取的地物表面光谱反射率、辐射率或者后向散射测量值的精度，从而提高遥感数据的质量，为遥感图像的识别、分类、解译等后续工作奠定基础。

三、辐射校正的内容与过程

1. 辐射校正的内容

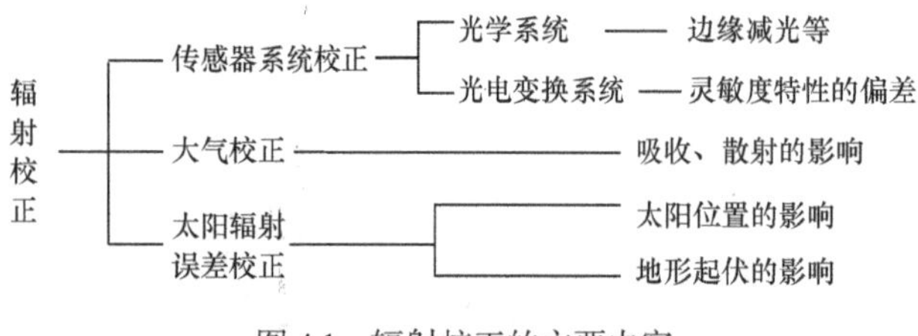

图 4.1　辐射校正的主要内容

辐射校正的内容包括传感器灵敏度特性引起的系统辐射误差校正(传感器系统校正)、大气吸收或散射等引起的辐射误差校正(大气校正)、太阳位置及地形等引起的辐射误差校正(太阳辐射误差校正)。图 4.1 为辐射校正的主要内容。

传感器光学系统特性校正、光电变换系统灵敏度特性的偏差校正等属于系统的辐射校正。传感器受外界(自然)环境的影响，包括大气(雾和云等)、太阳位置和地形等，引起辐射误差，应用者需要根据实际情况进行辐射精校正。辐射精校正主要包括绝对辐射定标(又称大气顶面辐射校正、大气上界辐射校正或传感器端辐射校正)、大气校正和地表辐射校正。

2. 辐射校正的过程

完整的辐射校正过程包括：遥感传感器获取的数字量化(digital number, DN)值经过系统辐射校正(相对辐射校正)得到传感器端的 DN 值，再经过绝对辐射定标得到大气上界辐射值(辐亮度或反射率)，然后经过大气校正，消除大气散射、吸收对辐射的影响得到地表辐射值，最后经过太阳及地形校正(地表辐射校正)得到更精确的地表辐射值。图 4.2 为辐射校正的基本流程。

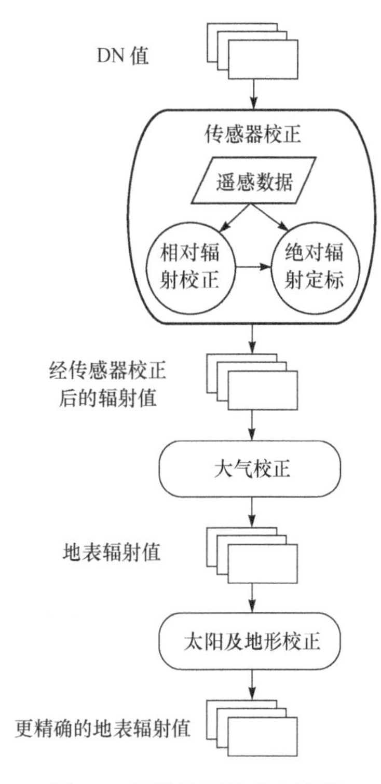

图 4.2　辐射校正的基本流程

3. 辐射校正内容的选择

一般情况下，辐射校正只进行了传感器辐射校正和大气校正，而未进行地形及太阳高度角的校正。这时的辐射校正只是消除或修正了传感器本身及大气对辐射传输过程的影响。需要注意的是，一些辐射校正方法的辐射定标与大气校正之间没有明显的界线，可以看作两个过程合并的结果。

应当指出，辐射校正对于使用中低空间分辨率遥感传感器监测地面潜在信息，如农情、旱情、地质、生态、大气污染等信息是十分必要的，因为图像像元的灰度值与地面目标物实际相应数值的相关性直接影响遥感信息获取的准确性。但是，对于利用高分辨率遥感传感器监测地表表象信息，如土地利用、城市建筑物布局等，辐射校正相对来说并不十分重要，因为识别判译这些信息主要依靠图像中像元间的灰度。

辐射校正的选用需要根据实际情况来确定，有时候可以完全忽略遥感数据的大气影响。例如，对于某些分类和变化检测而言，大气校正并不是必需的。理论分析和经验结果表明，只有取自某个时间或空间中的训练数据需要时空拓展时，图像分类和各种变化检测才需要进行大气校正。例如，用最大似然法对单时相遥感数据进行分类，通常就不需要大气校正。只要图像中用于分类的训练数据具有相对一致的尺度(校正过的或未校正的)，是否进行大气校正对分类精度几乎没有影响。不需要进行大气校正的基本原则是训练数据来自研究的图像(或合成图像)，而不是从其他时间或地点获取的图像。

又如，一幅在晴空条件下获取的遥感图像，如果仅用这幅图像来识别光谱信息相差较大的植被与非植被，此时直接用原始遥感图像就可以将它们区分出来，便没有必要进行辐射校正。

如果遥感图像在有薄雾的情况下获取，辐射质量本身不太好，又想利用这幅遥感图像来定量反演地表参数(如植被覆盖度、植被生产力，地表温度等)，就必须进行辐射校正了。

第二节　辐射误差产生的原因

辐射误差产生的原因有两种：传感器本身的响应特性和传感器外界(自然)环境的影响，包括大气(雾和云)和太阳辐射等。

一、传感器的响应特性引起的辐射误差

1. 光学系统的特性引起的辐射误差

在使用透镜的光学摄影类型传感器中，因为光学镜头中心和边缘的透射强度不一致，所以同一类地物在图像上的不同位置会有不同的灰度值。

另外，视场较大的成像光谱仪获取的图像，在扫描方向上也存在明显的辐射亮度不均匀现象。这种辐射误差主要是由光程差造成的：扫描斜视角较大时，光程长，大气衰减严重；星(机)下点位置的地物辐射信息光程最短，大气衰减的影响也最小。

2. 光电转换系统的特性引起的辐射误差

在光电成像类型传感器中，传感器将在每个波段探测到的电磁能量经光电转换系统转化为电子信号，然后按比例量化成离散的灰度级别，仅在图像中具有相对大小的意义，没有物理意义。但是，传感器的光谱响应特性和传感器的输出有直接的关系，且会引起辐射量的误差。

光电扫描仪引起的辐射误差主要包括两类：一类是光电转换误差，即在扫描方式的传感器中，传感器收集到的电磁波信号经光电转换系统转换为电信号过程所引起的辐射误差；另一类是探测器增益变化引起的误差。

二、大气影响引起的辐射误差

太阳光到达地面目标之前，大气会对其产生吸收和散射作用。同样，来自目标物的反射光和散射光在到达传感器之前也会被吸收和散射。尽管卫星遥感地面站提供的产品经过了系统辐射校正，消除了遥感系统产生的辐射畸变，但仍存在着大气散射和吸收引起的辐射误差。这些随机误差因时、因地而异，是影响定量遥感的主要障碍。进入大气的太阳辐射会发生反射、折射、吸收、散射和透射，其中对传感器接收影响较大的是吸收和散射。若没有大气存在，传感器接收的辐照度只与太阳辐射到地面的辐照度和地物反射率有关。由于大气的存在，辐射经过大气的吸收和散射，透过率小于 1，从而减弱了原信息的强度；同时，大气的散射光也有一部分直接经过地物反射进入传感器，这两部分又增强了原信号，但却是“无用信号”，即不是目标地物本身的信号。直观来看，大气对遥感图像的影响降低了图像的对比度，使得图像模糊化。本质上，大气对遥感图像的影响表现为对传感器接收到的原始信号和背景信号增加了附加项和附加因子，使得图像不能正确反映地物的真实反射率。

大气校正即为消除或抑制大气和光照等因素对地物反射率等影响的过程。大气校正有广义大气校正和狭义大气校正之分，并形成不同的结果。广义大气校正获得地物反射率、辐射率或者地表温度等真实物理模型参数；狭义大气校正获得地物真实反射率数据。

从辐射数据处理的角度看，进入传感器的辐射畸变成分包括：大气的消光(吸收和散射)、天空光(大气散射的太阳光)照射、路径辐射。大气的影响主要是研究大气散射的影响。散射增加了到达卫星传感器的能量，因此降低了遥感图像的对比度和反差。

如果将反差定义为 $C_l = f_{max} / f_{min}$(f_{max}，f_{min} 分别为图像上最大亮度值和最小亮度值，C_l 为反

差)。设两类地物的像元值分别为 2 和 5，假设散射使亮度增加了 5 个单位，那么，无散射时，$C_l = 5/2 = 2.5$；有散射时，$C_l = (5+5)/(2+5) \approx 1.4$。

散射作用所增加的亮度值不含有任何有用的地物信息，但却降低了反差，从而降低了图像的可分辨性，因此必须进行大气校正。

因为低空间分辨率图像覆盖空间范围大，大气散射在图像中的分布不均匀，图像中各像元的大气散射程度不同，所以一般需要进行分区校正。

三、太阳辐射引起的辐射误差

太阳辐射引起的辐射误差是指由于太阳高度角与方位角的变化和地形起伏的影响，不同地表位置接收的太阳辐射不同而产生的误差。

1. 太阳位置引起的辐射误差

太阳位置的变化会使地表不同位置接收到的太阳辐射不同，导致在不同地方、不同季节、不同时期获取的遥感图像之间存在辐射差异。

由于太阳高度角的影响，在图像上会产生阴影而压盖地物，造成同物异谱现象，从而影响遥感图像的定量分析和自动识别。太阳方位角的变化也会改变光照条件，它随成像季节、地理纬度的变化而变化。太阳方位角所引起的辐射误差通常只对图像的细部特征产生影响，且对高空间分辨率的图像影响更大。

为了尽量减少太阳高度角和方位角引起的辐射误差，遥感卫星轨道大多设计在同一个时间通过当地上空。但由于季节变化和地理经纬度的差异，太阳高度角和方位角的变化仍然不可避免。

2. 地形起伏引起的辐射误差

传感器接收的辐射亮度与地面坡度和坡向有关。太阳光线垂直入射到水平地表和坡面上所产生的辐射亮度是不同的。由于地形起伏的变化，在遥感图像上会造成同类地物灰度不一致的现象。在丘陵地区和山区，地形坡度、坡向和太阳光照几何条件等对遥感图像的辐射亮度的影响非常显著。朝向太阳的坡面会接收到更多的光照，在遥感图像上色彩自然要亮一些；而背向太阳的阴面由于接收到的是太空散射光，在图像上表现得要暗淡一些。复杂地形地区遥感图像的这种辐射畸变称为地形效应。因此，在复杂地形地区，为了提高遥感信息定量化的精度，除了要消除传感器自身光电特性和大气带来的影响，更重要的是要消除地形效应。

四、其他误差

因传感器特性的差异、干扰、故障等原因引起遥感图像不正常的条纹和斑点等错误信息会影响图像的统计计算，必须在工作前予以消除。

若传感器不能正常工作，则传感器系统本身就会引入辐射误差，如随机坏像元、n 行条带、数据条带缺失等。

当传感器的某个探测器未记录对应像元的光谱数据，且当这种情况随机发生时，该像元称为随机坏像元。当图像中发现许多这种坏像元时，称为散粒噪声。在遥感图像中，随机坏像元往往是分散的、孤立的，这些像元的值在单个或多个波段中通常为该传感器量化级别的极值。

若某个探测器还在正常工作，但没有进行辐射调整或定标不准，会导致其记录的数据比其

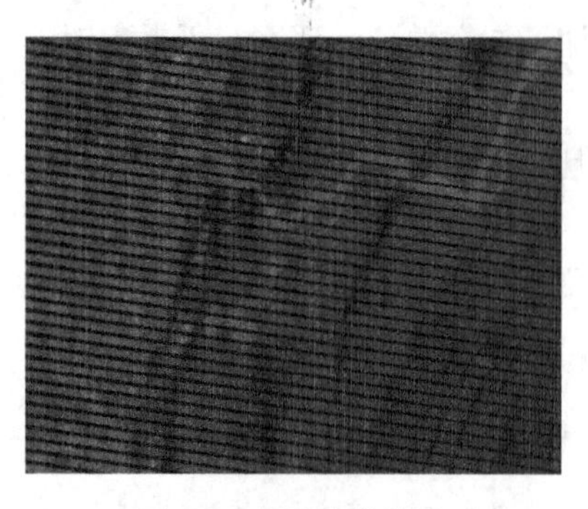
图 4.3 数据条带缺失

他探测器同波段记录的亮度值偏大或偏小，导致图像上出现系统的明显比邻近行(或列)更亮或更暗的行(或)列，表现为条纹现象。

若扫描系统的某个探测器工作不正常，就有可能产生一整行没有光谱信息的线；若探测器的 CCD 线阵列工作不正常，就会使整列数据都没有光谱信息。坏行或坏列称为行或列缺失，也称为数据条带缺失，其像元值常为 0，表现为某波段图像上的一条黑线。例如，Landsat7 ETM+传感器的扫描行校正器 SLC 故障，导致 2003 年 5 月 31 日以后获取的图像出现了数据条带丢失，严重影响了 ETM+遥感数据的应用。图 4.3 是 ETM+的数据条带缺失图像。

第三节 辐射校正方法

辐射校正即为消除或修正遥感图像成像过程中附加在传感器输出辐射量中各种噪声的过程。遥感成像过程十分复杂，经过辐射—大气层—地球表面—大气层—传感器等一系列步骤。由于传感器本身性能、大气条件、太阳高度角等因素的影响，星上传感器所观测到的地表辐射能量与地面近距离的观测结果有所差异。遥感图像的辐射校正用于校正遥感图像的辐射误差(观测值与地面真实值的差异)，恢复遥感图像中地物在地面的真实反射光谱信息，主要包括传感器辐射误差校正、大气辐射误差校正(即大气校正)和太阳辐射误差校正。

一、传感器辐射误差校正

传感器辐射误差种类很多，主要有光学系统特性引起的辐射误差、光电变换系统特性引起的辐射误差和探测器不正常工作引起的辐射误差等。在对遥感的辐射信息处理之前，必须对传感器进行辐射定标。

(一) 传感器辐射定标

传感器的辐射定标是指建立遥感传感器每个探测元输出信号的数值量化值与该探测器对应像元内的实际地物辐射亮度值之间的定量关系。传感器辐射定标是遥感信息定量化的前提，用于确定传感器入瞳处的准确辐射值。遥感数据的可靠性及应用的深度和广度，在很大程度上取决于遥感传感器的定标精度。定标的手段是测定传感器对一个已知辐射目标的响应。辐射定标分为绝对辐射定标和相对辐射定标。

1. 绝对辐射定标

绝对辐射定标对目标作定量描述，要得到目标的辐射绝对值。遥感中常用的绝对定标方法包括传感器实验室定标、传感器星上定标和传感器场地外定标。

1) 传感器实验室定标

传感器实验室定标是在传感器发射之前在实验室中标定其波长位置、辐射精度、空间定位等信息，将仪器输出的 DN 值转换为辐射亮度值。实验室定标一般包含光谱定标和辐射定标。首先通过光谱定标来获取遥感传感器每个波段的中心波长和带宽，以及光谱响应函数，然后再利用辐射定标建立传感器输出的 DN 值与传感器入瞳处的辐射亮度或者反射率之间的函数关系。实验室定标数据多记载于用户手册。

实验室定标便于控制，容易获得定标系数，但传感器在发射和运行期间，性能将发生衰变，这时实验室定标参数就会出现偏差。另外，实验室并不能完全模拟太空环境，也会影响辐射定标的精度。

2) 传感器星上定标

星上定标是指在卫星正常运行期间，利用卫星上自带的定标设备对传感器进行辐射定标。其内容与实验室定标类似，对仪器的光谱特性和辐射特性加以定标，用于对星上获取的数据进行校正。星上定标的定标源有自然辐射源和人工辐射源。自然辐射源常采用太阳、月亮，而人工辐射源采用标准灯、黑体。星上定标又分为主动定标和被动定标。主动定标又称为轨内置定标，采用人工辐射源；被动定标又称为轨向阳定标，采用自然辐射源。其中，标准灯定标、太阳定标和月亮定标用于可见光、近红外和短波红外波段的定标；黑体定标则用于中波红外和长波红外波段定标。

星上定标能够获得卫星运行状态中传感器的定标系数，但本身也存在一些缺陷。例如，标准灯定标时的光谱分布与地物目标的光谱分布存在差异，且标准灯的性能会随时间而下降；太阳定标则受几何位置约束，只能在轨道的几个固定位置进行定标，且周期较长；而黑体定标对于黑体选择及温度控制有极严格的要求。

星上定标的优点是可对一些光学遥感进行实时定标，不足之处是不够稳定，导致定标精度受到影响。

3) 传感器场地外定标

传感器场地外定标即在传感器飞越辐射定标场上空时进行定标。场地外定标考虑了大气的影响过程，定标精度较高，但对场地的选择要求比较严格，需要测量很多大气光学特征参数。典型的定标场地如美国的白沙，法国的 La Crau，中国的敦煌、青海湖、华北禹城等。在定标场选择若干典型的大面积均匀稳定目标，用高精度仪器在地面进行同步测量，并利用遥感方程建立空-地遥感数据之间的数学关系，将遥感数据转换为直接反映地物特征的地面有效辐射亮度值，以消除遥感数据中大气和仪器等的影响，从而完成在轨遥感仪器的定标。

场地外定标方法的优势是在遥感传感器运行状态下实现了地面图像完全同条件的绝对校正，不足是需要测量和计算空中传感器过顶时的大气环境和地物反射率，而各种测量误差将直接影响定标精度。

2. 相对辐射定标

相对辐射定标又称为传感器探测元件归一化，是为了校正传感器中各个探测元件响应度差异而对卫星传感器测量到的原始亮度值进行归一化的一种处理过程，只得出目标中某一点辐射亮度与其他点的相对值。传感器中各个探测元件之间存在差异，可能导致传感器探测数据图像出现一些条带，相对辐射定标的目的就是降低或消除这些影响。当相对辐射定标方法不能消除影响时，可以采用基于图像自身信息的处理方法来消除。

(二)光学系统的特性引起的辐射误差校正

如图 4.4 所示，如果光线以平行于主光轴的方向通过透镜到达摄像面 O 点的光强度为 E_O，与主光轴成θ视场角的摄像面点 P 的光强度为 E_P，则

$$E_P = E_O \cos^4\theta \tag{4.1}$$

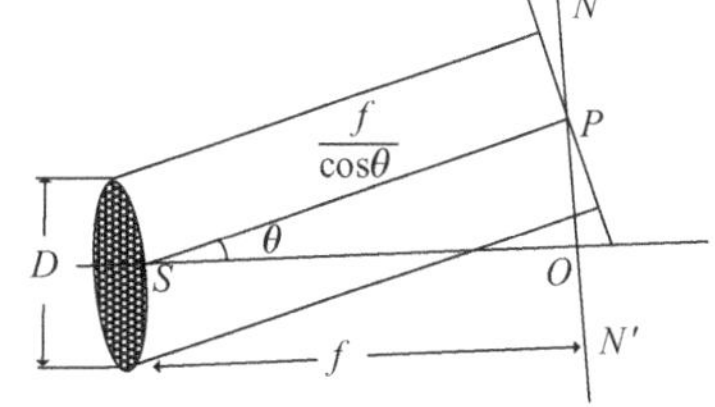

图 4.4　镜头的辐射畸变

(三)光电转换系统的特性引起的辐射误差校正

在扫描方式的传感器成像过程中，传感器接收系统收集到的电磁波信号需经光电转换系统变成电信号记录下来，这个过程也会引起辐射量的误差。光电扫描仪的内部辐射畸变主要有两类：光电转换误差和探测器增益误差。卫星接收站地面处理系统通常采用楔模型和增益校准模型对卫星图像进行处理，以消除传感器的光电转换辐射误差和增益变化引起的误差。

因为这种光电转换系统的灵敏度特性通常有很高的重复性，所以可以定期在地面测量其特征，根据测量值可以对其进行辐射畸变校正。例如，对 Landsat 的 MSS 图像和 TM 图像，可以按如下公式对传感器的输出值(R)进行校正：

$$V = \frac{D_{\max}}{R_{\max} - R_{\min}} \cdot R - R_{\min} \tag{4.2}$$

式中，V 为已校正过后的亮度值；R 为传感器输出的辐射亮度值；$R_{\max}$，$R_{\min}$ 分别为探测器能够输出的最大和最小辐射亮度；$D_{\max}$ 为传感器最大辐射值，$D_{\max}$ 对于 MSS 和 TM 图像分别为 127 和 255。

探测器增益变化引起的辐射误差通常采用楔校准处理方法加以消除，具体方法参见相关文献(杨可明，2016)。

二、大气校正

大气校正是将大气顶层的辐射亮度值(或大气顶层反射率)转换为地表反射的太阳辐射亮度值(或地表反射率)，主要是消除大气吸收和散射对辐射传输的影响。

根据不同的研究和应用需要，目前出现了很多的大气校正方法(图 4.5)。根据校正方法对所需大气参数的数量和精度，可以把它们分为两类：辐射传输模型法和基于图像信息的大气校正方法。按照大气校正的结果又可以将大气校正方法分为绝对大气校正和相对大气校正(也称为相对辐射校正)。绝对大气校正是将遥感图像的 DN 值转换为地表反射率或地表辐射亮度；而相对辐射校正并不得到地物的实际反射率或反射辐射亮度，仅用 DN 值来表示地物反射率或反射辐射亮度的相对大小。

根据大气校正原理的不同，可以将其分为统计模型和物理模型。统计模型是基于地表变量和遥感数据的相关关系而建立的，不需要知道图像获取时的大气和几何条件，具有简单易行、

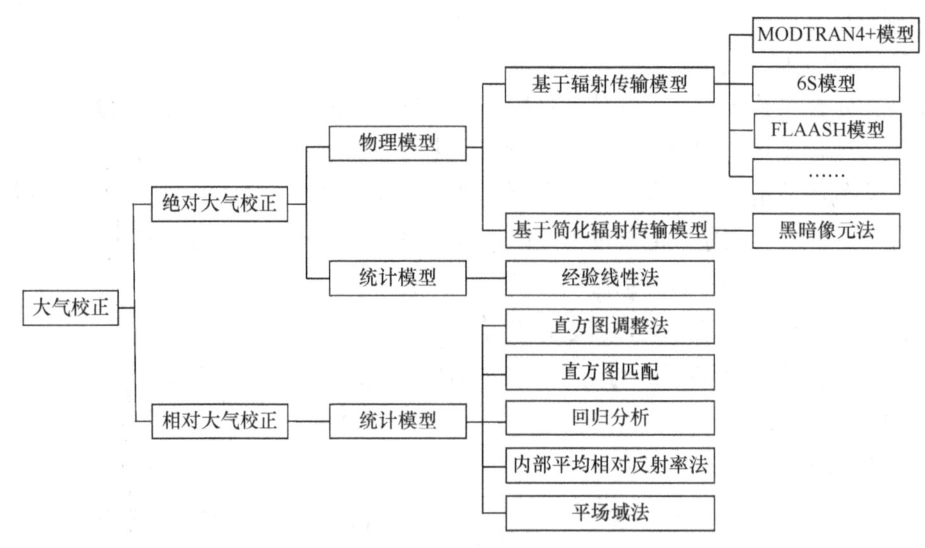

图 4.5　常见大气校正方法

所需参数较少的优点。由于统计模型可以有效地概括从局部区域获取的数据，一般具有较高的精度。但是，由于区域之间存在差异性，统计模型只适用于局部地区，并不具备通用性。物理模型是基于遥感系统的物理规律来建立的，可以通过不断加入新的知识和信息来改进模型。物理模型机理清晰，但是模型复杂，所需参数较多且通常难以获取，实用性较差。有的物理模型为提高计算效率会简化或假定某些过程。

(一)绝对大气校正

绝对大气校正的目的是将遥感系统记录的亮度值转换为地面反射率值，使之能与地球上其他地区获取的地面反射率值进行比较和结合，主要包括野外波谱测试回归分析法和辐射传输模型法。

1. 野外波谱测试回归分析法

野外波谱测试与卫星扫描同步进行，通常选用同类测量仪器进行测量，将地面测量结果与卫星图像对应像元值进行回归分析，如图 4.6 所示。

$$L = a + b R \tag{4.3}$$

式中，R 为地面反射率；L 为像元输出值；增益 b 主要与大气透射率和仪器有关；偏置 a 主要与大气程辐射和仪器偏差(暗电流)有关。

采用野外波谱测试回归分析法进行大气校正时，分析人员常选择两个或多个反射率不同的区域(如亮目标和暗目标)场景，所选区域应该尽量单一。采用光谱辐射计实测这些地面目标，对实测数据和遥感光谱数据进行回归，并计算增益和偏置，应用增益和偏置逐波段处理遥感数据，以去除大气衰减。没有采集实地光谱反射率数据时，可利用光谱库中的实测光谱，从遥感光谱数据中提取相应的多光谱亮度值，进行匹配回归。

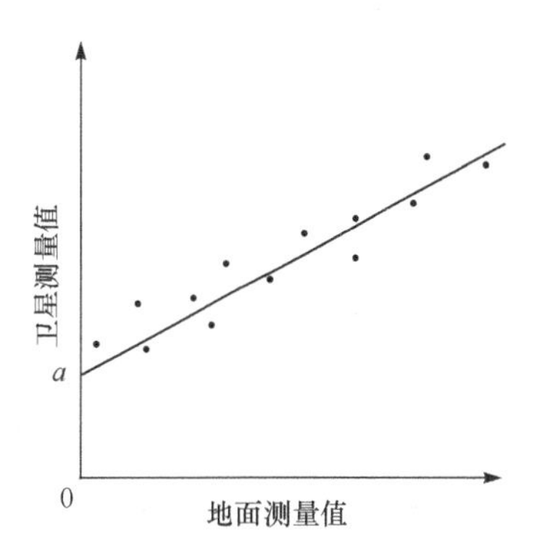

图 4.6 野外波谱测试回归分析法

该方法的特点是：因为遥感过程是动态的，在地面特定地区、特定条件和一定时间段内测定的地面目标反射率不具有普遍性，所以该方法仅适用于包含地面实况数据的遥感图像。该方法是逐波段校正，而非逐像元校正，需要假设在整幅图像上大气效应不变，光照不变。因此，该方法对窄条带图像(机载图像)的校正效果更好。

2. 辐射传输模型法

辐射传输模型法具有较高的辐射校正精度，是利用电磁波在大气中的辐射传输原理建立模型对遥感图像进行大气校正的方法。

在可见光和近红外波段，大气的影响主要来自于气溶胶引起的散射；在热红外波段，大气的影响主要来自于水蒸气的吸收。为了消除大气的影响，需要测定可见光和近红外区的气溶胶密度及热红外区的水蒸气浓度，但是从图像中很难准确获取这些数据。

以 MODTRAN4+和 6S(second simulation of the satellite signal in the solar spectrum)为代表的大气辐射传输模型能真实地估计大气散射吸收对某个确定时间和地点的影响，在此基础上可以调整该景图像的像元灰度值，以消除大气散射和吸收的影响。将这些大气模型应用于具体某景、某时间的图像时，同样需要同步的传感器光谱剖面信息和大气状况实时特征值。然而，即使是经过事先规划，大气状况实时特征值也很难获得。

基于辐射传输方程计算的方法都是建立在辐射传输理论基础上的，模型应用范围广，不受研究区特点及目标类型的影响，但由于很难实时获取大气参数，该方法通常只能得到近似解。校正后图像的像元值为绝对值，如辐亮度或反射率。

如果用户可以为辐射传输模型提供基本的大气特性信息，或者遥感数据集中有特定的大气吸收波段，那么大多数模型可以进行近似的绝对大气校正。目前，大多数辐射传输模型需要用户提供的信息包括：遥感图像的经纬度、遥感图像获取的日期和时间、图像获取高度或传感器高度、图像覆盖区域内地表的平均高程、成像地区的大气模式(如中纬度夏季、中纬度冬季、热带等)、传感器辐射定标后的图像辐射数据(单位为 $W \cdot m^{-2} \cdot \mu m^{-1} \cdot sr^{-1}$)、传感器各波段的信息(如波段半峰全宽)和遥感图像获取时当地的大气能见度。

辐射传输模型法大气校正的步骤如下。

步骤一：选定大气传输模型。通常采用的模型为 MODTRAN4+或 6S 模型。

步骤二：设定图像参数信息。包括图像经纬度、获取的确切时间、图像获取高度、图像获取时的当地大气能见度和波段信息等。

步骤三：设定大气模式和气溶胶模型，用于计算遥感数据采集时的大气吸收和散射特性。在缺乏实测数据时，可以选用标准的大气模式和气溶胶模型。

步骤四：将遥感辐射率转换为表面反射率。

为了提高辐射误差校正精度，可以采用同步获取大气参数的方法。将观测气溶胶和水蒸气浓度等大气参数的传感器与图像传感器搭载于同一平台，进行同步观测。例如，在 NOAA 卫星上除搭载空间分辨率为 1.1km 的 AVHRR 传感器外，还搭载了用于大气观测的空间分辨率为 17.4km、有 20 个波段的 HIRS-2 传感器，可用于高精度大气校正。

1) MODTRAN4+模型

MODTRAN4+模型是美国空军地球物理实验室开发的一系列大气校正软件中比较成熟的版本，许多基于辐射传输的大气校正算法，如 ACORN(atmospheric correction now)和 FLAASH(fast line-of-sight atmospheric analysis of spectral hypercubes)都是在 MODTRAN4+的基础上发展起来的。

MODTRAN4+模型是 LOWTRAN 模型的改进模型，它将光谱的半峰全宽从 LOWTRAN 模型的 $20cm^{-1}$ 提高到 $2cm^{-1}$。主要改进还包括发展了一种 $2cm^{-1}$ 的光谱分辨率的分子吸收算法，并更新了分子吸收的气压温度关系处理，同时维持了 LOWTRAN 模型的基本程序和使用结构。在给定辐射传输驱动、气溶胶和云参数、光源与传感器的立体角、地面光谱信息的基础上，根据辐射传输方程计算大气的透过率及辐射亮度。

2) 6S 模型

1986 年，法国里尔科技大学大气光学实验室 Tanre 等通过简化大气辐射传输方程，开发了太阳光谱波段卫星信息模拟程序 5S(simulation of the satellite signal in the solar spectrum)，用来模拟地气系统中太阳辐射的传输过程，并计算卫星入瞳处的辐射亮度。

而 6S 大气校正模型是 Vermote 等在 5S 模型的基础上发展起来的。该模型很好地模拟了太阳光在太阳—地面目标—传感器的传输过程中所受到的大气影响，适用于可见光和近红外波段的大气校正。相对于 5S 模型，6S 模型考虑了地面目标的海拔、非朗伯平面的特性和新吸收气体(如 CO、N_2O 等)的影响，通过采用近似算法和 SOS(successive order of scattering)运算法则，提高了瑞利散射和气溶胶散射作用下的计算精度，光谱步长提高到 2.5nm。

3) FLAASH 模型

FLAASH 模型是由光谱科技公司、美国空气动力研究实验室与波谱信息技术应用中心联合开发的大气校正软件包，它的工作波段为400～2500 nm。FLAASH模型同样利用MODTRAN4模型生成一系列大气参数查找表，其最大特点在于考虑了邻边效应。FLAASH模型适用于高光谱遥感数据(如HyMap、AVIRIS、HYIDCE、HYPERION、Probe-1、CASI和AISA)和多光谱遥感数据(如Landsat、SPOT、IRS和ASTER)的大气校正。当遥感数据中包含相应波段时，用FLAASH模型还可以反演水汽、气溶胶等参数。

专业的遥感图像处理系统大多提供了大气校正模型。例如，ERDAS和Geomatica软件中的ATCOR模型，ENVI软件中的FLAASH模型、6S模型。

(二)相对大气校正

获取同步的大气参数非常困难，因此利用某些波段不受大气影响或影响较小的特性来校正其他波段的大气影响，从而克服大气校正对实测大气参数的依赖是比较实用的方法，这就是相对大气校正的基本思想。

相对辐射校正是将遥感图像中相同的DN值表示为相同的地物反射率，其结果不考虑地物的实际反射率。相对辐射校正可用于以下两种情况：①归一化单时相遥感图像不同波段的亮度；②将多时相遥感图像各个波段的强度归一化为基准图像，这种情况的相对辐射校正已经成为变化检测中必需的图像数据预处理内容。

1. 直方图调整法

直方图调整法又称为直方图法或直方图最小值去除法，它的理论依据是：在一幅图像中存在某种地物，如深大水体或高山阴影区等黑色区域，任一波段的辐射亮度值或反射率应等于零，其图像直方图的最小值也应为零。实际上只有在没有受大气影响的情况下，其辐射亮度值或反射率才为零。但由于受大气影响，其值往往不为零。

根据具体的大气条件，各波段要校正的大气影响是不同的。因此，显示有关波段图像的直方图，将每一波段中每个像元的亮度值减去本波段的最小值，实现大气校正，使图像亮度动态范围得到改善，对比度增强，从而提高图像质量。

如图4.7所示。从图中得知最黑的目标亮度为0，即第7波段图像的最小亮度值为0，而第4波段图像的最小亮度值为a，则a就是第4波段图像的大气校正值。

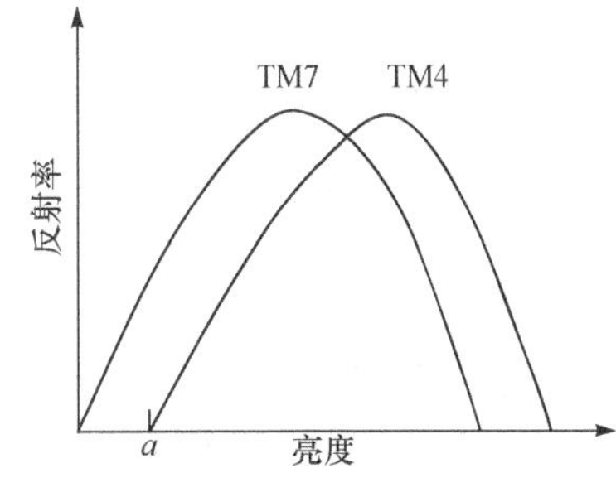

图4.7　直方图调整法

直方图调整法适用于情况①的相对辐射校正方法，可以有效去除雾霾等大气因素对图像的不利影响。需要注意的是，此处所指的黑色区域一定是所有波段全黑的特殊地物区域。因为一般地物各个波段的光谱响应不同，在一个波段黑并不意味着在其他波段也黑。如果不是在各个波段全黑，直方图调整法就失去意义。

2. 直方图匹配法

直方图匹配法假设在气溶胶多或少的区域，地表反射率的直方图相同；在计算得到气溶胶少的区域的直方图后，可根据该假设，通过直方图匹配法将气溶胶多的直方图转换到气溶胶少的区域的直方图上，从而达到大气校正的效果。

直方图匹配法适用于情况②的相对大气校正，但该方法在地表情况复杂和气溶胶变化剧烈的情况下不适用。

3. 回归分析法

回归分析法的理论依据与直方图调整法相同，它是在对遥感图像中目标地物亮度信息统计的基础上，揭示各波段间相互关系的一种比较方法。需要说明的是，“各波段间相互关系”可以指单幅遥感图像的不同波段之间的关系，也可以指同一研究区域的不同时相遥感图像的对应波段之间的关系。

对于单幅遥感图像，回归分析法的具体实现过程为：首先在遥感图像中选择最黑区域中的一系列目标，然后提取各目标点在无散射影响波段和待校正波段中的 DN 值，进行线性回归。

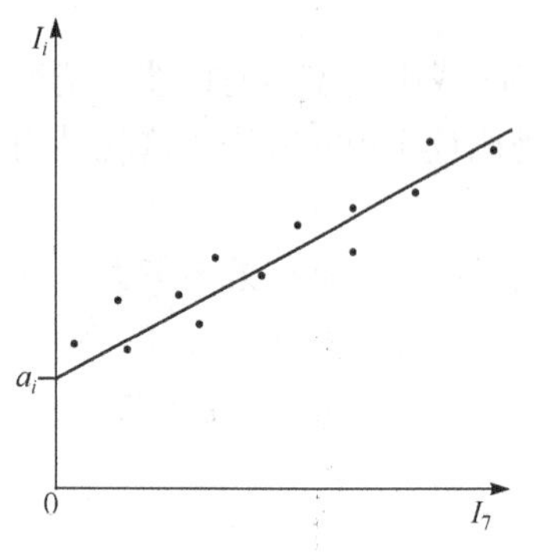

图 4.8 大气校正回归分析法

如图 4.8 所示，选定某一受大气散射影响最小的波段(所有波段最小亮度值中最小的波段)作为标准波段(如 Landsat TM/ETM+传感器的第 7 波段)，以其中的暗像元(在所有波段均为全黑区域)为基础，其余波段均与标准波段进行暗像元之间的回归分析。

回归方程和校正公式分别为

$$I_i = k_i I_7 + a_i \quad (i = 1, 2, \cdots, 5) \tag{4.4}$$

$$I_i' = I_i - a_i \tag{4.5}$$

用最小二乘法计算回归系数：

$$k_i = \frac{\sum[(I_7 - \bar{I}_7)(I_i - \bar{I}_i)]}{\sum[(I_7 - \bar{I}_7)^2]} \tag{4.6}$$

$$a_i = \bar{I}_i - k_i \bar{I}_7 \tag{4.7}$$

式中，$\bar{I}_i$ 为第 i 波段图像中所选区域的像元平均值；$\bar{I}_7$ 为相应区域第 7 波段的像元平均值；I_i' 为辐射校正后第 i 波段的辐射值。

针对单幅图像的回归分析法适用于情况①的相对大气校正。

针对多幅遥感图像回归分析法又称为伪不变特征(pseudo invariant features，PIF)法。伪不变特征是指反射率基本不随外界条件变化的地面目标，其反射系数独立于成像季节或生物气候条件，并有固定的空间位置，如建筑物、道路和较深的水域等。其实现过程为：在基准图像和待辐射校正图像上选择光谱稳定的地物样本点，即 PIF(辐射 GCP)，然后运用 PIF 点的 DN 值进行线性回归，完成大气校正。

针对多幅图像的 PIF 法适用于情况②的相对大气校正，该方法的优点是不受地物变化的影响，而且不会削弱图像之间的地物变化，缺点是需要人工选取 PIF 点，且校正结果依赖于 PIF 的选择。

4. 内部平均相对反射率法

内部平均相对反射率(internal average relative reflectance，LARR)法是假定一幅图像内部的地物充分混杂，整幅图像的平均光谱基本代表了大气影响下的太阳光谱信息。因而把图像 DN 值与整幅图像的平均辐射光谱值的比值作为相对反射率，即

$$\rho_\lambda = R_\lambda / F_\lambda \tag{4.8}$$

式中，ρ_λ 为相对反射率；R_λ 为像元值；F_λ 为整幅图像的平均辐射光谱值。

LARR 法是基于图像本身的方法，主要考虑了各种因素的乘性贡献，可以消除地形阴影和大气的影响及整体亮度的差异。但是，该方法假设地面变化是充分异构的，光谱反射特性的空间变化会相互抵消。如果这个假设不成立，得到的反射光谱会有虚假性。LARR 法的不足之处在于当图像某些位置出现强吸收特征时，整幅图像的平均光谱受其影响而降低，导致其他不具备上述吸收特征的地物光谱出现与该吸收特征相应的假反射峰，从而使计算结果出现偏差。例如，对于高植被覆盖的地区存在叶绿素吸收问题，该方法就不太适用，但在没有植被覆盖的干旱地区则能够得到非常好的效果。

5. 平场域法

平场域(flat field，FF)法是在 LARR 法的基础上发展而来的。通过选择图像中一块面积大、亮度高，且光谱响应曲线变化平缓的区域(如沙漠、大块水泥地、沙地等)建立平场域，然后利用该区域的平均辐射光谱值来模拟图像获取当时大气条件下的太阳光谱。将每个像元值与该区域平均辐射光谱值的比值作为地表反射率，以此来消除大气的影响，即为平场域校正。其计算方法同 LARR 法。

平场域法是基于图像本身的方法，主要考虑的是各种因素的乘性贡献。平场域法要求平场域自身的平均光谱没有明显的吸收特征，且该区域的平均光谱受太阳辐射、大气散射和吸收影响的共同控制。该方法有两个重要的假设条件：①区域的平均光谱没有明显的吸收特征；②区域辐射光谱主要反映的是当时大气条件下的太阳光谱。平场域法克服了 LARR 法易受图像强吸收特征影响而出现假反射峰的弱点，且计算量更小，但是在选取平场域时存在不确定性，需要对研究区域内的地物光谱有一定的先验知识。

平场域通常通过人机交互来选择，但对高光谱图像来说有两个缺陷：①不适合大量多条带高光谱数据的处理，因为对于条带很长、很多的高光谱数据，如果每个条带都需要查找适合的平场域(太长的条带，一个平场域不够)，工作量太大；②人工查找的方法有一定的随意性。

因为在自然景观中具有完全平的反射光谱的物质很少，所以，从图像中选择一个适合的“平场”较为困难。对包括沙漠的图像来说，结盐的干湖床呈现出相对平的光谱；在城市中，明亮的人造材料(如混凝土)可作为平场。平场光谱中任何显著的光谱吸收特征将造成相对反射率计算结果的虚假性。如果地区存在显著的海拔变化，转换的结果包括了地形阴影和大气路径辐射差异的残余影响。

三、太阳辐射误差校正

1. 太阳位置引起的辐射误差校正

太阳位置主要是太阳高度角(太阳入射光线与地平面的夹角)和方位角(太阳光线在地面上的投影与当地子午线的夹角)，如果太阳高度角和方位角不同，则地面物体入射照度就会发生变化。

太阳高度角引起的辐射误差校正就是将太阳光线倾斜照射时获取的图像校正为太阳光线垂直照射时获取的图像。

太阳的高度角θ可在图像的元数据中找到，也可以根据成像时刻的时间、季节和地理位置来确定，即

$$\sin\theta = \sin\varphi \cdot \sin\delta \pm \cos\varphi \cdot \cos\delta \cdot \cos t \tag{4.9}$$

式中，θ为太阳高度角；φ为图像地区的地理纬度；δ为太阳赤纬(成像时太阳直射点的地理纬度)；t 为时角(地区经度与成像时太阳直射点地区经度的经差)。

太阳高度角的校正通过调整一幅图像内的平均灰度来实现。太阳以高度角 θ 斜射时得到的图像 $g(x,y)$ 与直射时的图像 $f(x,y)$ 有如下关系：

$$f(x,y)=\frac{g(x,y)}{\sin\theta} \tag{4.10}$$

式中，θ 为太阳高度角；$g(x,y)$ 和 $f(x,y)$ 为校正前后图像。

如果不考虑太空光的影响，一景图像中的各波段图像可以采用相同的 θ 角进行校正。或者以式(4.11)进行校正：

$$\mathrm{DN}'=\mathrm{DN}\times\cos i \tag{4.11}$$

式中，i 为太阳天顶角；DN′为校正后的亮度值；DN 为原来的亮度值。这种校正或补偿，主要应用于比较不同太阳高度角(不同季节)的多时期图像。

需要注意的是，对于 TM 等整幅图像可以用相同的太阳高度角来校正，但是对于 AVHRR、MODIS 等大范围图像，必须考虑不同像元太阳高度角的差异。

对于相邻地区不同时期的图像，为了使图像便于衔接或镶嵌，也可进行太阳高度角校正。校正的方法是以其中一景图像为标准(或称为参考图像)来校正另一景图像，使之与参考图像相近似。若参考图像的太阳天顶角为 i_1，要校正的图像的太阳天顶角为 i_2，其亮度值用 DN 表示，则校正后的亮度值 DN′为

$$\mathrm{DN}'=\mathrm{DN}\times\frac{\cos i_1}{\cos i_2} \tag{4.12}$$

太阳方位角的变化也会改变光照条件，它也随成像时间、季节、地理纬度的变化而变化。太阳方位角引起的图像辐射误差通常只对图像的细部特征产生影响，可以采用与太阳高度角校正相类似的方法进行处理。

由于太阳高度角的影响，图像上会出现阴影。一般情况下，图像上地形和地物的阴影是难以消除的，但是多光谱图像的阴影可以通过图像之间的比值予以消除或减弱。比值图像是同步获取相同地区的任意两个波段图像相除而得到的新图像。阴影的消除对图像的定量分析和自动识别非常重要，因为它消除了非地物辐射而引起的图像灰度值误差，有利于提高定量分析和自动识别的精度。

2. 地形起伏引起的辐射误差校正

地形校正的目的是消除由地形引起的辐射亮度误差，使坡度不同但反射性质相同的地物在遥感图像中具有相同的亮度值。目前已经发展了多种地形校正方法，主要有基于波段比的方法、基于 DEM 的方法和基于超球面的方法。基于波段比的方法是利用不同波段之间的光谱比值来消除地形阴影，操作较为简单，但是当地表地物具有相似的光谱特性时，地表反照率的差异变得模糊不清。余弦校正法和 C 校正法是比较有代表性的两种基于 DEM 的校正方法。

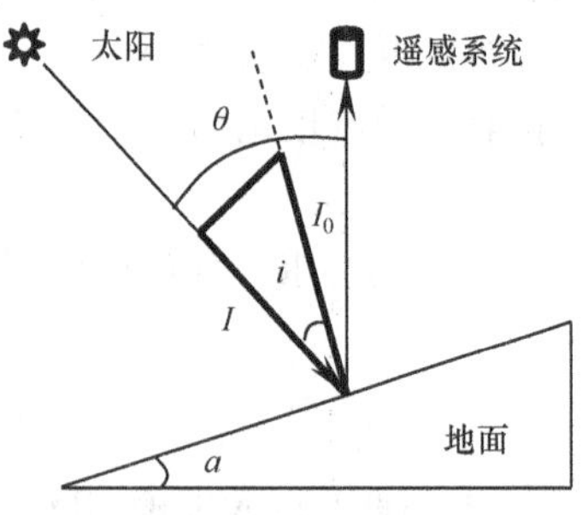

图 4.9　地形起伏引起的辐射误差

1) 余弦校正法

余弦校正法是基于地表为朗伯面，且太阳常数和日地距离均为常量的假设而实现的。其基本原理是斜面接收的辐照度与太阳入射角(斜面法线与太阳入射光之间的夹角)的余弦值呈正比，同时考虑了太阳天顶角对辐射的影响(图 4.9)。

$$I = I_0 \cos i \tag{4.13}$$

$$L_{\mathrm{H}} = L_{\mathrm{T}} \cdot \frac{\cos\theta}{\cos i} \tag{4.14}$$

式中，L_{H}为水平面上像元的等效观测值(水平面辐射)，即地形校正后的遥感数据；L_{T}为倾斜面上像元的观测值(坡面辐射)，即遥感原始数据；θ为太阳天顶角；i为太阳入射角。太阳入射角的计算公式为

$$\cos i = \cos\theta \cdot \cos\alpha + \sin\theta \cdot \sin\alpha \cdot \cos(\beta - \varphi) \tag{4.15}$$

式中，α为坡度；β为坡向；φ为太阳方位角。

余弦校正法仅考虑太阳直射光，对一定范围的太阳入射角和坡度有效，但是并没有考虑大气与周边地形的散射影响。低太阳入射角地区接收到大量的散射辐射，会出现图像亮度值与太阳入射角余弦值不成比例问题，容易造成过度校正现象。

2) *C*校正法

*C*校正法是在余弦校正法基础上发展的地形校正方法。由于余弦校正法在低太阳入射角地区会出现过度校正现象，Teillet 等引用半经验系数*C*用于解释散射辐射对入射太阳辐射能量的贡献。*C*校正法的公式为

$$L_{\mathrm{H}} = L_{\mathrm{T}} \cdot \frac{\cos\theta + C}{\cos i + C} \tag{4.16}$$

式中，*C*为半经验系数且没有确切的物理意义，它的计算是首先利用像元亮度值和太阳入射角之间的统计回归求取斜率k和截距b，然后取b和k的比值，即

$$C = b / k \tag{4.17}$$

因为半经验系数*C*是由统计计算得出，所以样本的选择对*C*的取值会产生影响。

地形起伏引起的辐射误差校正方法需要有遥感图像对应地区的 DEM 和卫星遥感数据，必须对其进行几何匹配并重采样到相同的空间分辨率。地形起伏引起的辐射误差余弦校正法的流程如图 4.10 所示。

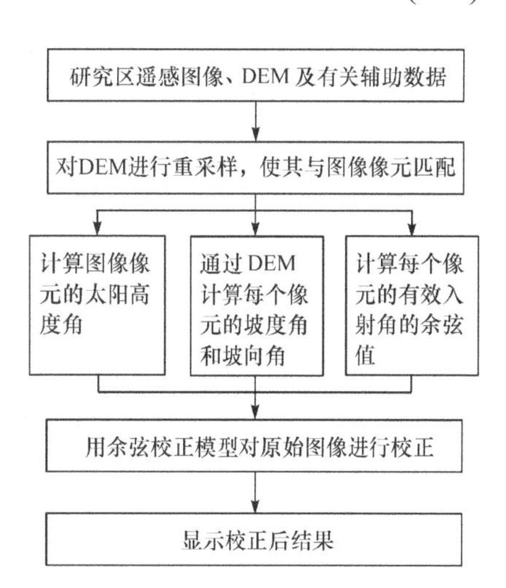

图 4.10　地形起伏引起的辐射误差余弦校正流程

四、阴影的检测与处理

受地形、地物(如建筑物)和云等因素的影响，部分地表由于得不到太阳直射光的照射，在遥感图像上形成阴影。尤其是高分辨率遥感图像，阴影的影响更加明显，必须去除阴影才有意义，因为低分辨率遥感图像，一个像元往往将地物的阴影包含在内，形成混合像元。阴影包含有用的信息，如用阴影可以估测相应地物的高度，或者利用阴影区域地表辐射低的特点来估计气溶胶等大气参数。但是，阴影遮挡一部分地物，妨碍一致性观察，且阴影区域的 DN 值明显低于正常值，给定量遥感带来较大误差；阴影与水体的光谱特征相似，也会给遥感图像的判读和分类带来困难。在使用遥感图像之前，需要使用技术手段尽可能地去除遥感图像中的阴影。阴影的去除一般包含阴影区域检测和阴影消除两方面内容。

(一)阴影区域检测

检测遥感图像中阴影区域的方法很多，主要分为两类：根据 DEM 数据和遥感成像时入射太阳光的几何条件等模拟计算出阴影区域；基于图像光谱特征、纹理特征和色调特征等检测阴影区域。由于获取高精度 DEM 的成本相对较高，在一般的遥感应用中，基于图像光谱特征、纹理特征和色调特征来检测阴影区域是最常用的方法。

1. 直方图阈值法

遥感图像中的阴影是由于受到较高物体遮挡而不被太阳光直射而形成的，阴影区域的地表只受到天空光和环境反射光的照射，而非阴影区域则受到直射太阳光、天空光和环境反射光的照射。阴影区域接收到的辐射少，在遥感图像上表现为阴影区域的像元值一般小于非阴影区域的正常值。在遥感图像直方图中，阴影像元一般集中在亮度值较低的区域，可以根据遥感图像的直方图确定阴影区域和非阴影区域的亮度临界值，即阈值。把亮度值小于该阈值的像元识别为阴影像元，这种阴影检测的方法称为直方图阈值法，它是一种基于图像光谱特征的阴影区域检测方法。

利用直方图阈值法检测阴影，首先需要选择合适的波段。遥感图像的阴影主要集中于可见光至近红外波段。在此波段范围内，环境光所占比例很小，阴影和非阴影的区分主要由直射光和散射光能量比所确定。根据大气对太阳辐射的影响特征，散射光强度随波长增加而急剧减小。近红外波段在产生阴影的波段范围内波长最长，散射影响最小，阴影区域与非阴影区域的地物目标辐射能量差异最大，因此用近红外波段进行基于直方图阈值法提取阴影，比用其他单波段的效果好。

由于阴影区高反射率目标和非阴影区的低反射率目标(如水体等)的存在，单波段的直方图阈值法有时会造成阴影区的漏提取或误提取，对大范围、复杂地形地物的遥感图像并不适用。为了克服这种阴影提取的误差，可以利用波段组合来检测阴影。因为散射光强度随波长增加而急剧减小，对遥感图像阴影区域影响的结果是绿光波段相对于蓝光波段急剧减小，另外，地物反射率在蓝光波段与绿光波段有很高的相关性，所以，在非阴影区域，蓝光波段和绿光波段有很高的相关性；在阴影区域，绿光波段相对于蓝光波段急剧减小。将绿光波段图像减去(或除以)蓝光波段图像，对所得图像进行基于直方图阈值法提取阴影。这种方法提取阴影主要与地物光谱反射率变化特性有关，不受地物反射率大小的影响。

2. 纹理分析法

共生矩阵是一种有效提取阴影的纹理分析方法，与一般纹理分析一样，这种方法描述了一个像元和它周边相邻像元之间的亮度值的关系。但是，共生矩阵并不使用原始亮度值，而是使用图像亮度值之间的二阶联合条件概率 $P(i,j,d,\theta)$表示纹理。$P(i,j,d,\theta)$表示在给定空间距离 d 和θ方向时，以亮度级 i 为起始点，出现亮度级 j 的概率。一般需要在不同的 d、θ下计算。图 4.11 为一个共生矩阵计算示例，其中(a)为原始图像的亮度值，(b)为从左到右方向上的共生矩阵($\theta = 0$)，(c)为从左下到右上方向上的共生矩阵($\theta = 45$)，(d)为从下到上方向上的共生矩阵($\theta = 90$)，(e)为从右下到左上方向上的共生矩阵($\theta = 135$)，相邻间隔 $d = 1$。

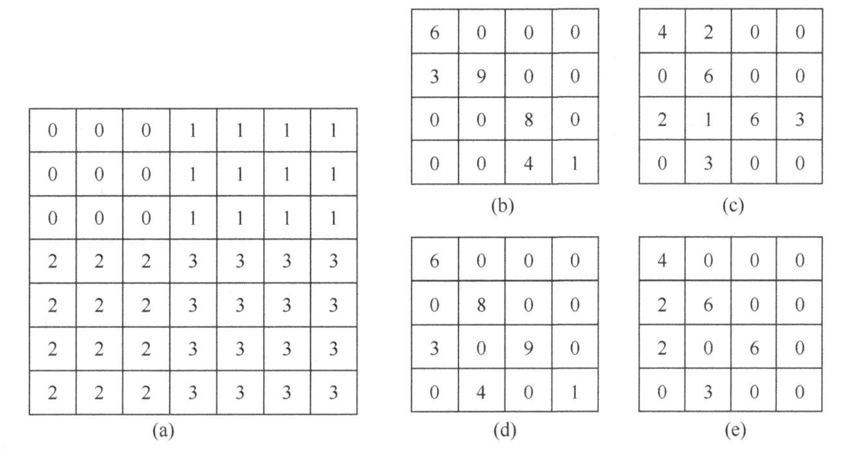

图 4.11　共生矩阵计算示例

共生矩阵包含了大量的遥感图像信息，根据共生矩阵可以定义大量的纹理指数。应用最广泛的纹理指数主要有

能量：
$$\text{Energy} = \sum_{i=0}^{N-1}\sum_{j=0}^{N-1}[P(i,j,d)]^2 \tag{4.18}$$

反差：
$$\text{Contrast} = \sum_{i=0}^{N-1}\sum_{j=0}^{N-1}(i-j)^2 P(i,j,d) \tag{4.19}$$

熵：
$$\text{Entropy} = \sum_{i=0}^{N-1}\sum_{j=0}^{N-1}P(i,j,d)\log P(i,j,d) \tag{4.20}$$

局部一致性：
$$\text{Homogeneity} = \sum_{i=0}^{N-1}\sum_{j=0}^{N-1}\frac{P(i,j,d)}{1+(i-j)^2} \tag{4.21}$$

式中，N 为共生矩阵的阶数；i，j 为共生矩阵的坐标；P 为(i,j)处的共生矩阵数值。

对于高分辨率遥感图像，当用共生矩阵纹理指数提取阴影时，对所采用的方向性并不敏感，但对窗口大小敏感。有实验表明，当窗口大小为 3×3 像元时，阴影提取的效果最好。基于图像纹理特征来检测阴影的方法，利用了阴影区和非阴影区像元亮度值突变的特点。这种阴影检测方法适用于边界明显的阴影，如建筑物阴影等，但对树和云产生的边界模糊的阴影效果并不明显。

3. 色调特征法

除了光谱特征和纹理特征，阴影区域的色调特征也可以用于遥感图像的阴影检测。相对于非阴影区域，彩色图像上的阴影区域具有以下特性：高亮值更低、饱和度更高(大气散射的影响使得阴影区域的散射光主要来自波长更短的蓝紫色光)和色调值更大。

高分辨率遥感图像上的阴影区域除蓝色分量偏高外，还具有如下特有属性：①由于光线被遮挡，阴影区具有更低的灰度值；②由于大气瑞利散射的影响，阴影区域具有更高的饱和度；③阴影不改变原有地表的纹理特征；④阴影与产生阴影的原目标地物从入射光方向观察具有相似的轮廓；⑤阴影区域内一般不会存在空洞。

利用阴影区域的以上特性，分别在归一化 RGB 色彩空间和 HSI 色彩空间进行阴影检测，并结合小区域去除和数学形态学处理，可以获得比较精确的阴影区域。

1) 基于归一化 RGB 色彩模型的阴影检测方法

该方法充分利用阴影区域蓝色分量偏高这一属性，对彩色 RGB 图像进行如下归一化处理：

$$R' = \frac{R}{R+G+B};\quad G' = \frac{G}{R+G+B};\quad B' = \frac{B}{R+G+B} \tag{4.22}$$

式中，R、G、B 分别为三原色原始分量；R'、G'、B'分别为归一化后的分量。

阴影区域 B 分量灰度下降最少，所以阴影区域 B'分量占据高数值，通过对 B'分量图采用阈值分割的方法，设置一个较高的阈值就可以得到大致的阴影区域。但原始图像中的偏蓝色地物在 B'分量中也具有很高的像元值，需要将这些区域从阴影区域中去除。基于此，在原始 B 分量图中需要引入一个阈值来保证阴影检测的精度，即只有在 B'分量中高于某个阈值并且在 B 分量中低于某个阈值的区域，才能被检测为阴影区域。

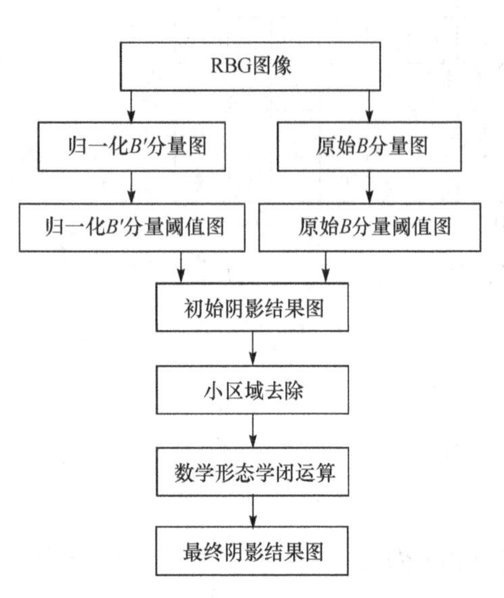

图 4.12　归一化 RGB 阴影检测流程图

在得到初步的阴影分割结果后，统计各个独立阴影区域的面积大小，如果小于一个给定的阈值，就认为其属于非阴影区域内部的较低亮度的地物。这样处理后，可能会由于阴影区域内部存在较大面积的高亮度地物而留下空洞，因此还需要对分割出的阴影区域进行数学形态学闭运算处理，才能得到较精确的阴影区域。阴影检测流程见图 4.12。

2) 基于 HSI 色彩空间的阴影检测方法

依据阴影区域灰度值低和饱和度高的特征，也可以采用基于 HSI 色彩空间的阴影检测方法。该方法首先对彩色图像进行 RGB 到 HSI 色彩空间的变换，对 S 分量和 I 分量采用差值($S-I$)、比值(S/I)或归一化差值[($S-I$)/($S+I$)]多种方法处理，再通过阈值进行阴影区域检测。检测结果通常是阴影区域比非阴影区域具有更大的像元值。在此基础上，采用阈值分割的方法可得到大致的阴影区域，但图像上某些亮度值较高的地物，如建筑物，可能也有较高的饱和度，这样对归一化差值进行阈值处理的结果并不能将这类地物与阴影区别开来。因此，可以结合 I 分量图和归一化差值图，采用双阈值进行阴影检测，只有在归一化差值图上高于某一阈值，并在 I 分量图上低于某一阈值的区域才能被检测为阴影区域。

阴影区域检测的三类方法各有优缺点和适用范围。例如，纹理分析法适合检测建筑物阴影，而对云阴影检测效果较差。在应用中应根据需要选择合适的方法，有时也可以将不同方法结合使用，以取得最佳检测效果。在得到了阴影检测的初步结果后，还需要进行阴影检测后处理。例如，统计独立阴影区域面积，以便去除面积过小的阴影区域，因为它很可能属于非阴影区域低亮度值地物；对阴影区进行数学形态学的闭合处理，以消除阴影区域的空洞，这种空洞很可能是阴影区域存在亮度较高的地物形成的。

(二) 阴影消除

常规的图像增强方法，如直方图均衡化、同态滤波、归一化处理等，对改善图像的阴影都有一定的作用，但处理后的图像阴影仍然明显，并且这些方法在对信息补偿的同时，也改变了非阴影区的信息。消除阴影比较理想的方法是尽量补偿阴影区辐射值的同时，不改变非阴影区的信息。

1. 基于阴影产生机理的阴影消除方法

传感器接收到的辐射 L_t 主要由两大部分构成：地表辐射 L_g 和程辐射 L_p。忽略大气与地表之间的多次散射，地表反射的贡献主要包括：太阳光直接入射到地面并经地面直接反射到传感器的部分 L_1、太阳光经大气散射到达地面并经地面直接反射到传感器的部分 L_2、太阳光直接入射到地面并经地面反射和大气散射到传感器的部分 L_3，以及太阳光经大气散射到达地面并经地面反射和大气散射到传感器的部分 L_4。

地表辐射贡献可以分为两部分：由太阳光直射产生的地表反射(L_1 和 L_3)与太阳光经大气散射后产生的地表反射(L_2 和 L_4)。在遥感图像上的阴影区域，由于得不到太阳光的直接照射，L_1 和 L_3 为零。对于阴影区域，传感器实际接收的总辐射值可以表示为

$$L_t' = L_p + L_2 + L_4 \tag{4.23}$$

式中，L_t' 为阴影区域接收到的总辐射值，可以根据图像 DN 值换算得到；程辐射 L_p 可以通过 6S 和 MODTRAN4+等大气辐射传输模型进行估算。

阴影消除的目的就是在阴影区域对直射太阳光部分(L_1 和 L_3)进行辐射补偿。对于阴影区域，太阳光经大气散射后所产生的地表反射 $L_2 + L_4$ 计算公式为

$$L_2 + L_4 = L_t' - L_p \tag{4.24}$$

因此，对遥感图像中的阴影区域而言，太阳光散射部分的地表贡献可以作为已知。将未知的太阳光直射部分的地表贡献与太阳光散射部分相除，并简化模型为

$$\frac{L_1 + L_3}{L_2 + L_4} = \frac{e^{-\tau/\mu_s}}{t_d(\mu_s)} \tag{4.25}$$

式中，μ_s 为太阳天顶角的余弦；τ 为大气衰减系数；$e^{-\tau/\mu_s}$ 和 $t_d(\mu_s)$ 分别为到达地面的太阳直射光和经大气散射光到达地面的大气透射率。

式(4.25)表明，在传感器接收到的总辐射量中，地表反射贡献的太阳光直射部分与太阳光散射部分的比值，等于到达地面的太阳直射光和经大气散射光到达地面的大气透射率的比值。这一点可以这样理解，在地物目标不变的情况下，不管它是否受其他物体的遮挡，由于总的太阳辐射不变，大气透射率的大小直接决定到达地面的太阳辐射的大小，进而决定地表反射的辐射量的大小。与程辐射一样，直射光和散射光的大气透射率也可以通过 6S 和 MODTRAN4+等大气辐射传输模型进行估算。这说明地表辐射贡献中，未知的直射光部分可以根据已知的散射光部分进行计算，这对消除阴影非常关键。

经过阴影辐射补偿后，传感器接收到的总辐射亮度表示为

$$L_t = L_t' + L_1 + L_3 = L_t' + (L_t' - L_p)\frac{e^{-\tau/\mu_s}}{t_d(\mu_s)} \tag{4.26}$$

式中，L_t 为经过补偿后的阴影区域接收到的总辐射量，根据 DN 值换算得到。至此，完成了阴影区的辐射补偿，即消除了遥感图像中的阴影。

式(4.26)中的 L_t、L_t' 和 L_p 为辐射值，设其遥感图像的 DN 值分别为 DN_t、DN'_t 和 DN_p，在忽略增益量和偏移量时，公式简化为

$$DN_t = DN_t' + (DN_t' - DN_p)\frac{e^{-\tau/\mu_s}}{t_d(\mu_s)} \tag{4.27}$$

简化后的阴影消除公式，可以直接使用遥感图像的 DN 值。

2. 基于 RGB 色彩空间的阴影去除方法

在得出每个独立的阴影区域和其邻近的非阴影区域后，在 RGB 色彩空间，可以采用如下映射策略对阴影区域各个波段的灰度值分别进行补偿：

$$\mathrm{DN}'(i,j)=A\cdot\left[m_1+\frac{\mathrm{DN}(i,j)-m_2}{\sigma_2}\right]\cdot\sigma_1 \tag{4.28}$$

式中，$\mathrm{DN}(i,j)$为补偿之前阴影区域灰度值；$\mathrm{DN}'(i,j)$为补偿之后的阴影区域灰度值；m_1 和 σ_1 分别为阴影区域邻近的非阴影区域的均值和方差；m_2 和 σ_2 分别为阴影区域的均值和方差；A 为补偿强度系数。相关参数可由图像中取出几个典型阴影区域计算统计后得到。

3. 基于 HSI 色彩空间的阴影去除方法

在得出每个独立的阴影区域和其邻近的非阴影区域后，在 HSI 空间，可以采用如下映射策略对阴影区域各个波段的亮度值分别进行补偿：

$$I'(i,j)=A\cdot\left[m_1+\frac{I(i,j)-m_2}{\sigma_2}\cdot\sigma_1\right] \tag{4.29}$$

式中，$I(i,j)$为补偿之前阴影区域亮度值；$I'(i,j)$为补偿之后的阴影区域亮度值；m_1 和 σ_1 分别为阴影区域邻近的非阴影区域的均值和方差；m_2 和 σ_2 分别为阴影区域的均值和方差；A 为补偿强度系数。

研究结果表明，阴影对图像的影响不仅降低图像的亮度，同时也改变该区域的色调和饱和度，所以单纯对亮度进行补偿并不能恢复阴影区域的真实色彩。参照亮度补偿的方法，对 S 和 H 分量图上各个独立阴影区域分别与邻近的非阴影区域进行匹配补偿，补偿公式为

$$S'(i,j)=B\cdot\left[m_1+\frac{S(i,j)-m_2}{\sigma_2}\cdot\sigma_1\right] \tag{4.30}$$

$$H'(i,j)=C\cdot\left[m_1+\frac{H(i,j)-m_2}{\sigma_2}\cdot\sigma_1\right] \tag{4.31}$$

式中，$S(i,j)$和 $H(i,j)$分别为补偿之前的阴影区域的饱和度值和色调值；$S'(i,j)$和 $H'(i,j)$分别为补偿之后的阴影区域的饱和度值和色调值；B、C 分别为饱和度和色调补偿强度系数。

遥感图像经过阴影消除的过程后，由于一个像元具有一定的实际地面面积，处于阴影区域边界的像元和处于非阴影区域边界的像元，既有阴影部分又有非阴影部分，而且由于环境反射光的差异，阴影去除后，形成阴影边界的亮边缘和非阴影区的暗边缘。由于阴影区域和非阴影区域之间存在一个灰度突变，经过灰度补偿和清晰度增强后，阴影区域和非阴影区域之间仍然存在一条比较明显的边界线。为了消除这些边界效应，在进行阴影区域补偿后，可以沿阴影边界进行一次中值(低通)滤波处理，从而使补偿后的阴影区域能较为平滑地向非阴影区域过渡。

习　题

1. 辐射误差产生的主要原因有哪些？
2. 列举几种常用的绝对辐射校正方法和相对辐射校正方法，并分析每种校正方法的优缺点及适用条件。
3. 辐射校正包括哪些主要环节和内容？
4. 可见光波段和红外波段的辐射校正有何区别？相互关系如何？
5. 阴影区域数据有哪些物理特性，如何利用这些特性识别阴影区域？

第五章　遥感数字图像几何校正

在遥感成像过程中，成像传感器的高度及搭载平台姿态的变化、地形地貌等诸多客观因素都会导致遥感图像中像元相对于地面目标的实际位置发生扭曲、拉伸、偏移等几何畸变，直接使用这些存在几何畸变的图像往往不能满足专题信息提取、遥感制图、目标定位、变化检测等实际应用的要求。消除遥感图像的几何误差并将其变换到参考图像坐标系中，针对几何畸变进行的误差校正即为几何校正。

第一节　概　　述

一、几何校正的概念和意义

1. 几何校正的含义

遥感系统在成像过程中，由于各种因素的影响，地物空间位置、几何形状、尺寸大小等特征可能与参考系表达要求不一致，遥感图像存在一定的几何畸变。几何校正是消除图像几何畸变的过程，如图 5.1 所示，其任务是定量确定图像上的像元坐标(图像坐标)与目标物的地理坐标(地图坐标等)的对应关系(坐标变换数学表达式)。

(a) 校正前

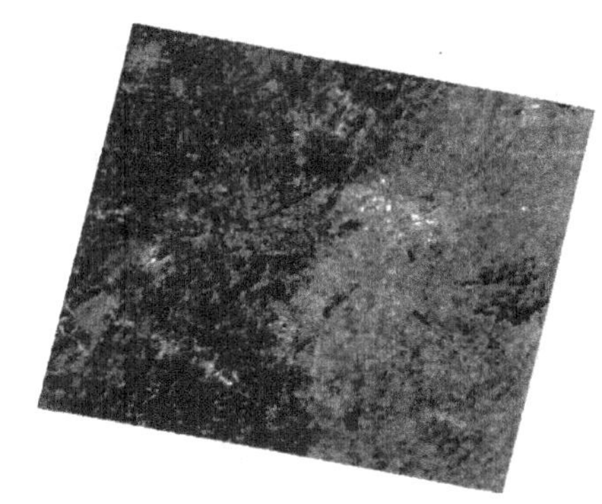

(b) 校正后

图 5.1　几何校正前后的遥感图像

2. 基本概念

几何校正：消除原始遥感图像中的几何变形，将图像中的坐标位置映射到新的坐标位置，产生一幅符合某种地图投影或图形表达要求的新图像的过程。其实质是变换图像像元的空间位置(几何变换)，计算新空间位置上的像元亮度值。

正射校正：借助于 DEM 数据，对遥感图像中各像元进行地形变形的校正，使图像符合正射投影的要求。

地理参考(georeferencing)，也称地理编码：将地图坐标系统赋予遥感图像数据的过程。因为所有地图投影系统都遵循一定的地图坐标系，所以几何校正包含了地理参考过程。

几何配准(geometric registration)，也称图像配准(image registration)：对同一地区的两幅或多幅不同时间、不同波段、不同传感器系统所获得的遥感图像，经几何变换使同名像点在位置上和方位上完全叠合的操作过程。图像配准过程中，通常指定一幅图像为参考图像，另一幅图像为待配准图像，然后通过某种几何变换使待配准图像与参考图像的坐标达到一致。

图像匹配(image matching)：利用特征点寻找两幅图像中相同地物点的过程，或计算两个图像相似性的过程。常用的图像匹配方法按照匹配基元划分为三大类型：基于灰度相关的匹配算法、基于特征相关的匹配算法、基于图像理解的匹配算法。

几何校正与几何配准的关系：几何校正与几何配准的原理完全相同，都涉及空间位置(像元坐标)变换和像元灰度值重采样处理两个过程。二者的区别主要在于其侧重点不同，几何校正注重的是数据本身的处理，目的是还原数据的真实性；几何配准重点关注图像和图像(数据)之间的几何关系，其目的是和参考数据达成一致，而不考虑参考数据的坐标是否标准、正确，也就是说几何校正和几何配准最本质的差异在于参考的标准。

3. 几何校正的意义

遥感图像不仅用来判断“是什么”，同时也应该回答“在哪里”。然而不同遥感平台、不同成像环境下获得的遥感图像存在几何偏差。几何校正必须在遥感图像信息提取之前进行。只有把所提取的图像信息表达在某一个规定的空间投影参照系统中，才能进行图像的几何量测、相互比较及图像叠加分析。几何校正的意义主要体现在以下三个方面：

(1)只有几何校正后才能对图像信息进行各种分析，制作满足量测和定位要求的各类遥感专题图。高精度几何校正是实现遥感图像应用的基本保障，是利用遥感图像推断地物目标位置状态和属性类别的重要前提。

(2)在同一区域，应用不同传感器、不同光谱范围及不同成像时间的各种图像数据进行计算机自动分类、地物特征的变化检测或其他应用处理时，必须进行图像间的空间配准，保证不同图像间的几何一致性。

(3)利用遥感图像进行地形图测图或更新，要求遥感图像具有较高的地理坐标精度。

二、遥感图像几何误差及来源

遥感图像几何畸变是指图像像元在图像坐标系中的变化规律与其在地图坐标系等参考系中的变化规律之间的差异。几何畸变来源很多，目前主要有两种不同的划分方式。

根据成像过程中传感器相对于地球表面的相对关系，将遥感图像的几何畸变分为静态误差和动态误差。静态误差是指成像过程中，传感器相对于地球表面呈静止状态时所具有的各种变形误差；动态误差则主要是指在成像过程中地球的旋转造成的图像变形误差。

根据误差来源与传感器的关系，将遥感图像的几何畸变分为内部误差(系统性畸变)和外部误差(随机性畸变)。内部误差主要是由于传感器自身的性能、技术指标偏离标称数值造成的误差。例如，框幅式航空摄影机有透镜焦距变动、像主点偏移、镜头光学畸变等误差；多光谱扫描仪有扫描线首末点成像时间差、不同波段相同扫描线的成像时间差、扫描镜旋转速度不均匀、扫描线的非垂直线性和非平行性、光电检测器的非对中等误差。内部误差随传感器的结构不同而异，有一定的规律性，一般是可预测的，在传感器的设计和制作中已经进行了校正，误差较小，一般可以忽略不计。外部误差是遥感传感器本身处在正常工作的条件下，由传感器以外的各种因素所造成的误差，其大小不能预测，其出现带有随机性质，如传感器的外方位(位置、姿态)变化、传感介质的不均匀、地球曲率、地形起伏、地球旋转等因素所引起的变形误差。

1. 传感器成像方式引起的图像误差

传感器投影方式有中心投影和非中心投影两种形式。中心投影又可以分为点中心投影、线中心投影和面中心投影。非中心投影的传感器主要为侧视雷达。中心投影图像在垂直摄影和地面平坦的情况下，地面物体与图像之间具有相似性。

1)全景投影变形

全景投影是一种线中心投影，其投影面不是一个平面，而是一个圆柱面，如图 5.2 所示的圆柱面 MON，相当于全景投影的投影面，称为全景面。地物点 P 在全景面上的像点为 p'，则 p' 点在扫描方向上的坐标 $y_{p'}$ 为

$$y_{p'} = f\frac{\theta}{\rho} \tag{5.1}$$

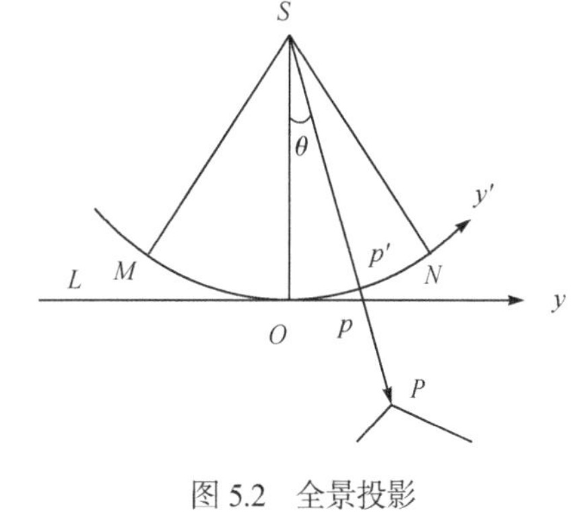

图 5.2　全景投影

式中，f 为焦距；θ 为以度为单位的成像角，$\rho = 57.2957°\text{rad}^{-1}$。

设 L 是一个等效的中心投影成像面，即图 5.2 中的水平坐标轴所在的面(Oy)，点 P 在 L 上像点 p 的坐标 y_p 为

$$y_p = f\tan\theta \tag{5.2}$$

则可导出全景变形公式：

$$d_y = y_{p'} - y_p = f\cdot\left(\frac{\theta}{\rho} - \tan\theta\right) \tag{5.3}$$

全景投影变形的图形变化如图 5.3(b)所示。

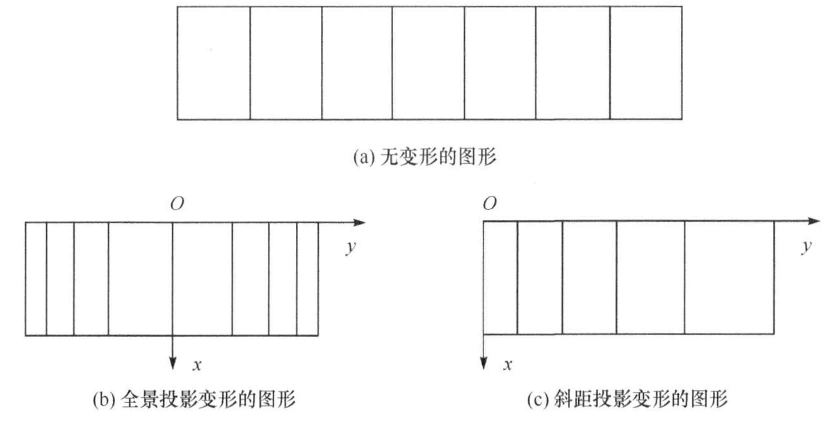

(a) 无变形的图形

(b) 全景投影变形的图形　　(c) 斜距投影变形的图形

图 5.3　成像几何形态引起的图像变形

2)斜距投影变形

斜距投影类型的传感器通常指侧视雷达。如图 5.4 所示，S 为雷达天线中心，Sy 为雷达成像面，地物点 P 在斜距投影图上的影像坐标 y_p 取决于斜距 R_p 和成像比例 $\lambda = f/H$(f 为等效焦距，H 为航高)。

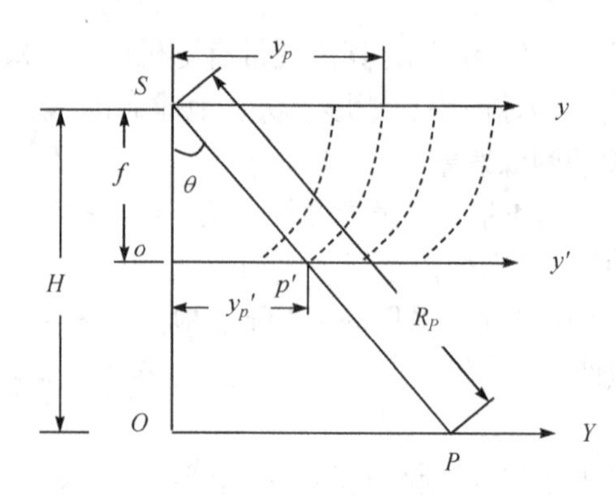

图 5.4 斜距投影变形

斜距投影的变形误差为

$$d_y = y_p - y_{p'} = f \cdot \left(\frac{1}{\cos\theta} - \tan\theta \right) \tag{5.4}$$

斜距投影变形的图形变化如图 5.3(c)所示。

2. 传感器外方位元素变化引起的图像误差

传感器外方位元素指的是传感器成像时的位置(X_S，Y_S，Z_S)和姿态角(φ，ω，κ)，对于侧视雷达而言，还包括其运行速度(V_x，V_y，V_z)。传感器的外方位元素偏离标准值成像会导致图像上的像点移位，进而产生图像变形。理论上，由外方位元素变化引起的图像变形规律可由图像的构像方程确定，且图像的变形规律随图像几何类型而变化。

对于框幅式图像，根据各个外方位元素变化量与像点坐标变化量之间的一次项关系式，单个外方位元素引起的图像变形情况如图 5.5 所示：虚线图形表示框幅式相机处于标准状态(空中垂直摄影状态)时获取的图像，实线图形表示框幅式相机外方位发生微小变化后获取的图像。由图 5.5 可以看出，因 dX_S、dY_S、dZ_S 和 $d\kappa$ 对整幅图像的综合影响是使图像产生平移、缩放和旋转等线性变化，而因 $d\varphi$、$d\omega$ 引起的形变误差是非线性误差。

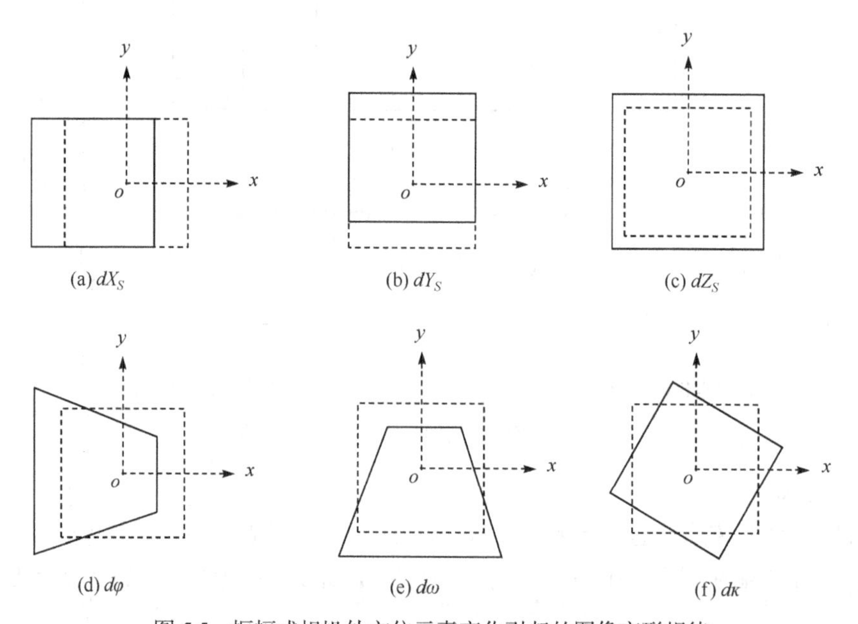

图 5.5 框幅式相机外方位元素变化引起的图像变形规律

对于动态扫描图像(即在一景图像形成过程中传感器是运动的，如顺迹扫描图像、横迹扫描图像等，这里的"顺迹""横迹"是指沿着或垂直于遥感平台飞行方向)，其构像方程都是对于一个扫描瞬间(相当于某一像元或某一条扫描线)而建立的，同一幅图像上不同位置的外方位元素是不同的。因此，由构像方程推导出的几何变形规律只表达在扫描瞬间图像上的相应点、线位置的局部变形，整个图像的变形是各瞬间图像局部变形的综合结果。在线阵列推扫式图像上，各扫描行所对应的外方位元素单独造成的图像变形和综合变形如图 5.6 所示。

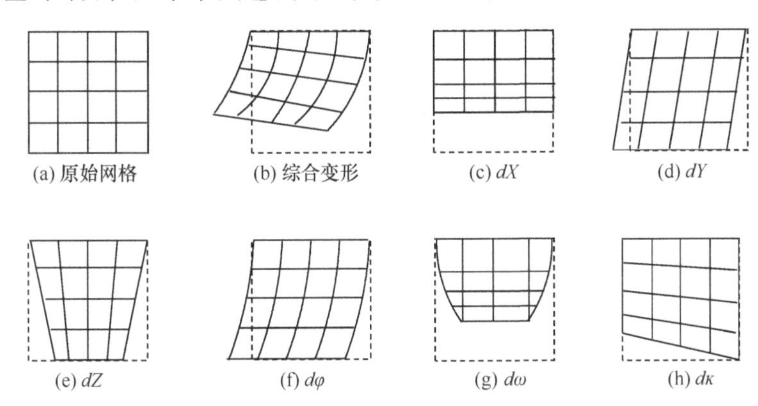

图 5.6　外方位元素单独造成的图像变形和综合变形

动态扫描引起的变形与常规框幅式摄影机的情况不同，它的每个外方位元素变化都可能使整幅图像产生非线性的变形，而且这种变形通常不能通过常规的航测光学纠正仪得到严格的纠正，只有数字纠正法才能满足解析上的严密要求。

3. 地形起伏引起的像点位移

投影误差是由地形起伏引起的像点位移。无论像平面是否水平，当地形起伏时，高于或低于某一基准面的地面点，其像点与该地面点在基准面上的垂直投影点所对应的像点之间存在的直线位移，称为投影误差。

对于中心投影，在垂直摄影条件下，φ，ω，$\kappa \to 0$，地形起伏引起的像点位移为

$$\delta_h = \frac{r}{H}h \tag{5.5}$$

式中，h 为像点所对应地面点的基准面的高差；H 为遥感平台相对于基准面的高度；r 为像点到像底点的距离。

在像平面坐标系中，在 x，y 两个方向上的分量分别为

$$\delta_{h_x} = \frac{x}{H}h \tag{5.6}$$

$$\delta_{h_y} = \frac{y}{H}h \tag{5.7}$$

式中，x，y 为地面点对应的像点坐标；δ_{h_x}，δ_{h_y} 为由于地形起伏引起的在 x，y 方向上的像点位移。

从式(5.6)和式(5.7)可以看出，投影误差的大小与像底点的距离、基准面的高差成正比，与遥感平台高度成反比。投影误差发生在像底点辐射线方向上，对于高于基准面的地面点，其像点朝着背离像底点的方向移位；对于低于基准面的地面点，其像点朝着像底点的方向移位。

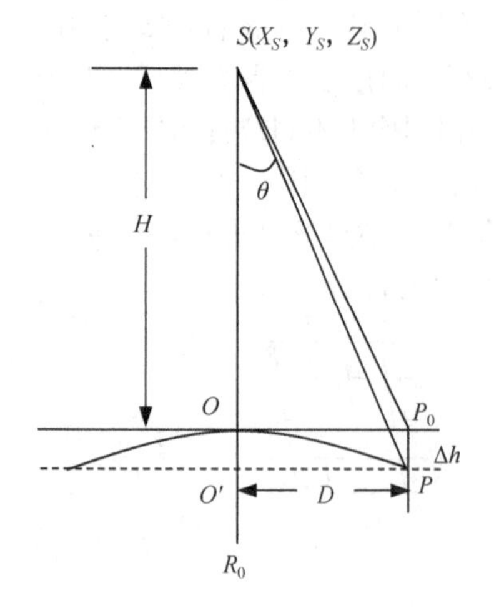

图 5.7　地球曲率引起的像点位移

对于推扫式成像仪，因为 $x = 0$，所以 $\delta_{h_x} = 0$，因此其只在 y 方向有投影误差，同式(5.7)。

4. 地球曲率引起的像点误差

地球曲率引起的像点误差类似于地形起伏引起的像点位移，可以利用像点位移公式来估计地球曲率所引起的像点位移，如图 5.7 所示。设地球半径为 R_0，P 为地面点，地面点 P 到传感器与地心连线的距离为 D，P 点在地球切面上的像点为 P_0，并且弧 OP 的长度 D 等于 OP_0 的长度。考虑到 R_0 很大，把角 $PP_0\,O$ 视为直角，$OO' = PP_0$。若令 Δh 为一种系统的“地形”起伏，根据圆直径与弦线交割线间的数学关系可得

$$D^2 = (2R_0 - \Delta h)\Delta h \tag{5.8}$$

考虑到Δh 相对于 $2R_0$ 是个很小的数值，因此可简化得到

$$\Delta h \approx D^2 / 2R_0 \tag{5.9}$$

将Δh 代入相应投影误差公式，就可以得到地球曲率对各种图像影响的表达式。因为地球曲率总是低于其切面，所以将 h 代入相应公式时，需将Δh 反号(即负值)。

地球曲率对中心投影图像的影响为

$$\begin{bmatrix} h_x \\ h_y \end{bmatrix} = \begin{bmatrix} -\Delta h_x \\ -\Delta h_y \end{bmatrix} = \frac{1}{2R_0} \cdot \frac{H^2}{f^2} \begin{bmatrix} x^2 \\ y^2 \end{bmatrix} \tag{5.10}$$

地球曲率对多光谱扫描图像的影响为，$h_x = 0$，而 h_y 为

$$h_y = -\frac{H^2 \cdot y^2}{2R_0 \cdot f^2} = H^2 \cdot \frac{\tan^2(y'/f)}{2R_0} \tag{5.11}$$

式中，y 为等效中心投影图像坐标；y' 为全景图像坐标。

对于大尺度、低空间分辨率的遥感传感器，如 NOAA、MODIS 等，θ角可以达到 40°，此时地球曲率引起的像点位移不能不加以考虑。一般来说，根据测量学研究结果，当遥感视场宽度小于 ± 10km 时，地球曲率的影响可以不加考虑。

5. 大气折射引起的误差

整个大气层不是一个均匀的介质，因此电磁波在大气层中传播时的折射率随高度的变化而变化，电磁波传播的路径不是一条直线而变成了曲线，从而引起像点的位移，这种像点位移就是大气折光差。

对于中心投影图像，其成像点的位置取决于地物点入射光线的方向。在不存在大气折射影响时，地物点 A 以直线光线 AS 成像于 a_0 点；当存在大气折射影响时，A 点以曲线 AS 成像于 a_1 点，从而引起的像点移位$\Delta r = a_0\,a_1$，如图 5.8 所示。

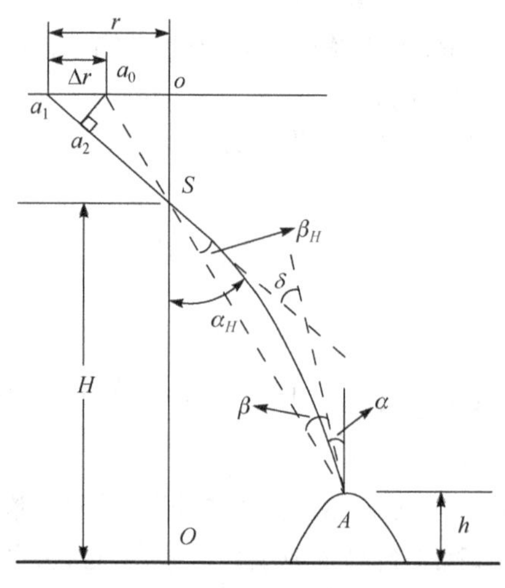

图 5.8　大气折射引起的误差

考虑到 β_H 是一个小角，于是有

$$\Delta r = \frac{f \cdot \beta_H}{\cos^2 \alpha_H} = f \cdot (1 + \tan^2 \alpha_H) \cdot \beta_H \tag{5.12}$$

式中，α_H为实际光线离开最后一层大气层时的出射角；β_H为实际光线在最后一层大气层时具有的折光角差。

大气折射对框幅式相机成像的像点位移的影响在量级上要比地球曲率的影响小很多。

6. 地球自转的影响

在常规框幅式摄影成像的情况下，地球自转不会引起图像变形，因为其整幅图像是在瞬间一次曝光成像的。地球自转主要是对动态传感器的图像产生变形影响，特别是对卫星遥感图像。以 Landsat 图集为例，在卫星由北向南运行的同时，地球表面也在由西向东自转，卫星图像每条扫描线的成像时间不同，因而造成扫描线在地面上的投影依次向西平移，使得图像发生扭曲，如图 5.9 所示(仅考虑地球自转影响)，且有

$$\Delta y_e = t_e \cdot v_\varphi \tag{5.13}$$

式中，Δy_e为图像错动量；t_e为扫描整景图像时间；v_φ为该纬度的地球自转线速度，注意该线速度是一个变量。

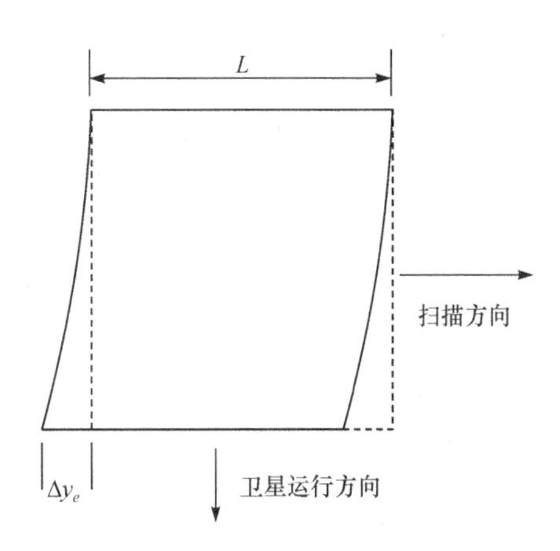

图 5.9　地球自转引起的误差示意图

三、几何校正的主要内容

遥感图像几何校正主要包括系统几何校正、几何精校正和正射校正。以环境一号卫星数据为例，其几何校正流程如图 5.10 所示，这些步骤也可以综合完成，即由辐射定标后分景数据直接校正成几何精校正影像或正射影像，减少重采样次数。

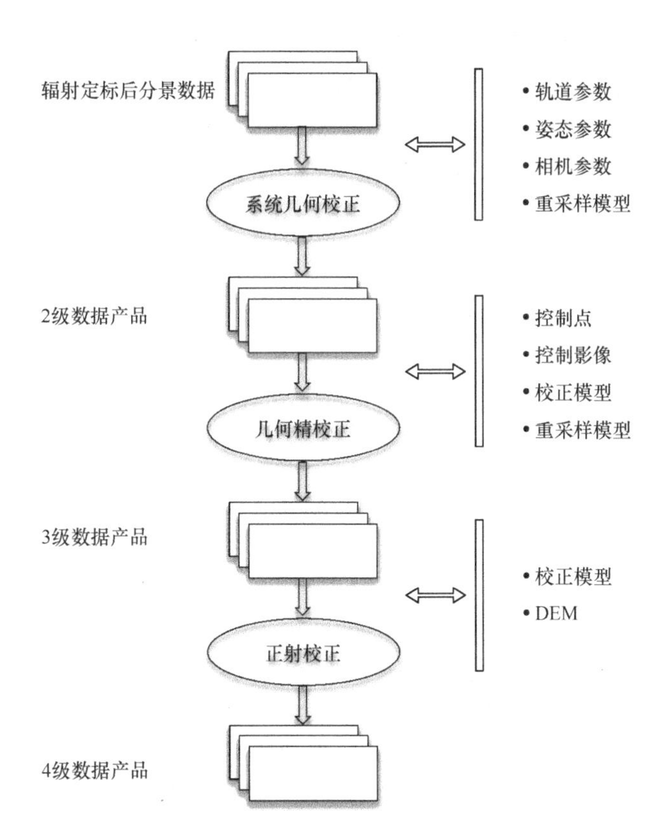

图 5.10　环境一号卫星数据几何校正流程

1) 系统几何校正

系统几何校正，又称几何粗校正，是根据畸变产生的原因，利用空间位置变化关系，采用消除图像几何畸变的理论校正公式和取得的与遥感传感器构造有关的校准数据(焦距等)及外方位元素等的测量值辅助参数进行校正。中心投影型遥感传感器中的共线条件式就是理论校正公式的典型例子，该方法对传感器的内部畸变大多是有效的。可是在很多情况下，遥感传感器位置及姿态的测量值精度不高，所以外部畸变的校正精

度也不高。用户获取的遥感图像一般都已经做过系统几何校正。经过系统几何校正后的遥感图像还存在着随机误差和某些未知的系统误差，所以还需要进行几何精校正。

2) 几何精校正

几何精校正是在系统几何校正的基础上，使图像的几何位置符合某种地理坐标系统，与地图配准，并调整亮度值，即利用 GCP 进行的精密校正。几何精校正不考虑引起畸变的原因，直接利用 GCP 建立起像元坐标与目标物地理坐标之间的数学模型，实现不同坐标系统中像元位置的变换。

利用带 GCP 的图像坐标和地图坐标的对应关系，近似地确定所给的图像坐标系和应输出的地图坐标系之间的坐标变换公式。坐标变换公式经常采用一次等角变换式、二次等角变换式、二次投影变换式、三次投影变换式或高次多项式。坐标变换公式的系数可从 GCP 的图像坐标值和地图坐标值中根据最小二乘法求出。

几何精校正以基础数据集作为参照(base)。如果基础数据集是图像，该过程称为相对校正，即以一幅图像作为基础，校正其他图像，这是图像-图像的校正；如果基础数据是标准的地图，则称为绝对校正，即以地图作为基础，这是图像-地图的校正，常用于 GIS 应用中。二者使用的技术相同。

把理论校正公式与利用控制点确定的校正方法组合起来进行的几何校正称为复合校正。①分阶段校正的方法，即先根据理论校正公式消除几何畸变(如内部畸变等)，再利用少数的控制点，用低阶次校正公式消除残余的畸变(外部畸变等)；②提高几何校正精度的方法，即利用控制点以较高的精度推算理论校正公式中所含的传感器参数及传感器的位置与姿态参数。

3) 正射校正

正射校正是将中心投影的影像通过数字校正形成正射投影的过程，其原理为：将影像划分为很多微小的区域，根据相关参数利用相应的构像方程式或按一定的数学模型用控制点解算，求得解算模型，然后利用 DEM 数据对原始非正射影像进行校正，使其转换为正射影像。影像的正射校正借助 DEM，对影像中每个像元进行地形变形的校正，使影像符合正射投影的要求。由于充分利用了 DEM 数据，故能改正因地形起伏而引起的像点位移。

第二节　几何精校正原理与方法

一、基本原理与过程

1. 几何精校正基本原理

几何精校正的基本原理是回避成像的空间几何过程，直接利用 GCP 数据对遥感图像的几何畸变本身进行数学模拟，并且认为遥感图像的总体畸变可以看作挤压、扭曲、缩放、偏移，以及更高次的基本变形综合作用的结果。因此，校正前后图像相应点的坐标关系可以用一个适当的数学模型来表示。

几何精校正具体的实现过程是：利用具有大地坐标和投影信息的 GCP 数据确定一个模拟几何畸变的数学模型，以此来建立原始图像空间与标准空间的某种对应关系，然后利用这种对应关系，把畸变图像空间中的全部像元变换到标准空间中，从而实现图像的几何精校正。

几何精校正的基本技术是同名坐标变换方法，即通过在基础数据和图像中分别寻找 GCP 的同名坐标，并借此建立变换关系来进行几何精校正。

设 I_1 和 I_2 分别为待校正图像和校正图像所依赖的参考地图(或参考图像)，几何精校正可以

表示为 $I_2 = g[f(I_1)]$，这里 g 和 f 分别为变换函数。f 为利用 GCP 和图像同名点建立的空间变换函数，如多项式几何校正方程；g 为重采样函数。

2. 几何精校正主要过程

1) 空间位置的变换

空间位置(像元坐标)的变换又称为空间插值，即确定原始输入图像坐标(x,y)与该点对应的参考图件坐标(X,Y)之间的几何关系。通过 GCP 建立几何关系，然后将待校正图像的坐标(x,y)校正到输出图像(X',Y')中。

2) 灰度值重采样

因为原始图像像元值与输出图像像元坐标之间没有直接的一一对应关系，校正后的输出图像像元需要填入一定的像元值，而该像元栅格并非刚好落在规则的行列坐标上，所以必须采用一定的方法来确定校正后输出像元的亮度值，这一过程称为灰度值重采样，也称为亮度插值。

3. 几何精校正步骤

遥感图像几何精校正的步骤如图 5.11 所示。

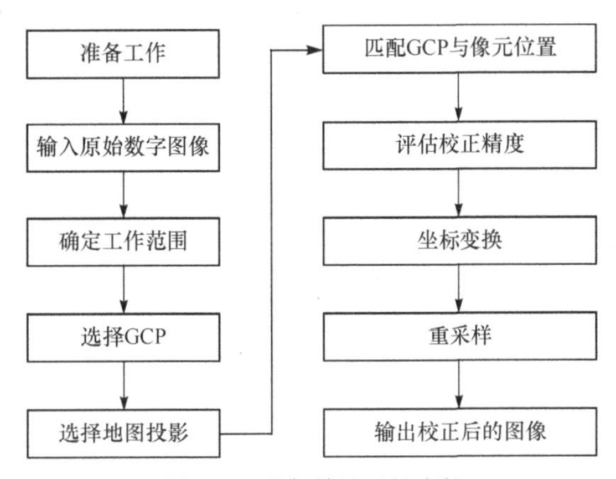

图 5.11　几何精校正的步骤

1) 准备工作

包括图像数据、地形图、大地测量成果、航天器轨道参数和传感器姿态参数的收集与分析。如果图像为胶片，需要通过扫描转换为数字图像。

2) 输入原始数字图像

按规定的格式读入原始的遥感数字图像。

3) 确定工作范围

根据工作要求确定区域范围，然后对遥感图像进行裁剪。考虑校正和制图的要求，裁剪的图像范围要适当大于工作范围。图像范围定义不恰当时，会造成校正后的图像范围不全，而且会产生过多的空白区。

4) 选择 GCP

根据图像特征和地区情况，结合野外调查和地形图选择 GCP。本步骤直接影响图像最后的校正精度。

5) 选择地图投影

根据工作要求并参照原始图像的信息选择地图投影，确定相关的投影参数。

6) 匹配 GCP 与像元位置

GCP 和相应的图像像元为同名地物点，应该清晰无误地进行匹配。可借助于一些特定的算法进行自动或半自动的匹配。

7) 评估校正精度

在使用遥感软件进行几何精校正的过程中，可以预测每个控制点可能产生的误差和总的平均误差。如果点的误差很大，则需要慎重选择是否将该点作为控制点。但是，误差很小的点，也有可能是不匹配的点。因此，需要使用多种图像增强的方法，如对比度拉伸、彩色合成、主成分变换等从多个角度对控制点进行检查确认。

为便于了解图像校正的精度，建议在校正后给出校正的均方根误差(root mean square error, RMSE)和 GCP 中的最大误差。对于中低分辨率图像，校正精度往往以像元为单位。例如，对于 Landsat 图像，一般要求校正的平均精度在 1 个像元内。对于高分辨率图像，校正精度常以米为单位。例如，对于 SPOT-5 图像，可能会要求校正的平均精度小于 3m。

8) 坐标变换

以控制点为基础，通过不同的数学模型来建立图像坐标和地面(或地图)坐标间的校正方程，然后使用该方程进行坐标变换。常用的数学模型有多项式法、共线方程法、随机场内插值法等。某些传感器的图像(如 MODIS 图像)数据中已经嵌入了坐标信息，可以直接用来建立校正方程。

9) 重采样

待校正的数字图像本身属于规则的离散采样，非采样点上的灰度值需要通过采样点(校正前的图像像元)内插来获取，即重采样。重采样时，附近若干像元(采样点)的灰度值对重采样点的影响大小(权重)可以用重采样函数来表达。重采样完成，就得到了校正后的图像。

10) 输出校正后图像

将校正后的图像数据按需要的格式写入新的图像文件中。

二、几何变换

像元位置变换是按选定的校正方程把原始图像中的各个像元变换到输出图像相应的位置，变换方法分为直接成图法和间接成图法(或称正解法与反解法)，如图 5.12 所示。

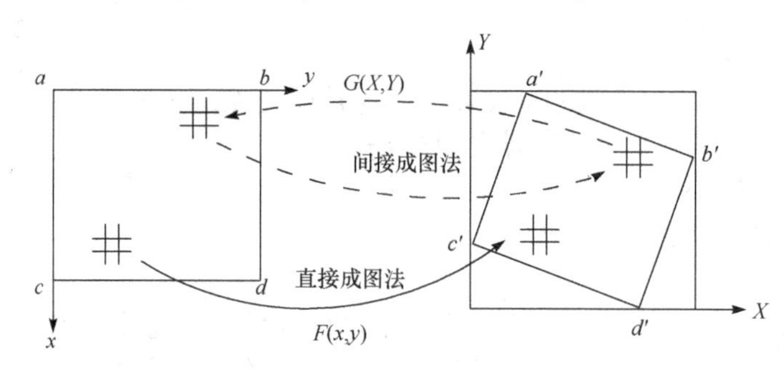

图 5.12 直接成图法和间接成图法

1. 变换方法

1) 直接成图法

校正过程是从原始图像出发，利用校正方程依次将原图像中的像元转换为输出图像(校正后图像)中的坐标，即

$$\begin{cases} X = F_X(x, \ y) \\ Y = F_Y(x, \ y) \end{cases} \tag{5.14}$$

式中，(x, y)为原始图像中的像元坐标；(X,Y)为输出图像中对应的坐标。

直接成图法输出图像像元(X,Y)的灰度值为原图像像元(x,y)的灰度值，称为灰度值匹配。直接成图法输出图像像元大小不会发生变化，但输出图像中的像元可能分布不均匀。

2) 间接成图法

以具有地理坐标的空白图像阵列为基础，根据校正公式计算规则网格的地理坐标(X,Y)在原始图像中对应的位置(x,y)；根据(x,y)与周围邻近像元之间的关系内插产生新的像元值，然后把像元值写到(X,Y)。间接成图法的一般形式为

$$\begin{cases} x = G_x(X,Y) \\ y = G_y(X,Y) \end{cases} \tag{5.15}$$

间接成图法输出图像像元(X,Y)不一定刚好对应原图像像元(x,y)，即与原图像像元并不一定重合，可能与原图像多个像元位置相关，因此输出图像像元(X,Y)的灰度值是通过内插方式获得的，称为灰度值重采样。

间接成图法能保证校正后图像的像元在空间上均匀分布，这也是最常用的几何精校正方法。

直接成图法和间接成图法这两种方案本质上并无差别，主要不同在于所用的校正变换函数不同，互为逆变换。在实践中通常使用间接成图法，主要原因在于：直接成图法得到的数据无法用规则矩阵表示，需要进行像元的重新排列，要求内存空间大一倍，计算时间也长；而间接成图法得到的数据用规则矩阵表示，便于处理。

2. 变换模型

不论是直接成图法还是间接成图法，都是建立起图像坐标与其同名点的地面坐标之间的关系多项式，通过平差原理计算多项式的系数，然后用该多项式对图像进行校正，即通过几何校正模型实现其校正过程。几何校正模型可以是一种近似的描述，称为近似几何校正模型；也可以是根据传感器的成像特点而建立的严格物理意义上的描述，称为严格几何校正模型。

1) 主要校正模型

近似几何校正模型一般是使用与具体传感器无关、不具有成像物理意义的数学函数，将像点和其对应的 GCP 进行关联，建立 GCP 到像点的映射关系。近似几何校正模型无须知道影像的成像特点，无须获取传感器参数，计算复杂程度一般比严格几何校正模型低。常用的近似几何校正模型有一般多项式模型、改进多项式模型、直接线性变换模型(direct linear transformation，DLT)、有理函数模型(rational function model，RFM)等。

一般多项式模型解算简便，运算量较小，但它忽略了地形起伏引起的几何变形，所以仅适合于地形起伏平缓地区的影像处理。改进多项式模型计算过程与一般多项式模型相同，只是增加了 GCP 的高程 Z 值，并需要更多的 GCP 数量，其特点依然保持改进前的解算过程简便、运算量较小的优点，且考虑了地形起伏的影响，只要选择适当阶数的改进多项式模型，便可以获得较高的几何定位精度。直接线性变换模型是用直接线性变换函数建立像点坐标和空间坐标关系的映射，它不需要内外方位元素，具有表达形式简单、解算简便、无须初始值等特点，在近景摄影测量中对非量测型相机获取的遥感影像处理时得到较多的应用，也适用于线阵 CCD 推扫式传感器。有理函数模型是将地面点大地坐标与其对应的像点坐标用比值多项式关联起来，从而描述物方和像方几何关系的数学模型。与常用的多项式模型或者严格传感器模型比较，有理函数模型实际上是一种更广义、更完善的传感器模型表达方式，是对多项式、直接线性变换、仿射变换及共线条件方程等模型的进一步概括，它不需要了解传感器的实际构造和成像过程，

适用于不同类型的传感器。

建立物理传感器模型时，需要考虑成像过程中造成影像变形的物理因素，如地表起伏、大气折射、相机透镜畸变及卫星的位置、姿态等，再利用这些物理条件来构建成像几何模型。通常这类模型数学形式较为复杂且需要完整的传感器信息，由于其在理论上是严密的，故也称为严密或严格传感器几何校正模型，也可简称为严格几何校正模型。严格几何校正模型的建立需要传感器构造、成像方式等信息，在航天摄影测量上还需要从卫星轨道星历中为各模型参数提供较好的初始值。严格几何校正模型具有较高的精度，因此一直是高精度几何校正的首选。在该类传感器模型中，最有代表性的是以共线条件方程为基础的传感器模型。例如，框幅式相机的中心投影方式和线阵 CCD 传感器的行中心投影方式，其校正原理就是利用成像瞬间地面点、传感器镜头透视中心和相应像点在一条直线上的严格几何关系建立的数学模型，即共线条件方程，实现遥感图像的几何校正。

2) 一般多项式校正模型

一般多项式校正模型将校正前后影像相应像元点之间的坐标关系用一般多项式表达。一般多项式校正模型回避了成像时的空间几何过程，直接对影像变形的本身进行数学模拟。它将遥感影像所有的几何误差来源及变形总体看作平移、缩放、旋转、仿射、偏扭、弯曲及更高次基本变形综合作用的结果。

一般多项式校正模型在遥感影像校正的实践中经常使用，因为它的原理直观、计算简单，特别是对地面相对平坦的图像具有足够好的校正精度。该方法普遍适用于对各种类型传感器的纠正，不仅可用于影像地图的纠正，还常用于不同类型遥感图像之间的几何配准，以满足计算机分类、地物变化检测等处理的需要。

GCP 是在一个图像上可以清晰分辨并且能在地图上精确定位的地表控制点的位置。几何精校正的目的就是根据参考图件的若干 GCP，对遥感图像的几何失真进行校正。在校正过程中，用户必须获得每个 GCP 的两组坐标，即在待校正图像上的坐标(x,y)和地图坐标(从参考图件上测量的某参照系统的坐标或是 GNSS[①]野外测量的坐标)。然后根据这些值按最小二乘法进行回归分析，从而确定图像校正后的坐标。一旦方程的系数确定，待校正遥感图像的任何位置的实际坐标都可以计算。其计算步骤如下：

(1) 选取 n 个 GCP $P_i(i=1,2,\cdots,n)$。

从参考图件或通过 GNSS 选取 $P_i(X,Y)$，从待校正图像 p 上选取 $p_i(x,y)$，以获取校正后图像 R 上的 $R_r(X,Y)$。

(2) 对两组控制点坐标进行拟合，形成变换矩阵，其拟合公式为

$$\begin{cases} x = G_x^t(X,Y) \\ y = G_y^t(X,Y) \end{cases} \tag{5.16}$$

式中，G 由最小二乘法确定；t 为多项式的次数；GCP 的数量 n 与 t 的关系为 $n \geqslant \frac{(t+1)(t+2)}{2}$。

当 $t=1$(线性)时，G 的形式为

$$\begin{cases} x = a_0 + a_1 X + a_2 Y \\ y = b_0 + b_1 X + b_2 Y \end{cases} \tag{5.17}$$

① 全球导航卫星系统(global navigation satellite system，GNSS)

式中，x，y 为待校正图像像元的图像坐标；X，Y 为同名地物点的地面(或地图)坐标；a_i，b_i 为多项式系数。

复杂的几何变形可以使用高阶多项式校正方程，例如，当 $t=3$ 时的多项式纠正方程为

$$\begin{cases} x = a_0 + a_1X + a_2Y + a_3X^2 + a_4XY + a_5Y^2 + a_6X^3 + a_7X^2Y + a_8XY^2 + a_9Y^3 \\ y = b_0 + b_1X + b_2Y + b_3X^2 + b_4XY + b_5Y^2 + b_6X^3 + b_7X^2Y + b_8XY^2 + b_9Y^3 \end{cases} \tag{5.18}$$

(3) 利用第二步解算方程进行坐标计算，求得校正后图像上各点控制点坐标 $R_r(X,Y)$ $(r=1, 2,\cdots,n)$。

(4) 计算各点 RMSE 和总的 RMSE，通常会为其设定一个阈值 ε。RMSE 计算方法为

$$\mathrm{RMSE} = \sqrt{(X_i - X_r)^2 + (Y_i - Y_r)^2} \tag{5.19}$$

计算结果必须使 RMSE≤ε，否则需要删除 RMS 最大的点，再重新从第(2)步开始计算，直到满足要求为止。

使用中应注意以下问题：

(1) 多项式校正的精度与 GCP 的精度、分布和数量及校正的范围有关。GCP 的精度越高、分布越均匀、数量越多，则几何校正的精度就越高。

(2) 采用多项式校正时，在 GCP 处的拟合较好，但在其他点的误差可能会较大。平均误差小，并不能保证图像各点的误差都小。

(3) 多项式阶数的确定取决于对图像中几何变形程度的认知。如果变形不复杂，那么一阶多项式就可以满足要求。但并非多项式的阶数越高，校正的精度就越高。

三、灰度值重采样

图像重采样(image resampling)就是图像数据经过变换后，像元中心位置通常会发生变化，其在原始图像中的位置不一定是整数行或整数列，多数情况下是落在原始图像阵列的几个像元点之间。因此，需要根据输出图像各像元在原始图像中对应的位置，采用合适的方法将该点四周邻近的若干个整数点位上的亮度值按一定规则进行重采样，通过对栅格值重新计算，建立新的栅格矩阵，如图 5.13 所示。

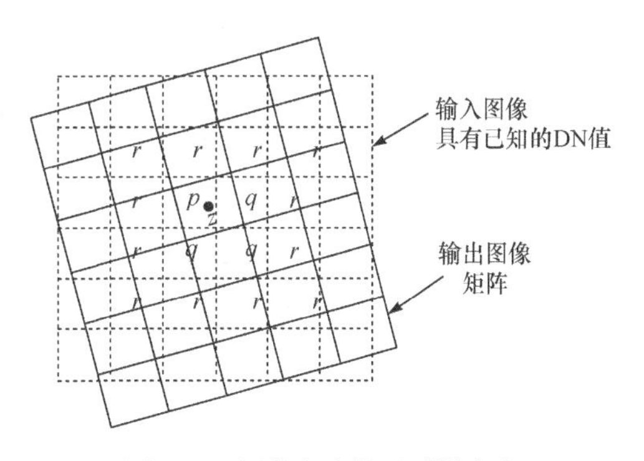

图 5.13　图像灰度值重采样方法

注：利用最近邻法，z 点的值通过最邻近像元 p 产生；利用双线性内插法，z 点的值通过 p 和 q 产生；利用三次卷积法，z 的值通过 p、q 和 r 产生

遥感数字图像灰度值最常用的重采样方法有最近邻(nearest neighbor)法、双线性内插(bilinear interpolation)法和三次卷积(cubic convolution)法。

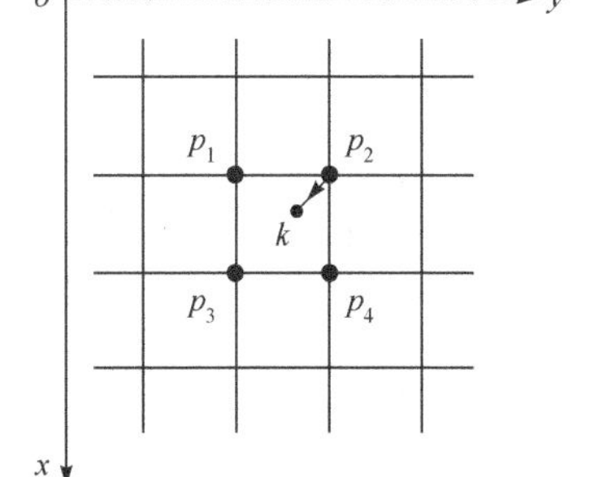

图 5.14　最近邻法重采样示意图

1. 最近邻法

最近邻法是直接将与某像元最邻近的像元值作为该像元的新值。如图 5.14 所示，对于几何变换后图像中任意一个待赋值灰度的内插像元 k，其在原始输入图像坐标系中的坐标为(x_k,y_k)，其灰度值 D_k 直接取输入图像中与其最邻近像元 p 的灰度值 D_p[p 点的坐为(x_p,y_p)]作为重采样值，即

$$D_k = D_p \tag{5.20}$$

其中，$x_p = \text{INT}(x_k + 0.5)$；$y_p = \text{INT}(y_k + 0.5)$；INT 为取整函数。

最近邻法的优点是方法简单，运算量小，处理速度快，且不会改变原始栅格值，但该方法最大可能产生半个像元大小的位移。由于该方法不改变图像光谱信息，一般用于数据预处理，能保证后期数据定量分析(如进行图像自动分类)的准确性。另外，由于专题图的图像数值具有特殊含义，采用的也是最近邻法，如土地利用专题图。缺点是内插精度较低，当相邻像元的灰度值差异较大时，校正后的图像不具连续性，可能会产生较大的误差，影响制图效果。

2. 双线性内插法

该方法是取原始图像上点 k 的 4 个邻近的已知像元 p_1、p_2、p_3 和 p_4 灰度值的近似加权平均和，权系数由双线性内插的距离值构成[图 5.15(a)]，相当于先由 4 个像元点形成的四边形中的 2 条相对边进行内插，然后再跨这 2 条边做线性内插[图 5.15(b)]。

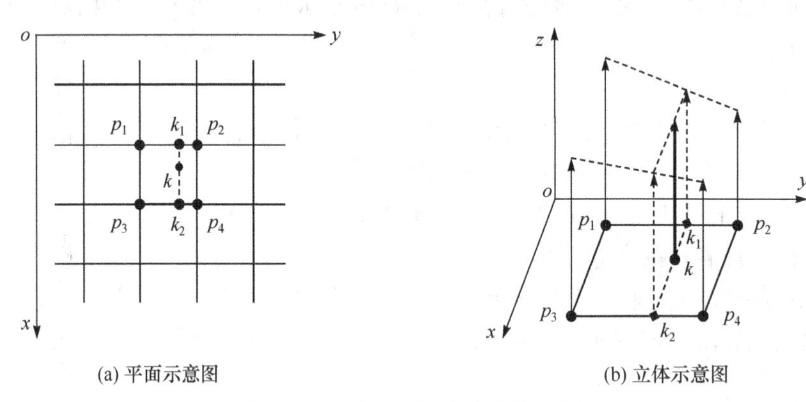

图 5.15　双线性内插法重采样示意图

为简化表达方式，设任意 4 个像元为 $p_1(i, j)$，$p_2(i, j+1)$，$p_3(i+1, j)$，$p_4(i+1, j+1)$，位于这 4 个像元点之间的待内插像元点 $k(x,y)$，其灰度值 D_k 由双线性内插计算可得

$$D_k = (1-\Delta x)(1-\Delta y)D_{i,j} + \Delta x(1-\Delta y)D_{i+1,j} + \Delta y(1-\Delta x)D_{i,j+1} + \Delta x\Delta y D_{i+1,j+1} \tag{5.21}$$

式中，$\Delta x = x_k - \text{INT}(x_k)$；$\Delta y = y_k - \text{INT}(y_k)$。

双线性内插法的优点是计算较为简单，并且具有一定的亮度采样精度，从而使得校正后的图像亮度连续，结果会比最近邻法的结果光滑，一般能得到满意的插值效果。缺点是亮度插值使原图像的光谱值发生变化，具有低通滤波的性质，造成图像中一些边缘、线状目标和一些细微信息的损失，导致图像模糊。该方法适用于某些表面现象分布、地形表面的连续数据，如 DEM、气温、降水量的分布、坡度等，因为这些数据本身就是通过采样点内插得到的连续表面。

3. 三次卷积法

三次卷积是双线性内插法的改进，即不仅考虑到 4 个直接邻点的灰度值，还考虑各邻点间灰度值的变化率的影响。它是用 1 个三次重采样函数 $S(x)$近似表示校正后的图像当前像元相对于校正前图像位置周围 16 个像元的灰度值对内插灰度值的贡献大小，即权重大小，如图 5.16(a)所示。这个重采样函数 $S(x)$使用辛克函数(sinc)来表示

$$y = \frac{\text{sinc}(x)}{x} \tag{5.22}$$

式中，x 为弧度。

由式(5.22)可知，辛克函数具有以下性质[图 5.16(b)]：

(1) 辛克函数是偶函数，这一性质符合以距离的倒数作为权重模拟权重函数的需要，因为这里的距离是不分正负方向的。

(2) 当自变量 x 分别从左或右两个方向趋近于 0 时，因变量 ω 趋近于 1。

(3) 当 x 取值为 $-\pi\sim+\pi$ 时，ω 的对应值大于 0 且小于 1。这里的 x 作为距离，在校正后的图像当前像元相对于校正前图像位置周围 16 个像元范围内 x 的取值在 ±2 的阈值，符合 $-\pi\sim+\pi$ 的要求。

(4) 随着 x 值的增大，ω 的值逐渐减小，符合距离 x 越远权重越小的原则。

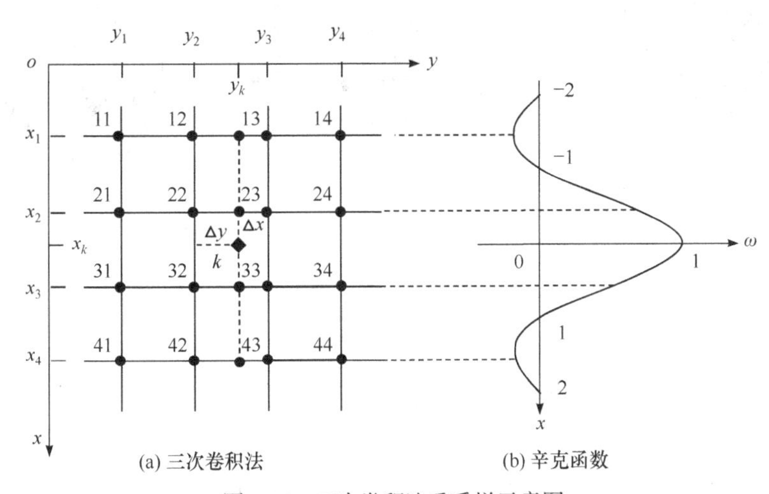

图 5.16　三次卷积法重采样示意图

辛克函数解决了 16 个像元灰度值对内插灰度值权重的问题，但在实际计算过程中计算量较大，使用也不方便。因此，常用三次样条插值(cubic spline interpolation)函数，简称 Spline 插值函数，近似表达辛克函数，即

$$\omega(x)=\begin{cases}1-2|x|^2+|x|^3 & 0\leqslant|x|<1\\ 4-8|x|+5|x|^2-|x|^3 & 1\leqslant|x|<2\\ 0 & 2\leqslant|x|\end{cases}\tag{5.23}$$

式(5.23)就是三次卷积法的权重函数。

对于待计算像元点 k 的灰度值，按以下公式计算：

$$D_k(x,y)=\sum_{i=1}^{4}\sum_{j=1}^{4}\omega_{ij}\cdot f_{ij}\tag{5.24}$$

$$\omega_{ij}=\omega(x_i)\cdot\omega(y_j)\tag{5.25}$$

式中，f_{ij} 为 k 点周围 16 个像元的灰度值；$\omega(x_i)$和 $\omega(y_j)$分别为 x 方向和 y 方向上 4 个像元点的权重；ω_{ij} 为第 i 行第 j 列像元的权重，即 x 方向和 y 方向共同作用的权重。

三次卷积法的优点是精度较高，不仅使图像的亮度连续，还能较好地保持高频成分，增加图像的细节信息，视觉效果好。缺点是算法复杂，计算量大，同样会改变原来的亮度值，且有可能超出输入像元的值域范围。该方法适用于空间分辨率较低、几何变形较大的情况，以及不需要再进行基于光谱分析的数据处理而只用于制图表达的情况。

图 5.17 是 Landsat7 ETM+图像最近邻法重采样与三次卷积内插法重采样结果的比较。从图 5.17(a)和图 5.17(b)来看，三次卷积内插法重采样的结果比较平滑。比较重采样后两个图像的 B4 波段差值[图 5.17(c)]可看出，差异主要出现在图像灰度梯度变化大的部位。图中的实例统计表明，在 B4 波段，两种方法的最大灰度值差异范围为[−31，33]，平均差异为−0.39。

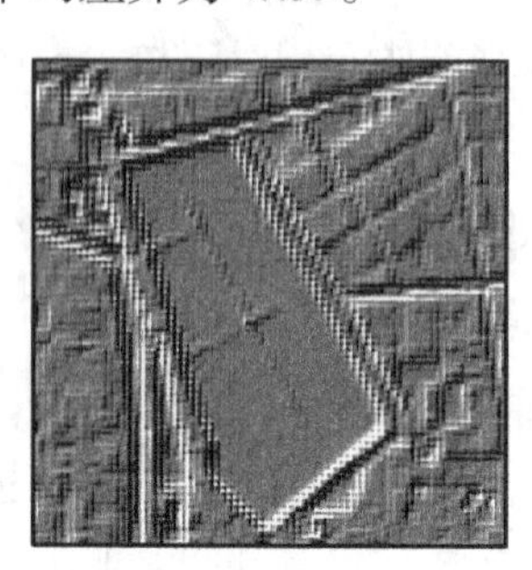

(a) 最近邻法重采样 真彩色合成图　(b) 三次卷积内插法重采样 真彩色合成图　(c) B4波段(b)–(a)的结果

图 5.17　ETM+图像不同重采样结果的比较

四、几何精校正的类型

根据控制点选取来源的不同，几何精校正可分为图像到地图的几何校正、图像到图像的几何校正和具有地理位置信息的数据的几何校正。

1. 图像到地图的几何校正

从图像到地图的几何校正是对遥感图像进行平面化(像元位于正确的平面地图上的位置)处理的过程。要精确测量面积、方向和距离，都必须进行从图像到地图的几何校正。

从图像到地图的几何校正的方法是首先为待校正图像设置好投影信息和像元大小，其次在待校正图像上采集控制点，然后建立待校正图像的图像坐标与空间坐标之间的转换函数关系，实现对待校正图像的几何校正。

控制点的地理坐标信息来源比较灵活，可以通过具有地理坐标信息的栅格地图、矢量地图、文本文件导入，也可以从纸质地图、GNSS 测量数据中读取，手动输入坐标信息。对于缺少地图的地区或是由于快速变化导致地图过时的地区，用 GNSS 获取地图坐标进行图像校正尤为有效。

2. 图像到图像的几何校正

图像到图像的几何校正是利用有已知地理信息的基准图像进行控制点选取，在基准图像和待校正图像上选取同名点，建立基准图像与待校正图像之间的图像坐标变换关系，再利用基准图像的实际坐标投影信息对待校正图像进行几何校正。

但是，在从图像到图像的校正过程中，如果采用已校正过的图像作为参考，得到的校正图像会带有原基准图像中包含的几何误差。因此，在高精度的地球科学遥感研究中，应采用从图像到地图的几何校正。而对两个或多个遥感数据进行精确变化检测时，选择从图像到地图的校正和从图像到图像的校正相结合的混合校正方法，会取得更加满意的效果。

3. 具有地理位置信息的数据的几何校正

对于低空间分辨率的卫星遥感数据(如 AVHRR、MODIS、EOS、FY 等)，以及许多非遥感获取的空间数据，如太阳辐射数据、气候模型输出的气象产品数据，GCP 的选取非常困难。这就需要利用各像元已经具有的地理定位信息进行几何校正，其精度受到地理定位文件的影响。

这种几何校正方式一般是通过输入几何(input geometry，IGM)文件或地理位置查找表(geographic lookup table，GLT)文件来实现。

IGM 文件存储了图像的 X 坐标和 Y 坐标(一般情况下是经度和纬度)两个地理位置信息，一些遥感数据集自身带有特定制作 IGM 文件的经纬度数据。另外，有些遥感数据处理软件(如 ENVI)也能够为一些传感器(如 AVHRR、MODIS 等)生成 IGM 文件。IGM 本身并没有空间参考信息，但是它含有每一个原始像元在指定投影下的空间参考信息。

GLT 方法是利用输入的几何文件生成一个 GLT 文件，从该文件中可以了解到某个初始像元在最终输出结果中的实际地理位置。GLT 文件是一个二维图像文件，包括两个波段，地理位置的行和列。文件对应的灰度值表示原始图像中每个像元对应的地理位置坐标信息，用有符号整型存储，它的符号说明输出像元是对应于真实的输入像元，还是邻近像元生成的填实像元(infill pixel)。符号为正说明使用了真实的像元位置值；符号为负说明使用了邻近像元的位置值；符号为 0 时表明周围 7 个像元内没有邻近像元的位置值。

与 IGM 图像不同，GLT 图像的行列数与原始图像不一定相等，这是因为 GLT 的生成过程是将 IGM 图像上的所有栅格点都作为控制点，然后将 IGM 图像投影转换到某一投影坐标下，所以 GLT 文件的像元是具有实际坐标的。

GLT 文件包含初始图像每个像元的地理位置信息，它的校正精度很高，避免了通过 GCP 利用多项式几何校正法对低分辨率图像数据的处理。

GLT 几何校正比 IGM 几何校正速度快，尤其是进行多幅图像的几何校正时。利用 IGM 进行几何校正时，每个像元都需要到 IGM 文件中查找对应的地理坐标，然后再转换投影进行校正，而且每一次利用 IGM 进行几何校正的时候又都需要重新到 IGM 文件中查找地理坐标，因而比较费时；而 GLT 已经建立了在特定投影下原始图像与校正后图像之间的文件坐标对应关系，每次几何校正都只需要利用查找表寻找对应的像元进行校正，比较便利，适用于批处理。另外，利用 IGM 进行几何校正可以根据需要指定校正图像的投影；而利用 GLT 进行几何校正时，校正图像的投影必须与 GLT 的投影一致。

五、正射校正

1. 正射校正概述

正射校正是几何校正的高级形式。对于通过中心投影方式获取的遥感图像，地形起伏会产生投影误差。几何校正对于消除遥感图像因遥感平台、传感器本身、地球曲率等因素造成的几何畸变具有较好的效果，而且可对图像进行地理参考定位，但是不能消除地形引起的几何畸变，尤其是在地形起伏较大的地区。

正射校正不仅能够实现常规几何校正的功能，还能通过测量点的高程和 DEM 来消除地形起伏引起的图像几何畸变，提高图像的几何精度。正射校正的图像具有精确的空间位置，全幅图像具有统一的比例尺，因此也被称为数字正射影像图(digital orthophoto map，DOM)。DOM 同时具有地形图特性和影像特性，并具有精度高、信息丰富、直观逼真、现实性强等优点，可作为 GIS 的数据源，从而丰富地理信息系统的表现形式，在国土调查、地理国情监测、地形图修测和更新、数字地理空间框架建设、智慧城市建设等方面都有着广泛的应用。

2. 正射校正方法

正射校正方法主要包括严格物理模型和通用经验模型两大类(图 5.18)。

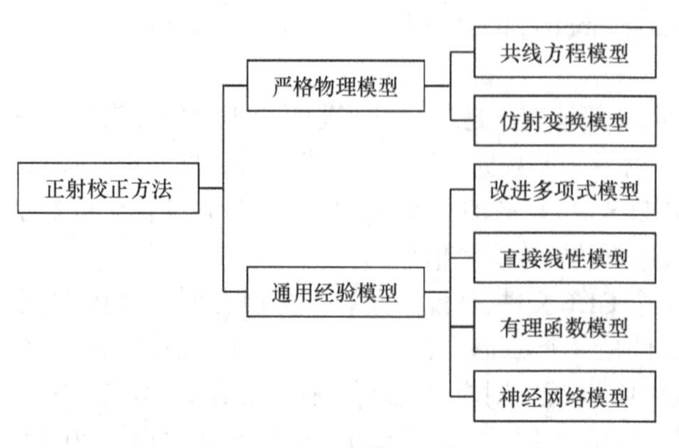

图 5.18 主要正射校正方法

严格物理模型是利用图像与地面之间的严格几何成像关系而建立的校正模型，其参数具有明确的物理意义，如传感器的轨道参数和姿态参数，主要方法有共线方程模型、仿射变换模型等。严格物理模型依赖传感器类型，不具有通用性，适用于没有或缺乏 GCP 的遥感影像正射校正。

通用经验模型不考虑图像成像的物理过程，不需要传感器的内、外方位元素数据，直接采用数学函数建立 GCP 和对应像元之间的几何关系完成正射校正，主要方法有改进多项式模型、直接线性模型、有理函数模型和神经网络模型等。通用经验模型应用灵活，但是精度受到地形和 GCP 精度的限制。

目前最主要的正射影像制作是基于立体像对的数字摄影测量方法，但立体像对遥感影像获取不易、成本高，而且需要一定数量的控制点。

1) 共线方程模型

共线方程模型建立在对传感器成像时的位置和姿态进行模拟和解算的基础上，由于其严格给出了成像瞬间物方空间和像方空间的几何对应关系，其几何校正精度是目前认为最高的校正方法。共线方程模型的应用分为轨道参数及姿态已知和未知两种情况。现在的商用遥感图像处理软件，基本上都以此为基础实现主要来源的遥感影像纠正功能。共线方程模型具有严密的特性，适用于各种分辨率的遥感影像校正。

2) 仿射变换模型

高分辨率卫星成像传感器的突出特征表现为长焦距和窄视场角，对于这种成像几何关系，如果采用共线方程模型描述，可能导致定向参数间存在强相关性，影响定向精度和稳定性。基于仿射变换的严格物理模型，定向参数解算稳定，较好地解决了高分辨率遥感卫星定向参数计算中的相关性问题。

3) 改进多项式模型

改进多项式模型是一种简单的通用成像传感器模型，其原理直观明了，计算较为简单，对于地面相对平坦的区域具有较好的精度。该方法回避了成像的几何过程，直接对影像的变形本身进行数学模拟。把遥感影像的总体变形看作平移、缩放、旋转、弯曲，以及更高次的基本变形综合作用的结果。该方法虽然对于不同的传感器模型有不同程度的近似性，但对各种传感器都普遍适用，其定位精度与 GCP 的精度、分布和数量及实际地形有关。对于地形起伏较大的地区，效果不佳。

4) 有理函数模型

有理函数模型是各种传感器几何模型的一种更广义的表达形式，是对不同传感器模型更为精确的表达。它能适用于各类传感器，包括最新的航空和航天传感器。其优点是由于引入较多的定向参数，模拟精度很高；缺点是模型解算复杂，运算量大，并且要求的控制点数量相对较多。

3. ENVI 的正射校正

ENVI 支持 pushbroom sensor 和 rational polynomial coefficient 两种正射校正模型，可对常用传

感器数据进行正射校正，如ALOS/PRISM、IKONOS、QuickBird、WorldView、SPOT、Plaiades、ZY-3、GF等。ENVI具有根据标准元数据建立RPC文件来校正正射数据的功能，也可以根据GCP或者外方位元素建立RPC文件，来校正一般的推扫式卫星传感器、框幅式航空像片和数码航空像片。当获得的卫星数据提供轨道参数，如ALOS/PRISM、IKONOS、WorldView等，也可以利用该功能生成RPC文件进行正射校正。

ENVI提供无控制点、有控制点和正射校正流程化工具三种校正方式。

第三节　几何校正质量控制

一、GCP的获取

GCP的选取是进行遥感图像几何校正(多项式几何校正模型解算、有理函数模型优化等)的重要步骤。GCP的数量、质量和分布等指标直接影响成图的精度和质量。

1. GCP选取原则

GCP的选取应遵循以下原则：

(1) 标识明显。GCP需在图像上有明显的、清晰的识别标志，如道路交叉点、农田边界等。

(2) 稳定性。GCP上的地物不随时间而变化，以保证当两幅不同时间的图像或地图进行几何校正时，可以同时识别出来。

(3) 相对一致的高程。在没有做过地形校正的图像上选择GCP时，应在同一地形高程上进行。

(4) 均匀性。GCP应当均匀分布在整幅图像内，且要有一定的数量保证。

2. GCP的来源

GCP的来源有数字栅格地图、数字正射影像、数字线划地图、GNSS外业测量等，采用哪种方式取决于对产品精度的要求。使用GNSS外业测量采集GCP，要注意投影问题，特别是GPS使用的是WGS84的经纬度投影，可能与几何校正需要的投影不同，需要事先进行投影变换。

GCP的类型主要有平高点、平面点、高程点、检查点等。通常情况下选择的GCP大多是平高点。平高点既有平面坐标又有高程，即GCP的平面值和高程值都参与模型计算。但也有一些情况需要选择其他类型的GCP，例如，如果模型计算并没有考虑地形起伏，高程点是不需要的，所有的GCP仅需知道平面坐标(平面点)即可。检查点是用于检测模型纠正精度指标的参考数据，并不参与影像的几何校正模型解算，主要作用是通过影像纠正后的点位坐标与用户输入的理论坐标进行数据分析，评定影像纠正的精度。

3. GCP的获取方式

目前，GCP的获取主要有以下几种方式：

(1) 采用简单的量算方法，如直尺、坐标数字化仪等，从相应比例尺的地形图(如1∶2000，1∶10000，1∶50000)中提取GCP坐标。

(2) 直接从屏幕上提取数字地形图中的GCP坐标。

(3) 从经过几何校正的数字正射影像上提取GCP坐标。

(4) 通过GNSS外业测量获取GCP坐标。GNSS定位精度可达米级，完全能够满足10 m级空间分辨率遥感影像几何校正对精度的要求；如果对GNSS数据进行差分处理，精度可优于米级，完全可用于高分辨率遥感影像的处理。

4. GCP的数量

GCP的数量取决于影像校正采用的数学模型、GCP采集方式或来源、研究区地形物理条件、影像类型和处理级别、成图精度要求，以及所采用的软件平台等多种因素。

由于非参数模型不能反映影像获取时的几何关系，也不能过滤 GCP 误差，只有通过增加 GCP 数量的方式，才能达到降低输入几何模型误差的目的。如果想达到与影像分辨率同一量级的制图或定位精度，需要的实际 GCP 数目是模型要求最少控制点数目的数倍。控制点数目的最小值按照几何校正模型未知系数的多少来确定。当同时处理多景影像时，通过区域平差处理使用连接点可以减少对 GCP 的需要。

5. GCP 的分布

GCP 的分布对几何校正效果有较大影响，为了控制一景或多景影像并达到一定精度，GCP 必须满足一定的位置和分布。通常要求 GCP 应尽可能均匀分布在校正区域内，并且影像的四角附近一定要有 GCP，才能充分控制成图区域的精度。若 GCP 分布很不均匀，则在分布密集区域校正后图像与实际图像吻合较好，而分布稀疏区域则会出现较大的拟合误差。当地形高差较大时，GCP 的垂直分布也非常重要，在最高点和最低点或其附近需要有 GCP，且不同高程带也需要一定数量的 GCP。

6. 常用 GCP

GCP 应选择在遥感图像上容易分辨、相对稳定、特征明显(所选特征与背景反差大)、可以精确定位的位置，如道路交叉点、河流弯曲或分叉处、海岸线弯曲处、湖泊边缘、飞机场跑道等。在变化不明显的大面积区域(如沙漠)，GCP 可以少一些。在特征变化大而且对精度要求高的区域，应该多布 GCP。

常见的可以用作 GCP 的特征地物按照优先顺序有道路上的斑马线交点，人行道交叉点，飞机场跑道、运动场地(包括游泳池)，车道和人行道的交叉点，道路和铁轨的交叉点，车道和一般道路的 T 形交叉点，道路交叉点、河流弯曲或分叉处，大水池、湖泊边缘，桥，自然特征(形状不规则的不要用作 GCP)，停车场(停车线模糊了的不要用作 GCP)，建筑(具有垂直高度和透视差的高层建筑不要用作 GCP)。

二、误差评价与控制

1. 误差评价

几何校正过程中 GCP 的误差不代表校正后图像的误差。图像几何校正误差需要利用参考图坐标与校正后图像的坐标来计算。

完成图像校正后，均匀地从校正后的图像上选择若干坐标(x_i,y_i)并从参考图上获得对应的坐标(x_m,y_m)，然后计算这些坐标间的误差，即几何校正的误差，具体的指标包括 RMSE，x 和 y 方向上距离的最大误差、最小误差、平均误差和标准差。各个误差指标应该尽可能小，并且在图像上分布比较均匀。

2. GCP 与 DEM 的精度要求

几何校正，特别是对于高分辨率遥感数据的几何校正，要想达到较高的精度，采集的 GCP 精度最好达到 20～30cm，DME 的精度也最好达到 5m，才能保证有足够的地形信息(如坡度、坡向和高程)来校正由于地形和视角引起的误差。

根据加拿大 Yukon 地区的试验，当 GCP 精度为 2～5m 或更低时，采用 1∶50000 地形图生成 30m 分辨率的 DEM，在平坦地区的精度不会优于 2～5m，在山区精度不会优于 5～10m。

3. 多项式校正方程次数

理论上，多项式次数越高，就越接近模拟原始输入图像的几何误差的应得参数，高次多项式常常能精确地拟合 GCP 周围的区域。然而，在远离 GCP 的区域可能引入其他几何误差，并且采用高次多项式的计算量较大。一般情况下，应尽可能使用一次线性多项式，只有当数据集中存在严重的几何误差时才使用二次或更高次多项式。

三、几何精校正实例

图 5.19 是以 ENVI 软件提供的没有地理坐标参考的 Landsat5 TM 示例数据 bldr_tm.img 为例，利用具有地理坐标参考的 bldr_sp.img 数据作为参考图像，使用不同 GCP 产生的校正结果，均使用一阶多项式和最近邻重采样。图 5.20 是通过地理链接进行关联显示来检验校正结果的局部放大图。从图中可以看出：①在选择 4 个 GCP，而且 GCP 集中分布时，虽然软件系统预测误差为 0 个像元(这是求解多项式方程的误差),但是 GCP 范围外的校正结果产生了明显的变形；②在①的基础上增加到 8 个 GCP，预测误差为 1.13 个像元，校正结果有所改善，但 GCP 范围外的误差仍然较大。③重新选择 4 个 GCP，而且均匀分布在图像范围内，然后对图像进行校正，与①相比，校正效果得到明显改善。④在③的基础上增加到 8 个 GCP，而且尽量均匀分布在图像范围内，预测误差为 0.50 个像元，得到可以满足要求的图像。

本例表明，控制 GCP 的数目不如控制 GCP 的分布对纠正结果的影响大。只有在符合空间均匀分布要求的情况下，增加 GCP 的数目才可能提高校正精度。同时要注意的是，软件系统提供的校正误差仅仅是校正过程中 GCP 的平均误差，只能供参考，不能由此认为校正后的每个像元的误差都小于该误差值，某些部位校正后的误差可能远远高于这个平均误差。

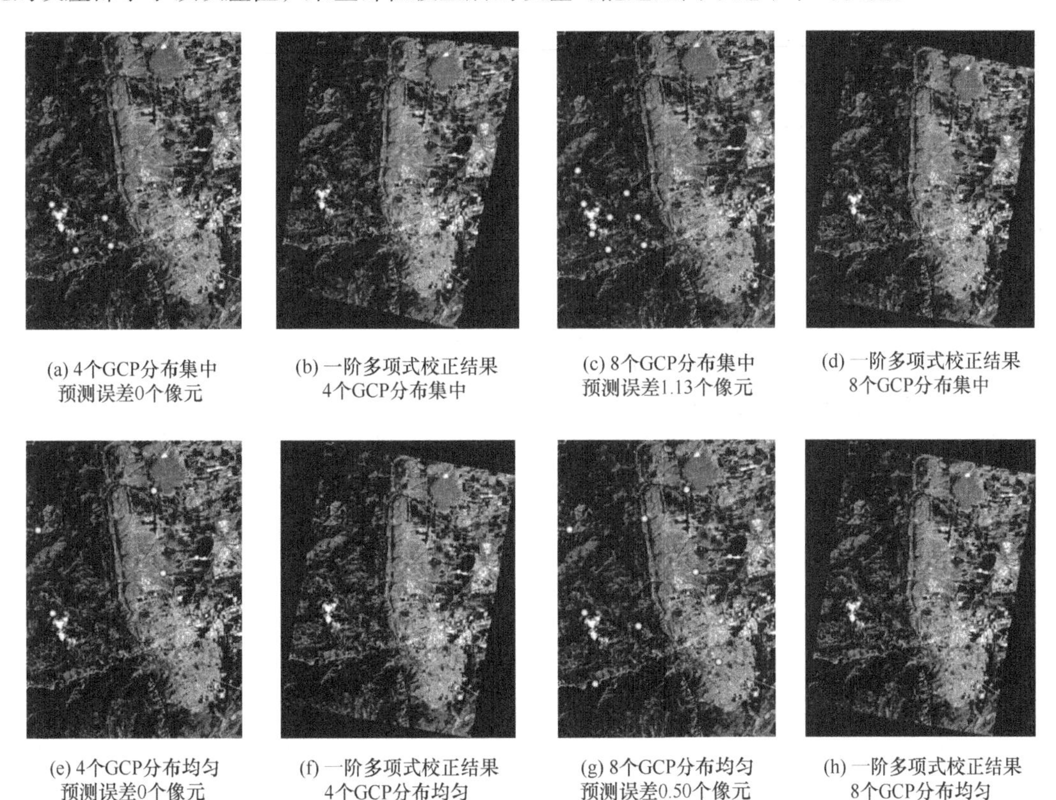

(a) 4个GCP分布集中 预测误差0个像元　(b) 一阶多项式校正结果 4个GCP分布集中　(c) 8个GCP分布集中 预测误差1.13个像元　(d) 一阶多项式校正结果 8个GCP分布集中

(e) 4个GCP分布均匀 预测误差0个像元　(f) 一阶多项式校正结果 4个GCP分布均匀　(g) 8个GCP分布均匀 预测误差0.50个像元　(h) 一阶多项式校正结果 8个GCP分布均匀

图 5.19　GCP 数目和分布对几何校正的影响

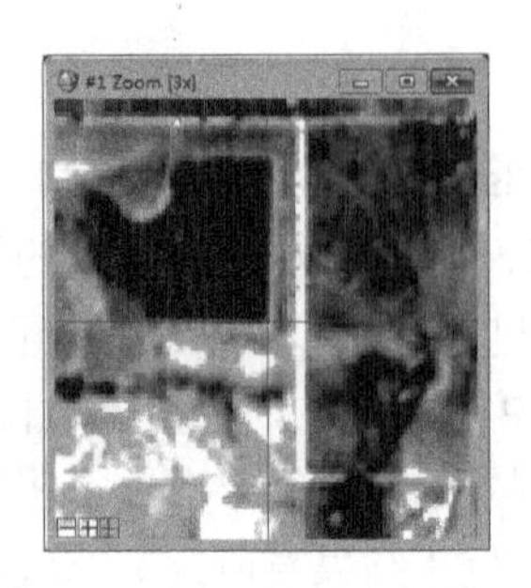

(a) 参考图像

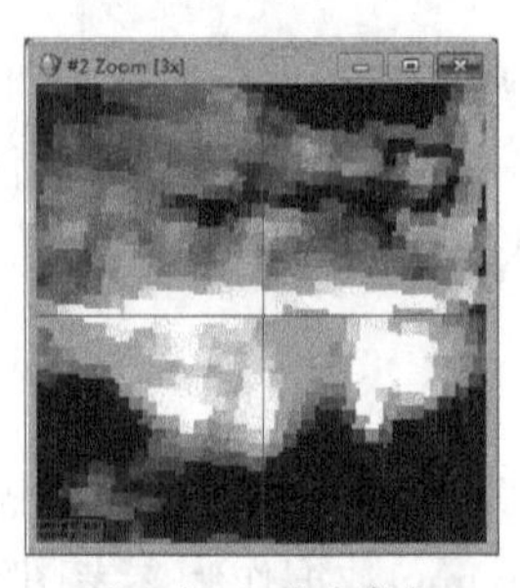

(b) 4个GCP分布集中

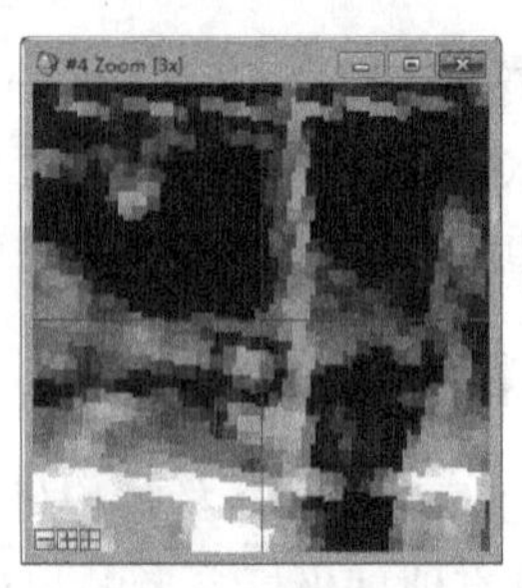

(c) 4个GCP分布均匀

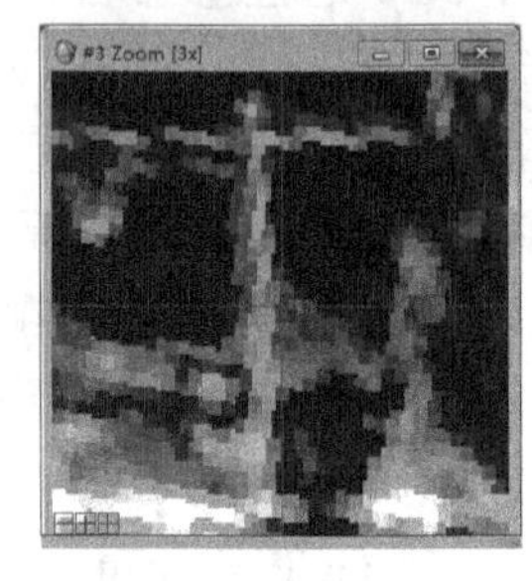

(d) 8个GCP分布集中

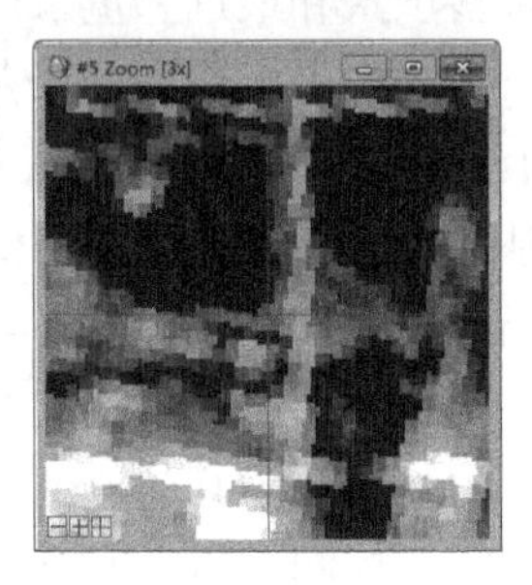

(e) 8个GCP分布均匀

图 5.20 几何校正结果局部放大图

习　题

1. 简要分析几何校正、正射校正、地理参考、几何配准及图像匹配之间的联系与区别。
2. 如何理解遥感图像几何校正的意义？
3. 简述遥感图像几何误差的主要来源和特点。
4. 遥感图像几何精校正的目的和原理是什么？
5. 简述遥感数字图像几何校正的主要过程与基本步骤。
6. 遥感图像几何校正的直接成图法和间接成图法有什么区别？
7. 简要分析遥感数字图像几何校正过程中重采样方法的特点及对图像质量的影响。
8. 几何校正过程中，如何选择 GCP？GCP 的选择对几何校正效果有何影响？如何确定 GCP 的空间坐标？
9. 什么是正射校正？主要方法有哪些？
10. 某遥感数字图像的空间位置及灰度值分别为 $f(10,10)=10$，$f(10,11)=30$，$f(11,10)=40$，$f(11,11)=50$，请用双线性内插法、最近邻法，分别求 $f(10.6,10.4)$的亮度值(结果取整)，并分析不同方法的优缺点。
11. 用遥感软件对图像进行几何校正，并比较 GCP 数量、分布特征、重采样方法对分类结果的影响。

第六章　遥感数字图像增强处理

遥感数字图像增强处理的目的是提高图像质量、突出所需要的信息。其实质是通过运算增强目标与周围背景之间的反差，使图像更易于判读和从图像中提取有用的定量化信息。图像增强既可以在空间域进行，也可以在频率域进行。

第一节　图像增强概述

一、什么是图像增强?

图像增强是指应用计算机对图像灰度进行变换以达到改善图像视觉效果或强调某些感兴趣的特征，使其结果对于特定的应用比原始图像更合适的一种处理。“特定”一词很重要，它一开始就确定增强技术是面向问题的。例如，对于增强光学遥感图像非常有用的方法，可能并不是增强微波遥感图像的好方法。图像增强没有通用的“理论”，当为视觉解释而处理一幅图像时，观察者将是判定一种特定方法好与坏的最终裁判员。在处理机器感知时，一种给定的技术很易于量化。例如，在自动字符识别系统中，最合适的增强方法就是可得到最好识别率的方法，这里不考虑一种方法较另一种方法的计算量的要求。

图像增强的方法根据不同的评判标准可以分为不同的类别。

(1) 根据图像是否具有多波段特性，图像增强可以分为灰度图像增强、彩色图像增强和多波段图像增强。

(2) 根据图像增强是否利用其他图像的信息，图像增强可以分为单幅图像增强和多幅图像增强。

(3) 根据在图像增强的过程中是否进行图像变换，图像增强可以分为空间域图像增强和变换域图像增强。

空间域指图像平面本身，图像的处理方法直接以图像像元操作为基础。变换域的图像处理首先把一幅图像变换到变换域，在变换域进行处理，然后通过反变换把处理结果返回到空间域。

遥感数字图像增强的主要内容见图 6.1。

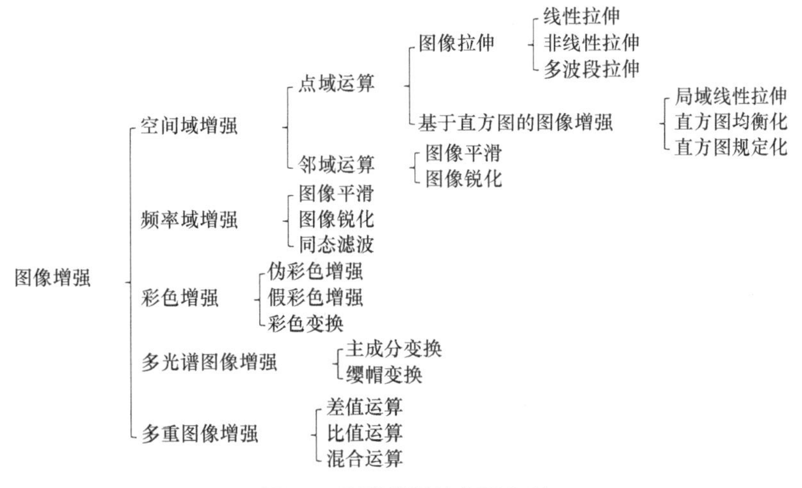

图 6.1　图像增强的主要内容

二、图像增强的目的与特点

1. 图像增强的目的

在遥感图像处理中，图像增强的目的在于以下两点。

1) 改善图像质量和视觉效果

图像增强是改善图像质量和视觉效果的一个重要途径。遥感图像的质量因为受到各种因素的影响而降低，例如，光照环境或者地物原因造成图像整体光照不均匀而引起的图像灰度过度集中；传感器拍摄的图像在数模转换时形成的噪声信号等，因而最终获取的遥感图像有时候会不清晰，这给后继遥感图像的解译造成很大困难。

2) 突出特征信息

图像增强不考虑图像质量下降的原因，只将图像中感兴趣的特征有选择地突出，而抑制不需要的特征，它的主要目的是提高图像的解读性，从而使图像更适合人眼的理解或者计算机的自动辨识。在图像增强的过程中，对图像的某些特征，如对比度、边缘、轮廓等进行强调或尖锐化，以便于显示、观察或进一步分析与处理。

2. 图像增强的特点

尽管图像增强是图像处理的基本研究内容，但遥感图像增强与普通图像增强相比较，有其自身特点。

(1) 遥感图像处理的数据量非常大。尽管图像压缩的手段越来越多，压缩率也越来越高，但是随着遥感图像向高光谱分辨率、高空间分辨率、高辐射分辨率和高时间分辨率的方向发展，遥感图像的数据量居高不下，这一特性决定了遥感图像增强处理不同于普通的数字图像增强处理。

(2) 图像处理算法和图像的相关性。图像处理的算法与遥感图像自身的特性存在相当大的关联性，即某种算法只对某类或某几类图像有很好的处理效果，但在处理其他类型的数字图像时很难取得同样好的效果，甚至会在某种程度上降低图像原有的效果。例如，对一幅低信噪比的图像进行锐化处理，只会增加图像的噪声；相反，对一幅高信噪比的图像进行平滑处理，非但不会增强图像的清晰度，反而会使图像模糊。

(3) 处理算法的灵活性和多样性。数字图像处理算法的设计大量融合了高等数学、数值分析、通信、信息论乃至视觉系统等多学科的有关知识和相关理论。如何从众多的图像增强算法中选择出合适的算法应用于特定的工程项目，这也是遥感图像增强研究过程中必须解决的一个问题。

(4) 对处理结果评价的主观性。图像增强的一大困难是很难对增强的结果加以量化描述，只能靠人的主观感受加以评价。同时，要获得一个满意的结果，往往要靠人机交互的方式来完成。

第二节　空间域图像增强

空间域处理主要分为灰度变换和空间滤波两类。灰度变换在图像的单个像元上操作，又称为点运算或点域增强，主要以提高对比度为目的，常用的算法包括图像拉伸和基于直方图的图像增强。空间滤波计算时涉及像元的邻域，又称为邻域运算或邻域增强，主要以突出图像中感兴趣的特征(如去噪、边缘)为目的，包括空间域图像平滑增强和空间域图像锐化增强。

一、图像拉伸

成像系统只能获取一定的亮度范围内的值。因为成像系统的量化级数有限，常出现对比度不足的现象，图像看起来比较模糊、暗淡，无法清楚地表现出图像中地物之间的差异，所以往往需要在显示的时候进行拉伸处理。图像拉伸是最基本的处理方法，主要用来改善图像显示的对比度，使图像变得更加清晰。

图像拉伸按照波段进行，通过改变波段中单个像元值的显示范围来实现增强显示的效果。在此过程中，图像直方图是选择拉伸方法的基本依据。对于多波段图像，需要对每个波段分别拉伸后再进行彩色合成显示。

图像拉伸主要有全域线性拉伸、非线性拉伸和多波段拉伸等几种常用方法。

1. 线性拉伸

1) 全域线性拉伸

线性拉伸对像元值灰度范围进行线性比例变化(图 6.2)。假定图像 $f(x,y)$ 中待拉伸的图像灰度范围为 $[a,b]$，期望拉伸后图像 $g(x,y)$ 的灰度范围扩展为 $[c,d]$，则线性拉伸的基本公式为

$$g(x,y)=\frac{(d-c)}{(b-a)}[f(x,y)-a]+c \tag{6.1}$$

2) 分段线性拉伸

如果已知地物的灰度范围，那么通过分段线性拉伸可以突出该地物的细节信息。设输入的灰度级别阈值为 0、a、b、M_f，对应的输出为 0、c、d、M_g，常用的三段线性拉伸公式为

$$g(x,y)=\begin{cases}(c/a)\,f(x,y) & 0\leqslant f(x,y)<a\\ [(d-c)/(b-a)][f(x,y)-a]+c & a\leqslant f(x,y)<b\\ [(M_g-d)/(M_f-b)][f(x,y)-b]+d & b\leqslant f(x,y)\leqslant M_f\end{cases} \tag{6.2}$$

通过调整拉伸点的位置及控制分段直线的斜率，可对任意灰度区间进行扩展或压缩(图 6.3)。实际应用中 a、b、c、d 可取不同的值进行组合，从而得到不同的效果。分段线性拉伸的关键在于根据地物的光谱特征，确定感兴趣目标地物(需要突出的目标地物)在该波段的灰度级分布范围。

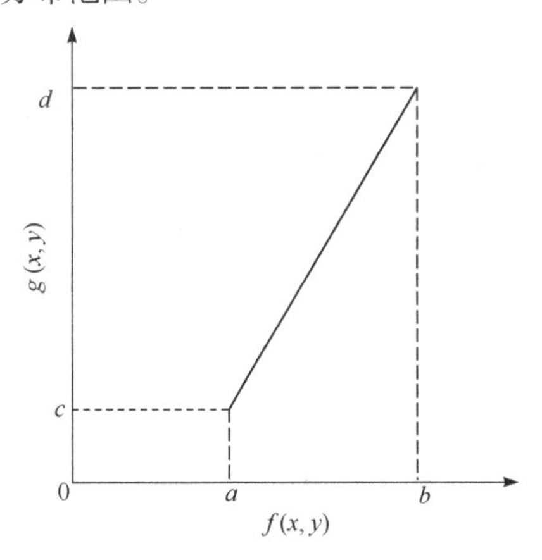

图 6.2　线性拉伸示意图

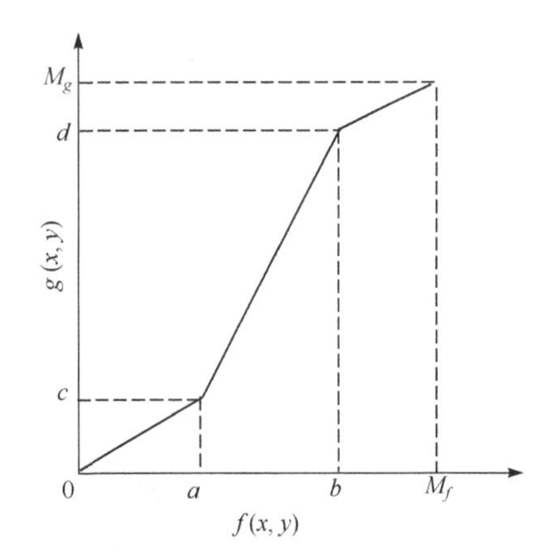

图 6.3　分段线性拉伸示意图

3) 基于统计特征的线性拉伸

因为图像像元灰度的均值反映图像总体亮度的大小，标准差反映图像对比度的大小，所以

可利用图像数据的均值和标准差对图像进行增强。基本公式为

$$g(x,y)=\frac{\sigma_g}{\sigma_f}[f(x,y)-\mu_f]+\mu_g \tag{6.3}$$

式中，μ_f、μ_g、σ_f、σ_g 分别为原图像和期望结果图像的均值和标准差。

因为该算法是以图像灰度级的均值和标准差为依据进行灰度级变换，在图像对比度增强中采用此法可以剔除个别极限灰度级的影响，所以可以从整体上较好地保障图像对比度增强的效果。这种图像变换的效果，取决于期望结果图像的均值和方差的选定。倘若 $\sigma_g/\sigma_f>1$，则图像对比度增强，反之则对比度减小，倘若等于 1 则对比度保持不变。通过调节 μ_g 值，图像的灰度级可以普遍增大或减小。

4) *灰度窗口切片*

灰度窗口切片(slicing)是为了将某一区间的灰度级和其他部分(背景)分开。灰度窗口切片有两种，一种是清除背景，一种是保留背景。前者把不在灰度窗口范围内的像元都赋值为最小灰度级，在灰度窗口范围内的像元都赋值为最大灰度级，这实际是一种窗口图像二值化处理，其关系如图 6.4(a)所示。后者是把不在窗口范围内的像元保留原灰度值，而在灰度窗口范围内的像元都赋值为最大灰度级，其关系如图 6.4(b)所示。

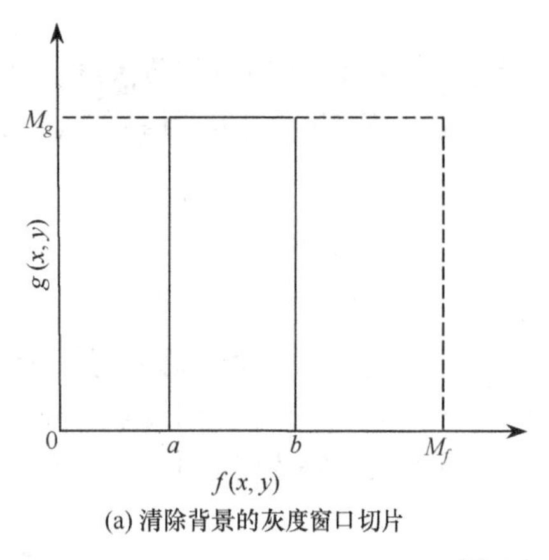

(a) 清除背景的灰度窗口切片

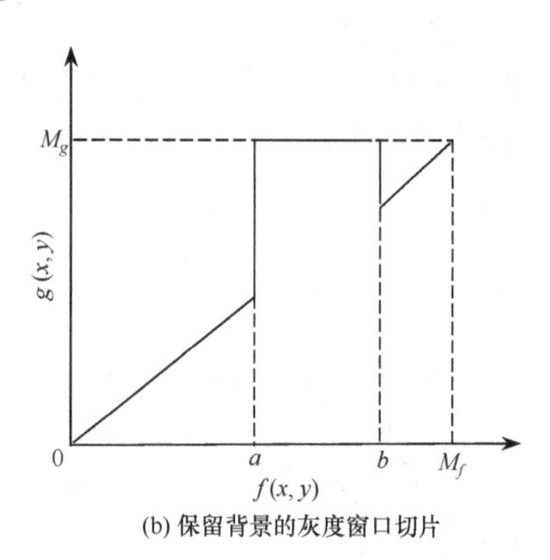

(b) 保留背景的灰度窗口切片

图 6.4　灰度窗口切片

有时会对遥感图像中特定灰度范围的区域感兴趣或者去掉特定灰度范围区域的影像。图 6.5(a)中勾绘的三个区域对应的地物类型从上至下分别是其他用地、植被和裸地，简单描述其灰度则从上至下对应为中等、偏暗和偏亮，现在采用灰度窗口切片去除掉植被和裸地区域，分别查询三种地物类型的灰度值，确定 $[a,b]$ 对应值为 $[50,87]$，M_f 和 M_g 均为 255，清除背景的灰度窗口切片处理结果见图 6.5(c)，保留背景的灰度窗口切片处理结果见图 6.5(d)。图像实例来自 ERDAS IMAGINE 的例子数据 germtm.img(Landsat5 的 TM 数据)，灰度窗口切片处理的是第 5 波段(中红外波段)。可结合该波段中地物光谱特性思考为什么植被的灰度值偏暗，而裸地的灰度值偏亮？图 6.5(b)是原始图像的直方图，那清除背景的灰度窗口切片结果图像和保留背景的灰度窗口切片结果图像的直方图是怎样的？

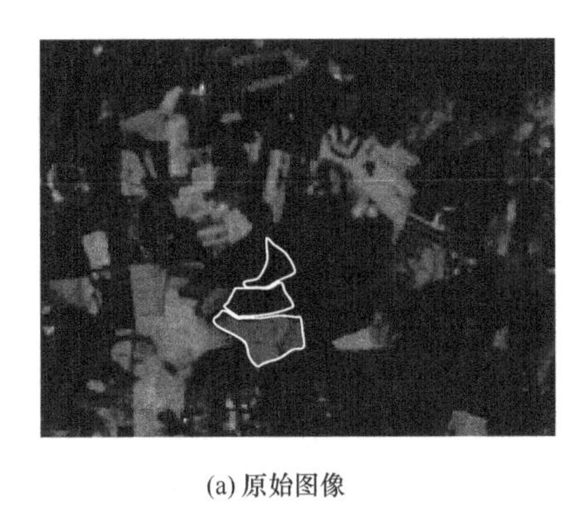

(a) 原始图像

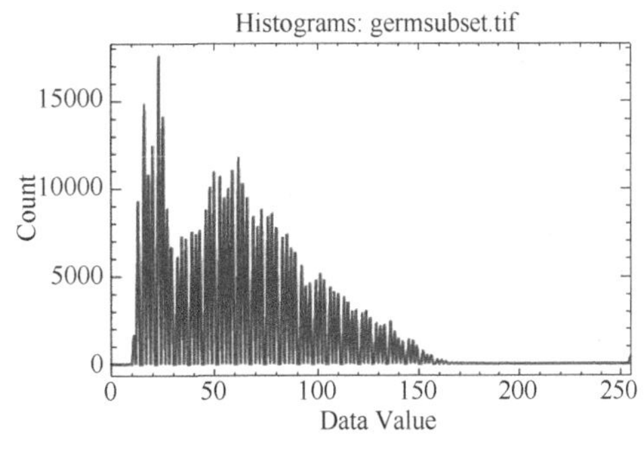

(b) 原始图像的直方图

(c) 清除背景的灰度窗口切片结果图像

(d) 保留背景的灰度窗口切片结果图像

图 6.5　灰度窗口切片处理效果图

2. 非线性拉伸

使用非线性函数对图像进行拉伸变化，即为非线性拉伸。常用的非线性函数有指数函数、对数函数、平方根、高斯函数等。

1) 指数函数变换

对于图像中的高灰度值区域(较亮的部分)，指数变换扩大了灰度间隔，突出了细节；对于图像的低灰度值区域(较暗的部分)，缩小了灰度间隔，弱化了细节。指数函数的数学表达式为

$$g(x,y)=b\mathrm{e}^{a\cdot f(x,y)}+c \tag{6.4}$$

式中，a、b、c 为为了调整函数曲线的位置和形态而引入的参数，通过参数调整可实现不同的拉伸或压缩比例。

2) 对数函数变换

与指数变换相反，对数变换主要用于拉伸图像中的低灰度值区域(较暗的部分)，而压缩高灰度值区域(较亮的部分)。对数变换的一个典型应用是对傅里叶频谱图像进行拉伸处理。对数函数的数学表达式为

$$g(x,y)=b\log\left[a\cdot f(x,y)+1\right]+c \tag{6.5}$$

式中，a、b、c 为为了调整函数曲线的位置和形态而引入的参数。因为图像 f 的值可能为 0，所以计算中加上了常数 1。

3. 多波段拉伸

在图像进行彩色合成显示时，可以对各个波段分别进行线性或非线性拉伸处理，以便综合增强图像中的地物信息(图 6.6)。

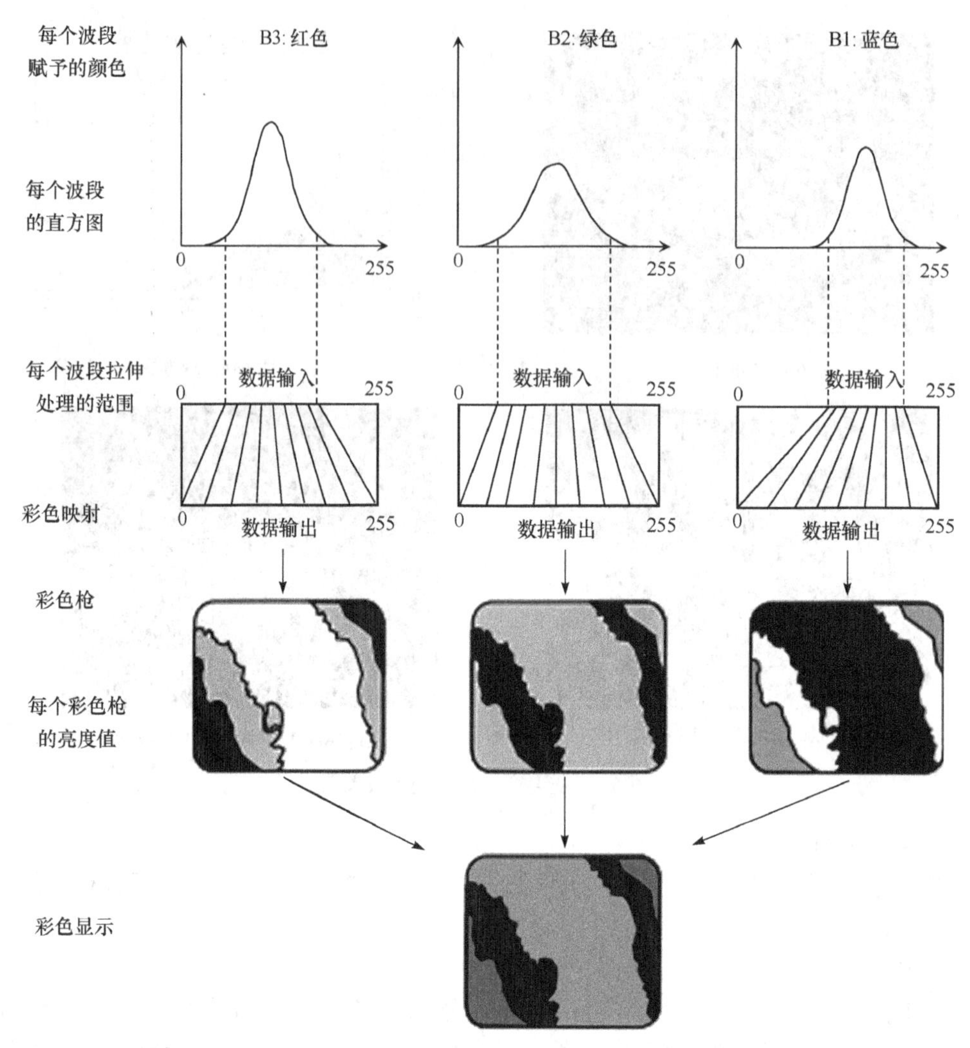

图 6.6　TM 多波段图像拉伸(来源：ERDAS 软件文档 FieldGuide.pdf)

二、基于直方图的图像增强

直方图是对图像的一种抽象表示。借助对图像直方图的修改变换，可以改变图像的灰度分布，从而达到图像增强的目的。直方图修正以概率论为基础，常用方法有局域线性拉伸、直方图均衡化和直方图规定化。

1. 局域线性拉伸

如果图像中大部分像元的灰度级分布在$[a,b]$，小部分灰度级超出了此范围，可以用式(6.6)将灰度级拉伸到$[c,d]$。

$$g(x,y)=\begin{cases} c & 0\leqslant f(x,y)<a \\ \dfrac{(d-c)}{(b-a)}[f(x,y)-a]+c & a\leqslant f(x,y)<b \\ d & b\leqslant f(x,y) \end{cases} \tag{6.6}$$

在遥感图像处理软件中，常用2%拉伸方法来增强图像的显示效果。如果图像直方图在低灰度级和高灰度级端具有明显的“拖尾”[图6.7(c)]，造成此现象的可能是噪声或某种异常，该方法可以产生显著的显示增强效果。在2%拉伸中，累计直方图中累计频率的2%和98%所对应的灰度级为拉伸的输入，即上式中的$[a,b]$，在显示拉伸中，输出范围$[c,d]$默认为$[0,255]$。图6.7是2%线性拉伸前后效果的显示对比，拉伸后，从视觉角度看，图像的对比度得到了明显的改善。图6.7中的图像实例来自ERDAS IMAGINE的示例数据tm_860516.img(Landsat5的TM数据)，2%线性拉伸处理的是第1波段(蓝色波段)。

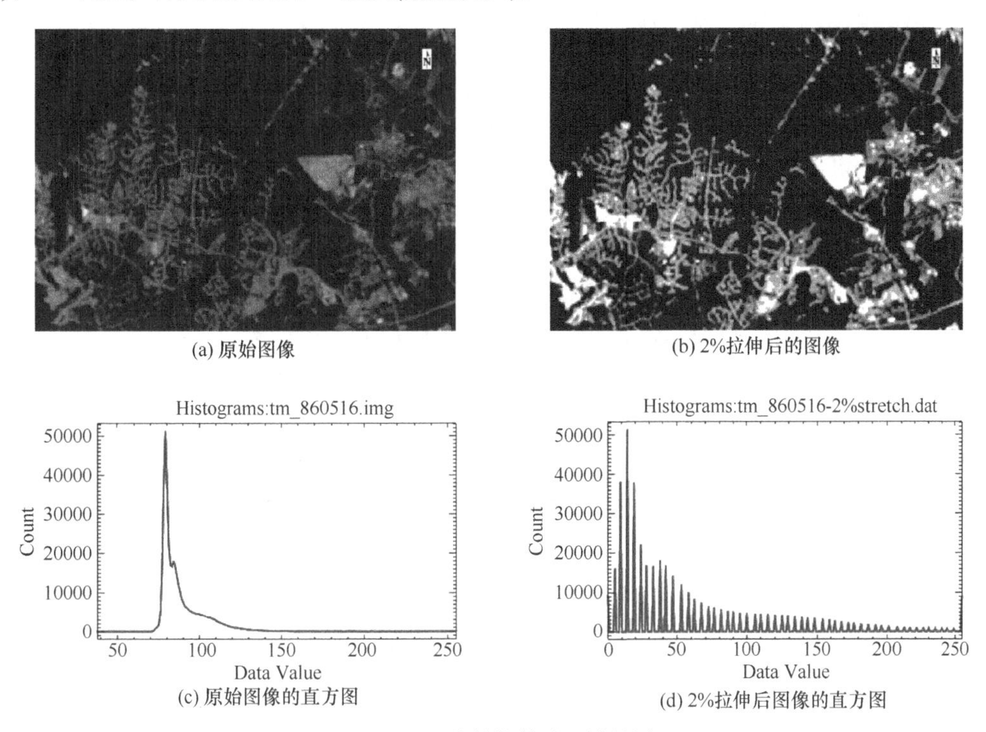

图6.7　2%线性拉伸处理效果图

2. 直方图均衡化

直方图均衡化(histogram equalization)是使变换后图像灰度值的概率分布密度为均匀分布的映射变换方法，它也是一种典型的通过对图像的直方图进行修正来获得图像增强效果的自动方法。

1) 直方图均衡化原理

在信息论中有这样一个结论：当数据的分布接近均匀分布的时候，数据所承载的信息量(熵)为最大。直方图均衡化就是基于这样的结论，把原始图像直方图变换为整个灰度范围内均匀分布的形式，通过增加像元灰度值的动态范围，达到增强图像整体对比度的效果。

将灰度直方图写成更一般的(归一化的)概率表达形式[$p(f)$给出了对f出现概率的一个估计]：

$$p(f)=n_f/n \quad (f=0,1,\cdots,L-1) \tag{6.7}$$

式中，n为图像像元的总个数；L为图像灰度级；L–1为图像最大灰度值。用图像像元的总个数进行归一化，所得到的直方图表达了各灰度值像元在图像中所占的比例。

直方图均衡化的基本思想是把原始图的直方图变换为均匀分布的形式，这里需要确定一个变换函数，也就是增强函数。这个增强函数需要满足两个条件：

(1) 它在$0 \leqslant f \leqslant L-1$范围内是一个单值单增函数，这是为了保证原图各灰度级在变换后保持原来从黑到白(或从白到黑)的排列次序。

(2) 如果设均衡化后的图像为$g(x,y)$，则对$0 \leqslant f \leqslant L-1$应有$0 \leqslant g \leqslant L-1$，这个条件确保变换前后图像的灰度值动态范围是一致的。

可以证明满足上述两个条件并能将f中的原始分布转换为g中的均匀分布的函数关系可由图像$f(x,y)$的累计直方图得到，从f到g的变换为

$$g_f = \sum_{i=0}^{f} \frac{n_i}{n} = \sum_{i=0}^{f} p(i) \quad (f = 0,1,\cdots,L-1) \tag{6.8}$$

根据式(6.8)可从原图像直方图直接计算出直方图均衡化后图像中各像元的灰度值。当然实际中要对这样计算出的值取整以满足数字图像的要求。

2) 直方图均衡化的列表计算

设一幅大小为 64 × 64($M \times N = 4096$)像元图像($L = 8$)的灰度分布如表 6.1 所示，直方图如图 6.8(a)所示。对该图像进行直方图均衡化。在表 6.1 中列出运算步骤和结果(其中第 4 步的取整是指方括号中实数的整数部分)。

表 6.1　直方图均衡化计算表

序号	运算	步骤和结果							
1	列出原始图灰度级f, f=0,1,⋯,7	0	1	2	3	4	5	6	7
2	列出原始直方图	0.19	0.25	0.21	0.16	0.08	0.06	0.03	0.02
3	计算原始累计直方图	0.19	0.44	0.65	0.81	0.89	0.95	0.98	1.00
4	取整 $g = \text{int}[(L-1)g_f + 0.5]$	1	3	5	6	6	7	7	7
5	确定映射对应关系($f \to g$)	0→1	1→3	2→5	3,4→6		5,6,7→7		
6	计算新直方图	0.19	0.25	0.21	0.24		0.11		

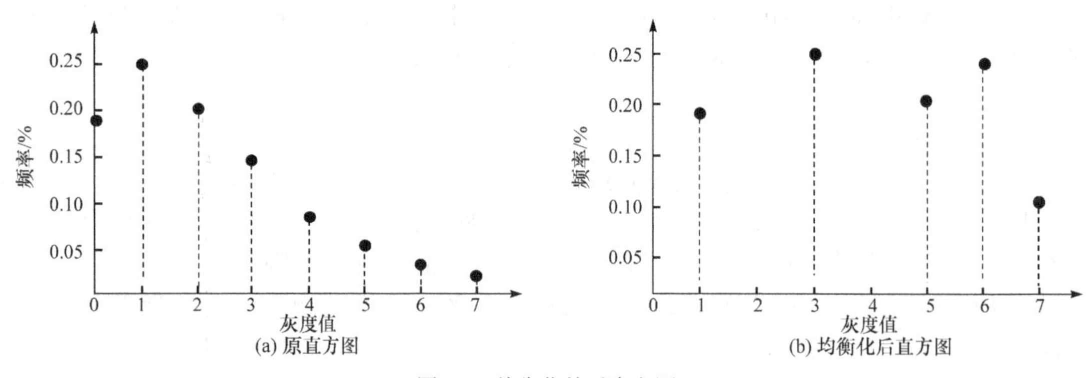

图 6.8　均衡化前后直方图

均衡化后直方图见图 6.8(b)，其结果是一种近似的、非理想的均衡。虽然均衡所得图像的灰度直方图依然不太平坦，灰度级数减少，但从分布来看，比原图像直方图平坦多了，对在图像中像元个数多的灰度值(即对图像显示起主要作用的灰度值)进行了展宽，而对像元个数少的

灰度值(即对图像显示不起主要作用的灰度值)进行了归并。从而达到图像显示对比度增强的目的。可以认为直方图均衡的实质是减少图像的灰度等级以换取对比度的扩大。

相比于图像拉伸处理方法，直方图均衡化有一个非常大的优点，即它是完全“自动的”。换句话说，给定一幅图像，直方图均衡化的处理仅涉及式(6.8)，该式可以直接以已知图像提取的信息为基础，而不需要更多的参数。图 6.9 为直方图均衡化处理效果图，同样采用 2%线性拉伸处理时所用的数据。从结果图 6.9(b)中可看出有过度“漂白”的现象，这在进行直方图均衡化处理时比较常见，也从一个侧面说明图像增强没有确定的方法，需针对具体图像的特点和应用目的，选择增强方法。

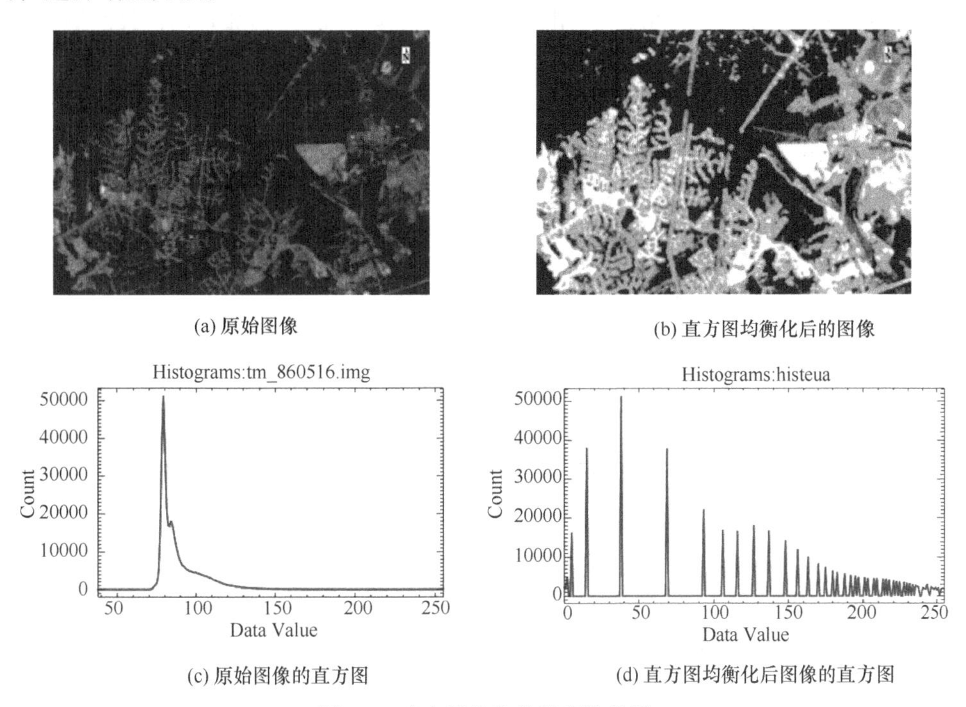

(a) 原始图像　(b) 直方图均衡化后的图像

(c) 原始图像的直方图　(d) 直方图均衡化后图像的直方图

图 6.9　直方图均衡化处理效果图

3) 直方图均衡化的特点

第一，直方图均衡化不改变灰度出现的次数(因为那样会改变图像的信息结构)，所改变的是出现次数所对应的灰度级。

第二，变换后图像中各灰度级中像元出现的频率近似相等。直方图均衡化后的图像每个灰度级的像元频率，理论上应相等，直方图形态应为理想的直线。实际上均衡化后的直方图呈现参差不齐的外形，这是因为图像是离散函数，在一些灰度级处可能没有像元，在某些灰度级处则像元很多，所以不会产生理想的直线形态。

第三，原图像中像元出现频率小的灰度级被合并，实现了图像的压缩；出现频率高的灰度级被拉伸，突出了细节信息。

第四，直方图均衡化总体上使得图像的直方图呈均匀分布，图像所包含的信息量最大。图像直方图的均匀分布可使人眼观察到的图像更加清晰、明快。

第五，对于具有正态分布特征直方图的图像，直方图均衡化可以提高图像中细节部分的分辨度，改变亮度值和图像纹理结构之间的关系。

值得注意的现象是经过直方图均衡化后，原始图像中具有不同亮度值的像元具有了相同的亮度值；同时，原来一些相似的亮度值被拉开，从而增加了它们之间的对比度。

3. 直方图规定化

直方图均衡化的优点是能自动地增强整个图像的对比度，计算过程中没有用户可以调整的参数。但正因为如此，它的具体增强效果无法由用户控制，处理的结果总是全局均衡化。实际应用中有时需要修正直方图使之成为某个特别需要的形状，从而可以有选择地增强图像中某个灰度值范围内的对比度或使图像灰度值的分布满足特定的要求。这时可以采用比较灵活的直方图规定化(histogram specification)方法。在直方图规定化方法中，用户可以指定需要的规定化函数来得到特殊的增强功能。一般来说正确地选择规定化的函数有可能获得比直方图均衡化更好的效果。

直方图规定化又称直方图匹配(histogram matching)，是指使一幅图像的直方图变成规定形状的直方图而进行的图像增强方法，其目的是增强或对比图像显示，匀化图像镶嵌后的颜色。

规定直方图主要有两种类型：参考图像的直方图，通过变换使两幅图像的亮度变化规律尽可能地接近；特定函数形式的直方图，通过变换使变换后的图像亮度变化规律尽可能地服从这种函数的分布。

1) 直方图规定化的原理与步骤

直方图规定化方法主要有三个步骤(设 M 和 N 分别为原始图像和规定图像中的灰度级，且只考虑 $N \leqslant M$ 的情况)。

(1) 对原始图像的直方图进行灰度均衡化：

$$g_f = \sum_{i=0}^{f} \frac{n_i}{n} = \sum_{i=0}^{f} p(i) \quad (f = 0,1,\cdots,M-1) \tag{6.9}$$

(2) 规定需要规定的直方图，计算能使规定的直方图均衡化的变换：

$$t_s = \sum_{j=0}^{s} \frac{n_j}{n} = \sum_{j=0}^{s} p(j) \quad (s = 0,1,\cdots,N-1) \tag{6.10}$$

(3) 将第(1)步得到的变换反转过来，即将原始直方图对应映射到规定的直方图，也就是将所有 $p(i)$对应到 $p(j)$。

上述第(3)个步骤采用什么样的对应映射规则在离散空间很重要，因为有取整误差的影响。常用的一种方法是先从小到大依次找到能使式(6.11)最小的 f 和 s，然后将 $p(i)$对应到 $p(j)$。

$$\left| \sum_{i=0}^{f} p(i) - \sum_{j=0}^{s} p(j) \right| \quad \begin{matrix} (f = 0,1,\cdots,M-1) \\ (s = 0,1,\cdots,N-1) \end{matrix} \tag{6.11}$$

2) 直方图规定化的列表计算

参照直方图均衡化列表计算的方法，可采用列表的方法逐步进行规定化计算。以下给出具体计算的示例。

仍采用与直方图均衡化时相同的原始图像数据，被规定的直方图见图 6.8(a)，规定直方图见图 6.10(a)，该图与规定直方图的灰度级分布见表 6.2。

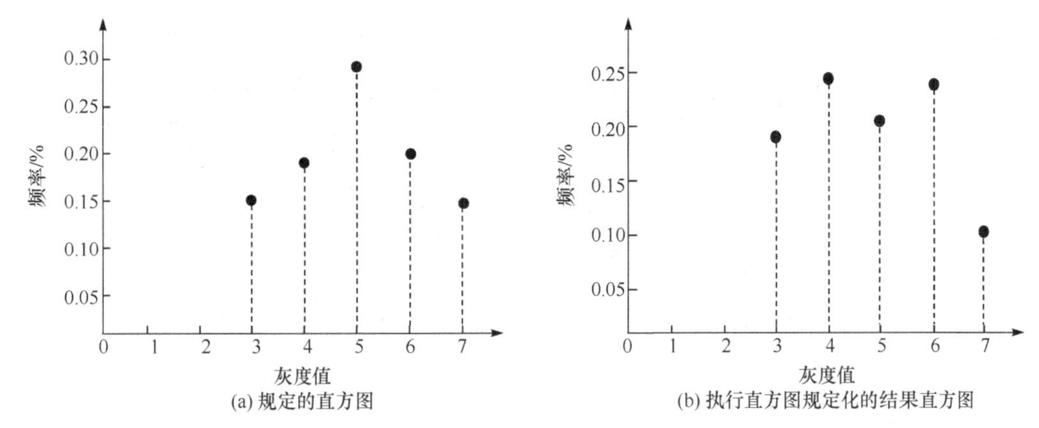

(a) 规定的直方图　　(b) 执行直方图规定化的结果直方图

图 6.10　直方图规定化处理

表 6.2　直方图规定化计算表

序号	运算	步骤和结果							
1	列出原始图灰度级 f, f=0,1,⋯,7	0	1	2	3	4	5	6	7
2	列出原始直方图	0.19	0.25	0.21	0.16	0.08	0.06	0.03	0.02
3	计算原始累计直方图	0.19	0.44	0.65	0.81	0.89	0.95	0.98	1.00
4	列出规定直方图	0	0	0	0.15	0.20	0.30	0.20	0.15
5	计算规定累计直方图	0	0	0	0.15	0.35	0.65	0.85	1.00
6	映射	3	4	5	6	6	7	7	7
7	确定映射对应关系	0→3	1→4	2→5	3,4→6		5,6,7→7		
8	变换后直方图	0	0	0	0.19	0.25	0.21	0.24	0.11

对原始图像执行直方图规定化的处理结果见图 6.10(b)，可以看出结果直方图较接近规定的直方图的形状图 6.10(a)。与直方图均衡化的情况一样，这是由于从连续到离散的转换引入了离散误差，以及采用“只合并不分离”原则处理的结果。只有在连续情况下才可能得到理想的结果。尽管规定化只得到近似的直方图，但仍能产生较明显的增强效果。

利用直方图规定化方法进行图像增强的主要困难在于如何构成有意义的直方图，使增强图像有利于人的视觉判读或机器识别。有人曾经对人眼感光模型进行过研究，认为感光体具有对数模型特征。当图像的直方图具有双曲线形状时，感光体经对数模型响应后合成具有均衡化的效果。另外，有时也用高斯函数、指数型函数、瑞利函数等作为规定的概率密度函数。

在遥感数字图像处理中，经常用到直方图匹配的增强处理方法，使一幅图像与另一幅(相邻)图像的色调尽可能保持一致。例如，在进行两幅图像的镶嵌(拼接)时，由两幅图像的时相季节不同会引起图像间色调的差异，这就需要在镶嵌前进行直方图匹配，以使两幅图像的色调尽可能保持一致，消除成像条件不同造成的不利影响，做到无缝拼接。图 6.11(a)是未进行直方图匹配处理的镶嵌结果，在图的中部有很明显的拼接缝。图 6.11(b)是以图 6.11(a)下方影像为参考图像，对图 6.11(a)上方的原始影像进行直方图匹配处理后再镶嵌的结果，图中没有明显的拼接缝。需要说明的是这里显示的只是图像镶嵌缝上下的一小部分，旨在展示直方图匹配的效果，没有进行全图显示，显示的波段为第 1 波段(蓝色波段)，但 3 个直方图均是全图的直方图。图像实例来自 ENVI 的示例数据 mosaic1.img 和 mosaic2.img(Landsat5 的 TM 数据)。

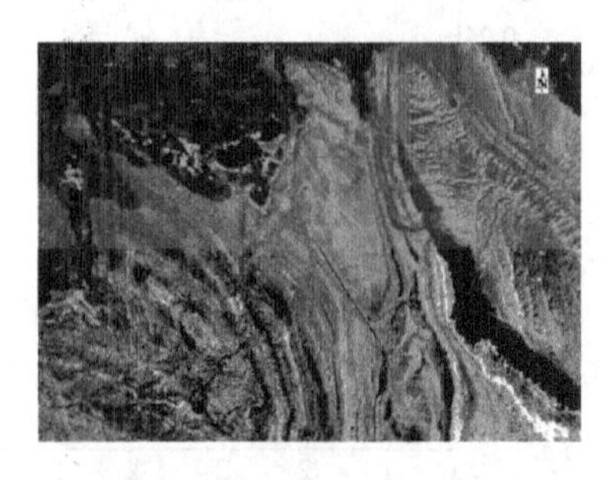

(a) 未进行直方图匹配处理的镶嵌结果

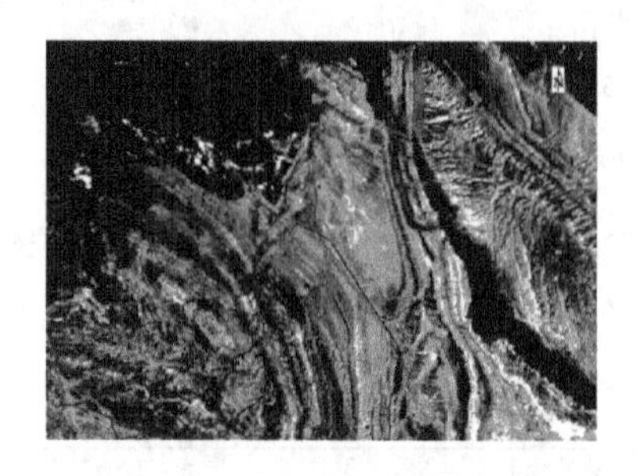

(b) 进行直方图匹配处理的镶嵌结果

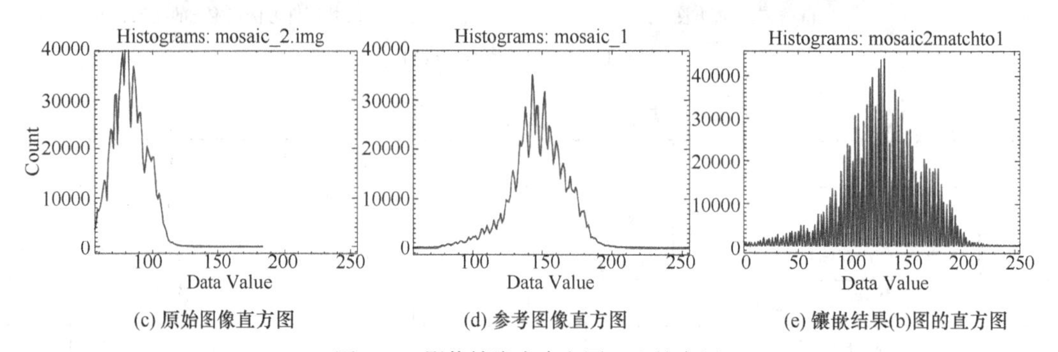

(c) 原始图像直方图　　(d) 参考图像直方图　　(e) 镶嵌结果(b)图的直方图

图 6.11　影像镶嵌中直方图匹配的应用

4. 图像对比度增强方法的特点

不论是图像拉伸还是基于直方图的图像增强，均属于对比度增强的范畴，其增强方法的选择主要取决于原始图像的直方图特征和图像中需要增强的目标地物信息。多数算法均会引起部分信息的丢失，因此增强时主要用于图像视觉显示，而不适合于增强后的图像分类、变化检测及定量反演等。

对比度增强是点域运算，是点对点的映射，与周围的像元值无关。这种方法的处理是以波段为处理对象，通过变换波段中每个像元值来实现对比度增强的效果。对于多波段图像，往往需要对每个波段分别进行增强再进行彩色合成显示。

三、空间域图像平滑增强

空间滤波计算时涉及像元的邻域，又称为邻域运算。具体实现时应用模板(也称为滤波器、掩模、核和窗口)相关或卷积方法对图像每一个像元进行局部处理。以下介绍相关运算方法。

(1) 选定一大小为 $m \times n$ 的模板，假设 $m = 2a + 1$ 且 $n = 2b + 1$，其中 a、b 为正整数，当取相同值为 1、2、3 时，模板大小分别为 3 × 3、5 × 5、7 × 7(一般模板尺寸为奇数)。

(2) 将模板在图像中按照从左到右、从上到下的顺序移动，模板中心与每个像元依次重合。模板系数与下方图像对应的灰度值相乘再相加，即

$$g(x,y) = \sum_{s=-a}^{a} \sum_{t=-b}^{b} w(s,t) \cdot f(x+s, y+t) \tag{6.12}$$

(3) 将计算结果放在新创建结果图像 $g(x,y)$ 的对应位置。

当 a=1、b=1 时，模板大小为 3×3，图 6.12 说明了空间滤波采用 3 × 3 模板大小进行相关运算的机理。

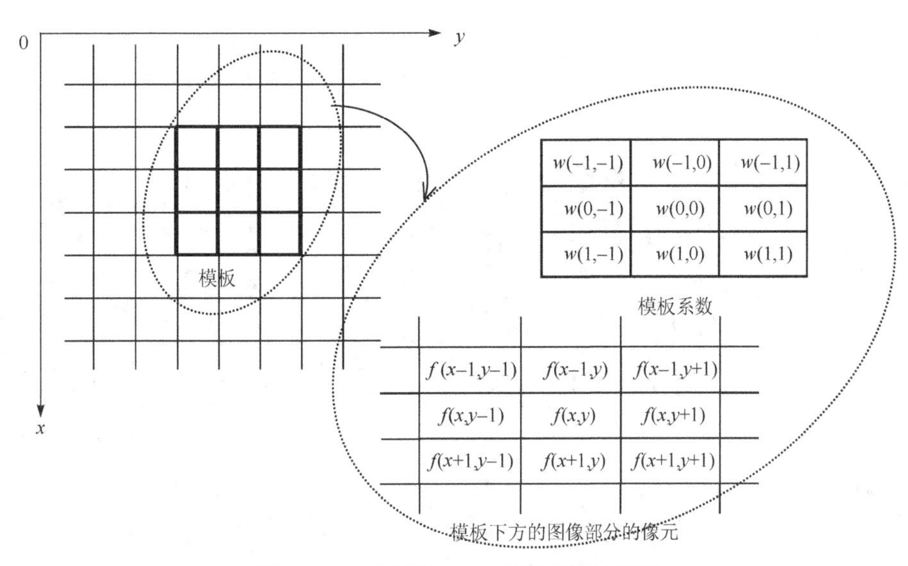

图 6.12　空间滤波 3×3 模板运算示意图

一个大小为 $m \times n$ 的模板(滤波器) $w(x,y)$ 与一幅图像 $f(x,y)$ 做相关操作，可用公式表示为

$$w(s,t) \circ f(x,y) = \sum_{s=-a}^{a} \sum_{t=-b}^{b} w(s,t) \cdot f(x+s, y+t) \tag{6.13}$$

一个大小为 $m \times n$ 的模板(滤波器) $w(x,y)$ 与一幅图像 $f(x,y)$ 做卷积操作，可用公式表示为

$$w(s,t) * f(x,y) = \sum_{s=-a}^{a} \sum_{t=-b}^{b} w(s,t) \cdot f(x-s, y-t) \tag{6.14}$$

当模板对称时，相关和卷积运算的结果是一样的，遥感空间滤波计算时采用的模板多数情况是对称的，本书提到采用卷积运算等同于相关运算。在频率域图像增强一节中空间域滤波器 $w(x,y)$表示为 $h(x,y)$。

图像在获取和传输的过程中，由于传感器的误差及大气的影响，会产生一些亮点(噪声点)，或者图像中出现亮度变化过大的区域，为了抑制噪声，改善图像质量或减少变化幅度，使亮度变化平缓所做的处理称为图像平滑。以下介绍常用的三种空间域图像平滑算法。

1. 均值平滑

均值平滑是一种最常用的线性平滑滤波器，将每个像元在以其为中心的邻域内取平均值(或加权均值)来代替该像元值，以达到去除“尖锐”噪声和平滑图像的目的。但均值平滑在消除噪声的同时，使图像中的一些细节变得模糊。

具体卷积运算时常用 3×3、5×5、7×7 的模板，常见的 3×3 模板有 $w_1(m,n) = \frac{1}{9}\begin{bmatrix} 1 & 1 & 1 \\ 1 & 1 & 1 \\ 1 & 1 & 1 \end{bmatrix}$，

$w_2(m,n) = \frac{1}{8}\begin{bmatrix} 1 & 1 & 1 \\ 1 & 0 & 1 \\ 1 & 1 & 1 \end{bmatrix}$，$w_3(m,n) = \frac{1}{16}\begin{bmatrix} 1 & 2 & 1 \\ 2 & 4 & 2 \\ 1 & 2 & 1 \end{bmatrix}$。

模板不同，邻域内各像元的重要程度也就不相同。但不管什么样的模板，必须保证全部权系数之和为 1，这样可保证输出图像灰度值在许可范围内，不会产生灰度“溢出”现象。

图 6.13(a)为 WorldView2 的蓝色波段原始图像，图中显示的矩形是停车位。图 6.13(b)、(c)

和(d)分别为采用 w_1 模板 3×3、5×5、7×7 处理的结果，可以看出随着模板尺寸的增加，处理结果图像越来越模糊(平滑)，同时图像中左上角部分的高亮值(噪声)得到抑制，随之细节变得模糊。

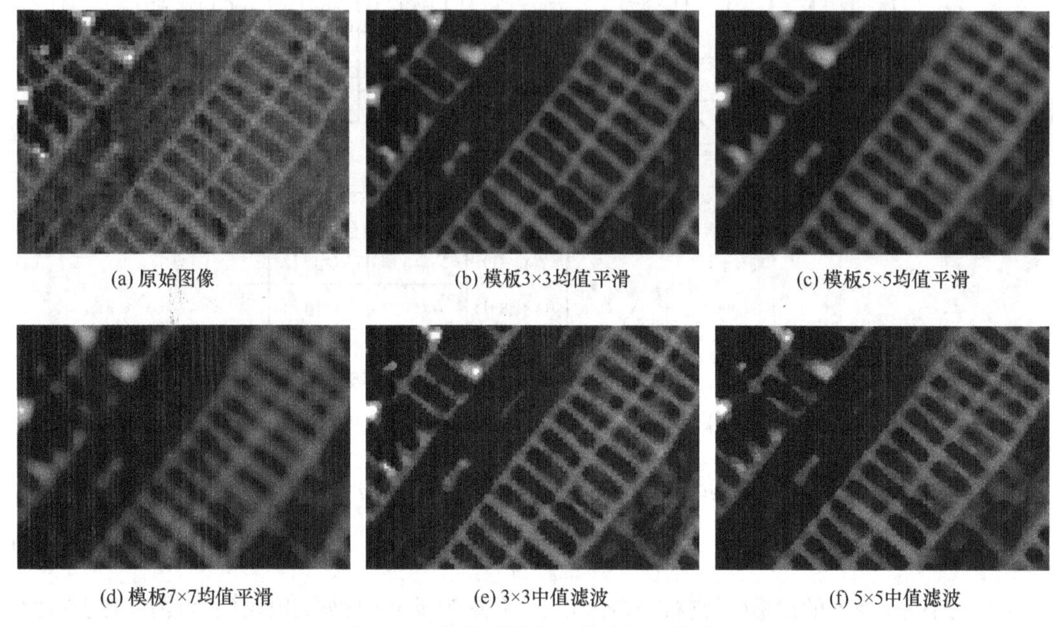

(a) 原始图像　(b) 模板3×3均值平滑　(c) 模板5×5均值平滑

(d) 模板7×7均值平滑　(e) 3×3中值滤波　(f) 5×5中值滤波

图 6.13　均值平滑和中值滤波结果图

为了保留图像的边缘和细节信息，可以引入域值 T 对均值平滑方法进行改进。即将原图像灰度值 $f(x, y)$ 与平滑结果值 $g(x, y)$ 之差的绝对值与设定的阈值进行比较，根据比较结果确定像元 (x, y) 的最后值 $g(x, y)$。当差异小于等于阈值时取原值 $f(x, y)$，差异大于阈值时取新值 $g(x, y)$。其表达式为

$$g(x,y)=\begin{cases} g(x,y) & |f(x,y)-g(x,y)|>T \\ f(x,y) & |f(x,y)-g(x,y)|\leqslant T \end{cases} \tag{6.15}$$

2. 中值滤波

中值滤波也称中值平滑，是一种最常用的非线性平滑滤波器，它将窗口内的所有像元值按高低排序后取中间值作为中心像元的新值。窗口的行列数一般取奇数。由于用中值替代了平均值，中值滤波在抑制噪声的同时能够有效地保留边缘，减少模糊(可以对比图 6.13 中的中值滤波结果和均值平滑结果)。

对原始图像中的局部 5×4 大小的子图像[图 6.14(a)]采用 3×3 的“十”字模板进行中值滤波，结果见图 6.14(b)。图 6.14 圆点位置的像元灰度值采用最近填充，在图中列出了右侧的填充数值，其他位置类似。

一般来说，图像亮度为阶梯状变化时，均值平滑效果比中值滤波要明显得多；而对于突出亮点的噪声干扰，从去噪声后对原图的保留看中值滤波要优于均值平滑。

中值滤波对脉冲干扰的椒盐噪声抑制效果好，在抑制随机噪声的同时，虽然能有效保留边缘，减少模糊，但它对点、线等细节较多的图像却不太合适。对中值滤波法来说，正确选择窗口尺寸的大小是很重要的。一般很难事先确定最佳的窗口尺寸，需通过从小窗口到大窗口的中值滤波试验，再从中选取最佳的窗口。二维中值滤波器的窗口形状可以有多种，如线状、方形、

·	·	·	·	·	·	120
·	120	120	120	120	·	120
·	120	4	120	50	·	50
·	120	120	50	50	·	50
·	120	50	80	50	·	50
·	50	50	50	50	·	50
·	·	·	·	·	·	50

填充

(a) 原始图像

·	·	·	·	·	·
·	120	120	120	120	·
·	120	120	50	120	·
·	120	50	80	50	·
·	120	80	80	80	·
·	120	50	80	50	·
·	·	·	·	·	·

(b) 中值滤波后图像

图 6.14　中值滤波

十字形、圆形、菱形等(图 6.15)。不同形状的窗口产生不同的滤波效果，使用中必须根据图像的内容和不同的要求加以选择。根据经验来看，方形或圆形窗口适宜于外轮廓线较长的物体图像，而十字形窗口对有尖顶角状的图像效果好。

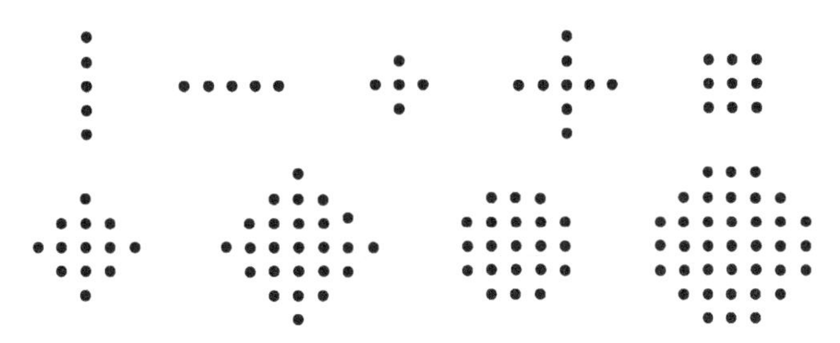

图 6.15　二维中值滤波的窗口形状

3. 梯度倒数加权平滑

梯度倒数加权平滑的思路如下：在离散图像中，相邻区域的变化大于区域内部的变化，同一区域内中间像元的变化小于边缘像元的变化。梯度值正比于相邻像元灰度级的差值，即在图像变化缓慢区域梯度值小，反之则大。取梯度倒数作权重因子，则内部的邻点权重就大于边缘或区域外邻点权重。也就是说，对平滑的贡献主要来自区域的像元，平滑后的图像边缘和细节不会受到明显影响。

在梯度倒数加权平滑过程中，首先是建立归一化的权重矩阵作为模板。对 3×3 窗口，其模板组成为

$$w(x,y)=\begin{bmatrix} w(x-1,y-1) & w(x-1,y) & w(x-1,y+1) \\ w(x,y-1) & w(x,y) & w(x,y+1) \\ w(x+1,y-1) & w(x+1,y) & w(x+1,y+1) \end{bmatrix} \tag{6.16}$$

式中，$w(x,y)=0.5$，其余系数之和为 0.5。

权阵矩阵中，定义除中心像元外的其他系数为

$$w(x+a,y+b)=\frac{w'(x+a,y+b)}{2\sum_{s=-1}^{1}\sum_{t=-1}^{1}w'(x+s,y+t)} \tag{6.17}$$

$$w'(x+a,y+b)=\frac{1}{|f(x+a,y+b)-f(x,y)|} \tag{6.18}$$

式中，a、$b=-1$、0、1，且 a、b 不同时为 0。梯度为 0 的像元不参与计算，其权值为 0。

模板计算好后按照卷积运算方法对图像进行处理即可。具体计算见图 6.16。

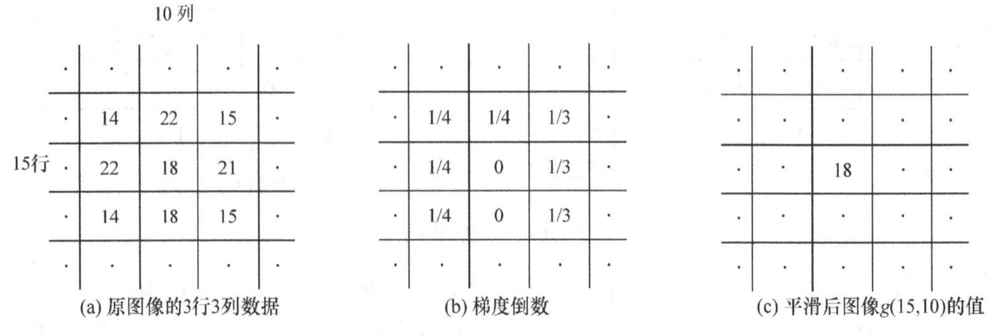

图 6.16　梯度倒数加权平均法示例

根据式(6.17)和式(6.18)计算得到归一化的权重模板：

$$w=\begin{bmatrix}1/16 & 1/16 & 1/12\\ 1/16 & 1/2 & 1/12\\ 1/16 & 0 & 1/12\end{bmatrix}$$

进行卷积运算得

$$g(15,10)=14\times\frac{1}{16}+22\times\frac{1}{16}+15\times\frac{1}{12}+22\times\frac{1}{16}+18\times\frac{1}{2}+21\times\frac{1}{12}+14\times\frac{1}{16}+18\times 0+15\times\frac{1}{12}\approx 18$$

均值平滑进行处理时整幅图像的平滑模板是一定的，而梯度倒数加权平滑需要对每个像元计算不同的平滑模板。

四、空间域图像锐化增强

为了突出边缘和轮廓、线状目标信息，可以采取锐化的方法。锐化可使图像上边缘与线性目标的反差增大，因此也称为边缘增强。平滑通过积分过程使得图像边缘模糊，图像锐化则通过微分过程使图像边缘突出、清晰。

1. 梯度法

图像 $f(x,y)$ 在像元点 (x,y) 处的梯度定义为 x 和 y 方向的微分：

$$\text{grad}(x,y)=\begin{bmatrix}f'_x\\ f'_y\end{bmatrix}=\begin{bmatrix}\dfrac{\partial f(x,y)}{\partial x}\\ \dfrac{\partial f(x,y)}{\partial y}\end{bmatrix} \tag{6.19}$$

梯度的大小为各分量平方和的平方根，即

$$|\text{grad}(x,y)|=\sqrt{f'^2_x+f'^2_y}=\sqrt{\left[\frac{\partial f(x,y)}{\partial x}\right]^2+\left[\frac{\partial f(x,y)}{\partial y}\right]^2} \tag{6.20}$$

对于离散图像处理而言，常用到梯度的大小，因此把梯度的大小习惯称为“梯度”，如不作特别说明，本书沿用这一习惯。一阶偏导数采用一阶差分近似表示，即

$$f'_x = f(x,y+1)-f(x,y), \qquad f'_y = f(x+1,y)-f(x,y) \tag{6.21}$$

为了简化梯度的计算，经常使用近似表达式：

$$\mathrm{grad}(x,y) = \max(|f'_x|,|f'_y|) \tag{6.22}$$

或

$$\mathrm{grad}(x,y) = |f'_x|,|f'_y| \tag{6.23}$$

从梯度的定义可知，梯度实际上是函数的一阶导数，反映了相邻像元的灰度变化率。图像中存在的边缘，如湖泊、河流边界，山脉或道路等，在边缘处有较大的梯度；而灰度值较平滑的部分，如湖泊水面、草地内部区域等，梯度值较小。因此，找到梯度较大的位置，也就找到了边缘，然后再用不同的梯度计算值代替边缘处像元值，从而突出边缘，实现图像的锐化。

梯度对应的模板如下，利用卷积运算可得到 x 和 y 方向的梯度图像。采用式(6.20)或式 (6.21)得到简化的梯度图像。

$$t_1 = \begin{pmatrix} -1 & 0 \\ 1 & 0 \end{pmatrix} \qquad t_2 = \begin{pmatrix} -1 & 1 \\ 0 & 0 \end{pmatrix}$$

y 方向　　　　x 方向

通常利用以下几种方法进行梯度值的计算。

1) 罗伯特(Roberts)梯度

Roberts 梯度方法也可以近似地用模板计算，两个模板分别为

$$t_1 = \begin{pmatrix} 1 & 0 \\ 0 & -1 \end{pmatrix} \qquad t_2 = \begin{pmatrix} 0 & -1 \\ 1 & 0 \end{pmatrix}$$

对角方向 1　　　　对角方向 2

若采用式(6.21)计算梯度，则梯度计算公式为

$$\mathrm{grad} = |f(x,y)-f(x+1,y+1)| + |f(x+1,y)-f(x,y+1)| \tag{6.24}$$

Roberts 梯度算法的意义在于用交叉的方法检测出像元与其邻域在上下之间、左右之间或斜方向之间的差异，最终产生一个梯度图像，达到增强图像边缘的目的。

2) Prewitt 梯度与 Sobel 梯度

Prewitt 梯度与 Sobel 梯度是另外两个用于锐化的算子。与 Roberts 梯度相比，Prewitt 梯度较多地考虑了邻域间的关系，模板从 2 × 2 扩大到 3 × 3，其模板为

$$t_1 = \begin{pmatrix} 1 & 1 & 1 \\ 0 & 0 & 0 \\ -1 & -1 & -1 \end{pmatrix} \qquad t_2 = \begin{pmatrix} -1 & 0 & 1 \\ -1 & 0 & 1 \\ -1 & 0 & 1 \end{pmatrix}$$

y 方向　　　　x 方向

Sobel 梯度是在 Prewitt 梯度的基础上，对 4 邻域采用加权方法进行差分，其模板为

$$t_1=\begin{pmatrix}1 & 2 & 1\\0 & 0 & 0\\-1 & -2 & -1\end{pmatrix} \qquad t_2=\begin{pmatrix}-1 & 0 & 1\\-2 & 0 & 2\\-1 & 0 & 1\end{pmatrix}$$

y 方向　　　　x 方向

采用 Sobel 梯度两个方向上的模板对 WorldView2 的 coastalblue 波段[图 6.17(a)]进行卷积运算，得到水平方向的梯度[图 6.17(b)]和垂直方向的梯度[图 6.17(c)]。

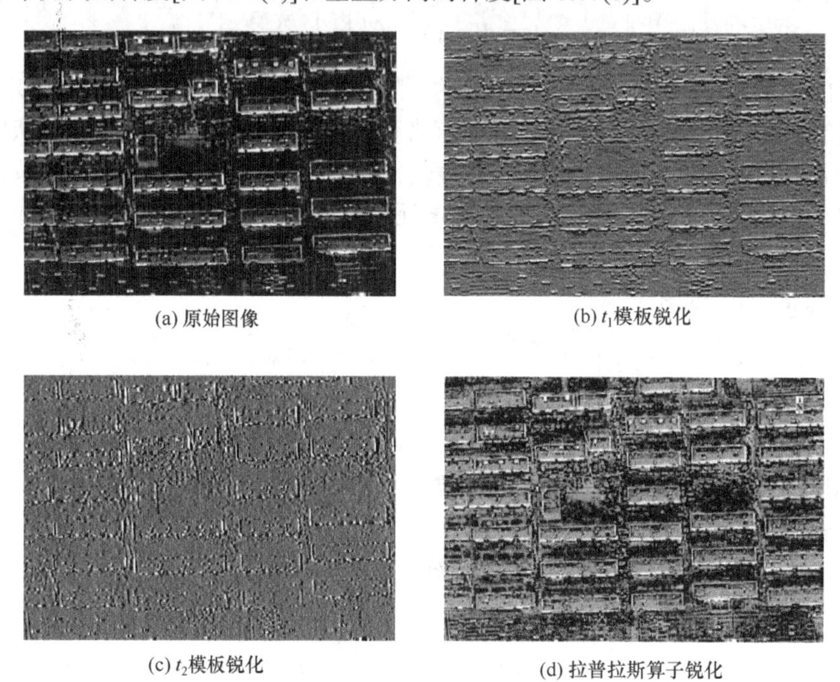

(a) 原始图像　(b) t_1 模板锐化

(c) t_2 模板锐化　(d) 拉普拉斯算子锐化

图 6.17　Sobel 和拉普拉斯算子锐化图像

2. 拉普拉斯算子

拉普拉斯算子是一种二阶微分边缘检测技术，连续区域中的一个图像函数 $f(x,y)$ 的拉普拉斯算子定义为

$$\nabla^2 f=\frac{\partial^2 f}{\partial x^2}+\frac{\partial^2 f}{\partial y^2} \tag{6.25}$$

在离散图像中，对连续拉普拉斯算子最简单的近似是计算差值：

$$\nabla^2 f=f(x+1,y)+f(x-1,y)+f(x,y+1)+f(x,y-1)-4f(x,y) \tag{6.26}$$

对应的卷积模板表示为

$$t(m,n)=\begin{pmatrix}0 & 1 & 0\\1 & -4 & 1\\0 & 1 & 0\end{pmatrix}$$

即 4 邻域的值相加再减去该像元值的 4 倍，作为该像元的新值。

与梯度不同，拉普拉斯算子是二阶偏导数，它不检测均匀的灰度变化，而是检测变化率的变化率，计算出的图像更加突出灰度值突变的位置(可以对比图 6.17 中的 Sobel 和拉普拉斯算子的梯度结果)。

3. 定向检测

当有目的地检测某一方向的边、线或纹理特征时，可选择特定的模板进行卷积运算达到定向检测的目的。常用的模板如下。

检测垂直边界时：

$$t(m,n)=\begin{pmatrix}-1 & 0 & 1\\ -1 & 0 & 1\\ -1 & 0 & 1\end{pmatrix} \text{或} \ t(m,n)=\begin{pmatrix}-1 & 2 & -1\\ -1 & 2 & -1\\ -1 & 2 & -1\end{pmatrix}$$

检测水平边界时：

$$t(m,n)=\begin{pmatrix}-1 & -1 & -1\\ 0 & 0 & 0\\ 1 & 1 & 1\end{pmatrix} \text{或} \ t(m,n)=\begin{pmatrix}-1 & -1 & -1\\ 2 & 2 & 2\\ -1 & -1 & -1\end{pmatrix}$$

检测对角线边界时：

$$t(m,n)=\begin{pmatrix}0 & 1 & 1\\ -1 & 0 & 1\\ -1 & -1 & 0\end{pmatrix} \text{或} \ t(m,n)=\begin{pmatrix}1 & 1 & 0\\ 1 & 0 & -1\\ 0 & -1 & -1\end{pmatrix}$$

$$t(m,n)=\begin{pmatrix}2 & -1 & -1\\ -1 & 2 & -1\\ -1 & -1 & 2\end{pmatrix} \text{或} \ t(m,n)=\begin{pmatrix}-1 & -1 & 2\\ -1 & 2 & -1\\ 2 & -1 & -1\end{pmatrix}$$

图像平滑和锐化的区别在于平滑模板各系数的符号均为正，反映了平滑具有积分求和的性质；而锐化模板各系数的符号正好相反，且模板系数和正好为 0，反映了锐化具有微分求差的性质。因此，可以根据平滑或锐化性质自行设计模板对图像进行处理。

4. Canny 算子

边缘是图像的重要特征，基于梯度可以增强及提取图像的边缘信息。Canny 算子对于受白噪声影响的阶跃型边缘是最优的，也是目前比较好的图像边缘检测方法。该算子的设计目标为：①不丢失重要的边缘，不产生虚假的边缘，可减少噪声的影响；②检测到的边与实际的边具有最小的偏差，强调结果的正确性；③将多个响应降低为单边缘的响应，限制单个边缘点对亮度变化的定位。

Canny 算子的表达方式比较复杂，在这里不再叙述。图 6.18 给出了该算子的滤波结果。与图 6.17 进行对比可以看到，它能够很好地提取图像的边缘信息。

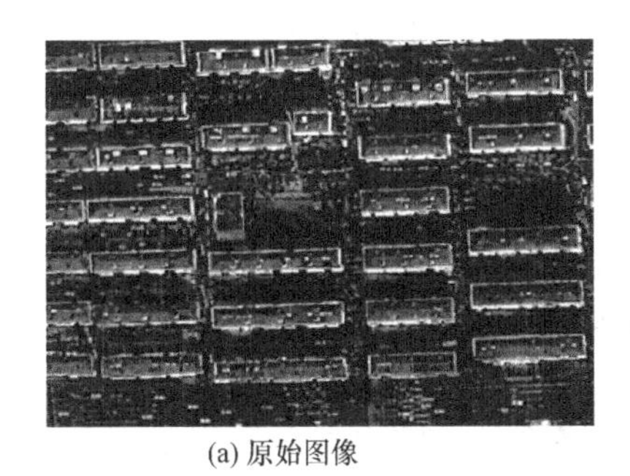

(a) 原始图像　　(b) Canny算子检测边缘

图 6.18　Canny 边缘提取效果

5. 边缘增强图像的表示

有时为了突出主要边缘，需要将图像的其他灰度差异部分模糊处理，故采用设定阈值的方法，只保留较大的梯度值来改善锐化后的效果。一旦梯度算出，就可根据不同的需要生成不同的增强图像。

(1) 以梯度值代替原灰度值，即

$$g(x,y)=\text{grad}(x,y) \tag{6.27}$$

(2) 适当选取 T，使梯度值≥T 的各点的灰度等于该点的梯度值，其他则保留原灰度值，形成背景，即

$$g(x,y)=\begin{cases}\text{grad}(x,y) & \text{grad}(x,y)\geqslant T\\ f(x,y) & \text{其他}\end{cases} \tag{6.28}$$

(3) 根据需要指定一个灰度级 L_G，例如，令 L_G=255。以 L_G 表示边缘，其他保留原背景值，即

$$g(x,y)=\begin{cases}L_G & \text{grad}(x,y)\geqslant T\\ f(x,y) & \text{其他}\end{cases} \tag{6.29}$$

(4) 根据需要指定一个灰度级 L_B，例如，令 L_B=0，形成黑背景，保留边缘梯度变化，即

$$g(x,y)=\begin{cases}\text{grad}(x,y) & \text{grad}(x,y)\geqslant T\\ L_B & \text{其他}\end{cases} \tag{6.30}$$

(5) 将梯度与灰度图像分别以灰度级 L_G 和 L_B 表示，例如，255 表示边缘，0 表示背景，形成二值图像，即

$$g(x,y)=\begin{cases}L_G & \text{grad}(x,y)\geqslant T\\ L_B & \text{其他}\end{cases} \tag{6.31}$$

6. 多光谱图像梯度

在遥感多光谱图像中，每个像元包括了多个波段的值。对于这种图像，梯度的计算可以有如下方案：①计算每个波段的梯度，然后取各波段的最大梯度为最后的梯度图像；②人为组合各个波段的梯度作为最后的梯度图像；③使用两个波段的差值或比值作为梯度；④使用多个波段的信息进行联合检测。

式(6.32)是一种使用多个波段进行梯度联合检测的方法。邻域大小为 2×2×k，其中，k 为波段数。像元(i,j)处的梯度计算公式为

$$G=\frac{\sum_{r=1}^{k}d(i,j)d(i+1,j+1)\sum_{r=1}^{k}d(i+1,j)d(i,j+1)}{\sqrt{\sum_{r=1}^{k}d(i,j)^2\sum_{r=1}^{k}d(i+1,j+1)^2}\sqrt{\sum_{r=1}^{k}d(i+1,j)^2\sum_{r=1}^{k}d(i,j+1)^2}} \tag{6.32}$$

式中，$d(i,j)=f_r(i,j)-\overline{f}(i,j)$，$\overline{f}$ 为该像元位置各个波段的均值。

第三节　频率域图像增强

一、频率域增强的理论基础

1. 基本思想

图像像元的灰度值随位置变化的频繁程度可以用频率来表示，这是一种随位置变化的空间频率。对于边缘、线条、噪声等特征，如河流和湖泊的边界、道路，差异较大的地表覆盖交界处等具有高的空间频率，即在较短的像元距离内灰度值变化的频率大；而均匀分布的地物或大面积的稳定结构，如植被类型一致的平原、大面积的沙漠、湖泊水面等具有较低的空间频率，即在较长的像元距离内灰度值变化较小。因此，在频率域增强技术中，平滑主要是保留图像的低频部分，抑制高频部分；锐化则是保留图像的高频部分，削弱低频部分。

如何获得图像的频率成分？离散傅里叶变换对可以实现空间域图像和频率域图像之间的相互转换。

二维离散傅里叶变换(discrete Fourier transform，DFT)公式为

$$F(u,v)=\frac{1}{\sqrt{MN}}\sum_{x=0}^{M-1}\sum_{y=0}^{N-1}f(x,y)\mathrm{e}^{-j2\pi(ux/M+vy/N)} \tag{6.33}$$

式中，$f(x,y)$是大小为$M\times N$的数字图像；N为x方向上的像元数；M为y方向上的像元数；$u=0,1,2,\cdots,M-1$；$v=0,1,2,\cdots,N-1$。

二维离散傅里叶逆变换(inverse discrete Fourier transform，IDFT)公式为

$$f(x,y)=\frac{1}{\sqrt{MN}}\sum_{x=0}^{M-1}\sum_{y=0}^{N-1}F(u,v)\mathrm{e}^{j2\pi(ux/M+vy/N)} \tag{6.34}$$

式中，$x=0,1,2,\cdots,M-1$；$y=0,1,2,\cdots,N-1$。

$F(u,v)$通常是复函数，包括实部、虚部、振幅(傅里叶谱)、能量和相位。在图像处理中常对傅里叶谱进行处理，本书提到的频率域图像即傅里叶谱图像，如图6.19(b)所示。

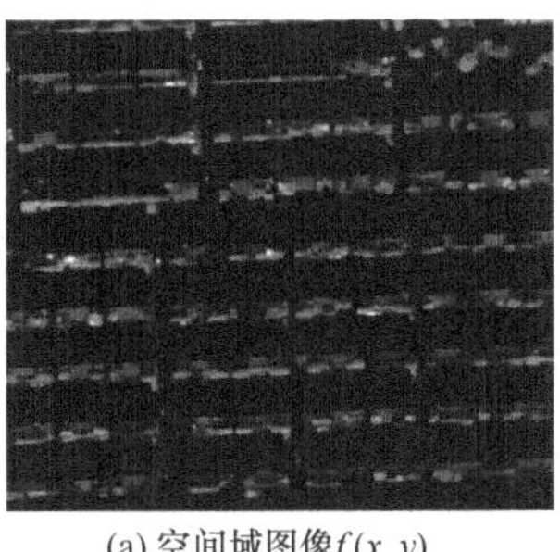
(a) 空间域图像$f(x,y)$

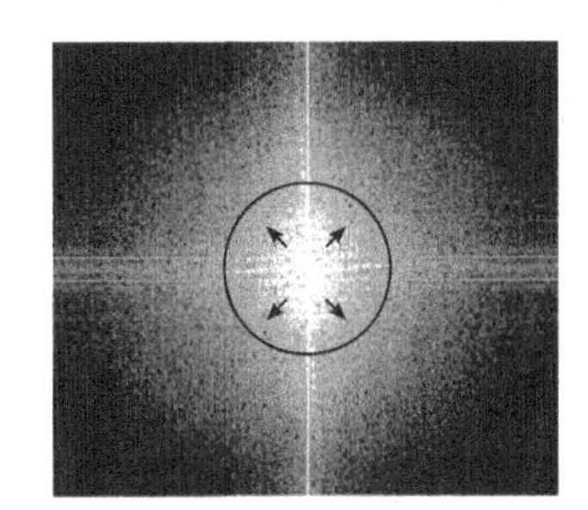
(b) 频率域图像(傅里叶谱图像)

图6.19　离散傅里叶正反变换前后图像

遥感数字图像经傅里叶变换后，低频部分反映图像的概貌，高频部分反映图像的细节。在图6.19(b)中圆圈内部是相对的低频，自图像中心向外由低频到高频变化。

为什么傅里叶变换的傅里叶谱图像称为频率域图像呢？根据欧拉方程可得

$$\mathrm{e}^{-j2\pi(ux/M+vy/N)}=\cos(2\pi ux/M)-j\cdot\sin(2\pi vy/N) \tag{6.35}$$

可以把式(6.33)中的 $F(u,v)$看作一系列不同频率正余弦函数的加权和，而 $f(x,y)$ 则充当了权重的角色，因此称傅里叶谱图像为频率域图像。

2. 二维傅里叶变换的物理意义

遥感图像的频率是表征图像中的灰度值在局部区域变化剧烈程度的指标，是灰度在平面空间上的梯度。傅里叶变换在遥感图像处理中有非常明确的物理意义：它实质上是将图像的灰度分布函数变换为图像的频率分布函数，而傅里叶逆变换则是将频率分布函数变换为灰度分布函数。

一般情况下，都是将频谱图进行中心化处理，即频谱图像中心化[图 6.19(b)]，既可以清晰反映图像的频率是以原点为圆心呈对称分布的特点，又可以直观地分离出有周期性规律的信号特征，如正弦波信号等。

3. 卷积理论

离散傅里叶变换建立了图像在空间域的像元特性与其频率域上的信息强度之间的关系，把图像空间域难以显示的特性在频率域中十分清楚地显示出来。在图像处理中，经常利用这种变换关系及其转换规律。离散傅里叶变换有若干重要性质，其中一个非常重要的性质就是卷积定理，是空间域和频率域滤波间的纽带，表达式为

$$f(x,y)*h(x,y) \leftrightarrow F(u,v)H(u,v) \tag{6.36}$$

$$f(x,y)h(x,y) \leftrightarrow F(u,v)*H(u,v) \tag{6.37}$$

式中，$*$ 表示卷积操作，卷积运算见式(6.14)。从卷积理论可以看出，空间域滤波和频率域滤波不是各自独立而是相互联系的。式(6.36)的含义是空间域图像 $f(x,y)$ 和滤波器 $h(x,y)$ 的卷积的离散傅里叶变换等价于其离散傅里叶变换在频率域的乘积。反过来，如果将频率域图像 $F(u,v)$ 乘以 $H(u,v)$，那么可以通过计算离散傅里叶逆变换得到空间域的卷积。换句话说，$f(x,y)*h(x,y)$ 和 $F(u,v)H(u,v)$ 是傅里叶变换对。$H(u,v)$ 是 $h(x,y)$ 的离散傅里叶变换，称为传递函数或频率域滤波器。可通过设计 $H(u,v)$ 来实现低频或高频通过，就能对应地达到对图像实现平滑或锐化的效果。式(6.37)说明频率域的卷积类似于空间域的乘积，两者分别与离散傅里叶变换、离散傅里叶逆变换相联系。在图像频率域增强处理中应用的是卷积定理式(6.36)。

4. 频率域增强技术

频率域增强方法首先通过离散傅里叶变换，将空间域图像 $f(x,y)$ 变为频率域图像 $F(u,v)$，然后选择合适的滤波器 $H(u,v)$ 对 $F(u,v)$ 的频谱成分进行调整，再经过离散傅里叶逆变换得到增强后的图像 $g(x,y)$。频率域增强的一般过程见图 6.20。

$$f(x,y) \xrightarrow{\text{DFT}} F(u,v) \xrightarrow{H(u,v)} F(x,y)H(u,v) \xrightarrow{\text{IDFT}} g(x,y)$$

图 6.20 频率域增强的一般过程

一般来说，对一幅图像进行离散傅里叶变换运算量很大，不直接利用式(6.33)和式(6.34)进行计算，现在多采用快速傅里叶变换(fast Fourier transform，FFT)及其逆变换(inverse fast Fourier transform，IFFT)，这样可以大大减少计算量。

二、频率域平滑——低通滤波器

由于图像上的噪声主要集中在高频部分，为了去除噪声改善图像质量，采用的滤波器 $H(u,v)$ 必须削弱或抑制高频部分而保留低频部分，这种滤波器称为低通滤波器，应用它可以达到平滑图像的目的。常用的低通滤波器有以下几种。

1. 理想低通滤波器

在以原点为圆心、以 D_0 为半径的圆内，无衰减地通过所有频率，而在该圆外“切断”所有频率的二维低通滤波器，称为理想低通滤波器(ideal low pass filter，ILPF)。它的确定函数为

$$H(u,v)=\begin{cases}1 & D(u,v)\leqslant D_0\\ 0 & D(u,v)>D_0\end{cases} \tag{6.38}$$

式中，D_0 为一个正常数，称为截止频率，可以通过设计不同大小的截止频率，控制通过频率信息的多少，$D(u,v)$ 是频率域点 (u,v) 与频率中心的距离，即

$$D(u,v)=(u^2+v^2)^{1/2} \tag{6.39}$$

图 6.21(a)为理想低通滤波器透视图。理想低通滤波器是关于原点径向对称的，这意味着该滤波器完全由一个径向剖面来定义[图 6.21(b)]，将该剖面旋转 360° 得到二维滤波器。

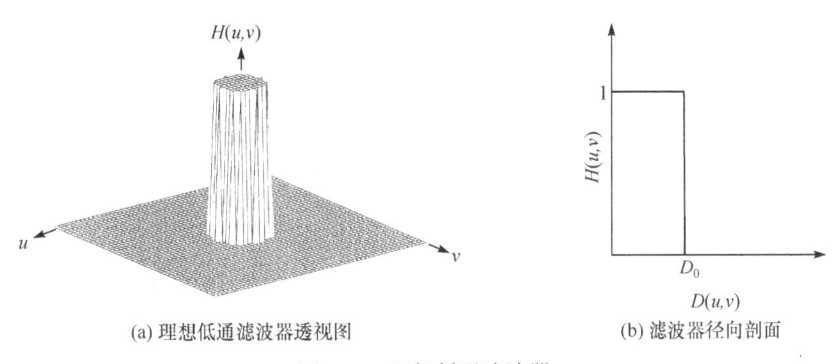

(a) 理想低通滤波器透视图　　(b) 滤波器径向剖面

图 6.21　理想低通滤波器

由于理想低通滤波器在截止频率左右对频率处理的不连续性，处理的结果图像有明显的“振铃”现象。如图 6.22(c)所示，在增强后图像 $g(x,y)$ 指北针周围涟漪状即为“振铃”现象，处理结果图像变得模糊(平滑)，同时图像中左上角部分的高亮值(噪声)得到抑制，可与图 6.13 空间域均值平滑和中值滤波结果进行比较。图 6.22(a)所用原始图像(数据源同图 6.13)大小为 543×829，图 6.22(d)为截止频率 $D_0=150$ 的处理结果。结合图 6.20，可加强对频率域增强过程的理解。

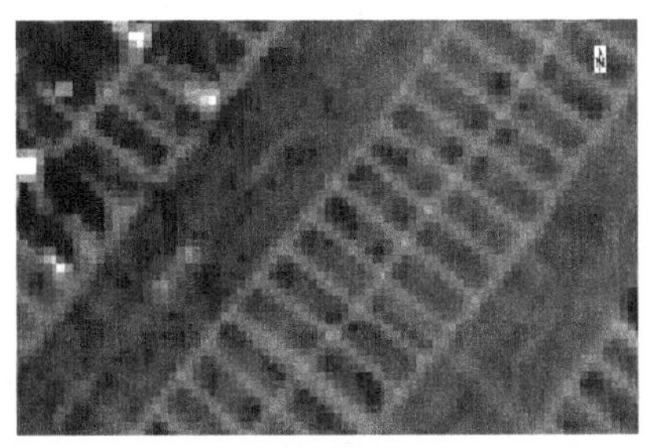

(a) 原始图像 $f(x,y)$

(b) 频率域图像 $F(u,v)$

图 6.22　频率域理想低通滤波器处理结果

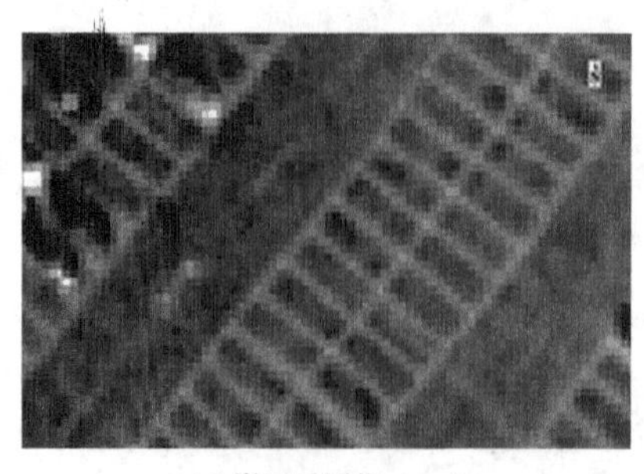

(c) 增强后图像$g(x, y)$

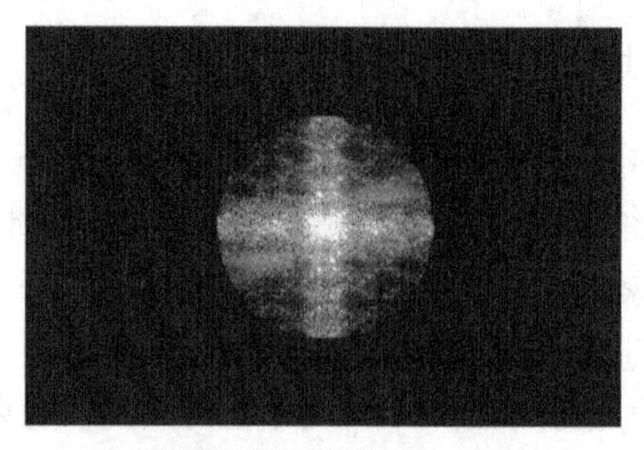

(d) 频率域处理结果图像$F(u, v)H(u, v)$

图 6.22 (续)

2. 巴特沃斯(Butterworth)低通滤波器

截止频率位于距原点 D_0 处的 n 阶 Butterworth 低通滤波器的传递函数为

$$H(u,v)=\frac{1}{1+\left[D(u,v)/D_0\right]^{2n}} \quad (n=1,2,3,\cdots) \tag{6.40}$$

图 6.23 显示了 Butterworth 低通滤波器透视图和径向剖面图。它同理想低通滤波器一样也是关于原点径向对称的。

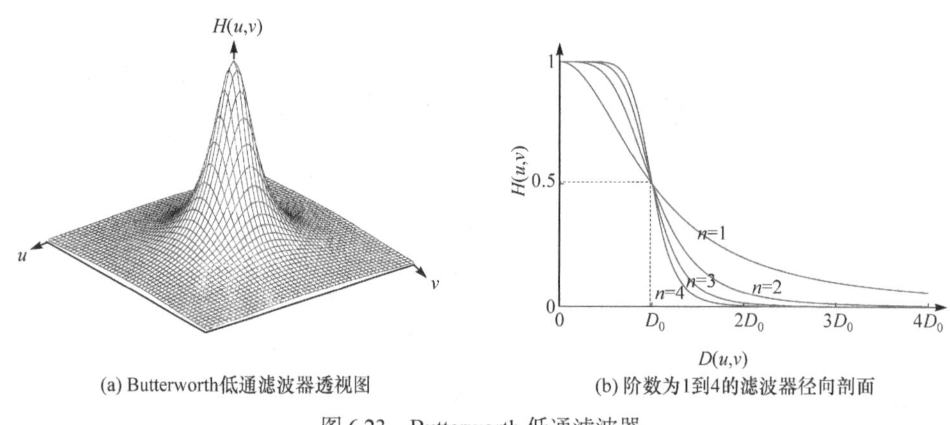

(a) Butterworth低通滤波器透视图

(b) 阶数为1到4的滤波器径向剖面

图 6.23 Butterworth 低通滤波器

与理想低通滤波器不同，Butterworth 低通滤波器并没有在通过频率和滤除频率之间给出明显截止的尖锐的不连续性。对于具有平滑传递函数的滤波器，可在某一点上定义截止频率，即使得 $H(u,v)$ 下降为其最大值的某个百分比的点。在式(6.40)中，截止频率是当 $D(u,v)=D_0$ 时的点，即 $H(u,v)$ 从其最大值下降为 50%[图 6.23(b)]。

Butterworth 低通滤波器是连续性衰减，因此采用该滤波器在滤波抑制噪声的同时，图像边缘的模糊程度大大减小。一阶低通滤波器没有“振铃”现象，二阶滤波器中的“振铃”现象很难察觉，但更高阶数的滤波器中“振铃”现象会很明显。从图 6.23(b)可以看出，随着阶数的增加，Butterworth 低通滤波器向理想低通滤波器靠拢，20 阶 Butterworth 低通滤波器呈现出与理想低通滤波器相似的特性(在极限情况下，两个滤波器相同)。因此二阶 Butterworth 低通滤波器是在有效的低通滤波和可接受的“振铃”现象之间的折中。

比较图 6.24(a)和图 6.24(b)可以看出，随着截止频率的减小，处理结果图像越来越模糊(平滑)，同时图像中左上角部分的高亮值(噪声)得到抑制，随之细节变得模糊。而在空间域进行平滑处理时随着模板尺寸的增加会产生同样效果，思考一下为什么？

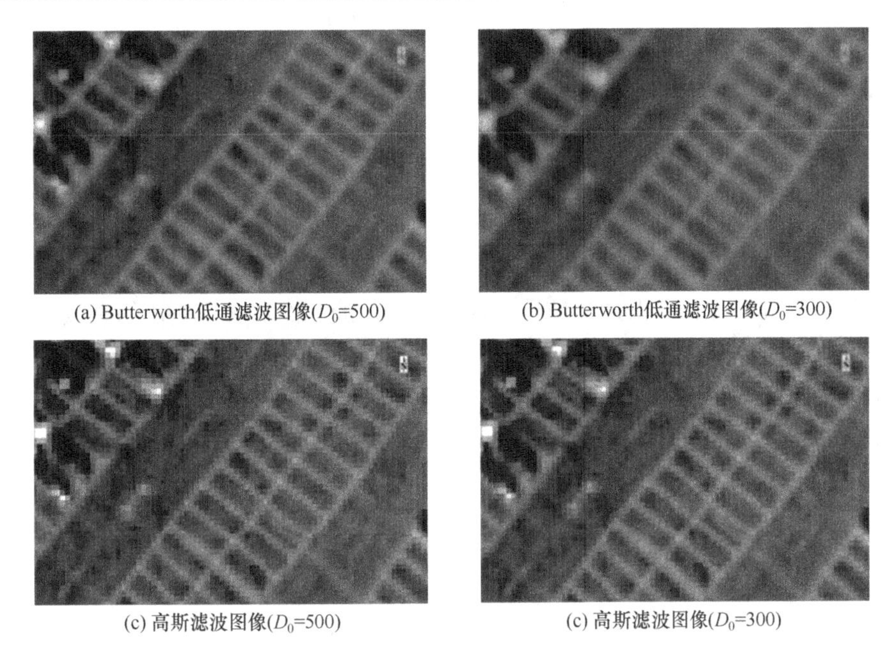

(a) Butterworth低通滤波图像(D_0=500)　(b) Butterworth低通滤波图像(D_0=300)

(c) 高斯滤波图像(D_0=500)　(c) 高斯滤波图像(D_0=300)

图 6.24　频率域 Butterworth 和高斯低通滤波器处理效果图

3. 高斯低通滤波器

高斯低通滤波器的传递函数为

$$H(u,v)=\mathrm{e}^{-D^2(u,v)/2D_0^2} \tag{6.41}$$

图 6.25 为高斯低通滤波器透视图和径向剖面图，同理想低通滤波器一样也是关于原点径向对称的。在图 6.25(b)中显示了截止频率分别为 10、20、40、60 的高斯低通滤波器径向剖面图，当 $D(u,v)=D_0$ 时，$H(u,v)$ 从其最大值 1 下降为 0.607。

因为高斯低通滤波器是连续性衰减，所以在采用该滤波器滤波抑制噪声的同时，图像边缘的模糊程度大大减小。对比图 6.23(b)和图 6.25(b)，剖面不像二阶 Butterworth 低通滤波器的剖面那样“紧凑”，因此平滑效果要稍微差一些。对比图 6.24(a)和(c)、图 6.24(b)和(d)，可以看出，当采用同样截止频率时，高斯低通滤波器平滑效果要稍微差一些。高斯低通滤波器的重要特性是其傅里叶逆变换也是高斯的，这意味着采用高斯低通滤波器时没有“振铃”现象，这对于一些不允许有“振铃”现象出现的图像处理是非常有用的。

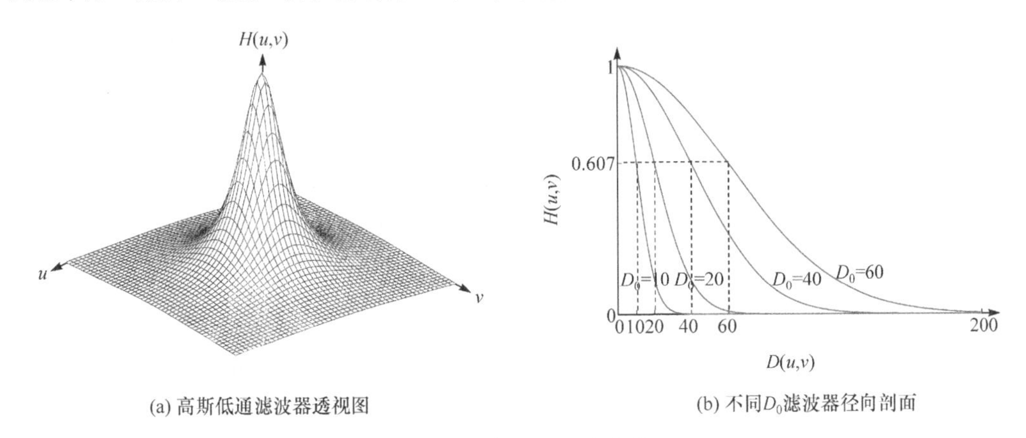

(a) 高斯低通滤波器透视图　(b) 不同D_0滤波器径向剖面

图 6.25　高斯低通滤波器

4. 其他低通滤波器

指数低通滤波器的传递函数为

$$H(u,v)=\mathrm{e}^{-\left[\frac{D(u,v)}{D_0}\right]^n}\quad (n=1,2,3,\cdots) \tag{6.42}$$

式中，D_0为截止频率；n为阶数。

指数低通滤波器传递函数的剖面图如图 6.26(a)所示，当$n=1$时，$H(u,v)$在D_0处的值降为最大值的 1/e。与 Butterworth 低通滤波器相比，指数低通滤波器具有更快的衰减特性，采用此滤波器在抑制噪声的同时，图像边缘的模糊程度较大。

梯形低通滤波器的传递函数为

$$H(u,v)=\begin{cases}1 & D(u,v)<D_0\\ \dfrac{D(u,v)-D_1}{D_0-D_1} & D_0\leqslant D(u,v)\leqslant D_1\\ 0 & D(u,v)>D_1\end{cases} \tag{6.43}$$

式中，D_0为截止频率，$D_1>D_0$。

梯形低通滤波器传递函数的剖面图如图 6.26(b)所示，它是介于理想低通滤波器和指数低通滤波器之间的滤波函数，处理后的图像有一定的模糊。

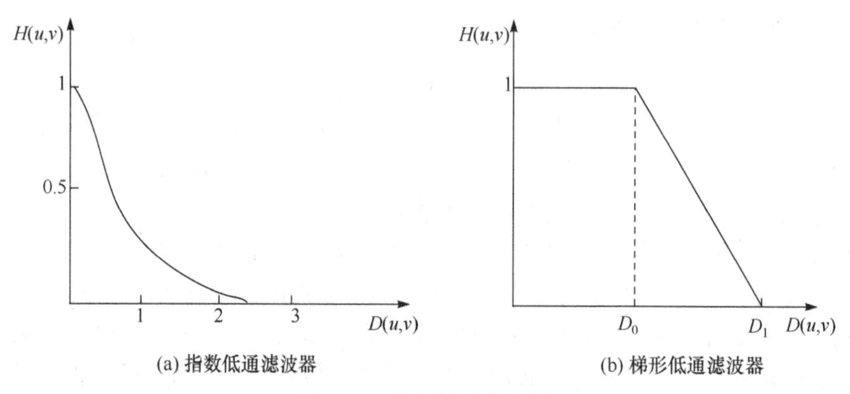

(a) 指数低通滤波器　　(b) 梯形低通滤波器

图 6.26　其他低通滤波器

三、频率域锐化——高通滤波器

为了突出图像的边缘和轮廓，采用高通滤波器让高频部分通过，阻止或削弱低频部分，达到图像锐化的目的。

1. 理想高通滤波器

在以原点为圆心、以D_0为半径的圆外，无衰减地通过所有频率，而在该圆内“切断”所有频率的二维高通滤波器，称为理想高通滤波器。它的确定函数为

$$H(u,v)=\begin{cases}0 & D(u,v)\leqslant D_0\\ 1 & D(u,v)>D_0\end{cases} \tag{6.44}$$

图 6.27(a)为理想高通滤波器透视图，理想高通滤波器是关于原点径向对称的，这意味着该滤波器完全由一个径向剖面来定义[图 6.27(b)]。将该剖面旋转 360°即得到二维滤波器。

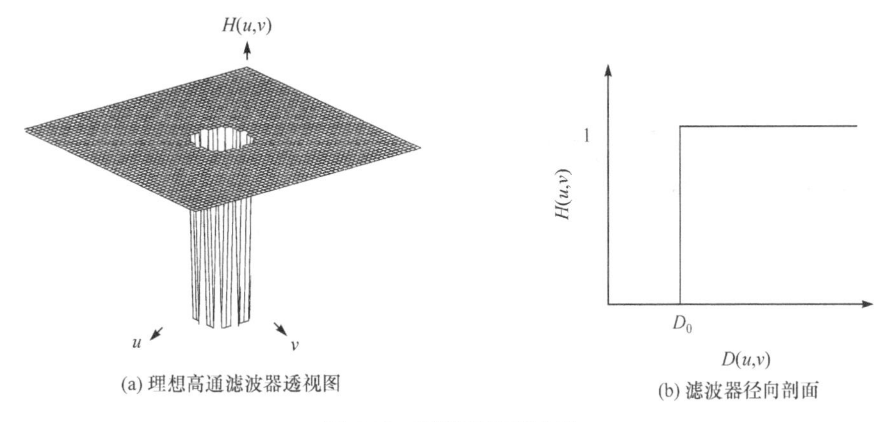

(a) 理想高通滤波器透视图　(b) 滤波器径向剖面

图 6.27　理想高通滤波器

在进行图像频率域滤波处理时，理想高通滤波器和理想低通滤波器具有相同的“振铃”现象。图 6.28(b)为理想高通滤波器截止频率 $D_0 = 150$ 的增强结果图，同样由于滤波器在截止频率附近对频率处理的不连续性，结果图像有明显的“振铃”现象。

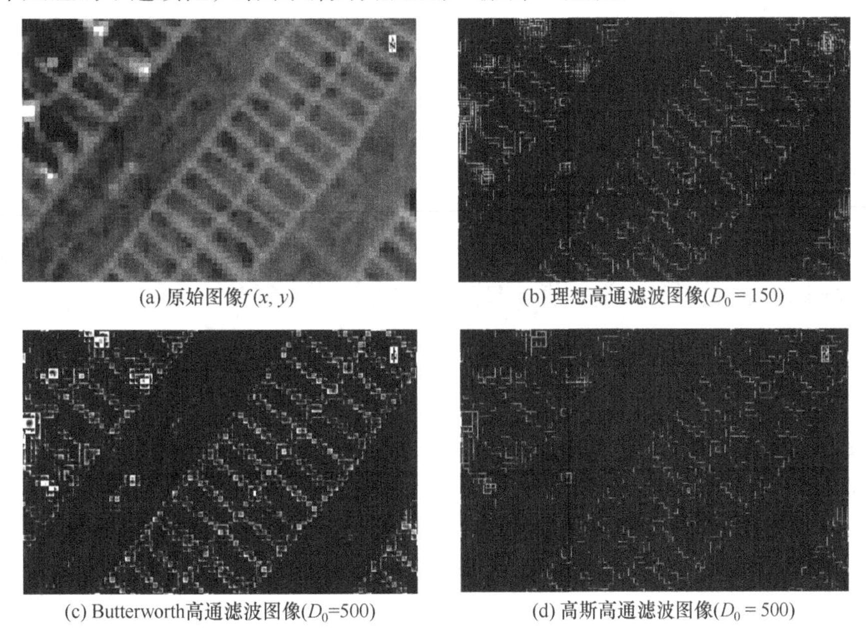

(a) 原始图像 $f(x, y)$　(b) 理想高通滤波图像($D_0 = 150$)

(c) Butterworth高通滤波图像(D_0=500)　(d) 高斯高通滤波图像($D_0 = 500$)

图 6.28　频率域高通滤波器处理效果图

2. Butterworth 高通滤波器

截止频率位于距原点 D_0 处的 n 阶 Butterworth 高通滤波器的传递函数为

$$H(u,v) = \frac{1}{1 + \left[D_0 / D(u,v)\right]^{2n}} \quad (n = 1,2,3,\cdots) \tag{6.45}$$

图 6.29 为 Butterworth 高通滤波器透视图和径向剖面图，同理想高通滤波器一样也是关于原点径向对称的。

与理想高通滤波器不同的是，Butterworth 高通滤波器并没有在通过频率和滤除频率之间给出明显截止的尖锐的不连续性。在式(6.45)中，$D(u,v) = D_0$ 时，$H(u,v)$ 从其最小值 0 上升为 0.5[图 6.29(b)]。

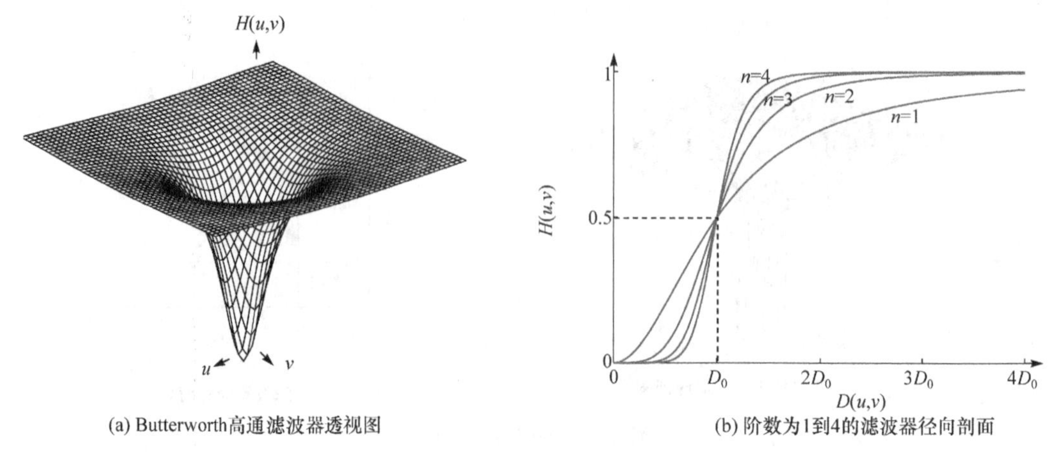

(a) Butterworth高通滤波器透视图　　(b) 阶数为1到4的滤波器径向剖面

图 6.29　Butterworth 高通滤波器

同样的二阶 Butterworth 高通滤波器是在有效的高通滤波和可接受的“振铃”现象之间的折中。

图 6.28(c)为 Butterworth 高通滤波器截止频率 $D_0 = 500$ 的增强结果图，思考一下，若截止频率 $D_0 = 300$，处理结果会如何?

3. 高斯高通滤波器

高斯高通滤波器的传递函数为

$$H(u,v) = \mathrm{e}^{-D_0^2/2D^2(u,v)} \tag{6.46}$$

图 6.30 为高斯高通滤波器透视图和径向剖面图，同理想高通滤波器一样也是关于原点径向对称的。在图 6.30(b)中显示了截止频率分别为 10、20、40、60 的高斯高通滤波器径向剖面图，当 $D(u,v) = D_0$ 时，$H(u,v)$ 从其最小值 0 上升为 0.393。

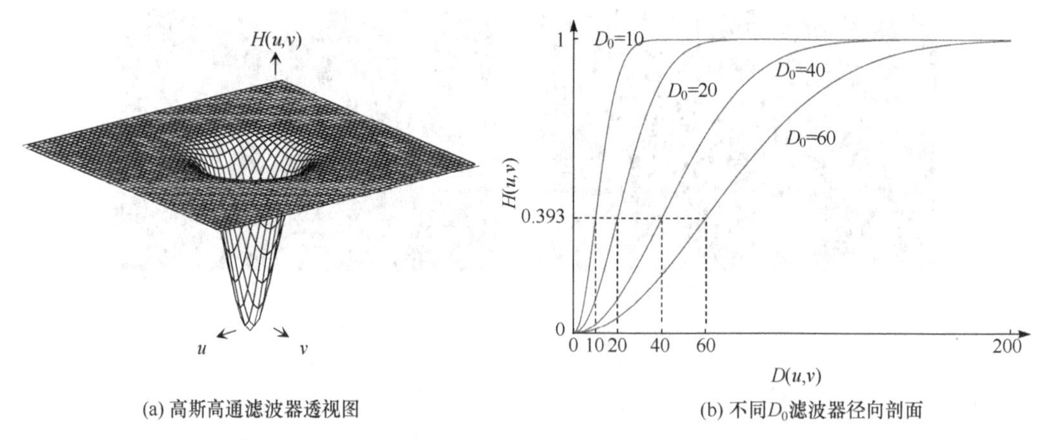

(a) 高斯高通滤波器透视图　　(b) 不同D_0滤波器径向剖面

图 6.30　高斯高通滤波器

同样的采用高斯高通滤波器进行图像锐化处理时没有“振铃”现象，可从图 6.28(d)中采用 $D_0 = 500$ 的高斯高通滤波器增强后图像看出完全没有“振铃”现象。

4. 其他高通滤波器

指数高通滤波器的传递函数为

$$H(u,v) = \mathrm{e}^{-\left[\frac{D_0}{D(u,v)}\right]^n} \quad (n = 1, 2, 3, \cdots) \tag{6.47}$$

式中，D_0为截止频率；n为阶数，它控制着$H(u, v)$随$D(u, v)$的增长率。

指数高通滤波器传递函数的剖面图如图 6.31(a)所示，它与 Butterworth 高通滤波器相比，效果相对较差，边缘“振铃”现象不明显。

梯形高通滤波器的传递函数为

$$H(u,v)=\begin{cases}0 & D(u,v)<D_0 \\ \dfrac{D(u,v)-D_0}{D_1-D_0} & D_0\leqslant D(u,v)\leqslant D_1 \\ 1 & D(u,v)>D_1\end{cases} \tag{6.48}$$

式中，D_0为截止频率，$D_1>D_0\geqslant 0$。

梯形高通滤波器传递函数的剖面图如图 6.31(b)所示，它是介于理想高通滤波器和指数高通滤波器之间的滤波函数，处理后的图像会产生轻微的“振铃”现象，但因计算简单而经常被使用。

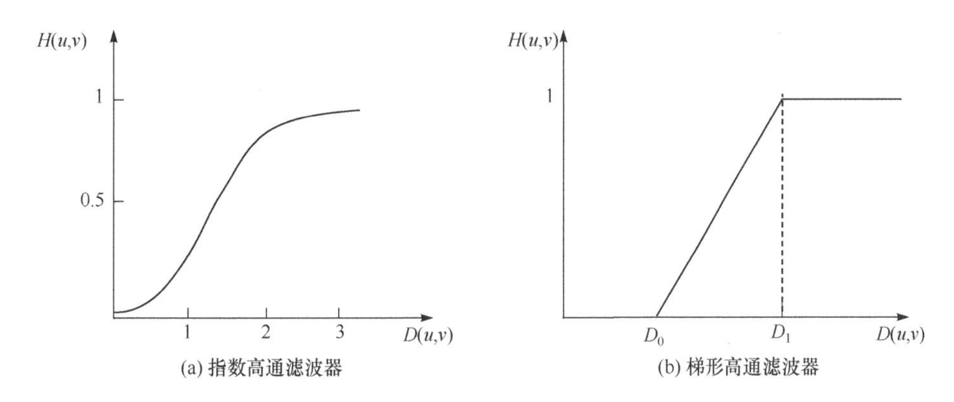

图 6.31　其他高通滤波器

四、同态滤波

在介绍同态滤波之前，先简单了解一下光学图像的成像原理。人之所以可以看到某个景物，是因为有光辐射能照到该景物上，经过景物的反射或透射作用之后，在人的视网膜上产生感知信号，该感知信号传送到大脑后形成对景物的理解。

按照光学图像的成像原理，可以对一幅图像进行如下的简单建模：

$$f(x,y)=i(x,y)\cdot r(x,y) \tag{6.49}$$

即把图像亮度$f(x,y)$看作是由入射分量(入射到景物上的光强度，也称照射分量)$i(x,y)$和反射分量(景物反射的光强度)$r(x,y)$组成的。

同态滤波(homomorphic filtering)，也称为同态图像增强，是一种建立在式(6.49)所给出的图像模型基础上，在频率域中同时进行图像对比度增强和压缩图像亮度范围的滤波方法。

一般假定入射光的动态范围很大但变化缓慢，对应于图像频率域的低频分量；而反射光部分变化迅速，与图形的细节部分和局部的对比度相关，对应图像频率域的高频部分。因此同态滤波的基本思路是减少入射分量$i(x,y)$，并同时增加反射分量$r(x,y)$来改善$f(x,y)$的表现效果。

根据以上分析，同态滤波方法的实现过程是，通过对图像取对数，将图像模型中的$i(x,y)$和

$r(x,y)$ 的乘积运算变成简单的对数相加关系。这样，实际上通过求对数运算，将入射分量与反射分量的乘积项分离，将对数图像通过傅里叶变换变到频率域，在频率域中选择合适的滤波函数，进行同时减弱低频和加强高频的滤波。最后对滤波结果进行傅里叶逆变换和对数逆变换(即指数运算)，就可得到预期的同态滤波结果。同态滤波增强的流程见图 6.32。

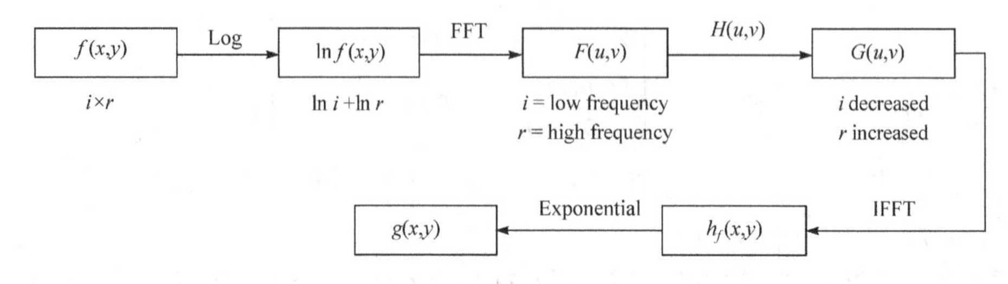

图 6.32　同态滤波增强流程

同态滤波方法的具体实现步骤如下。

(1) 对式(6.49)两边取对数：

$$\ln f(x,y) = \ln i(x,y) + \ln r(x,y) \tag{6.50}$$

(2) 对式(6.50)两边进行傅里叶变换：

$$F(u,v) = I(u,v) + R(u,v) \tag{6.51}$$

(3) 用一个频率域滤波函数进行滤波，可得

$$G(u,v) = H(u,v)F(u,v) = H(u,v)I(u,v) + H(u,v)R(u,v) \tag{6.52}$$

在这里，$H(u,v)$ 称为同态滤波函数，它可以分别作用于照射分量和反射分量。同态滤波函数的类型和参数的选择对滤波的结果影响很大。

(4) 应用傅里叶逆变换将图像转换到空间域

$$h_f(x,y) = h_i(x,y) + h_r(x,y) \tag{6.53}$$

(5) 再对上式进行指数变换

$$g(x,y) = \exp|h_f(x,y)| \tag{6.54}$$

不同空间分辨率的遥感图像，使用同态滤波的效果不同。如果图像中的光照是均匀的，那么，进行同态滤波产生的效果不大。但是，如果光照明显是不均匀的，那么同态滤波有助于表现图像中暗处的细节。

第四节　彩 色 增 强

人眼对色彩的敏感性远远高于对灰度的敏感性，正常人的眼睛只能够分辨 20 级左右的灰度级，而对彩色的分辨能力则可达 100 多种，远远大于对灰度级的分辨能力。在图像处理中，人们常常借助色彩来处理图像以提高人眼对图像特征的识别能力。因此，将灰度图像变为彩色图像，以及进行各种彩色变换可以明显改善图像的可视性。

一、伪彩色增强

伪彩色(pseudo-color)增强是把一幅黑白图像的不同灰度按一定的函数关系变换成彩色，得

到另一幅彩色图像的方法。

与其他图像增强方法不同的是，伪彩色增强并不改变原来图像的像元灰度值，它只是建立像元灰度值与颜色空间分量(如 R、G、B 颜色分量)之间的一种对应关系，使图像的灰度值映射到三维的色彩空间，用颜色来代表图像的灰度值。

如果对灰度图像的每一个灰度值都赋予一种独立的颜色，该图像被称为伪彩色图像；如果将图像的灰度值进行分层(分级)，每一层包含一定的灰度值范围，分别给每一层赋予不同的颜色，这种方法称为密度分割。伪彩色图像是密度分割的一种特殊形式，其分层间隔即为一个灰度级。

1. 密度分割

密度分割(density slice)是伪彩色增强中最简单的方法，是对单波段黑白遥感图像按灰度分层，对每层赋予不同的色彩，使之变成一幅彩色图像。如图 6.33 所示，把黑白图像的灰度范围划分成 N 层 $I_i(i=1, 2, 3, \cdots, N)$并赋值。例如，灰度范围为 0～15 为 I_1，赋值为 1；灰度范围为 15～31 为 I_2，赋值为 2，等等，再给每一个赋值区赋予不同的颜色 C_1、C_2、C_3，依此类推，生成一幅彩色图像。因为计算机显示器的色彩显示能力很强，所以理论上完全可以将黑白图像的 256 个灰度级以 256 种色彩表示。

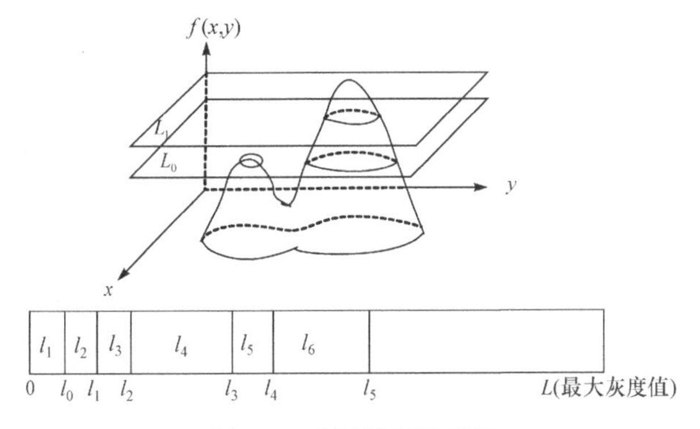

图 6.33　密度分割原理图

密度分割中彩色是人为赋予的，与地物的真实色彩毫无关系，只是为了提高对比度，可以较准确地区分出地物类别。图 6.34(b)为对灰度图像进行密度分割的结果图。

密度分割的优点在于当分层方案与地物光谱差异对应较好时，密度分割图像可以直观地区分不同地物，从而达到区分地物信息的目的。在进行图像识别时，可以借助该方法进行图像预分类，初步判断图像分类的优劣，并提取地物分类的灰度阈值。

(a) 原始图像

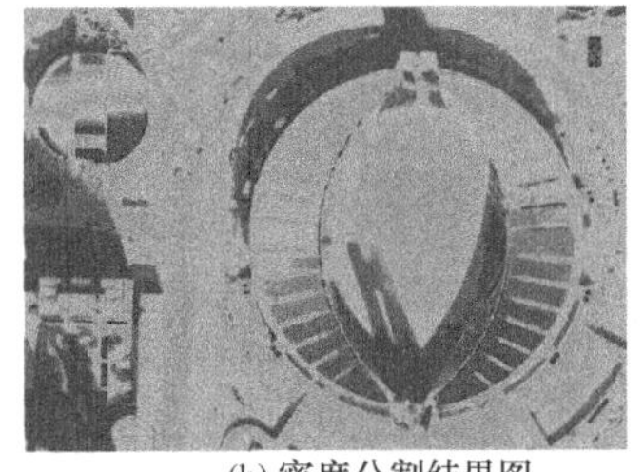

(b) 密度分割结果图

图 6.34　密度分割结果图

2. 频率域伪彩色增强

频率域伪彩色增强是将图像的傅里叶变换通过不同的滤波器分成不同的频率分量(如高通、带通、低通)，然后对不同频率的内容进行逆变换，不同的频率对应不同的颜色通道，如红、绿和蓝通道。具体步骤是先把黑白图像经傅里叶变换到频率域，在频率域内用三个不同传递特性的滤波器分离成三个独立分量；然后对它们进行傅里叶逆变换，得到三幅代表不同频率分量的单色图像，再对这三幅图像做进一步的处理，如直方图均衡化；最后将它们作为三基色分量分别加到彩色显示器的红、绿、蓝显示通道，从而实现频率域分段的伪彩色增强。其原理如图 6.35 所示。

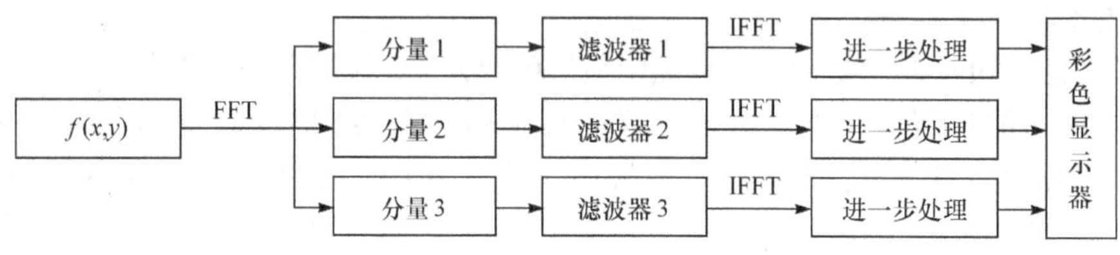

图 6.35　频率域伪彩色增强原理图

二、真彩色增强

1. 真彩色合成

如果彩色合成中选择的波段波长与红、绿、蓝的波长相同或近似，那么合成后的图像颜色就会与真彩色近似，这种合成方式称为真彩色合成。使用真彩色合成的优点是合成后图像颜色更接近于自然色，与人对地物的视觉感觉一致，更容易对地物进行识别。

例如，将 TM 图像的 3、2、1 波段分别赋予红、绿、蓝三色，由于赋予的颜色与原波段的色调相同，可以得到近似的真彩色图像。真彩色图像接近于彩色照片，见图 6.36(b)，在多波段图像显示处理中经常使用。表 6.3 是常用遥感传感器的真彩色和标准假彩色合成波段表。

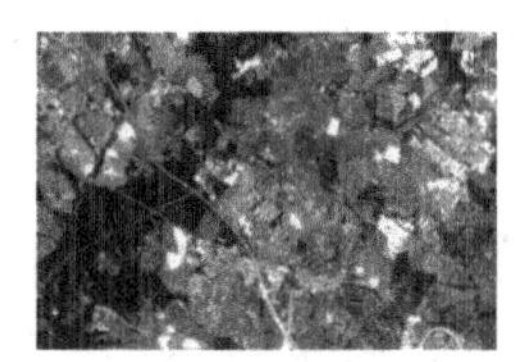

(a) 真彩色增强结果图

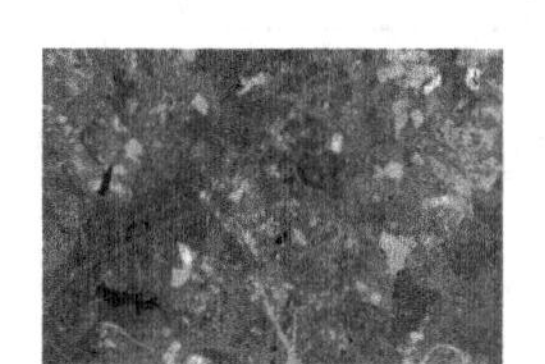

(b) 4、3、2标准假彩色增强结果图

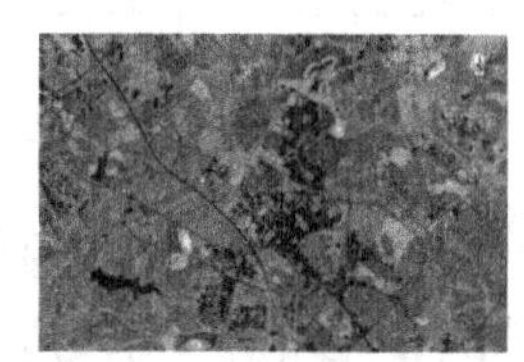

(c) 5、4、3假彩色增强结果图

(d) 5、3、2假彩色增强结果图

图 6.36　真彩色和假彩色增强结果图

表 6.3　常用遥感传感器的真彩色和标准假彩色合成波段表

遥感传感器	合成类型	
	真彩色/彩红外(CIR)	
	R、G、B	NIR、R、G
ALI	4、3、2	5、4、2
ASTER	无	3、2、1
AVIRIS	30、20、9	45、30、20
Hyperion	30、21、10	43、30、21
MODIS	13、12、9	16、13、12
SPOT/HRV 、HRG	无	3、2、1

续表

遥感传感器	合成类型	
	真彩色/彩红外(CIR)	
	R、G、B	NIR、R、G
TM,ETM+	3、2、1	4、3、2
OLI	4、3、2	5、4、3
CBERS/CCD	3、2、1	4、3、2
HG-1/CCD	3、2、1	4、3、2
GF	3、2、1	4、3、2

2. 模拟真彩色合成

蓝光容易受大气中气溶胶的影响而使得图像质量较差，有些传感器舍弃了蓝波段，因此无法得到真彩色图像。这时，可通过某种形式的运算得到模拟的红、绿、蓝三个通道，然后通过彩色合成产生近似的真彩色图像。

在用遥感数据合成真彩色影像时，一般采用 Landsat 数据，如 Landsat 的 TM 或 ETM+，其传感器提供了 R、G、B 及 IR 等 6 个波段(1，2，3，4，5 和 7 波段)的多光谱数据，不足之处是数据的空间分辨率稍低。SPOT 数据不仅空间分辨率较高，而且具有立体测图能力，使用 SPOT 多光谱波段数据的用户越来越多，但是 SPOT 数据产品没有蓝色波段的通道(表 6.4)，所以在合成真彩色图像时会遇到困难。针对这一需求，可采用下面三种实用方法来模拟产生真彩色。

表 6.4 SPOT5 多光谱波段的波长范围

波段编号(波段名称)	波长范围/μm	说明
Band1(XS1)	0.50～0.59	绿波段
Band2 (XS2)	0.61～0.68	红波段
Band3(XS3)	0.79～0.89	近红外波段
Band4(SWIR)	1.58～1.75	短波红外波段

1) SPOT IMAGE 公司的方法

红色用 XS2 表示，绿色用(XS1+XS2+XS3)/3 的波段运算来实现，蓝色采用 XS1 波段代替。该方法实际上是将原来的绿波段(0.50～0.59μm)当作蓝光通道(该波段靠近蓝波段的光谱范围)，红波段(0.61～0.68μm)作为红光通道，绿光通道用绿波段、红波段、近红外波段的算术平均值来代替。

2) ERDAS IMAGING 中的方法

红色用 XS2 表示，绿色用(XS1×3+XS3)/4 波段算法来实现，蓝光通道用 XS1 波段代替。此法将原来的绿波段(0.50～0.59μm)当作蓝光通道，红波段(0.61～0.68μm)仍作为红光通道，绿光通道用绿波段、近红外波段按 3∶1 的加权算术平均值来代替。

3) 参数法

参数法引入了全色波段(panchromatic，P)，红色用[aP+(1−a)XS3]来表示，绿色用 2P×XS2/(XS1+XS2)表示，蓝色用 2P×XS1/(XS1+XS2)表示。为了防止出现过饱和现象，系数 a

根据遥感影像景观取值为 0.1～0.5。这种方法的最大特点是引入了全色波段，因为全色波段的空间分辨率更高，所以在此算法前需要进行影像的配准处理。该方法存在的问题是，如果波段 XS1 和 XS2 的像元值大都为 0，则合成效果会很差。

三、假彩色增强

假彩色(false color)增强是彩色增强中最常用的一种方法。它与伪彩色增强不同，假彩色增强处理的对象是同一景物的多光谱图像。对于多波段遥感图像，采用 RGB 色彩模型进行色彩显示。其方法是选择其中的某三个波段，分别赋予红(R)、绿(G)、蓝(B)三种原色，即可在屏幕上合成彩色图像(图 6.37)。因为三个波段原色的选择是根据增强目的决定的，与原来波段的真实颜色不同，所以合成的彩色图像并不表示地物的真实颜色，这种合成方法称为假彩色合成。

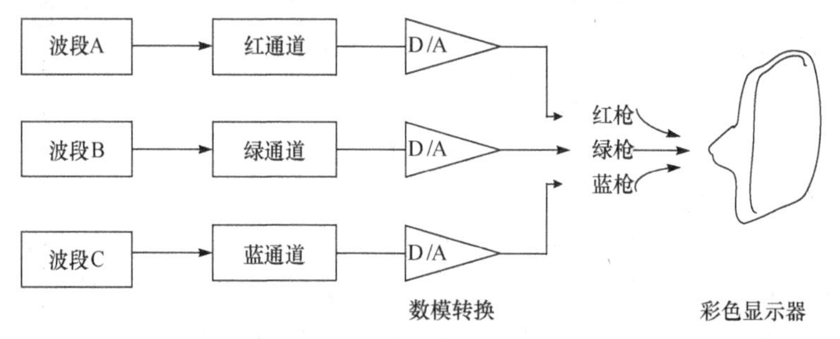

图 6.37　图像假彩色合成原理

在 Landsat 的 TM 图像中，第 2 波段为绿波段，第 3 波段为红波段，第 4 波段为近红外波段，将 4、3、2 波段分别赋予红、绿、蓝光通道合成的假彩色图像称为标准假彩色图像。这一合成方案称为标准假彩色合成(也称为彩红外、CIR)，是实践中最常用的一种方案。标准假彩色图像突出了植被、水体、城镇、山区、平原等特征，植被为红色、水体为黑色或蓝色、城镇为深色，地物类型信息丰富。

在实际工作中，为了突出某一方面的信息或显示丰富的地物信息，获得最好的目视效果，需要根据不同的研究目的进行反复实验分析，寻找最佳合成方案。合成后的图像应具有最大信息量，而波段间的相关性最小。例如，TM5、4、3 波段组合[图 6.36(c)]能够突出植被信息，在研究地表的植被信息时，有时甚至优于 TM4、3、2 的标准假彩色合成图像[图 6.36(b)]，有时也使用 TM5、3、2 波段组合合成假彩色图像[图 6.36(d)]。

四、彩色变换

色彩模型是将数字分配给色彩的系统，目的是按照某种标准利用基色来表示颜色。数字图像以亮度点集合的形式显示，因而眼睛区分不同亮度的能力在显示图像时非常重要。为了正确使用颜色并建立统一的标准，需要建立合理的色彩模型。常用的色彩模型有：RGB(红/绿/蓝)模型，CMYK(青/品红/黄/黑)模型，HSI(色调/饱和度/亮度)模型，LAB(也称 CIE LAB，1976 年国际照明委员会[①]确定的标准)模型。光学遥感中使用的是 RGB 模型和 HSI 模型。下面介绍遥感图像处理中经常用到的 RGB 和 HSI 两种色彩模型之间的转换。

① 国际照明委员会(International Commission on Illumination)，L 代表亮度，A 代表从绿色到红色的分量，B 代表从蓝色到黄色的分量

1. HSI 彩色变换基本原理

在色度学中，红(R)、绿(G)、蓝(B)光称为色光的三原色。将 R、G、B 按不同比例组合可以构成自然界中的任何色彩，因此任何颜色均可以用 R、G、B 三分量来表示。遥感图像处理系统中经常会采用 HSI 模型，色调(hue)、饱和度(saturation)、亮度(intensity)称为色彩的三要素，HSI 模型不是基于三色光混合来再现颜色的，它表示的彩色与人眼看到的更为接近。亮度与物体反射的光量有关。饱和度是颜色的纯度，可见光中的各种单色光饱和度最高。光谱色中掺入白光的成分越多，其饱和度就越低。反射光谱的选择性可导致高的饱和度。

RGB 和 HSI 两种色彩模型可以相互转换，有些处理方法在某个彩色系统中可能更方便。RGB 系统从物理的角度出发描述颜色，HSI 系统从人眼的主观感觉出发描述颜色。RGB 系统比较简单而常用，但是，彩色合成图像的各个波段之间的相关性很高会使得合成图像的饱和度偏低，色调变化不大，图像的视觉效果差。

把 RGB 系统变换为 HSI 系统称为 HSI 正变换；HSI 系统变换为 RGB 系统称为 HSI 逆变换。因为 HSI 变换是一种图像显示、增强和信息综合的方法，具有灵活实用的优点，所以产生了多种 HSI 变换方法(表 6.5)。

表 6.5　四种典型的 HSI 变换模式(贾永红，2010)

彩色变换	正变换	备注
球体变换	$I=1/2(M+m)$ $S=(M-m)/(2-M-m)$ $H=60(2+b-g)$　当 $r=M$ $H=60(4+r-b)$　当 $g=M$ $H=60(6+g-r)$　当 $b=M$	$r=(\max-R)/(\max-\min)$ $g=(\max-G)/(\max-\min)$ $b=(\max-B)/(\max-\min)$ $\max=\max[R, G, B]$ $\min=\min[R, G, B]$ $M=\max[r, g, b]$ $m=\min[r, g, b]$
圆柱体变换	$I=1/\sqrt{3}(R+G+B)$ $H=\arctan[(2R-G-B)/\sqrt{3}(G-B)]+C$ $S=\sqrt{6}/3\cdot\sqrt{R^2+G^2+B^2-RG-RB-GB}$	$C=0$，当 $G\geqslant B$ $C=\pi$，当 $G<B$
三角形变换	$I=1/3(R+G+B)$ $H=(G-B)/[3(I-B)]$，$S=1-B/I$　当 $B=\min$ $H=(B-R)/[3(I-R)]$，$S=1-R/I$　当 $R=\min$ $H=(R-G)/[3(I-G)]$，$S=1-G/I$　当 $G=\min$	$\min=\min[R, G, B]$
单六角锥变换	$I=\max$, $S=(\max-\min)/\max$ $H=(5+(R-B)/(R-G))/6$　当 $R=\max$，$G=\min$ $H=(1-(R-G)/(R-B))/6$　当 $R=\max$，$B=\min$ $H=(1+(G-R)/(G-B))/6$　当 $G=\max$，$B=\min$ $H=(3+(G-B)/(G-R))/6$　当 $G=\max$，$R=\min$ $H=(3+(R-G)/(B-R))/6$　当 $B=\max$，$R=\min$ $H=(5-(R-R)/(B-G))/6$　当 $B=\max$，$G=\min$	$\max=\max[R, G, B]$ $\min=\min[R, G, B]$

RGB 到 HSI 变换有多种变换算法，不同软件系统使用的变换算法名称不同。例如，ENVI 中称为 HSV 和 HLS，使用的算法来自于 Kruse，图 6.38(b)显示的是将 TM3、2、1 经过 HLS 变换的结果图。ERDAS IMAGEINE 中使用的算法来自于 Conrac 公司。

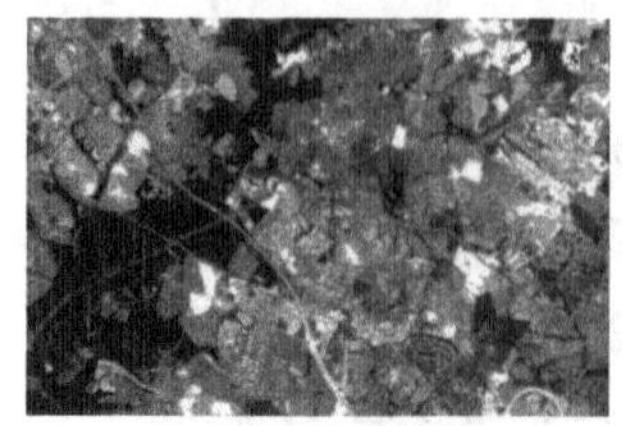

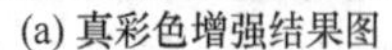

(a) 真彩色增强结果图

(b) TM3、2、1经HLS变换的结果图

图 6.38　TM3、2、1 经 HLS 变换的结果图

表 6.6 是由 Haydn 定义的一个比较实用的 HSI-RGB 变换公式，其中 RGB 的取值是图像灰度值归一化后的值，取值范围为[0, 1]。

表 6.6　HSI-RGB 变换公式

正变换		逆变换	
$R>B \quad G\leqslant B$	$I=(R+G+B)/3$ $H=(G-B)/3(I-B)$ $S=1-B/I$	$R=I(1+2S-3SH)$ $G=I(1-S+3SH)$ $B=I(1-S)$	$0\leqslant H<1$
$G>R \quad B\geqslant R$	$I=(R+G+B)/3$ $H=(B-G)/[3(I-B)-1]$ $S=1-R/I$	$R=I(1-S)$ $G=I(1+5S-3SH)$ $B=I(1-4S+3SH)$	$1\leqslant H<2$
$R\geqslant G \quad B>G$	$I=(R+G+B)/3$ $H=(R-G)/[3(I-G)+2]$ $S=1-G/I$	$R=I(1-7S+3SH)$ $G=I(1-S)$ $B=I(1+8S-3SH)$	$2\leqslant H\leqslant 3$

注：H、S、I 的取值范围分别为[0，3]、[0，1]、[0，I_{max}]。

对于表 6.6 的计算结果，显示的时候，可把 H 值和 S 值分别从 0～3 和 0～1 线性拉伸到 0～255。

2. HSI 彩色变换的应用

彩色变换的一般工作流程：选择波段进行 RGB 合成显示→进行彩色变换→进行其他的图像处理→进行彩色逆变换→RGB 合成显示。

1) 不同分辨率图像的融合

HSI 色彩模型中，I 成分控制着图像的亮度。将低分辨率图像变换到 HSI 彩色空间，将 I 成分用高分辨率图像中的某个波段替换，然后进行彩色逆变换，可以达到数据融合的目的(详细内容参阅第七章)。

2) 增强合成图像的饱和度

图像的饱和度不足，图像不鲜艳，不容易区分图像中的细节。将数据从 RGB 色彩空间变换到 HSI 色彩空间，然后对 S 成分进行拉伸增强后，再变换到 RGB 色彩空间显示，可以提高图像的饱和度。

3) 通过对 I 成分的处理进行图像的增强

I 成分集中了图像中的一些信息，单独对此成分进行增强，再做逆变换，可以获得其他方法无法达到的效果，如对于云或雾的去除等。

4) 多源数据的综合显示

随着工作的积累，在同一地区往往积累了不同传感器的遥感数据。通过将这些数据的不同波段分别赋予 HSI，然后逆变换进行彩色显示，可以获得较好的效果。

5) 其他应用

对色调进行分段扩展，以突出某一色调或加大某一范围内的色调之间的差异；色调不变，将亮度和饱和度设置为常数，以突出地物色调在空间上的分布；将亮度设置为常数，色调和饱和度不变，可以减少地形起伏的影响，突出阴影部分的地物信息。

第五节　多光谱图像增强

遥感多光谱图像具有波段多、波谱信息丰富的优点，同时也具有数据量大、运算时耗费大量时间和占据大量的磁盘空间的缺点。并且，多光谱图像的各波段之间具有一定的相关性，造成不同程度的信息重叠。多光谱图像增强采用对多光谱图像进行线性变换的方法，减少各波段信息之间的冗余，达到保留主要信息，压缩数据量，增强和提取更具有目视解译效果的新波段数据的目的。

多光谱图像增强主要有两种方法：主成分分析(principal component analysis，PCA)和 K-T 变换。

一、多光谱空间

多光谱空间又称特征空间，是一个 n 维坐标系，每一个坐标轴代表一个波段，坐标值为亮度值，坐标系内的一个点表示多波段图像中的一个像元。同样的图像中一个特定的像元可以用多维空间中的一个点来表示，其坐标值反映了相应光谱分量中该像元的亮度。Landsat TM 数据有 7 维，而 SPOT HRG 数据是 4 维的。高光谱数据如 Hyperion，可能会有几百个坐标轴。

在实际应用中通常是用特征空间图来对多波段数据进行分析。常用的是两波段的特征空间图，可以对两个波段的像元分布、像元值协同变化及相关情况进行分析。

在特征空间中，像元点在坐标系中的位置可以表示成一个 n 维向量：

$$X=\begin{bmatrix}x_1\\x_2\\\vdots\\x_i\\\vdots\\x_n\end{bmatrix}=\left[x_1,x_2,\cdots x_i,\cdots,x_n\right]^{\mathrm{T}} \tag{6.55}$$

特征空间只表示各波段之间的关系，并不表示该点在原图像中的位置信息，没有图像空间的意义。

在空间域图像增强和频率域图像增强处理时会将处理的图像表示为 $f(x,y)$，在本节多光谱增强中将图像表示为 n 维随机向量。例如，一幅 $M\times N$ 大小的 4 波段遥感图像，若需要对该图像进行线性拉伸，则对 4 个波段图像 $f_1(x,y)$、$f_2(x,y)$、$f_3(x,y)$、$f_4(x,y)$ 分别进行拉伸处理即可；若要对该图像进行 PCA 变换，则将图像表示为 $M\times N$ 个 4 维向量 $X=[x_{i1},x_{i2},x_{i3},x_{i4}]^{\mathrm{T}}(i=1,2,\cdots,M\times N)$。

在特征空间中，同类的像元点往往聚集在一起，不同的特征空间表达了像元间的不同关系。利用特征空间可以有效地进行遥感信息提取、遥感图像分类和模式识别等。

二、主成分分析

主成分分析也称为主成分变换(principal component transformation，PCT)、主分量分析、降

维分析、特征向量变换或 K-L 变换(Karhunen-Loeve transform)，它是研究如何将多特征问题简化为较少的新特征问题。这些新特征彼此不相关，又能综合反映原来多个特征的信息，是原来多个特征的线性组合。PCA 是在统计特征基础上的多维正交变换，也是多波段遥感图像应用处理中常用的一种变换技术。

因为遥感图像的波段间往往存在较高的相关性，所以存在数据冗余和重复。PCA 的主要目的就是把原始多波段图像的信息变换成互不相关的主成分，对图像进行去相关、特征提取及数据压缩等。

K-L 变换是建立在统计特性基础上的一种转换，它是均方差意义下的最佳转换，因此在数据压缩技术中占有重要的地位，也是 PCA 的基础。严格来说，PCA 与 K-L 变换是不同的概念，PCA 的变换矩阵是协方差矩阵，K-L 变换的变换矩阵可以有很多种(二阶矩阵、协方差矩阵、总类内离散度矩阵等)。当 K-L 变换矩阵为协方差矩阵时，等同于 PCA，所以在遥感图像应用中通常不区分这两个概念。

1. 基本原理

对 n 个波段的多光谱图像进行线性变换，即对该多光谱图像组成的光谱空间 X 乘以一个线性变换矩阵 A，产生一个新的光谱空间 Y，即产生一幅新的 n 个波段的多光谱图像，使得新的多光谱图像的协方差矩阵为对角矩阵，也就是新图像各个波段之间没有线性相关性。其表达式为

$$Y = AX \tag{6.56}$$

式中，X 为变换前多光谱空间的像元矢量；Y 为变换后的主分量空间像元矢量，如主分量 1, 2, 3, …, n；A 为一个 $n \times n$ 的线性变换矩阵。

根据 PCA 变换的数学原理，A 是 X 空间的协方差矩阵$\sum_X$的特征向量矩阵的转置矩阵，即

$$A = U^{\mathrm{T}} = \begin{bmatrix} u_{11} & u_{12} & \cdots & u_{1n} \\ u_{21} & u_{22} & \cdots & u_{2n} \\ \vdots & \vdots & & \vdots \\ u_{n1} & u_{n2} & \cdots & u_{nn} \end{bmatrix} \tag{6.57}$$

因此，式(6.56)可改写为

$$\begin{bmatrix} y_1 \\ y_2 \\ \vdots \\ y_n \end{bmatrix} = \begin{bmatrix} u_{11} & u_{12} & \cdots & u_{1n} \\ u_{21} & u_{22} & \cdots & u_{2n} \\ \vdots & \vdots & & \vdots \\ u_{n1} & u_{n2} & \cdots & u_{nn} \end{bmatrix} \begin{bmatrix} x_1 \\ x_2 \\ \vdots \\ x_n \end{bmatrix} \tag{6.58}$$

当 n=4 时，式(6.58)为

$$\begin{bmatrix} y_1 \\ y_2 \\ y_3 \\ y_4 \end{bmatrix} = \begin{bmatrix} u_{11} & u_{12} & u_{13} & u_{14} \\ u_{21} & u_{22} & u_{23} & u_{24} \\ u_{31} & u_{32} & u_{33} & u_{34} \\ u_{41} & u_{42} & u_{43} & u_{44} \end{bmatrix} \begin{bmatrix} x_1 \\ x_2 \\ x_3 \\ x_4 \end{bmatrix} \tag{6.59}$$

即

$$\begin{cases} y_1 = u_{11}x_1 + u_{12}x_2 + u_{13}x_3 + u_{14}x_4 \\ y_2 = u_{21}x_1 + u_{22}x_2 + u_{23}x_3 + u_{24}x_4 \\ y_3 = u_{31}x_1 + u_{32}x_2 + u_{33}x_3 + u_{34}x_4 \\ y_4 = u_{41}x_1 + u_{42}x_2 + u_{43}x_3 + u_{44}x_4 \end{cases} \tag{6.60}$$

从式(6.60)可以看出，A 的作用实际上是对各分量增加一个权重系数，实现线性变换。Y 的各分量均是 X 各分量信息的线性组合，综合了原来各分量的信息，使得新的 n 维随机向量 Y 能够较好地反映事物的本质特征。

2. 计算过程

(1) 计算原始多光谱图像矩阵 X 的协方差矩阵 C,若波段间存在相关关系则进行 PCA 变换，否则不需要进行变换。

(2) 由特征方程求出该协方差矩阵的特征值 $\lambda_i(i=1, 2, \cdots, n)$，并按 λ_i 的大小进行排序。

$$|C - \lambda E| = 0 \tag{6.61}$$

式中，λ 为特征值；E 为单位矩阵。

(3) 求出排序后各特征值对应的协方差矩阵特征向量 $u_i(i = 1,2,\cdots, n)$:

$$u_i = \left[u_{i1}, u_{i2}, \cdots, u_{in}\right]^{\mathrm{T}} \tag{6.62}$$

按特征值大小顺序排列特征向量，组成特征向量矩阵 U:

$$U = \begin{bmatrix} u_{11} & u_{21} & \cdots & u_{n1} \\ u_{12} & u_{22} & \cdots & u_{n2} \\ \vdots & \vdots & & \vdots \\ u_{1n} & u_{2n} & \cdots & u_{nn} \end{bmatrix} \tag{6.63}$$

特征向量矩阵 U 的转置矩阵则是 PCA 变换所需要的变换矩阵 A。

(4) 利用式(6.56)即可获得变换后的多光谱空间，即

$$Y = AX = U^{\mathrm{T}} X \tag{6.64}$$

经过变换后得到一组新的变量，即 Y 的各个行向量，从上至下，依次被称为第一主成分(PC_1)，第二主成分(PC_2)，…，第 n 主成分(PC_n)。

PCA 中主成分与原图像之间的空间关系见图 6.39。

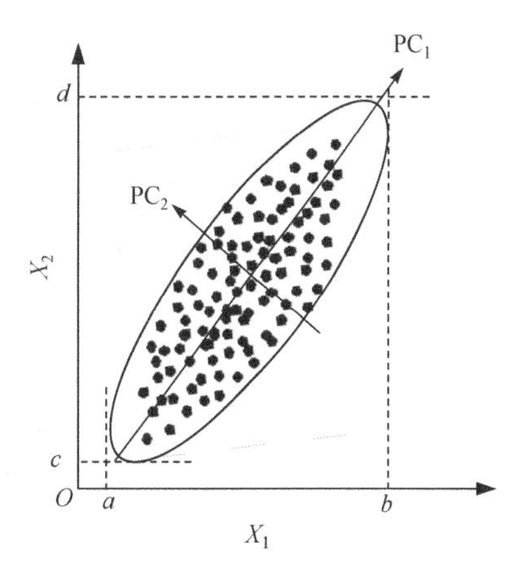

图 6.39　PCA 变换示意图

3. PCA 特点

PCA 变换后得到的各成分具有以下性质和特点。

(1) 总方差不变性和各主成分的方差特性。由于 PCA 变换是正交线性变换，当主成分个数与原始数据的维数相同时，变换前后总方差保持不变，变换只是把原有的方差在新的主成分上进行了重新分配；每个主成分的均值为 0，方差为协方差矩阵对应的特征值；方差大代表信息量多，反之则信息量少，第一主成分对应最大方差和最大信息量。

每个主成分所占的总方差百分比的计算公式为

$$p_i = \frac{\lambda_i}{\sum_{i=1}^{n} \lambda_i} \times 100\% \tag{6.65}$$

式中，p_i 为第 i 主成分所占总方差的百分比。因为方差大小与信息量成正比，所以PCA变换后第一主成分包含了图像信息的绝大部分，一般在80%以上，而其他主成分信息则依次迅速减少。

(2) 在几何意义上，变换过程相当于空间坐标系的平移和旋转。变换后的主成分空间坐标系与变换前的特征空间坐标系相比，坐标系的原点进行了平移，并且坐标系以新的原点旋转了一个角度。第一主成分取光谱空间中数据散布于最集中的方向，即新坐标系的一个坐标轴指向，第二主成分与第一主成分正交且数据散布于次集中的方向，即新坐标系另一坐标轴指向，依此类推。

(3) 在原特征空间中各波段是相关的，在坐标系中斜交，变换后各主成分则是相互独立的，在坐标系中正交，即主成分间的信息内容不相关。由于信息量集中在前几个主成分分量上，可用较少的主成分分量来代表原来的多维或高维数据，达到降维和数据压缩的目的。

(4) 主成分是原变量的线性组合，各主成分相当于原来各变量的加权和，而且每个变量的加权值与该变量的方差大小成正比。

(5) 第一主成分信息量最大，噪声最少，有利于细部特征的分析。

(6) 不能用主成分的顺序来确定其在图像处理中的价值。虽然第一主成分包含了图像大部分信息，最后的几个主成分信息很少，噪声较多，但有可能包含特定的专题信息。

4. PCA 算例

下面通过一个具体算例来说明如何进行PCA计算，为了方便理解，算例使用非常小的数据，旨在帮助理解原理和计算步骤。

有一个 2×3 大小，两个波段的遥感图像为 $f_1 = \begin{bmatrix} 2 & 4 & 5 \\ 5 & 3 & 2 \end{bmatrix}, f_2 = \begin{bmatrix} 2 & 3 & 4 \\ 5 & 4 & 3 \end{bmatrix}$，表示为向量 $X = \begin{bmatrix} 2 \\ 2 \end{bmatrix}, \begin{bmatrix} 4 \\ 3 \end{bmatrix}, \begin{bmatrix} 5 \\ 4 \end{bmatrix}, \begin{bmatrix} 5 \\ 5 \end{bmatrix}, \begin{bmatrix} 3 \\ 4 \end{bmatrix}, \begin{bmatrix} 2 \\ 3 \end{bmatrix}$，对该遥感图像进行PCA变换，计算出新的无线性相关的遥感图像。

第一步，计算原始多光谱图像的协方差矩阵为 $\mathrm{cov}_f = \begin{bmatrix} 1.9 & 1.1 \\ 1.1 & 1.1 \end{bmatrix}$。

第二步，求出该协方差矩阵的特征值和特征向量，由特征向量组成矩阵 A。

求得特征值：$\lambda_1 = 2.67, \quad \lambda_2 = 0.33$。

对应的特征向量为 $u_1 = \begin{bmatrix} 0.82 \\ 0.57 \end{bmatrix}, \quad u_2 = \begin{bmatrix} -0.57 \\ 0.82 \end{bmatrix}$。

特征向量组成矩阵为 $A = \begin{bmatrix} u_1^{\mathrm{T}} \\ u_2^{\mathrm{T}} \end{bmatrix} = \begin{bmatrix} 0.82 & 0.57 \\ -0.57 & 0.82 \end{bmatrix}$。

第三步，由式(6.56)中的特征向量 X 来生成像元在各个主分量上新的灰度值 Y。

$$Y = AX = \begin{bmatrix} 2.78 \\ 0.50 \end{bmatrix}, \begin{bmatrix} 4.99 \\ 0.18 \end{bmatrix}, \begin{bmatrix} 6.38 \\ 0.43 \end{bmatrix}, \begin{bmatrix} 6.95 \\ 1.25 \end{bmatrix}, \begin{bmatrix} 4.74 \\ 1.57 \end{bmatrix}, \begin{bmatrix} 3.35 \\ 1.32 \end{bmatrix}$$

即可得到的遥感图像为 $g_1 = \begin{bmatrix} 2.78 & 4.99 & 6.38 \\ 6.95 & 4.74 & 3.35 \end{bmatrix}, g_2 = \begin{bmatrix} 0.50 & 0.18 & 0.43 \\ 1.25 & 1.57 & 1.32 \end{bmatrix}$，协方差为 $\mathrm{cov}_g = \begin{bmatrix} 2.67 & 0 \\ 0 & 0.33 \end{bmatrix}$。

将算例中图像 PCA 变换前后的特征空间图(散点图)绘出，如图 6.40 所示。

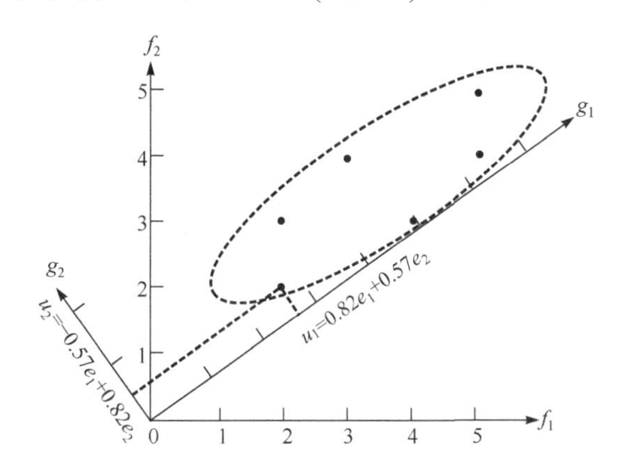

图 6.40　PCA 变换前后的特征空间图

算例结果含义的理解。首先，单独的特征向量 u_1 和 u_2 定义了原始坐标空间中的主成分坐标轴。在图 6.40 中，u_1 和 u_2 是以沿着原始坐标方向的一对单位向量 e_1 和 e_2 的形式表示的。在新的坐标轴中数据不存在线性相关，新坐标轴是原坐标轴的旋转。对于任意维数的数据都是成立的，因此 PCA 变换属于一种“旋转”变换。其次，第一主成分(图 6.40 中的 g_1 轴)包含了图像的大部分信息(方差为 2.67)，且主成分之间没有相关性(变换后协方差阵为对角阵)。最后，这对主成分图像是由 y_1 和 y_2 分量的像元亮度值产生，那么第一主成分图像 g_1 将会表现出很高的对比度，而相比之下第二主成分图像 g_2 对比度较低。第二主成分的亮度值将只占据可用范围的一小部分，因此它看起来缺少第一主成分图像的细节信息。

5. 典型应用

标准的 K-L 变换使用协方差矩阵作为出发点，目标是数据的压缩。如果对图像进行 PCA 变换，而且计算的出发点是波段的相关矩阵，那么结果就会有较大的不同。有的图像处理文献中，将使用相关矩阵进行 PCA 的计算称为标准 PCA。

在遥感图像处理软件中，K-L 变换包括在 PCA 中。图像处理常常利用主成分方法来消除波段之间的相关性以进行特征选择，此外，PCA 还可以用来对图像进行压缩和信息融合。

1) 数据压缩

在 PCA 变换计算过程中，如果选择协方差矩阵为出发点，则计算结果就是数据压缩和噪声去除。后面的主成分往往具有较大的噪声，可以舍弃。然后通过逆变换来复原图像。

2) 对比度增强

选择相关矩阵作为运算的出发点，可以进行图像的对比度增强。如果图像各个波段之间的相关性强，利用去相关拉伸(decorrelation stretch)来增强图像的对比度，可以增强图像的饱和度而不改变图像的色调值。主要步骤为：选择三个波段进行图像合成，对合成的图像进行去相关变换，再进行主成分逆变换并且显示图像。

3) 图像融合

图像融合是提高图像信息表现的一种变换方法。首先对多光谱图像进行 PCA 变换，产生主成分图像。然后使用高分辨率的全色图像替换第一主成分，进行逆变换，产生融合后的图像。结果有较高的图像分辨率，同时保留了原图像的光谱特征。

三、K-T 变换

Kauth-Thomas 于 1976 年发现一种经验线性变换，使原图像的空间坐标轴发生旋转，旋转之后坐标轴的方向与地物，特别是与植物生长及土壤有密切关系，这种变换就是 K-T 变换，又称为缨帽变换。

缨帽变换(tasseled cap transformation)是一种基于图像物理特征的固定转换，实际上是一种特殊的 PCA 变换，但与 PCA 不同，缨帽变换后的坐标轴不是指向主成分方向，而是指向与地面景物有密切关系的方向，特别是植物生长过程和土壤背景的关系。

1. 基本原理

K-T 变换是对原图像的坐标空间进行平移和旋转，变换后新的坐标轴具有明确的景观含义，可与地物直接联系。变换公式为

$$Y = CX + a \tag{6.66}$$

式中，X 为变换前多光谱空间的像元矢量；Y 为变换后多光谱空间的像元矢量；C 为变换矩阵，与具体的传感器类型有关；a 为避免出现负值所加的常数。

K-T 变换后的分量与植物生长过程和土壤有关，因此该变换方法在遥感图像处理中常用于特征提取、图像压缩、图像增强和图像融合。

K-T 变换的转换系数是固定的，对同一传感器不同图像产生的结果可以进行相互比较，但同时也造成了 K-T 变换对传感器太过依赖。不同传感器的转换系数是不同的，即使是同一传感器，不同环境条件下的光谱特征也可能存在差异，所以在应用 K-T 变换时，转换系数也需要根据实际情况进行修正。修正的主要目的是突出地物信息，此时并不需要考虑两幅图像变换结果之间的可比性。

2. 变换系数与地理意义

目前，K-T 变换已应用于 MSS、TM、ETM+、OLI、IKONOS、CBERS 等遥感数据研究中。K-T 变换实质上是只取前三个分量，舍掉后面尚未发现与地物有明确关系的分量。

(1) 在 MSS 遥感数据研究中，变换矩阵$(u_1, u_2, u_3, u_4)^T$的四个分量多数都有着明确的地理意义。u_1 为亮度分量，主要反映土壤信息，是土壤反射率变化的方向；u_2 为绿色物质分量；u_3 为黄色物质分量，分别反映植物绿度和黄度，黄度说明了植物的枯萎程度；只有最后一个分量 u_4 没有实际意义，在几何坐标中是一个无意义轴。

(2) 在常用的 Landsat5、Landsat7 和 Landsat8 的遥感数据研究中，变换矩阵$(u_1, u_2, u_3, u_4, u_5, u_6)^T$ 的六个新的分量中后三个分量 u_4、u_5、u_6 尚未发现与地物的明确关系，没有定义。前三个分量有着明确的实际物理意义，下面以 TM 数据为例进行说明。

第一分量 u_1 为亮度分量。实际上是 TM 的六个波段的加权和，反映了总体的反射值。由于中红外波段的影响，TM 的亮度值和 MSS 的亮度值不完全相等，但两者有很大的相关性。TM 的亮度值不等于土壤变化的主要方向，这一点与 MSS 数据不同。

第二分量 u_2 为绿度分量 。TM 的绿度和 MSS 的绿色物质分量很相近，几乎相同。因为第

二分量中红外波段 5 和 7 有很大抵消，剩下的近红外与可见光部分的差值，反映了绿色生物量特征。

第三分量 u_3 为湿度分量。反映了可见光和近红外(第 1～4 波段)与近-中红外(第 5、7 波段)的差值，定义为湿度的依据是第 5、7 两个波段对土壤湿度和植物湿度最为敏感。

亮度和绿度两个分量组成的平面可称为“植物视面”，湿度和亮度两个分量组成的平面可称为“土壤视面”，湿度和亮度两个分量组成的平面可称为“过渡区视面”。这样的三维空间就是 TM 数据进行 K-T 变换后的新空间，可以在这样的空间对植物、土壤等地面景物做更为细致、准确的分析。

K-T 变换为植物研究，特别是分析农业特征提供了一个优化显示的方法，同时又实现了数据压缩，因此具有重要的实际应用意义。

3. 常见传感器的 K-T 变换

对于同一传感器的遥感数据，K-T 变换的转换系数是固定的，因此它独立于单幅图像。不同图像产生的结果可以进行比较，例如，同一传感器不同图像产生的土壤亮度和绿度之间的相互比较。不同传感器所获得的遥感图像，其 K-T 变换的转换系数是不一样的，以比较常见的 Landsat1～3 MSS(表 6.7)、Landsat4 TM(表 6.8)、Landsat5 TM(表 6.9)、Landsat7 ETM+(表 6.10)、Landsat8 OLI(表 6.11)、IKONOS(表 6.12)、CBERS-02 CCD(表 6.13)数据为例，给出它们的转换系数。

K-T 更适用于定标后的反射率数据，而非原始的灰度值数据，变换后的分量具有各自的物理意义，通常情况包括以下几部分。

亮度分量(brightness)：波段分量的加权和，反映了总体的亮度变化；绿度分量(greenness)：与亮度分量垂直，是近红外与可见光波段的比值，反映可见光波段，特别是红光波段与近红外波段之间的对比，即地面植被的绿度；黄度分量(yellowness)：反映植被的枯萎程度；湿度分量(wetness)：与土壤湿度有关，反映可见光与近红外波段及红外波段的差值；无意义分量(non-such)：无实际意义，主要为噪声。

表 6.7　Landsat1～3 MSS 转换系数

变换分量	地理意义	波段			
		1	2	3	4
亮度分量	反映土壤反射率变化	0.433	0.632	0.586	0.264
绿度分量	反映地面植被绿度	−0.290	−0.562	0.600	0.491
黄度分量	反映植被的枯萎程度	−0.829	0.522	−0.039	0.194
无意义分量	无实际意义	0.223	0.012	−0.543	0.810

表 6.8　Landsat4 TM 转换系数

变换分量	地理意义	波段					
		1	2	3	4	5	7
亮度分量	反映总体亮度变化	0.3037	0.2793	0.4743	0.5585	0.5082	0.1863
绿度分量	反映地面植被绿度	−0.2848	−0.2435	−0.5436	0.7243	0.0840	−0.1800
湿度分量	与土壤湿度相关	0.1509	0.1793	0.3279	0.3406	−0.7112	−0.4572

续表

变换分量	地理意义	波段					
		1	2	3	4	5	7
第4分量	无实际意义	−0.8242	−0.0849	0.4392	−0.0580	0.2012	−0.2768
第5分量		−0.3280	−0.0549	0.1075	0.1855	−0.4357	0.8085
第6分量		0.1084	−0.9022	0.4120	0.0573	−0.0251	0.0238

表 6.9　Landsat5 TM 转换系数(Crist et al., 1986)

变换分量	地理意义	波段					
		1	2	3	4	5	7
亮度分量	反映总体亮度变化	0.2909	0.2493	0.4806	0.5568	0.4438	0.1706
绿度分量	反映地面植被绿度	−0.2728	−0.2174	−0.5508	0.7221	0.0733	−0.1648
湿度分量	与土壤湿度相关	0.1446	0.1761	0.3322	0.3396	−0.6210	−0.4186
第4分量	无实际意义	0.8561	−0.0731	−0.4640	−0.0032	−0.0492	0.0119
第5分量		0.0549	−0.0232	0.0339	−0.1937	0.4162	−0.7823
第6分量		0.1186	−0.8069	0.4094	0.0571	−0.0228	−0.0220

表 6.10　Landsat7 ETM+转换系数(Huang et al., 2002)

变换分量	地理意义	波段					
		1	2	3	4	5	7
亮度分量	反映总体亮度变化	0.3561	0.3972	0.3904	0.6966	0.2286	0.1596
绿度分量	反映地面植被绿度	−0.3344	−0.3544	−0.4556	0.6966	−0.0242	−0.2630
湿度分量	与土壤湿度相关	0.2626	0.2141	0.0926	0.0656	−0.7629	−0.5388
第4分量	无实际意义	0.0805	−0.0498	0.1950	−0.1327	0.5752	−0.7775
第5分量		−0.7252	−0.0202	0.6683	0.0631	−0.1494	−0.0274
第6分量		0.4000	−0.8172	0.3832	0.0602	−0.1095	0.0985

表 6.11　Landsat8 OLI 转换系数(Baig et al., 2014)

变换分量	地理意义	波段					
		1	2	3	4	5	7
亮度分量	反映总体亮度变化	0.3029	0.2786	0.4733	0.5599	0.5080	0.1872
绿度分量	反映地面植被绿度	−0.2941	−0.2430	−0.5424	0.7276	0.0713	−0.1608
湿度分量	与土壤湿度相关	0.1511	0.1973	0.3283	0.3407	−0.7117	−0.4559

续表

变换分量	地理意义	波段					
		1	2	3	4	5	7
第 4 分量	无实际意义	-0.8239	0.0849	0.4396	-0.0580	0.2013	-0.2773
第 5 分量		-0.3294	0.0557	0.1056	0.1855	-0.4349	0.8085
第 6 分量		0.1079	-0.9023	0.4119	0.0575	-0.0259	0.0252

表 6.12 IKONOS 转换系数(Horne, 2003)

变换分量	地理意义	波段			
		1	2	3	4
亮度分量	反映总体亮度变化	0.326	-0.311	-0.612	-0.650
绿度分量	反映地面植被绿度	0.509	-0.356	-0.312	0.719
第 3 分量	无实际意义	0.560	-0.325	0.722	-0.243
第 4 分量		0.567	0.819	-0.081	-0.031

表 6.13 CBERS-02 CCD 转换系数(Sheng et al., 2011)

变换分量	地理意义	波段			
		1	2	3	4
亮度分量	反映总体亮度变化	0.509	0.431	0.330	0.668
绿度分量	反映地面植被绿度	-0.494	-0.318	-0.324	0.741
蓝度分量	反映蓝色高反射物体	0.581	-0.070	-0.811	0.003
第 4 分量	无实际意义	-0.449	0.845	-0.285	-0.051

第六节 图 像 运 算

多波段图像增强在遥感数字图像处理中具有重要意义。因此为了提高信息提取效率，需根据不同地物的光谱特征差异，利用波段运算来构建不同的波段指数，将一些复杂的统计运算转变为单纯的代数运算。

多重图像增强处理的图像运算，也称为波段运算。它是根据地物本身在不同波段的灰度差异，通过不同波段之间简单的代数运算产生新的“特征”，以突出感兴趣的地物信息、抑制不感兴趣的地物信息的图像增强方法。在进行波段运算后，图像的数值范围可能超出显示设备的数据范围，因此在显示前往往需要进行灰度拉伸。遥感图像处理软件在图像显示的时候一般会自动进行灰度拉伸，以满足显示要求。

波段运算是对每个像元进行计算，因此参加运算的图像的空间坐标和大小必须完全相同。参与计算的数据可以是单个波段，也可以是多个波段、常数或文件。如果是图像文件之间的运算，图像文件中的波段数目和顺序必须相同。

一、图像运算常用方法

1. 加法运算

加法运算是指两幅相同大小的图像对应像元的灰度值相加。相加后像元的值若超出了显示设备允许的动态范围，则需乘一个正数 a，以确保数据值在设备的动态显示范围之内。

设加法运算后的图像为 $f_C(x,y)$，两幅图像为 $f_1(x,y)$与 $f_2(x,y)$，则

$$f_C(x,y)=a[f_1(x,y)+f_2(x,y)] \tag{6.67}$$

加法运算的主要应用包括以下几方面。

(1) 加法运算用于对同一区域的多幅图像求平均，可以有效地减少图像的加性随机噪声或获取特定时段的平均统计特征；也可给定权重求加权平均值，达到特定的增强效果。进行加法运算的图像的成像日期不宜相差太大。例如，使用 NOAA 或 MODIS 数据研究区域地表植被变化，可以将相邻五天的图像数据进行平均处理，以提高图像质量。

(2) 将多光谱图像的不同波段相加，以加宽波段。如将多波段遥感数据的蓝光波段、绿光波段和红光波段相加求平均，可得到全色图像；将蓝光波段、绿光波段、红光波段和近红外波段相加求平均，可得到全色红外图像。

(3) 将一幅图像经配准后叠加到另外一幅图像，以改善图像的视觉效果，即为满足某种增强效果的需要将多幅图像有目的地进行叠加。

(4) 将一幅图像内容加到另一幅图像中，进行二次曝光、图像合成或图像拼接。

2. 差值运算

差值运算是指将两幅相同大小的图像对应像元的灰度值相减。相减后像元的值有可能出现负值，找到绝对值最大的负值，给每一个像元的值都加上这个绝对值，使所有像元的值都为非负数；再乘以某个正数 a，以确保像元的值在显示设备的动态显示范围内。

设差值运算后的图像为 $f_D(x,y)$，两幅图像为 $f_1(x,y)$与 $f_2(x,y)$，则

$$f_D(x,y)=a\{[f_1(x,y)-f_2(x,y)]+b\} \tag{6.68}$$

差值图像提供了不同波段或者不同时相图像间的差异信息，可用于动态监测、运动目标检测与追踪、图像背景消除及目标识别等工作。

(1) 根据地物光谱特性，将两个不同波段相减以突出同一地物在这两个波段上的差异，提高遥感图像分类精度。地物的反射率在不同波段的特征不同，进行差值运算后差异大的地物得到突出，进而更容易识别。例如，健康的植被在红光波段 0.65 μm 附近反射率较低，有一明显吸收谷；而在近红外 0.8～1.1 μm 会形成一个高反射坪，反射率可达 40%～60%，这种反射光谱曲线是含有叶绿素植物的共同特点。红外波段植被与浅色土壤、红波段植被与深色土壤及水体反射率非常接近，不易区分。当用近红外波段减去红光波段时，由于植被在这两个波段差异很大，相减后植被会具有很高的差值；而土壤在这两个波段的差异很小，水体在这两个波段的差异虽然不太小，但差值可能接近 0 或是负数。因此，差值图像中植被信息更加突出，很容易确定其分布区域。

(2) 将不同时相获取的遥感图像相减，可以监测同一区域在一定时间范围内的动态变化。例如，用洪灾发生前后的图像进行差值运算，对洪灾损失进行评估；应用不同时相的遥感数据

相减，进行城市扩展监测、城市规划实施评估、地理国情监测等。差值运算还可以监测森林火灾过火面积，监测河口、河岸的泥沙淤积及河湖、海岸的污染等。但需要注意的问题是，在进行差值运算时，要根据研究对象合理确定监测数据的时间尺度。城市规划实施评估、地理国情监测等，一般以年为时间尺度。

(3) 将原始图像减去背景图像或不需要的加性图案，以去除原始图像中不需要的信息、突出感兴趣的目标。

3. 比值运算

比值运算是指两个不同波段的图像对应像元的灰度值相除(除数不能为 0)，相除以后若出现小数，则必须取整，并乘以某个正数 a，将其值调整到显示设备的动态显示范围内。

设比值运算后的图像为 $f_E(x,y)$，两幅图像为 $f_1(x,y)$与 $f_2(x,y)$，则

$$f_E(x,y) = \text{Integer}\left[a\frac{f_1(x,y)}{f_2(x,y)} \right] \tag{6.69}$$

作为比值运算的分母，可以是其他的图像波段，也可是当前图像波段中的某个常数，如最大值、最小值、最大值与最小值的差值、平均值、标准差等。

比值运算可以降低传感器灵敏度随空间变化造成的影响，增强图像中特定区域；降低地形造成的阴影影响，突出季节差异。

在比值图像上，像元的亮度反映了两个波段光谱比值的差异。因此，这种算法对于增强和区分在不同波段的比值差异较大的地物有明显的效果。

(1) 消除地形起伏的影响。比值运算能去除地形坡度和方向引起的辐射量变化，在一定程度上消除同物异谱现象，是图像自动分类前常采用的预处理方法之一。如表 6.14 所示，由于地形起伏的影响，同一目标物 TM1 和 TM2 波段亮度值，在其阳坡和阴坡存在较大差异。比值运算消除了地形起伏的影响。

表 6.14　比值运算消除地形起伏的影响

地形部位	波段		
	TM1	TM2	TM2/ TM1
阳坡	32	80	2.5
阴坡	28	70	2.5

(2) 探测地物动态变化特征。例如，植被在绿光波段具有较高的反射率，如果需要探测植被的季节性变化，可以用不同年的同月影像监测其年度变化，也可以用同年不同月的影像监测其季节性变化。新产生的波段将突出变化信息：变化的像元具有较高的亮度值，未变化的像元亮度值较小，在图像中较暗。在利用比值法探测地物变化特征时，需要根据地物特性选择恰当的波段。

(3) 降低太阳高度角的影响。同一天内的不同时间太阳高度角不同，对于指定传感器而言，不同图像中的太阳高度角也是变化的，比值运算可以降低太阳高度角对图像的影响。

(4) 其他应用。比值运算还有其他多方面的应用，例如，对研究浅海区的水下地形，对土壤富水性差异、微地貌变化、地球化学反应引起的微小光谱变化等，对与隐伏构造信息有关的

线性特征等有不同程度的增强效果。

4. 乘法运算

乘法运算又称为图像掩模，可以用于遮掩图像的某些部分。

设乘法运算后的图像为$f_M(x,y)$，两幅图像为$f_1(x,y)$与$f_2(x,y)$，则

$$f_M(x,y)=f_1(x,y)\times f_2(x,y) \tag{6.70}$$

例如，使用一个二值图像f_1(图像上需要完整保留区域的像元值为 1，被抑制区域的像元值为 0)乘以f_2，可以去除图像f_2的某些部分。

二、图像运算的应用

图像运算操作简单、灵活，如果能够结合地物光谱特征进行算法设计，可以达到突出特定地物信息、消除噪声成分、去除地形影响、监测变化信息等图像处理效果，用途非常广泛。

1. 植被指数

根据地物光谱反射率的差异进行比值运算可以突出图像中植被的特征、提取植被类别或估算绿色生物量，通常把能够提取植被的算法称为植被指数。植被指数是陆地遥感中应用最成功也是最广泛的模型之一，常用的植被指数有以下几种。

1) 比值植被指数(ratio vegetation index，RVI)

比值植被指数的计算公式为

$$\mathrm{RVI}=\frac{\mathrm{NIR}}{R} \tag{6.71}$$

式中，NIR 为遥感多波段图像中的近红外波段的反射值；R 为红光波段的反射值。

2) 差值植被指数(difference vegetation index，DVI)

差值植被指数计算公式为

$$\mathrm{DVI}=\mathrm{NIR}-R \tag{6.72}$$

式中，NIR 和 R 分别为近红外波段和红光波段的地表反射率或 DN 值。

绿色植被的 DVI 值比较高，非植被区的 DVI 值比较低。DVI 能增强植被与背景之间的辐射差异，是植被长势、丰度的指标参数。DVI 对土壤背景的变化极为敏感，有利于进行植被生态环境监测，适用于植被发育早、中期或低、中植被覆盖度的情况。当植被覆盖度大于 80%时，DVI 对植被的敏感度会降低。

3) 归一化差值植被指数(normalized difference vegetation index，NDVI)

归一化差值植被指数计算公式为

$$\mathrm{NDVI}=\frac{\mathrm{NIR}-R}{\mathrm{NIR}+R} \tag{6.73}$$

NDVI 是迄今应用最广泛、最著名的植被指数，是对 RVI 的改进。NDVI 利用归一化运算将比值限定于[−1, 1]，避免了浓密植被红光反射很小可能导致的 RVI 值无界增长的情况。

NDVI 的主要优势在于：第一，NDVI 与众多植被参数关系密切，是表征植被生长状态的最佳指标因子。研究表明，NDVI 与叶面积指数(leaf area index，LAI)、绿色生物量、植被覆盖度、光合作用等有明显的相关性。第二，NDVI 经过比值处理，可以部分消除太阳高度角，卫星观测角，地形变化，云、阴影和大气衰减的影响。第三，几种典型的陆地表面覆盖类型在大尺度 NDVI 图像上区分明显。云、水、雪 NDVI 小于 0，岩石、裸土 NDVI 近似于 0，而植被

NDVI 大于 0。

NDVI 的敏感性与植被覆盖度关系密切。在低植被覆盖区(植被覆盖度小 15%)，植被可以被检测出来，但很难指示区域的植被生物量；在中等植被覆盖区(植被覆盖度为 15%～80%)，NDVI 值随植物量呈线性迅速增加；在高植被覆盖区(植被覆盖度大于 80%)，NDVI 值增加迟缓而呈现饱和状态，对植被检测的敏感度下降。因此，NDVI 更适合于植被发育中期或中等覆盖度的植被检测。

4) *土壤调整植被指数*(soil adjusted vegetation index，SAVI)

土壤调整植被指数的计算公式为

$$\mathrm{SAVI}=\frac{\mathrm{NIR}-R}{\mathrm{NIR}+R+L}\times(1+L) \tag{6.74}$$

式中，L 为土壤调节系数，随植被覆盖度而变化，用于减小植被指数对不同土壤反射变化的敏感性，其值取决于先验知识；NIR 和 R 分别为近红外波段和红光波段的地表反射率或 DN 值。

当 $L=0$ 时，SAVI = NDVI；对于中等植被覆盖区，$L\approx0.5$；随着植被覆盖度增加，L 减小。乘法因子$(1+L)$主要用于保证最后的 SAVI 值与 NDVI 值取值区间相同，均为$[-1, 1]$。

5) *增强植被指数*(enhanced vegetation index，EVI)

增强植被指数计算公式为

$$\mathrm{EVI}=g\times\frac{\mathrm{NIR}-R}{\mathrm{NIR}+c_1R-c_2B+L} \tag{6.75}$$

式中，NIR、R 和 B 是大气顶层或经过大气校正的近红外波段、红光波段和蓝光波段的地表反射率；L 为背景(土壤调整系数)；c_1 和 c_2 为拟合系数，它通过对蓝光波段和红光波段的判别来补偿气溶胶对近红外波段的影响。用于 MODIS 图像时，$L=1$，$c_1=6$，$c_2=7.5$，$g=2.5$。

EVI 又称改进型土壤大气修正植被指数，该指数对高生物量比较敏感。通过减弱植被冠层背景信号和降低大气影响来优化植被信号和加强植被监测。

6) *垂直植被指数*(perpendicular vegetation index，PVI)

垂直植被指数的计算公式为

$$\mathrm{PVI}=\sqrt{(R_\mathrm{s}-R_\mathrm{v})^2+(\mathrm{NIR}_\mathrm{s}-\mathrm{NIR}_\mathrm{v})^2} \tag{6.76}$$

式中，R_s、R_v 分别为土壤、植被的红光波段反射值；NIR_s、NIR_v 分别为土壤、植被的近红外波段反射值。

PVI 定义为植被像元到土壤线的垂直距离，表征土壤背景上存在植被的生物量，距离越大，生物量越大。在 NIR-R 通道的二维坐标中，土壤(植被背景)光谱特性的变化表现为一条由近于原点处发射的直线，称为土壤线(土壤深度线)(图 6.41)。所有植被背景等非光合作用目标及其变化均表现在基线上，所有的植被像元均分布在基线上的 NIR 一侧。植被像元到基线的距离与植物量有关，绿色光合作用越强，离“土壤线”越远。

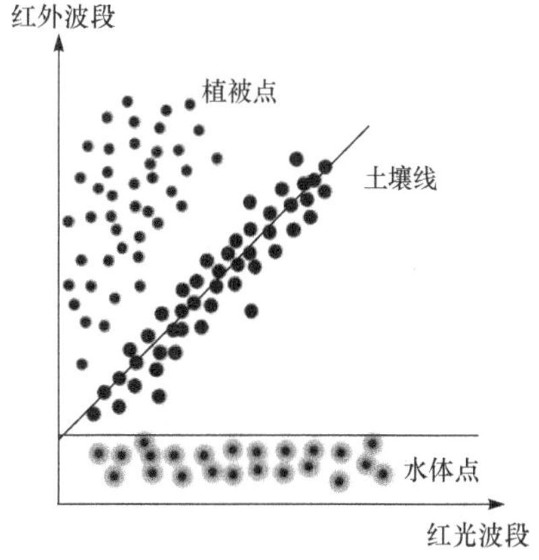

图 6.41 二维土壤光谱线

PVI 的显著特点是较好地滤除了土壤背景的影响，且对大气效应的敏感程度较低，所以被广泛应用于大面积作物估产。

植被指数的应用极为广泛，利用植被指数可监测某一区域农作物长势，在此基础上建立农作物估产模型，从而进行大面积的农作物估产。植被指数运算不仅仅应用于植被分析，还广泛应用于其他地物信息的提取。

2. 建筑指数

归一化差值建筑指数(normalized difference building index，NDBI)是近年来提出的一种描述城市化强度信息的遥感特征指数，其基本原理与NDVI类似，即在多光谱波段内，寻找出所要研究地类的最强反射波段和最弱反射波段，通过对二者进行归一化比值运算，使感兴趣的地物在所生成的指数影像上得到最大的亮度增强，而其他背景地物受到普遍的抑制。城镇用地多为建筑物房顶、道路、水泥地面及塑胶材料等，这些地物在短波红外波段反射强度很高，在反映地表植被信息的近红外波段的反射率很低，因此NDBI选用短波红外和近红外波段来构造。其计算公式为

$$\mathrm{NDBI} = (\mathrm{SWIR} - \mathrm{NIR}) / (\mathrm{SWIR} + \mathrm{NIR}) \tag{6.77}$$

式中，SWIR和NIR分别表示短波红外和近红外波段值。

例如，针对TM传感器数据而言，常选用TM5(1.55～1.75μm)和TM4(0.76～0.90μm)两个波段，而OLI传感器常选用OLI6(1.57～1.65μm)和OLI5(0.85～0.88μm)两个波段。

3. 水体指数

归一化差异水体指数(normalized difference water index，NDWI)的计算公式为

$$\mathrm{NDWI} = (G - \mathrm{NIR}) / (G + \mathrm{NIR}) \tag{6.78}$$

式中，G和NIR分别为绿光波段和近红外波段反射值。

习　题

1. 遥感图像增强的目的是什么？主要有哪些增强方法？
2. 如何确定分段线性拉伸的分段数量及段点位置？对拉伸结果有何影响？
3. 如何进行局域线性拉伸？
4. 什么是直方图均衡化和直方图规定化？各有何特点？
5. 分析直方图均衡化的理论依据、基本原理，简述计算过程，并举例进行直方图均衡化。
6. 简述直方图规定化的类型、计算方法，并举例进行直方图的规定化。
7. 什么是图像平滑？简述均值平滑、中值平滑的区别，并举例比较两种方法平滑结果的差异。
8. 什么是图像锐化？简述主要锐化方法的特点与区别，将某图像进行不同方法的锐化并比较结果差异。
9. 锐化后图像与梯度图像有何区别？不同锐化后图像的处理方法有何特点？
10. 如何理解图像中的频率信息？频率域图像与空间域图像之间有何联系和差异？
11. 什么是梯度？如何计算多光谱图像的梯度？
12. 频率域增强的主要滤波器有哪些？各有何特点？
13. 如何理解图像亮度信息中的高频信息和低频信息？什么是同态滤波？其基本原理和计算步骤是什么？
14. 什么是伪彩色增强？伪彩色增强有哪些主要方法？
15. 什么是假彩色增强？与伪彩色增强有何区别？
16. 以SPOT卫星为例，不同传感器图像如何合成真彩色或模拟真彩色？
17. PCA有何特点？如何确定主成分的个数并解释主成分的含义？举例说明PCA的基本原理和计算过程。
18. K-T变换的基本原理是什么？有何特点？如何解释Landsat卫星MSS、TM、ETM+和OLI传感器数据K-T变换分量的地理意义？
19. 加法运算、减法运算、乘法运算、比值运算在遥感图像增强处理中各有何作用？在应用过程中应注意什么问题？
20. 什么是植被指数？有哪些基本表达方式？各有何特点？

第七章　遥感数字图像融合与评价

遥感技术的快速发展提供了丰富的多源遥感数据。这些来自不同传感器的数据具有不同的时间、空间和光谱分辨率。但是单一传感器获取的图像信息量有限，往往难以满足应用需求，通过图像融合可以从不同的遥感图像中获得更多的有用信息，补充单一传感器的不足。全色图像一般具有较高的空间分辨率，多光谱图像光谱信息更为丰富。为了提高多光谱图像的空间分辨率，可以将全色图像或空间分辨率相对较高的其他多光谱图像的某一波段与多光谱图像进行融合，既可提高多光谱图像的空间分辨率，又可保留其光谱特征。

第一节　图像融合概述

一、遥感图像融合的定义与意义

1. 遥感图像融合的定义

图像融合在不同的研究领域有不同的描述，如图像融合、图像复合、图像集成、多传感器图像融合等。针对遥感对地观测这一具体领域，目前较多采用“多源遥感图像融合”术语。

多源遥感图像融合的定义非常多，具有代表性的定义为：遥感图像融合是将来自不同遥感数据源的高空间分辨率图像数据与多光谱图像数据，按照一定的融合模型，进行数据合成，获取比单一遥感数据源更精确的数据，从而增强图像质量，保持多光谱图像数据的光谱特征，提高其空间分辨率，达到信息优势互补、有利于图像解译和分类应用的目的。图 7.1 是遥感图像融合处理的基本单元。

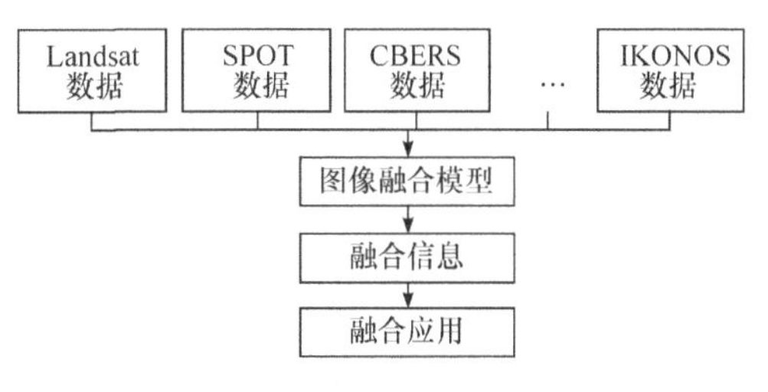

图 7.1　遥感图像融合处理的基本单元

2. 遥感图像融合的意义

多源遥感图像融合通过集成和整合优势互补的数据来提高图像的可用程度，同时增加对研究对象解译(辨识)的可靠性，其主要意义在于以下方面。

(1) 提高空间分辨率。采用高分辨率的全色图像与低分辨率的多光谱图像进行融合，在基本保留多光谱信息的同时，使图像的总体空间分辨率得到提高。

(2) 增强目标特征。多传感器融合可以增强图像的解译能力，并可以得到单一传感器难以得到的增强特征信息。

(3) 提高分类精度。多源遥感图像可以提供相互补充的信息来对地面物体进行分类和解译。

(4) 动态监测。由于不同的遥感卫星平台回访周期不同，同一区域在不同的时间内被不同卫星重复观测，将不同时相的图像融合后经适当解译可以得到相应的动态信息。

(5) 信息互补。不同的遥感传感器由于其观测功能的片面性，不能全面反映地物的整体信息，将不同类型或不同时相的传感器数据进行针对性融合可以实现信息互补。

二、遥感图像融合的基本流程与内容

1. 遥感图像融合的基本流程

遥感图像融合包括图像预处理、图像融合和融合结果评价三个核心内容。待融合的多源遥感图像经引导、定位后，即可进行去除噪声、几何配准等预处理，然后根据应用目标采用特定的融合策略进行融合处理，最后对融合后图像的质量进行评价，为特征提取与选择等后续应用提供数据基础融合图像。图像融合的基本流程如图 7.2 所示。

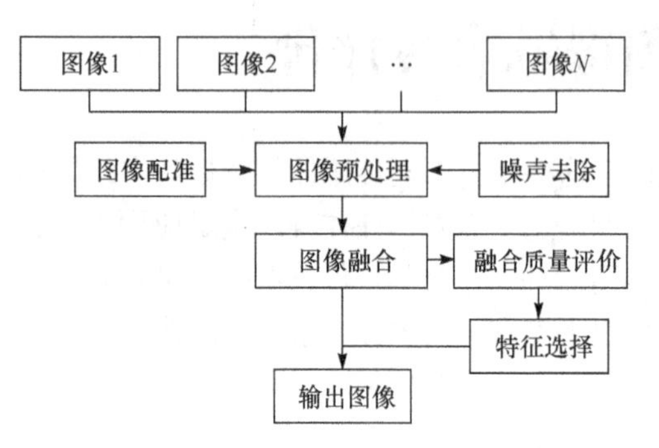

图 7.2　图像融合的基本流程

2. 遥感图像融合内容

根据数据抽象程度不同，通常将图像融合划分为像元级融合、特征级融合和决策级融合(图 7.3)。融合的层次决定了在信息处理的哪个层次上对多源遥感图像进行综合处理和分析。

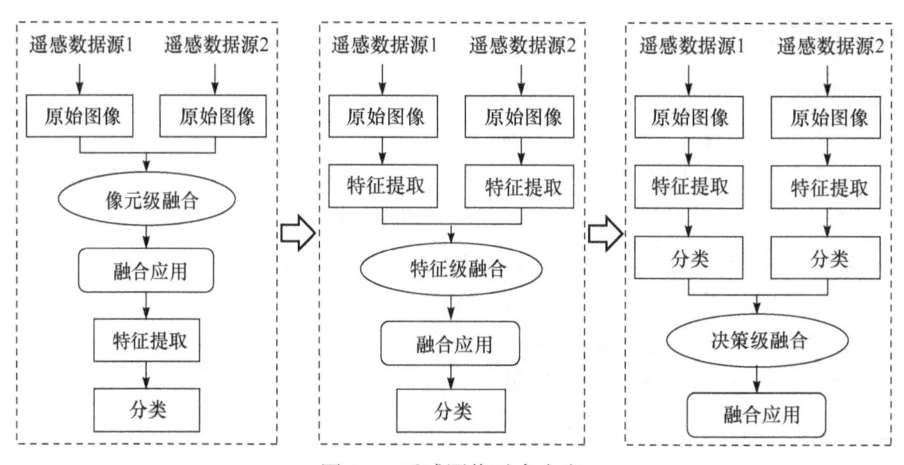

图 7.3　遥感图像融合内容

像元级融合也称数据级融合，是以多个传感器获得的原始图像信息为输入数据，对传感器的原始信息及预处理的各个阶段产生的信息分别进行融合处理，主要目的是改善图像质量，为人工判读或计算机自动识别等后续处理提供更佳的图像信息。像元级融合的优点在于尽可能多地保持了图像的原始信息，并能够提供其他两个层次融合所不具备的微信息，相当于获得了一种新传感器图像。缺点是效率较低，因为处理的传感器数据量大，所以处理时间较长，实时性较差；分析数据受限制，为了便于像元比较，对传感器信息的配准精度要求很高，而且要求图像来源于一组同质传感器；分析能力较弱，不能实现对图像的有效理解和分析；纠错要求高，因为底层传感器存在的不确定性、不完整性或不稳定性，所以对融合过程中的纠错能力有较高要求；抗干扰性较差。

特征级融合是以从原始图像中提取与对象相关特征为目标，如光谱特征、空间特征等，作为输入数据而进行综合分析和处理的中间层次过程。通常所提取的特征信息应是像元信息的充分表示量或统计量，据此对多源遥感图像进行分类、汇集和综合。特征级融合的目的是产生新的特征，便于后续的处理，与像元级融合相比，其计算量小但信息丢失较多。

决策级融合是在信息表示的最高层次上进行的融合处理。决策级融合以多传感器各自完成预处理、特征提取、识别或判断形成的决策信息为输入数据，通过一定的决策规则进行融合，解决不同数据产生结果不一致性的问题，从而提高研究对象的辨识程度，其特点是速度最快但信息损失较多。

不同层次的融合各有优缺点，难以在信息量和算法效率方面同时满足需求。

多源遥感数据经过预处理后，既可以通过图像配准后进行像元级融合，也可以对这些图像数据特征提取后进行特征级融合。经像元级融合处理的图像可用于图像增强、图像压缩、图像分类等应用。特征级和决策级融合都可用于图像分类、变化检测、目标识别等应用。

在图像增强方面，图像融合主要是在像元级上进行处理，常见的应用是把高空间分辨率的全色图像与低空间分辨率的多光谱图像进行融合，从而得到高空间分辨率的多光谱图像。在多源遥感图像融合前，必须进行严格的匹配才能达到最佳的融合效果。数据匹配包括空间信息匹配和光谱信息匹配。进行空间信息匹配时，图像的空间位置、像元大小及图像范围要一致才能进行有效融合。融合过程中，需要对低空间分辨率的多光谱图像进行重采样，使其空间分辨率与高空间分辨率的图像保持一致。光谱信息匹配需要保证融合图像的同名像元点的灰度值具有较好的相关性，即图像的信息一致性。特别是不同遥感平台的图像进行融合时，由于受传感器回访周期影响，传感器对同一区域的回访时间不尽相同，需尽可能保持相同的季节或相近的成像时间。同时，融合前需尽量保持图像之间的直方图相似，使图像的亮度值趋于协调。

第二节　图像融合方法

遥感图像数据的融合方法多种多样，不论是像元级融合、特征级融合还是决策级融合，均有多种方法，且各有优缺点。表 7.1 为主要的图像融合方法。

表 7.1　主要的图像融合方法

图像融合层级	融合方法	
像元级融合	空间域融合	Brovey 变换法、PBIM 融合法、SFIM 融合法、线性复合法等
	变换域融合	HSI 变换融合法、PCA 变换融合法、GS 变换融合法、小波变换融合法、高通滤波融合法等
特征级融合	Bayesian 理论方法、Dempster-Shafer 方法、卡尔曼滤波算法、相关聚类法、神经网络方法、模糊逻辑方法、专家系统法、小波变换多分辨率分析方法、联合概率数据关联法等	
决策级融合	Bayes 估计法、D-S 证据理论法、神经网络法、专家知识法、模糊逻辑法等	

一、像元级图像融合方法

像元级融合是直接在原始图像上进行融合，或者经过适当的变换在变换域进行融合，是最低层次的融合。像元级融合能够充分应用原始数据中包含的数据和信息量，综合集成多源遥感图像的优越性，尽可能多地保持对象的原始信息，充分利用现有数据来获取更高质量的数据，也是三级融合层次中最为成熟的一级，形成了多种常用算法。

1. HSI 变换融合法

HSI 变换融合法是基于 HSI 色彩模型的融合变换方法。HSI 变换的方法是首先将三波段的原始图像从 RGB 颜色空间变换为 HSI 颜色空间，分离出亮度 I、色度 H 和饱和度 S 三个分量，将高空间分辨率图像与亮度分量 I 进行直方图匹配并替换亮度分量 I，再将替换后的亮度分量 I 与色度分量 H 和饱和度分量 S 进行 HSI 逆变换，生成新的彩色图像。图 7.4 为 HSI 变换图像融合流程。

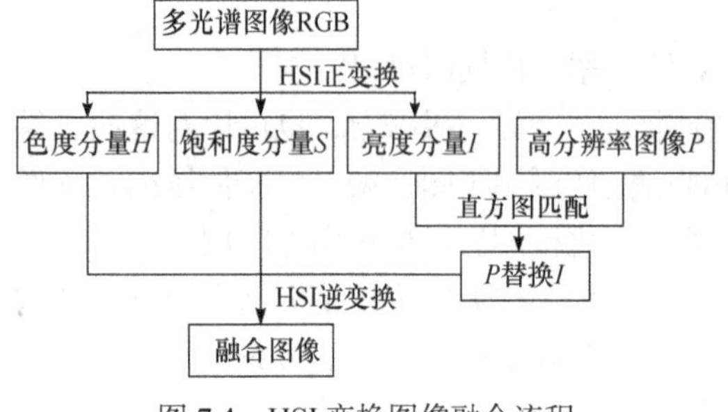

图 7.4　HSI 变换图像融合流程

HSI 变换法图像融合模式多用于特征增强和特征差异较大的数据间的融合，以提高多光谱图像的空间分辨率。该方法最大的特点是虽然会出现不同程度的光谱损失，但保留了图像的高频信息，且灵活实用，因而成为图像融合成熟的标准方法。但由于它只能选择多光谱图像的三个波段作为融合数据，而不能对全部波段进行融合，大大降低了当前高光谱、超光谱图像数据的利用程度。

2. Brovey 变换融合法

Brovey 变换融合法也称为色彩标准化变换融合法，是通过归一化后的三个波段(红、绿、蓝)多光谱图像与高分辨率图像乘积的融合方法，其公式为

$$\mathrm{DN}_{\mathrm{Bro}\_i}=\frac{\mathrm{DN}_i\times\mathrm{DN}_{\mathrm{high}}}{\mathrm{DN}_{\mathrm{R}}+\mathrm{DN}_{\mathrm{G}}+\mathrm{DN}_{\mathrm{B}}} \tag{7.1}$$

式中，$\mathrm{DN}_{\mathrm{Bro}\_i}$ 表示融合后的像元值；$\mathrm{DN}_i(i=1,2,3)$为多光谱图像中的红、绿或蓝光波段；$\mathrm{DN}_{\mathrm{high}}$ 为高空间分辨率图像的像元值。

Brovey 变换融合法的特点是融合前后图像的光谱只在强度上发生变化，而光谱状况基本不发生改变，可以保留每个像元的相关光谱特性。优点是算法简单，速度快；缺点是仅限于三个波段且当高空间分辨率图像与多光谱图像的光谱范围相差较大时，融合后的图像会出现一定程度上的饱和度改变，这一点与 HSI 融合算法类似。

该方法常用于图像锐化、OLI 多光谱与 OLI 全色、TM 多光谱与 SPOT 全色、SPOT 多光谱与 SPOT 全色的数据融合。

3. PCA 变换融合法

PCA 变换融合法是一种应用比较广的传统融合方法，多用于不同类型传感器数据融合或同一传感器多时相数据的动态分析，也可用于特征图像与地面调查数据的融合。该方法可实现多于三个波段的图像融合，融入高分辨率图像的空间信息，但在光谱信息保持方面有所欠缺，表现为融合后图像的色彩存在一定程度的失真。图 7.5 是 PCA 变换图像融合流程。

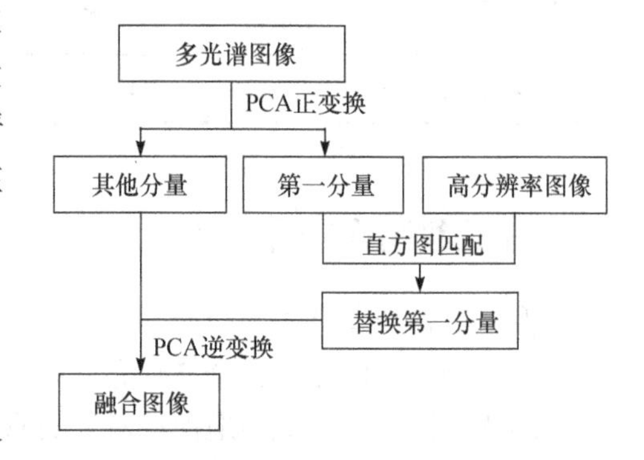

图 7.5　PCA 变换图像融合流程

基于 PCA 变换融合法的主要步骤如下。

(1) 多光谱图像和高分辨率图像进行空间配准，并将多光谱图像重采样到与高分辨率图像大小一致。

(2) 对多光谱图像进行 PCA 变换，得到第一主分量 PCA1 和其他分量。

(3) 高分辨率图像与第一主分量 PCA1 进行直方图匹配。

(4) 用直方图匹配后的高分辨率图像替代第一主分量 PCA1，并将它与其他分量一起进行主成分逆变换后得到融合的图像。

4. PBIM 变换融合法

PBIM(pixel block intensity modulation)变换融合法与 Brovey 变换融合法类似，只是分母是每个低分辨率图像像元在空间上对应的多个高分辨率图像像元的灰度均值，它是采用跳跃窗口进行的邻域均值运算结果。PBIM 算法的融合质量主要依靠高分辨率图像来控制，当高分辨率图像与低分辨率图像的灰度差异较大时，会给融合结果带来负面影响，甚至引入噪声。

5. SFIM 变换融合法

SFIM(smoothing filter-based intensity modulation)变换融合法是一种基于平滑滤波的亮度调节方法，是在 PBIM 的基础上改进而来，表达式为

$$\mathrm{DN}_{\mathrm{SFIM}}=\frac{\mathrm{DN}_{\mathrm{low}}\times\mathrm{DN}_{\mathrm{high}}}{\mathrm{DN}_{\mathrm{mean}}} \tag{7.2}$$

式中，$\mathrm{DN}_{\mathrm{SFIM}}$ 表示融合后的像元值；$\mathrm{DN}_{\mathrm{low}}$ 和 $\mathrm{DN}_{\mathrm{high}}$ 分别为配准后的多光谱图像和高空间分辨率图像相应像元的像元值；$\mathrm{DN}_{\mathrm{mean}}$ 为高分辨率图像通过均值滤波后抑制其空间较大变化差异的信息得到的低频纹理信息图像，它是采用滑动窗口进行的邻域均值运算的结果。

该方法可以视为在低分辨率图像中引入高分辨率图像的纹理信息，因此能很好地保持低分辨率图像的光谱特性，能对任意波段进行融合。但该方法不适用于光照条件和物理特征不同的图像融合。

6. 高通滤波融合法

高通滤波(high pass filter, HPF)融合法是采用一个较小的空间高通滤波器对高空间分辨率图像滤波(提取高分辨率图像中对应空间信息的高频分量)，直接将高通滤波得到的高频成分依像元叠加到各低分辨率多光谱图像上，获得空间分辨率增强的多光谱图像。其特点是高频信息丰富，但对光谱信息有所损失。其融合表达式为

$$F(i,j)=L(i,j)+K_{ij}\cdot\mathrm{HP}[H(i,j)] \tag{7.3}$$

式中，$F(i,j)$为位置(i,j)的融合结果值；$L(i,j)$，$H(i,j)$分别为低空间分辨率和高空间分辨率图像上同名点(i,j)的像元值；K_{ij} 为空间变化的加权函数；HP(*)为高通滤波器。

高通滤波融合法的主要步骤如下。

(1) 多光谱图像和高分辨率图像进行空间配准，并将多光谱图像重采样到与高分辨率图像大小一致。

(2) 高分辨率图像与多光谱低分辨率图像各波段进行直方图匹配。

(3) 对进行直方图匹配后的高分辨率图像进行高通滤波。

(4) 高通滤波后的图像分别注入多光谱图像的各个波段。

(5) 多光谱各个波段图像彩色合成为融合图像。

高通滤波融合法的优点是很好地保留了原多光谱图像的光谱信息，并且具有一定的去除噪声的能力，对波段数没有限制。其局限性在于滤波器大小是固定的，对于不同大小的各种地物类型很难找到一个很好的滤波器，若滤波器尺寸取值过小，则融合后的结果图像会包含过多的纹理特征，并难以将高分辨率图像中的空间细节融入结果中；若滤波器尺寸取值过大，则难以将高分辨率图像中非常重要的纹理特征加入到低空间分辨率图像中去。有研究结果表明，滤波

器尺寸取高低空间分辨率图像分辨率比值的两倍，效果最好。

7. GS 变换融合法

GS(Gram Schmidt)变换属于多维线性正交变换，在任意可内积空间，任一组相互独立的向量都可以通过 GS 变换找到该向量的一组正交基。GS 变换融合法与 PCA 变换融合法相比，GS 变换产生的各个分量只是正交，各分量的信息量没有明显区别，且其变换前后的第一分量没有变化。GS 变换应用于图像融合时，将某种方式(多光谱数据线性组合或高分辨率全色图像进行低通滤波等)构造的低分辨率空间分量作为第一分量，与原始多光谱数据一起进行 GS 变换，然后用经过均值-标准差拉伸的高分辨率全色图像替换变换后的第一分量并进行 GS 逆变换，得到融合结果图像。基于 GS 变换的图像融合过程如图 7.6 所示。

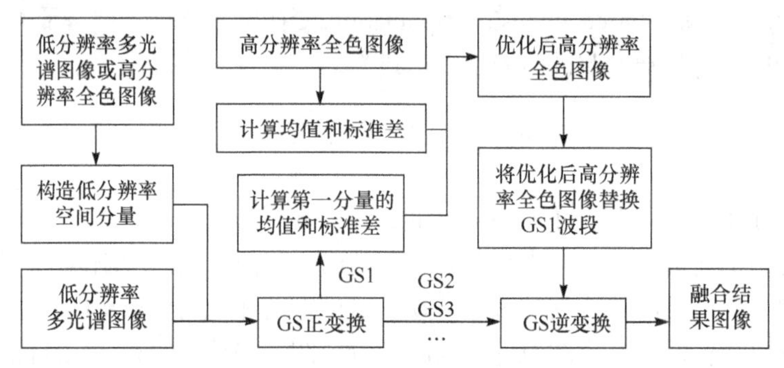

图 7.6　基于 GS 变换的图像融合过程

二、特征级图像融合方法

特征级图像融合需要先从原始图像中提取与研究对象相关的特征，如光谱特征、空间特征，然后将获得的特征图像通过统计模型或人工神经网络等算法进行融合。

特征级图像融合的关键是特征选择与特征提取。提取的特征信息可以是目标的边缘、方向、速度、区域和距离等，然后按特征信息对多传感器数据进行分类、汇集和综合。基于特征级的图像融合强调“特征”(结构信息)之间的对应，并不突出像元的对应，在处理上避免了像元重采样的人为误差。因为它强调对“特征”进行关联处理，把“特征”分成有意义的组合，所以它对特征属性的判断具有更高的可信度和准确性。融合处理后的特征可能是各图像特征的综合，也可能是一种全新的特征。

特征级图像融合的优点在于可较好地实现信息压缩，有利于实时处理，并且由于所提取的特征信息直接与决策分析有关，融合的结果能最大限度地给出决策分析所需要的特征信息。目前大多数融合系统的研究都是在该层次上开展的，其缺点是比像元级图像融合精度差。

特征级图像融合可分为两大类：目标状态信息融合和目标特征信息融合。目标状态信息融合主要用于多传感器目标跟踪，融合系统对传感器数据进行预处理后完成数据配准，对相关参数和状态向量进行估计。目标特征信息融合就是对特征层的联合识别，具体的融合方法仍属于模式识别的相应方法，只是在融合前必须先对特征值进行相关处理，把特征向量分类成有意义的组合向量。

三、决策级图像融合方法

决策级图像融合方法可以理解为对每个数据源进行各自的决策以后，将来自各个数据源的信息进行融合的过程，它是在图像理解和图像识别基础上的融合，属于高层次的图像融合，往往直接面向应用，为决策支持服务。

决策级图像融合对每个传感器获得的数据进行预处理、特征提取、识别和判决后，做出独立的属性或决策说明，然后对这些属性说明进行融合处理，最终产生一个全局最优的属性或决策说明。

决策级图像融合的优点主要有：具有很高的灵活性；系统对信息传输带宽要求较低；能有效地反映环境或目标各个侧面的不同类型信息；当一个或几个传感器出现错误时，通过适当的融合，系统还能获得正确的结果，所以具有容错性；通信量小，抗干扰能力强；对传感器的依赖程度弱，传感器可以是同质的，也可以是异质的。但是，决策级图像融合首先要对原始传感器信息进行预处理以获得各自的判定结果，且需要一套成熟的信息优化理论、特征提取方法及丰富的专家知识，代价高且实现难度较大。

表 7.2 是三个层次图像融合方法的性能比较。

表 7.2　图像融合层次性能比较

层次特性	像元级图像融合	特征级图像融合	决策级图像融合
信息量	大	中	小
信息量损失	小	中	大
容错性	差	中	好
抗干扰能力	差	中	好
对传感器依赖性	大	中	小
预处理	小	中	大
系统开放性	差	中	好
分类性能	差	中	好
融合方法难度	难	中	易

第三节　图像融合质量评价

理想的遥感图像融合方法应既能使融合图像的空间分辨率得到提高，即空间细节的表现能力增强，又能使原始多光谱图像的光谱特征得到保持，即目标地物的光谱可分性不变。

目前，遥感图像融合质量的评价方法主要有两类：定性评价方法和定量评价方法，又称主观评价方法和客观评价方法。

一、定性评价方法

主观评价是一种定性评价方法，主要是依靠人眼对融合图像的效果进行主观判断，具有直观快捷、简单方便的特点，可以对一些明显的图像信息进行质量评价，对一些暂时无较好客观评价指标的现象可以进行定性的说明，如融合图像是否出现重影、色彩是否一致、整体亮度和色差是否合适、图像是否产生蒙雾或者马赛克现象、图像的清晰度是否降低、图像边缘是否清晰、图像纹理信息及色彩信息是否丰富、光谱信息与空间信息是否丢失等。定性评价是对融合效果最直接的评价，但是评价机制依赖于视觉、心理、经验等多种因素，评价结果因人而异，很难重复和验证。虽然它存在明显的不足，但是限于目前对融合质量的定量评价方法还没有达成共识，采用定性质量评价也具有可行性。

1. 光谱分辨率评价

从光谱分辨率的角度进行评价，即通过色彩判断融合图像整体色彩是否与天然色彩保持一致，如居民点图像是否明亮突出，水体图像是否呈现蓝色，植被图像是否呈现绿色。判断融合图像整体亮度、色彩反差是否合适，是否有蒙雾或斑块等。

2. 空间分辨率评价

从空间分辨率的角度进行评价，是指图像在纹理结构清晰度、空间可分辨性方面的状况。主要判断融合图像纹理及色彩是否丰富、光谱及空间信息是否丢失、清晰度是否降低、地物图像边缘是否清晰等。一般地，将融合图像与多光谱图像进行比较，可以看出前者较后者图像清晰，可分辨性强。线状地物如道路、水体、地块边界、居民地轮廓等可更加清晰分辨，同高空间分辨率图像的可分辨性相近，即融合图像纹理结构变得清晰。

通过图像的色彩、纹理结构清晰度、空间可分辨性，对融合后的图像进行主观定性的目视评价，可判断融合图像质量及融合方法的分类性能。但是，可视化质量的主观比较评价很难掌握，人的视觉系统不可能敏捷地察觉到一幅图像中的各种变化，且不同的人对同一图像的评价结果很难完全相同，因此需要对图像进行客观评价。

二、定量评价方法

客观评价是一种定量评价方法，主要通过数学方法来定义评价指标参量，对融合图像自身质量进行量化评价，或对融合图像和理想参考图像进行量化比较，从而实现对融合图像质量的评价。该方法意义明确，可重复验证、自动化程度高。因为遥感图像融合的主要目的是在保持光谱质量的同时改善空间质量，所以评价指标主要是针对光谱质量或空间质量的评价。

1. 融合图像自身质量的定量评价

1) 均值和标准差

设融合图像为 $F(i,j)$，图像的大小和灰度级分别为 $M\times N$ 和 L。均值和标准差为

$$F_{\text{mean}}=\frac{1}{M\times N}\sum_{i=1}^{M}\sum_{j=1}^{N}F(i,j) \tag{7.4}$$

$$\text{Std}=\sqrt{\frac{1}{M\times N}\sum_{i=1}^{M}\sum_{j=1}^{N}[F(i,j)-F_{\text{mean}}]^2} \tag{7.5}$$

图像均值是指图像像元的平均灰度值，对人眼反映为平均亮度。标准差反映了图像灰度相对于平均灰度的离散情况，可以用来评价图像反差的大小。标准差越大，表明图像灰度级分布越离散，图像的反差越大，图像信息也更多；反之，标准差小，说明图像反差小，色调单一均匀。

2) 信息熵、联合熵及平均梯度

对于不同融合方法的结果，可以用信息熵、联合熵及平均梯度来定量描述。

图像的信息熵是衡量图像信息丰富程度的重要指标，通过对图像信息熵的比较可以对比图像之间的细节表达能力。信息熵越大，表示融合图像所含信息越丰富，融合质量越好。信息熵的计算公式为

$$H(x)=-\sum_{i=0}^{L-1}P_i\cdot\ln P_i \tag{7.6}$$

式中，P_i 为图像像元值为 i 的概率；$L-1$ 为最大灰度值。

而一幅彩色图像的联合熵为

$$H(x_1,x_2,x_3)=-\sum_{i_1,i_2,i_3=0}^{L-1}P_{i_1,i_2,i_3}\cdot\ln P_{i_1,i_2,i_3} \tag{7.7}$$

式中，P_{i_1,i_2,i_3} 表示图像 x_1 中像元亮度为 i_1 与图像 x_2 中像元亮度为 i_2 及图像 x_3 中像元亮度为 i_3 的联合概率。

一般来说，$H(x)$、$H(x_1, x_2, x_3)$越大，图像所包含的信息越丰富。

图像的平均梯度是对图像清晰度的测量，可敏感地反映图像对微小细节反差表达的能力。一般来说，平均梯度越大，图像层次越多，表示图像越清晰，融合效果越好。平均梯度公式为

$$\overline{T}=\frac{1}{M\times N}\sum_{i=1}^{M}\sum_{j=1}^{N}\sqrt{(\Delta F_i^2+\Delta F_j^2)/2} \tag{7.8}$$

式中，$\Delta F_i=F(i,j+1)-F(i,j)$；$\Delta F_j=F(i+1,j)-F(i,j)$。

3) 空间频率

空间频率反映了一幅图像空间域的总体活跃程度，空间频率越大，融合效果越好，其定义为

$$\mathrm{RF}=\frac{1}{M\times N}\sum_{i=1}^{M}\sum_{j=2}^{N}[F(i,j)-F(i,j-1)]^2 \tag{7.9}$$

$$\mathrm{CF}=\frac{1}{M\times N}\sum_{j=1}^{N}\sum_{i=1}^{M}[F(i,j)-F(i-1,j)]^2 \tag{7.10}$$

$$\mathrm{SF}=\sqrt{\mathrm{BF}^2+\mathrm{CF}^2} \tag{7.11}$$

式中，BF 为行频率；CF 为列频率；SF 为空间频率。

一般来说，融合图像的上述指标应比原始图像的相应值有显著提高，这表明融合图像的信息量要比单源图像的信息量增加，清晰度改善。

2. 融合图像与参考图像的定量比较

采用量化比较的方法进行融合质量评价时，从实际应用角度出发，选择不同图像作为参考图像。当需要考察融合图像的光谱质量保持能力时，一般以原始多波段低空间分辨率图像为参考图像；当考察融合图像的空间细节提升能力时，一般以原始高空间分辨率图像为参考图像。

当以原始多波段低分辨率图像为参考图像时，融合图像与参考图像的空间分辨率不一致，可以采用以下处理方法。方法一，将原始低空间分辨率图像和高空间分辨率图像都重采样到低一级的分辨率，进行图像融合，将原始低分辨率多波段图像作为标准，对融合图像进行质量评价；方法二，对融合图像抽样到原始低分辨率后，将原始低分辨率多波段图像作为标准，对融合图像进行质量评价。

一般采用均方根误差、偏差指数、相关系数、交叉熵、互信息、统一图像质量指标、光谱角等指标进行融合图像与参考图像之间的量化比较。

1) 均方根误差

设融合图像和参考图像分别为 $F(i,j)$和 $R(i,j)$，均方根误差反映了融合图像与参考图像之间

灰度分布的差异程度，定义为

$$\mathrm{RMSE}=\sqrt{\frac{1}{M\times N}\sum_{i=1}^{M}\sum_{j=1}^{N}[R(i,j)-F(i,j)]^2} \tag{7.12}$$

均方根误差越小，表明融合图像和参考图像越接近，融合效果越好。

2) 偏差指数

偏差指数指融合图像与低分辨率多光谱图像差值的绝对值与其低分辨率多光谱图像值之比，是一种衡量融合图像光谱信息保持能力的客观指标，表达式为

$$D_{\text{index}}=\frac{1}{M\times N}\sum_{i=1}^{M}\sum_{j=1}^{N}\frac{|F(i,j)-L(i,j)|}{L(i,j)} \tag{7.13}$$

式中，D_{index}为偏差指数；$L(i,j)$为低分辨率多光谱图像。

3) 相关系数

相关系数反映了两幅图像之间的相关程度，也反映了图像融合前后的改变程度，定义为

$$C(f,g)=\frac{\sum_{i=1}^{M}\sum_{j=1}^{N}[f(i,j)-\mu_f]\cdot[g(i,j)-\mu_g]}{\sqrt{\sum_{i=1}^{M}\sum_{j=1}^{N}\left[f(i,j)-\mu_f\right]^2}\cdot\sqrt{\sum_{i=1}^{M}\sum_{j=1}^{N}\left[g(i,j)-\mu_g\right]^2}} \tag{7.14}$$

式中，μ_f，μ_g分别为两幅图像的均值。

当以原始多波段低分辨率图像为参考图像时，融合前后的相关系数表达融合图像的光谱保真度，即光谱信息的改变程度，该值越大表明融合图像的光谱保真度越好，光谱信息改变越少；当以高分辨率图像为参考图像时，该相关系数表示空间信息的融合程度，即空间信息的提升程度，值越大说明空间信息提升效果越好。

4) 交叉熵

交叉熵也称相对熵，可以用来测量两个概率分布的信息差异。定义为

$$\mathrm{CE}_{(R,F)}=\sum_{l=1}^{L}P_R(l)\ln\frac{P_R(l)}{P_F(l)} \tag{7.15}$$

式中，$P_F(l)$为融合图像第l灰度级出现的概率；$P_R(l)$为参考图像第l灰度级出现的概率。

交叉熵直接反映了两幅图像的差异，是对两幅图像所含信息的相对衡量。$\mathrm{CE}_{(R,F)}$值越小，说明融合图像和参考图像间的差异越小，融合效果越好。

5) 互信息

互信息(mutual information，MI)是计算融合图像与参考图像的归一化联合直方图的联合概率分布，定义为

$$\mathrm{MI}_{(R,F)}=\sum_{i=1}^{L}\sum_{j=1}^{L}p_{(R,F)}(i,j)\cdot\log_2\frac{p_{(R,F)}(i,j)}{p_{(R)}(i,j)\cdot p_{(F)}(i,j)} \tag{7.16}$$

式中，$p_{(F)}(i,j)$，$p_{(R)}(i,j)$分别为融合图像和参考图像的归一化直方图；$p_{(R,F)}(i,j)$为融合图像、参考图像的归一化联合直方图；L为图像亮度级。

$MI_{(R,F)}$值越大，融合图像中包含原始图像的信息就越多，融合图像的信息量与参考图像越接近，融合效果也越好。

6) 统一图像质量指标

统一图像质量指标(universal image quality index，UIQI)同时考虑了均值、方差和相关系数的变化，将三者的乘积作为评价指标，表达式为

$$\mathrm{UIQI}=\frac{4\sigma_{RF}\mu_R\mu_F}{(\sigma_F^2+\sigma_R^2)(\mu_F^2+\mu_R^2)}=\frac{\sigma_{RF}}{\sigma_F\sigma_R}\cdot\frac{2\mu_R\mu_F}{\mu_F^2+\mu_R^2}\cdot\frac{2\sigma_F\sigma_R}{\sigma_F^2+\sigma_R^2} \tag{7.17}$$

$$\sigma_{RF}=\frac{1}{M\times N}\sum_{i=1}^{M}\sum_{j=1}^{N}[F(i,j)-\mu_F]\cdot[R(i,j)-\mu_R] \tag{7.18}$$

式中，$\frac{\sigma_{RF}}{\sigma_F\sigma_R}$为融合图像和参考图像的相关系数；$\frac{2\mu_R\mu_F}{\mu_F^2+\mu_R^2}$衡量了两幅图像平均亮度的相似度；$\frac{2\sigma_F\sigma_R}{\sigma_F^2+\sigma_R^2}$衡量了两幅图像对比度的相似度。

UIQI 值越大，融合图像越接近参考图像，融合效果越好。

7) 光谱角

光谱角(spectral angle mapper，SAM)也称光谱扭曲度，是衡量融合图像与参考图像的光谱角度变形的重要指标，定义为

$$\mathrm{SAM}(z_F,z_R)=\arccos\left(\frac{\langle z_F,z_R\rangle}{\|z_F\|_2\cdot\|z_R\|_2}\right) \tag{7.19}$$

式中，z_F，z_R分别为融合图像和参考图像中相同位置上像元各波段有灰度值组成的向量。

取图像中所有像元的 SAM 的平均值作为整体 SAM 评价指标。SAM 最小为 0，SAM 值越小，融合质量越好。需要注意的问题是，根据向量运算知识，当图像的各波段亮度变化一致时，SAM 同样保持不变。在计算光谱角时，必须选择有代表性和光谱特征比较均一的样本，如水体、植被、裸土等，以保证光谱特征的纯净性；也可以计算上述样本的光谱特征曲线，通过比较特征曲线进行质量评价。理想情况下，融合前后图像中同一地物的光谱曲线形状不发生变化，不同地物的光谱曲线之间的关系能得到较好的保持。

习　题

1. 简述遥感图像融合的目的及融合的基本流程。
2. 遥感图像融合的三个层次级别分别是什么，各有何特点和应用范围？
3. 如何评价遥感图像融合的效果？
4. 图像融合及融合质量评价主要有哪些类型，各类型有哪些典型方法，请按类型分别绘制一张图像融合和融合质量评价的谱系图。

第八章　遥感数字图像计算机分类

遥感数字图像计算机分类又称为遥感数字图像计算机解译，就是对地球表面及其环境在遥感图像上的信息进行属性识别和分类，从而达到识别图像信息所对应的实际地物，提取所需地物信息的目的。与遥感图像的目视判读技术相比较，它们的目的是一致的，但手段不同。目视判读是直接利用人类的自然识别功能，而计算机分类是利用计算机技术来模拟人类的识别功能。

目前，遥感图像的自动识别分类主要采用决策理论(或统计)方法。按照决策理论方法，需要从被识别的模式(即对象)中，提取一组反映模式属性的量测值，称为特征，并把模式特征定义在一个特征空间中，进而利用决策的原理对特征空间进行划分，以区分具有不同特征的模式，达到分类的目的。遥感图像模式的特征主要表现为光谱特征和纹理特征两种。基于光谱特征的统计分类方法是遥感应用处理在实践中最常用的方法，也是本章的主要内容。而基于纹理特征的统计分类方法则是作为光谱特征统计分类方法的一个辅助手段，目前还不能单纯依靠这种方法来解决遥感应用的实际问题。

遥感图像计算机分类的依据是遥感图像像元的相似度。常用距离和相关系数来衡量相似度。采用距离衡量相似度时，距离越小相似度越大；采用相关系数衡量相似度时，相关程度越大，相似度越大。

利用计算机对遥感数字图像进行解译难度很大。第一，遥感成像过程受传感器、大气条件、太阳位置等多种因素的影响，图像中所提供的目标地物信息不仅不完全，而且或多或少地带有噪声，因此，需要从不完全的信息中尽可能精确地提取出地表场景中感兴趣的目标物。第二，遥感图像信息量丰富，与一般的图像相比，其包含的内容远比普通的图像多，因而内容非常“拥挤”。不同地物间信息的相互影响与干扰使得要提取出感兴趣的目标变得非常困难。第三，遥感图像的地域性、季节性和不同成像方式增加了计算机对遥感数字图像进行解译的难度。

利用遥感图像可以客观、真实和快速地获取地球表层信息，因此，遥感在自然资源调查与评价、环境监测、自然灾害评估与军事侦察上具有广泛应用。

第一节　遥感数字图像分类的一般原理

一、遥感数字图像计算机分类与模式识别

1. 基本思想

遥感图像中，地物的差异通过像元的光谱信息和空间信息进行表达，同类地物在相同的条件(地形、光照以及植被覆盖等)应具有相同或相似的光谱信息和空间信息，而不同的地物类型具有不同的光谱信息和空间信息，这是区分不同地物的理论依据。因此，理想情况下，同类地物像元的特征向量将集群在同一特征空间区域，并对应于特征空间中的某一点，而不同的地物由于光谱信息特征或空间信息特征的不同，将集群在不同的特征空间区域。但是，由于地物的各种状态和成像时各种因素的影响，传感器获得的每类地物的光谱响应特性并不完全相同，同

一类地物样本在光谱空间中表现为围绕某一点概率分布或聚集于某一点周围。因此，遥感图像的分类就是通过对各类地物光谱特征和空间特征的分析选择特征参数，将像元从图像空间向特征空间映射，通过选择合适的分类方法，将特征空间划分为互不重叠的子空间，并将分类结果返回图像空间，实现对每个像元的标注。

为了提高遥感图像分类的精度，分类时一般采用多波段数据、波段间运算产生的新变量(如比值数据)及其他非遥感数据(如 DEM、坡度等)，因此遥感图像分类的特点是多变量的图像分类。

2. 一般原则

(1) 对多变量图像，不能孤立地根据个别变量的数值进行分类，而要从整个向量数据特征出发，即根据像元点在多维特征空间中的位置及聚集情况，或者空间集群的分布特征进行分类。

(2) 一个集群(类)在特征空间的位置用它的均值向量表示，即该集群的中心，其离散程度用标准差向量(均方差向量)或协方差矩阵来衡量。

(3) 分类的实质是把多维特征空间划分为若干区域(子空间)，每个区域相当于一类，即位于这一区域内的像元点归属于同一类。分类或划分区域范围的标准差的标准可以概括为以下两种方法：①由每类(或集群)的统计特征，研究它应该占据的区域。例如，以每一类的均值向量为中心，把一定标准差范围内的点归入一类。这个圈定范围的标准比较生硬，而且往往会造成类与类之间的相互重叠。这种方法实质也是判别函数，但只有一个分类函数。②由划分类与类之间的边界出发建立边界函数或判别函数，通常称为判别分析。而该方法每一类都有一个判别函数。

无论采用哪种方法，关键在于如何确定每一类在多维特征空间中的位置(类均值向量)、范围(协方差矩阵)及类与类之间的边界(判别函数)的确切值。

3. 模式与模式识别

遥感图像的计算机分类是模式识别的一个方面，它的主要识别对象是遥感图像及各种变换之后的特征图像，识别的目的是为地球资源环境研究提供数字化信息。

1) 模式

模式(pattern)是指某种具有空间或几何特征的事物的标准形式。模式识别系统对被识别的模式做一系列的测量，然后将测量结果与“模式字典”中一组“典型的”测量值相比较。若和字典中某一“词目”的比较结果吻合或比较吻合，则得出所需要的分类结果，这一过程称为模式识别。对于模式识别来说，这一组测量值就是一种模式，不管这组测量值是不是属于几何或物理范畴的量值。

在多波段图像中，每个像元都具有一组对应取值，称为像元模式，即一个像元对应多个值。

2) 模式识别

模式识别(pattern recognition)又称模式分类，是指对表征事物或现象的各种形式(数值、文字和逻辑关系)的信息进行处理和分析，以对事物或现象进行描述、辨认、分类和解释的过程，是信息科学和人工智能的重要组成部分。

遥感数字图像计算机分类是统计模式识别技术在遥感领域的具体应用。统计模式识别的关键是提取待识别模式的一组统计特征值，然后按照一定准则做出决策，从而对数字图像予以识别。遥感图像分类的主要依据是地物的光谱特征，即地物电磁波辐射的多波段测量值，这些测量值可以用作遥感图像分类的原始特征变量。然而，就某些特定地物的分类而言，多波段图像的原始亮度值并不能很好地表达类别特征，因此需要对数字图像进行运算处理(如比值处理、差值处理、PCA 变换及 K-T 变换等)，以寻找能有效描述地物类别特征的模式变量，然后利用这些特征变量对数字图像进行分类。

图 8.1 为一种简单的模式识别系统的模型。对于遥感技术来说，图中接收器可以是各类传感器，接收器输出的是一组 n 个特征值，每一个特征值对应于多光谱遥感图像的一个波段。这一组特征值可以看作 n 维空间(特征空间)中一个确定的坐标点，特征空间中的任何一点都可以用具有 n 个分量的特征矢量 X 来表示：$X=[x_1,x_2,\cdots,x_n]^{\mathrm{T}}$。图中的分类器(或判别器)可以根据一定的分类规则，把某一特征矢量 X 划入某一组预先规定的类别。

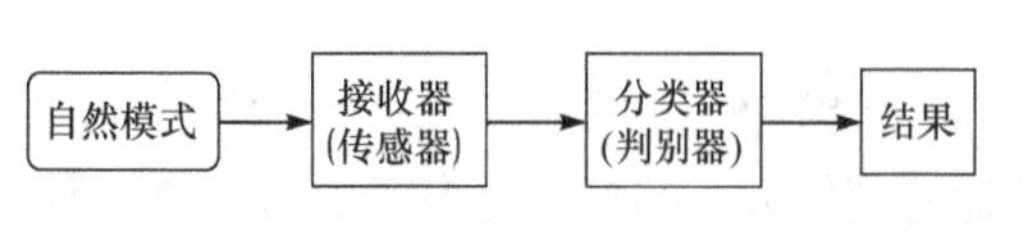

图 8.1　模式识别系统的模型

二、光谱特征空间

1. 光谱特征

统计模式识别以像元作为识别的基本单元，其本质是地物光谱特征的分类。例如，根据水体的光谱特征，在分类过程中可以识别构成水体的像元，但计算机无法确定一定空间范围的水体究竟是湖泊还是河流。

特征变量：在多波段图像中，每个波段都可看作一个变量，称为特征变量。特征变量构成特征空间。

光谱特征变量：由于受外界各种因素的影响，同类地物的图像亮度值总是带有随机误差，导致图像亮度值(即光谱特征)的观测值为一个随机变量(x)。

光谱特征向量：遥感图像的光谱特征通常以地物在多光谱图像上的亮度来体现，即不同地物在同一波段图像上表现的亮度一般互不相同。同时，不同地物在多个波段图像上的亮度也呈现不同规律，这就构成了在图像上赖以区分不同地物的物理依据。同名地物点在不同波段图像中亮度的观测量将构成一个多维随机向量(X)，称为光谱特征向量，即

$$X=[x_1,x_2,\cdots,x_n]^{\mathrm{T}} \tag{8.1}$$

式中，n 为图像波段数目；x_i 为地物图像点在第 i 波段图像中的亮度值。

2. 光谱特征空间

光谱特征空间就是为了度量图像中地物的光谱特征需要而建立的，以各波段图像的亮度分布为子空间的多维光谱空间。地面上任一点通过遥感传感器成像后对应于光谱特征空间上的一点。各种地物由于其光谱特征不同，将分布在特征空间的不同位置。图 8.2 描述了地物与光谱特征空间的关系。地物通过传感器生成多光谱遥感图像(图中以两个波段为例)，由于地物的反射光谱特性的不同，三类地物的每个像元亮度不同。如果以两个波段的图像亮度作为特征空间的子空间(两个坐标轴)，从图中可看出，三对同名像元对应特征空间中三个不同的点。

3. 特征点集群

每个地物点依其在各个波段所具有的光谱值，可以在一个多维空间中找到一个相应的特征点，但由于随机性因素(如大气条件、下垫面、传感器本身的噪声等)影响，同类地物的各取样点在光谱特征空间中的特征点将不可能只表现为同一点，而是形成一个相对聚集的点集群，称为特征点集群。不同类地物特征点集群在特征空间中一般相互分离。如图 8.3 中虚线所示，特征点集群在特征空间中的分布大致可分为如下三种情况：

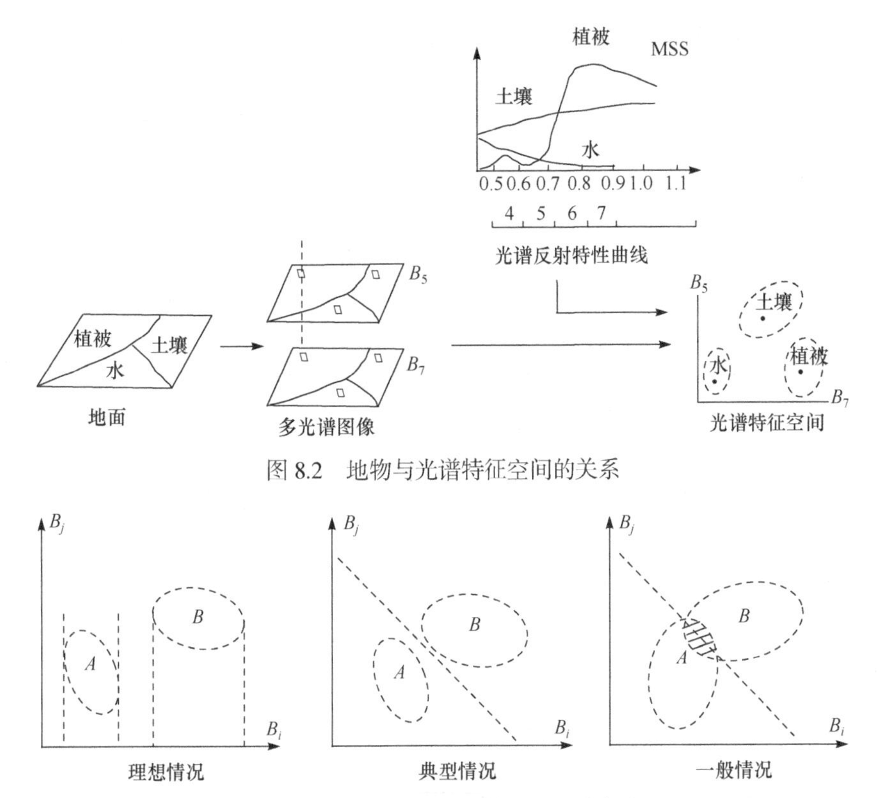

图 8.2　地物与光谱特征空间的关系

图 8.3　特征点集群的光谱特征空间分布类型

理想情况——不同类别集群至少在一个特征子空间中的投影完全可以相互区分开。这种情况可以用简单的图像密度分割实现。

典型情况——不同类别地物的集群，在任一子空间中都有相互重叠的现象存在，但在总的特征空间中可以完全区分。即任一单波段图像不能实现图像的分类，只有利用多波段图像在多维空间中才能实现精确分类。这时可采用特征变换使之变成理想情况进行分类。

一般情况——无论在总的特征空间中，还是在任一子空间中，不同类别的集群之间总是存在重叠现象。这时重叠部分的特征点所对应的地物在分类时总会出现不同程度的分类误差，这是遥感图像中最常见的情况。

地物在特征空间的聚类通常用特征点(或其相应的特征矢量)分布的概率密度函数 $P(X)$来表示。假设特征点的统计分布属于正态分布，则其概率密度函数可表达为

$$P(X)=\frac{\left|\sum\right|^{-1/2}}{2\pi^{n/2}}\exp\left[-\frac{1}{2}(X-M)^{\mathrm{T}}\cdot\sum{}^{-1}(X-M)\right] \tag{8.2}$$

式中，X为特征向量；$M=[m_1, m_2, \cdots, m_n]$为均值向量。

三、分类原理与方法

1. 分类原理

同类地物在相同条件下(光照、地形等)应该具有相同或相似的光谱信息和空间信息特征，不同类地物之间具有差异。根据这种差异，将图像中的所有像元按其属性的相似性分为若干个类别(class)的过程，称为遥感图像分类。

遥感图像分类的对象是遥感图像和各种变换之后的图像，采用决策理论或统计方法，以每个像元的光谱数据为基础。

假设遥感图像有 n 个波段，将(i, j)位置的像元视为样本，则像元各波段上的灰度值可表示为 $X=(x_1, x_2, \cdots, x_n)$。在遥感图像分类中，把图像中的某一地物的特征称为模式，把属于该类的像元称为样本。

以两个波段的遥感图像为例说明计算机分类的原理。

多光谱图像上的每个像元可用特征空间中的一个点来表示。通常情况下，在特征空间中，根据“同类相近，异类相离”的规律，像元聚集形成不同点集群。因此在特征空间中代表该地物的像元将聚集在一起，多类地物在特征空间中形成多个点集群。

在图 8.4 中，设图像上只有两类地物，记为 A，B，则在特征空间中会有 A，B 两个相互分离的点集群。将图像中两类地物分别等价于在特征空间中找到若干条直线或曲线(如果波段大于 3，需找到若干个曲面)，将 A，B 两个点集群分开。设曲线的表达式为 $f_{AB}(X)$，则

$$f_{AB}(X)=0 \tag{8.3}$$

式中，$f_{AB}(X)$ 称为判别函数(decision function)，$f_{AB}(X)=0$ 称为 A，B 两类地物的判别边界(decision boundary)。

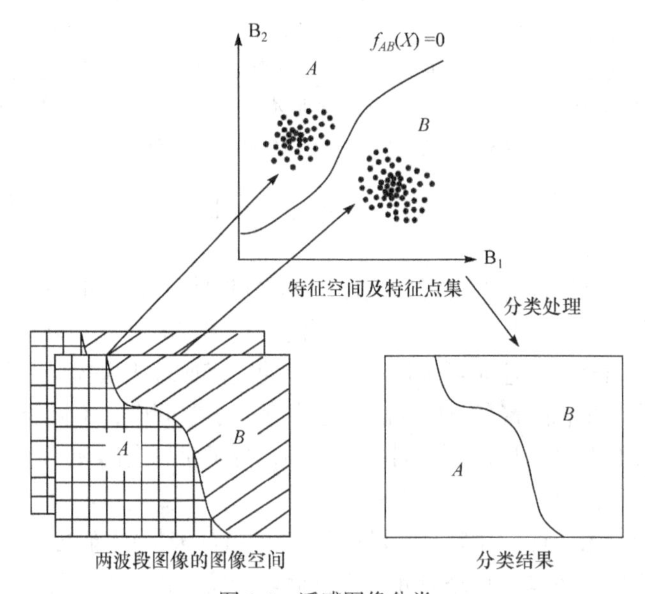

图 8.4　遥感图像分类

$f_{AB}(X)$ 确定后，可以方便地判定特征空间中的任意一点属于 A 类还是 B 类：

确定样本归属类别的判别准则(decision criteria)为：当 $f_{AB}(X)>0$ 时，$X\in A$；当 $f_{AB}(X)<0$ 时，$X\in B$。

遥感图像分类算法的核心就是确定判别函数 $f_{AB}(X)$ 和判别准则。为了保证确定的 $f_{AB}(X)$ 能够较好地将各类地物在特征空间中分开，通常是在一定的准则(如贝叶斯分类器中的错误分类概率最小准则等)下求解判别函数 $f_{AB}(X)$ 和判别准则。

2. 分类方法

遥感图像分类方法依据不同的划分标准可以分为不同的类型(图 8.5)。

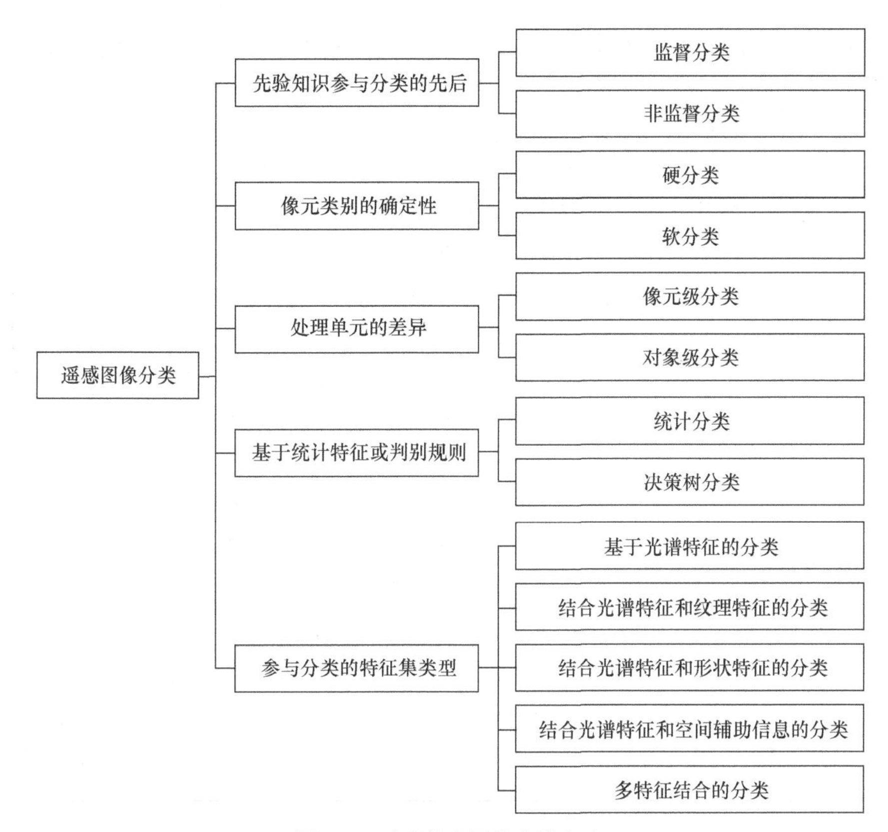

图 8.5　遥感数字图像分类方法

根据先验知识参与分类的先后，遥感图像分类可分为监督分类(supervised classification)和非监督分类(unsupervised classification)。监督分类是根据先验知识先对每个类别选择一些训练样本，通过分析训练样本来选择特征变量并构建判别函数，最后把遥感图像中的各个像元划分到给定的类别。非监督分类是事先不考虑类别，即在没有类别先验知识的情况下，仅根据图像特征相似性将所有像元划分为若干个类别，然后再根据先验知识来判定各个类别的属性。

根据像元类别的确定性不同，即分类表达结果的差异，遥感图像分类可分为硬分类和软分类。硬分类就是图像中的任意像元只能被分到一个类别中，即每个像元对应一种确定类别。最大似然分类法、最小距离分类法、K 均值聚类等统计分类方法均属于硬分类。由于受图像空间分辨率的限制和地物类型复杂程度的影响，混合像元普遍存在于遥感图像中，硬分类的结果可能不能较好地反映实际地表覆盖情况，难以满足一些应用需求(如农作物面积遥感估算)。软分类是一种亚像元级的图像分类方法，图像中的任意像元可能被分到两个或两个以上的类别中，从而使得分类结果更贴近实际地表覆盖情况。模糊聚类、混合像元分解等方法是实现软分类的主要途径。实际上，硬分类是软分类的一种特殊情况，即像元属于某个类别的比例为 100%。对于多光谱数据，软分类很难解决混合像元问题，因为多光谱遥感的光谱分辨率相对较低，所得到的遥感辐射值不足以完全刻画地物的光谱特征。而高光谱数据像元的辐射值构成了一条近似连续的光谱曲线，较完整地代表了地物的光谱响应特性，通过分析光谱曲线的组成来确定像元的地物组成类别和比例是可行的，所以软分类多适用于高光谱数据。

根据处理单元的差异，遥感图像分类可分为像元级分类和对象级分类。像元级分类是指以像元为基本处理单元，将遥感图像中的每个像元按照某种规则划分为不同的类别；对象级分类是结合地物的光谱特征和空间分布特征，将图像进行分割得到的同质斑块对象作为基本分析单元，根据设定的判别准则对每个斑块对象进行类别归属。面向对象分类就是一种对象级的分类方法，它的前提是具备对象，对象一般通过对高分辨率遥感图像进行分割得到，因此对象级分类方法在高空间分辨率遥感图像解译中具有较强优势。

根据分类过程中基于统计特征或是判别规则，遥感图像分类可分为统计分类和决策树分类。统计分类是基于分类数据的统计特性(如均值、方差等)的一种分类方法，如 K 均值算法、最大似然法、最小距离法等。决策树分类方法是根据目标地物与相关要素的分布规律，构建一套基于相关要素的判断规则，通过若干次中间判别，将多个相关要素变量数据集合逐步分解为几个属性均质的特征子集，属于特殊的监督分类方法。

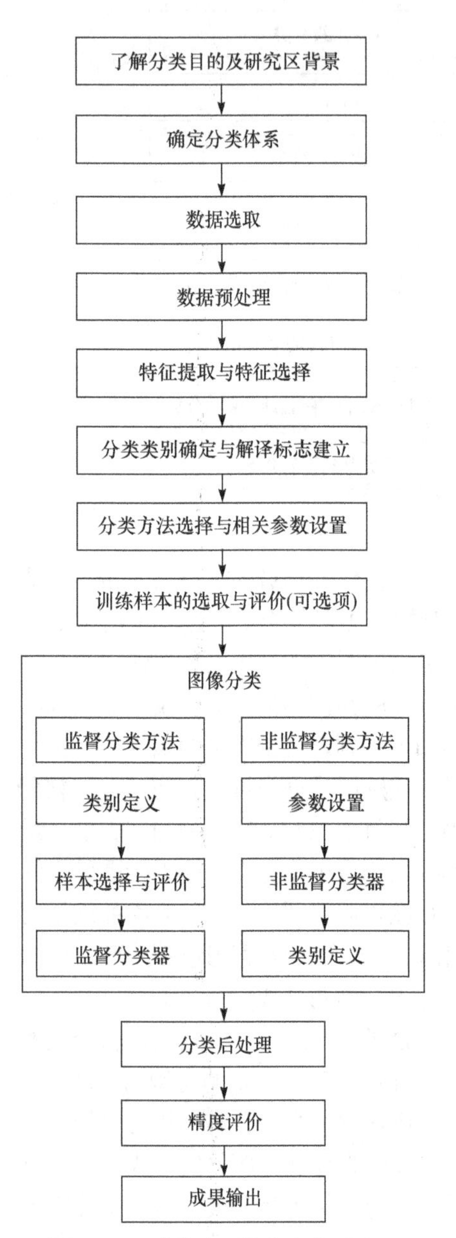

图 8.6　遥感数字图像分类主要流程

根据参与分类的特征集不同，遥感图像分类可分为基于光谱特征的分类、结合光谱特征和纹理特征的分类、结合光谱特征和形状特征的分类、结合光谱特征和空间辅助信息的分类、多特征结合的分类方法等。最简单的遥感图像分类方法是基于光谱特征的像元级分类方法，即将图像中的各个像元视为一个独立的观测点(像元模式)，仅依据像元自身的光谱属性进行类别属性判定。受传感器空间分辨率和光谱分辨率的影响，遥感图像中普遍存在“同物异谱”和“同谱异物”的现象，仅基于光谱特征进行像元分类效果有时并不太好，多特征结合的图像分类方法效果相对较好。

为了提高分类精度，图像分类并不是固定运用某一种分类方法，而是综合运用多种方法。图像分类方法只有在同一标准下才具有可比性，不同划分标准之间是不具有可比性的。例如，监督分类是相对于非监督分类而言的，而不能将监督分类与硬分类相提并论，因为某一种监督分类既可能是硬分类也可能是软分类，而某一种硬分类方法既可能是监督分类也可能是非监督分类。

3. 分类技术流程

遥感数字图像分类主要流程(图 8.6)一般包括：了解分类目的及研究区背景、确定分类体系、数据选取、数据预处理、特征提取与选择、分类类别确定与解译标志建立、分类方法选择与相关参数设置、训练样本的选取与评价(可选项)、图像分类、分类后处理和精度评价。

1) 了解分类目的及研究区背景

了解分类目的及研究区背景是遥感数字图像分类的基础。在进行遥感数字图像分类之前，要先确定分类目的，虽然在技术环节上不属于图像处理内容，但是其直接决定了分类方案的设计和分类结果的表达。了解研究区背景不但有利于分类类别和训练样本的选择，并且可以对分类结果进行初步的精度控制，便于对分类方案进行改进。

2) 确定分类体系

图像分类结果必须遵循特定的分类系统，为了考虑不同的情况，很多时候会建立分层分类体系。在分类前需要确定分类使用的分类体系和解译标志；在分类后，需要根据分类结果完善修改工作区域的分类体系。

土地利用和土地覆盖是常见的遥感图像分类工作，因应用目的不同，其分类标准也不同，在工作前需要查询最新的标准和要求。

本质上，遥感是对地表地物的探测，是对地表覆盖的分类。但土地利用与地表覆盖的内涵不同；土地利用包括了人类对土地的利用方式，相同地表覆盖条件下，土地利用方式可能存在很大差异，单纯用遥感图像进行土地利用分类可能会产生很大的偏差。

3) 数据选取

遥感图像分类目的及分类体系决定了需要选取数据的特征。遥感数据的选取应根据不同应用目的综合考虑，包括遥感数据的空间分辨率、光谱分辨率、成像时间、图像质量及数据成本等问题。

4) 数据预处理

数据预处理的目的在于对数据获取过程中各种原因造成的数据失真现象进行校正和复原，主要包括对待分类的遥感图像进行辐射校正、几何校正，以及可能涉及的图像裁剪、图像镶嵌等处理，以获得一幅覆盖研究区域的几何位置准确、对比度清晰的图像，确保图像分类的精度满足需要。

在预处理过程中，需要注意的是，如果是利用地物的光谱特征进行图像分类，一般在分类前不建议使用图像融合和图像镶嵌。因为图像融合改变了地物的光谱信息，使其统计特性发生改变，从而干扰分类。对于图像镶嵌，当多幅图像的采集时间不一致或是差异较大时，同一地物的光谱特征会存在较大差异，如果镶嵌后分类，会存在明显的“同物异谱”现象，不利于图像分类，解决办法是先对图像进行分类，再对分类结果进行镶嵌。如果仅利用图像的空间特征进行分类，可以考虑先进行图像融合或图像镶嵌，再进行分类，因为图像融合有助于提高图像的空间分布特征。

5) 特征提取与特征选择

特征提取与特征选择是为了获得类间方差大、类内方差小的特征集，从而提高不同地类之间的可分性。前者是利用特征提取算法从原始图像中计算出能反映类别特性的一组新特征，如植被指数、纹理特征、几何特征等；后者是从众多特征中挑选出有利于分类的若干特征。

6) 分类类别确定与解译标志建立

图像分类的类别主要根据应用目的和图像数据的特征制定。解译标志是每个类别在遥感图像上的特征，反映了分类者对遥感图像的认知程度，直接决定监督分类样本的选择及非监督分类结果的判定、影响分类结果的精度。

7) 分类方法选择与相关参数设置

根据遥感数据特点和分类任务要求，对比各种分类方法的优缺点，设计或选择恰当的分类器及其判别准则，对空间特征进行划分，完成分类工作。遥感图像分类方法的选择不是固定的，没有最好的分类方法，只有最适合的分类方法。同时，根据所选择的分类方法，设计相关参数。

8) 训练样本的选取与评价(可选项)

训练样本的选取与评价是监督分类中的一个重要环节，样本质量将直接影响分类结果的可靠性。

9) 图像分类

根据所选分类方法及设置的分类参数，执行图像分类。如果是非监督分类方法，其结果还没有定义具体的地物类别(信息类别)，需要与先验知识进行比较来确定类别属性。

10) 分类后处理

分类后处理的目的是得到与实际情况相符的、满足分类要求的分类结果。对于逐像元分类而言，由于受多种因素的影响，在分类结果中可能会产生一些异于周围类别的噪声或者逻辑关系错误的小图斑，分类处理就是消除这些噪声和错误，一般包括聚类分析、过滤分析和去除分析等。对于面向对象分类而言，主要是修正错分的对象类别。

11) 精度评价

利用检验样本对分类结果进行评价，确定分类结果的精度和可靠性。如果分类精度达不到要求，需重新调整分类方法或者训练样本，直到分类精度满足要求。

四、常用分类判别函数

在特征空间已经存在的情况下，每个像元的分类问题，就是判定它与哪个类的特征更相似的问题。

相似性可用“距离”来度量。分类是确定像元距离哪个点集群中心较近，或落入哪个点集群范围可能性大的问题。像元与点集群的距离越近，属于该点集群的可能性越高。按照一定的准则，当距离小于一定值时，像元被划分给最近的点集群。

根据距离的分类是以地物光谱特征在特征空间中以点集群的方式分布为前提的。也就是说，假定不知道特征的概率分布，但认为同一类别的像元在特征空间内完全聚集成点集群，每个点集群都有一个中心。这些点集群的数目越多，亦即密度越大或点与中心的距离越近，就越可以肯定它们属于一个类别，所以点间的距离成为重要的判断参量。同一类别中心间的距离一般来说比不同类别间距离要小。也可以认为，一个点属于某一类，那么它与这个类中心的距离要小于到其他类中心的距离。因此，在点集群中心已知的情况下，以每个点与点集群中心的距离作为判定的准则，就可以完成分类工作。

运用距离判别函数时，要求各个类别点集群的中心位置已知，对于光谱特征空间中的任一点 x，计算它到各类别中心点的距离 d，最小距离对应的类就是 x 像元属于的类。

下面介绍遥感图像分类常用的一些描述相似性的统计量。

设分类时采用 p 个变量(波段)，则第 i 个像元和第 j 个像元的特征向量为

$$X_i = [x_{1i}, x_{2i}, \cdots, x_{pi}]^{\mathrm{T}} \tag{8.4}$$

$$X_j = [x_{1j}, x_{2j}, \cdots, x_{pj}]^{\mathrm{T}} \tag{8.5}$$

第 k 类均值向量的特征向量可表达为

$$M_k = [m_{1k}, m_{2k}, \cdots, m_{pk}]^{\mathrm{T}} \tag{8.6}$$

(一) 距离系数

距离系数是指以多维特征空间中样本矢量点间的距离作为量度分类的相似统计量，具体有以下几种。

1. 欧氏距离

欧氏距离(Euclidean distance)是多维空间上两点之间的直线距离，应用最多。定义为

$$d_{ij}=\sqrt{\frac{\sum_{k=1}^{p}(x_{ik}-x_{jk})^2}{p}}\quad (i,j=1,2,3,\cdots,M;\ i\neq j) \tag{8.7}$$

式中，p 为波段数；d_{ij} 为第 i 像元与第 j 像元在 p 维空间中的距离；x_{ik} 为第 k 波段上的第 i 个像元的灰度值；M 为像元数。

2. 绝对距离

绝对距离又称曼哈顿距离(Manhattan distance)，是多维空间上两点之间的直接距离。定义为

$$d_{ij}=\sum_{k=1}^{p}\left|x_{ik}-x_{jk}\right|\quad (i,j=1,2,3,\cdots,M;\ i\neq j) \tag{8.8}$$

式中，d_{ij} 为第 i 像元与第 j 像元在 p 维空间中的矢量点间的距离。

3. 明氏距离

明氏距离是明可夫斯基距离(Minkowski distance)的简称，是对多个距离度量公式的概括性表达。定义为

$$d_{ij}=\left[\sum_{k=1}^{p}\left|x_{ik}-x_{jk}\right|^{q}\right]^{\frac{1}{q}} \tag{8.9}$$

当 $q=1$ 时为绝对距离，当 $q=2$ 时为欧氏距离。

明氏距离在使用过程中，需要注意以下问题。

1) 特征参数的量纲

具有不同量纲的特征参数常常是无意义的。例如，特征参数为某个波段亮度值和某种波段亮度比值时，波段的亮度值通常是整数，而比值常为小于 1 的数，将这样数量级相差较大的数以同等的权重组合，会突出绝对值大的特征参数的作用而弱化绝对值小的特征参数的作用。解决的办法是在进行分类前对数据进行标准化。

2) 特征参数间的相关性

特征参数间通常(未经正交变换)是相关的，在表征地物特征方面有共性。若大部分特征参数相关性较强，而个别的相关性不大，则一般来说相关的参数和不相关的参数在距离中的权应该是不一致的，但在上述公式中权是相同的，这也是个缺点。

4. 极差归一化距离

设 R_k 是第 k 个波段所有像元数据的极差，$R_k=x_{\max,k}-x_{\min,k}$，有

$$d_{ij}=\frac{1}{p}\sum_{k=1}^{p}\frac{\left|x_{ik}-x_{jk}\right|}{R_k} \tag{8.10}$$

式中，d_{ij} 为第 i 像元与第 j 像元在 p 维空间中的矢量点间的距离。极差归一化距离是归一化后取均值，值域为[0, 1]，其作用是抑制噪声。

5. 马氏距离

马氏距离是马哈拉诺比斯距离(Mahalanobis distance)的简称，是一种加权的欧氏距离，是欧氏距离正态分布的多维延伸。它通过协方差矩阵来兼顾变量的变异性。

在实际分类中，点集群的形状是大小和方向各不相同的椭球体，如图 8.7 所示。尽管 i 点到 M_A 的距离 D_A 小于到 M_B 的距离 D_B，即 $D_A<D_B$，但因为 B 点集群比 A 点集群更为离散，所

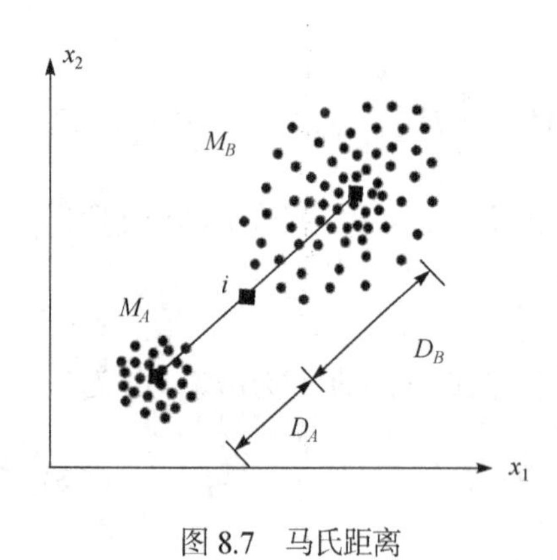

图 8.7　马氏距离

以把 i 点划入 B 类更合理。可以这样理解距离中的加权：权重表明计算的距离与各点集群的方差有关，方差越大，计算的距离就越短。如果各个点集群具有相同的方差，则马氏距离是欧氏距离的平方。

当前像元点 i 的值 x 到类别 k 的马氏距离，与类别 k 的均值 M_k 和协方差 S_k 有关，表达式为

$$d_{ik} = \sum (x - M_k) S_k^{-1} (x - M_k)^{\mathrm{T}} \tag{8.11}$$

或

$$d_{ik} = \sum_{j=1}^{p} \left(\sum_{m=1}^{p} \{ [x_{im} - M_m(k)] S_{jm}^{-1}(k) \} [x_{ij} - M_j(k)]^{\mathrm{T}} \right) \tag{8.12}$$

式中，p 为特征个数。

马氏距离的优点在于克服了波段间相关性的影响。

（二）相似系数

相似系数又称余弦距离，表明了当前像元的向量与类向量之间的夹角。像元 i 到类 k 的距离表达式为

$$d_{ik} = \frac{\sum_{j=1}^{p} x_{ij} M_{kj}}{\sqrt{\sum_{j=1}^{p} x_{ij}^2 \sum_{j=1}^{p} M_{kj}^2}} \tag{8.13}$$

相似系数为 1，表明两个向量重合，但并不代表两个向量之间的欧氏距离为 0。

（三）相关系数

相关系数指像元间的关联程度，相关系数大(越接近 1)说明两个变量之间相似程度越高。其表达式为

$$r_{ij} = \frac{\sum_{k=1}^{p} [(x_{ik} - M_i) \cdot (x_{jk} - M_j)]}{\sqrt{\sum_{k=1}^{p} (x_{ik} - M_i)^2 \cdot \sum_{k=1}^{p} (x_{jk} - M_j)^2}} \tag{8.14}$$

式中，p 为特征数；M 为均值。

因为相关系数是一个比值，所以它是一个无量纲数。因为协方差小于或等于变量之间的标准差的乘积，所以相关系数值域为[−1, 1]，表示不同程度的相关。相关系数为 1，表明两个特征变量完全正相关；相关系数为−1，表明两个特征变量完全负相关；相关系数为 0，表明不相关。

对相关系数 r_{ij} 取平方可以得到样本的决定系数 r^2，它表示随着随机变量第 i 特征值的变化，用线性关系能够解释第 j 特征变量值的总变差比例。例如，相关系数(r_{ij})为 0.8，得到决定系数 r^2 为 0.64，表明第 j 特征变量特征值(如亮度值)总变差的 64%能用第 i 特征值(如亮度)的线性关系来表示。

（四）样本可分离性距离

目前常采用统计方法来计算不同类别的样本可分离性，它是一种定量的评价方法，主要采用转换离散度(transformed divergence，TD)和 J-M(Jeffries-Matusita)距离法来衡量训练样本的可

分离性。

1. 转换离散度

两个类别之间的转换离散度 TD_{ij} 的表达式为

$$TD_{ij} = 2(1 - e^{-D_{ij}/8}) \tag{8.15}$$

式中，D_{ij} 是两个类别之间的离散度，其表达式为

$$D_{ij} = \frac{1}{2} t_r[(V_i - V_j)(V_i^{-1} - V_j^{-1})] + \frac{1}{2} t_r[(V_i^{-1} + V_j^{-1})(M_i - M_j)(M_i - M_j)^{\mathrm{T}}] \tag{8.16}$$

式中，M 为样本均值向量；V 为协方差矩阵；$t_r[A]$为矩阵对角线元素之和；i 和 j 分别为两个地物类型。

2. J-M 距离

两个类别之间的 J-M 距离 J_{ij} 的表达式为

$$J_{ij} = \sqrt{2(1 - e^{-B})} \tag{8.17}$$

$$B = \frac{1}{8}(M_i - M_j)^{\mathrm{T}} \left(\frac{V_i + V_j}{2}\right)^{-1} (M_i - M_j) + \frac{1}{2}\log\left[\frac{|(V_i + V_j)/2|}{\sqrt{|V_i| \cdot |V_j|}}\right] \tag{8.18}$$

式中，M 为样本均值向量；V 为协方差矩阵；i 和 j 为两个地物类型。

转换离散度和 J-M 距离的性质相似，其取值范围为[0.0, 2.0]，常用于监督分类训练样本的评价。

第二节 特征提取与特征选择

特征(feature)没有普适和准确的定义，特征的准确定义由问题或者应用类型决定。在遥感应用中，地物类型之间的差异体现在它们的某一种或多种属性上(如颜色、大小、粗糙度)，这些地物之间具有差异的属性就是地物的特征，有时也称为特征属性或特征变量。在遥感图像分类过程中，传统的监督分类和非监督分类方法，都是基于图像不同波段的光谱值进行逐像元分类；而针对高空间分辨率遥感图像应用而兴起的面向对象分类方法，其分类的最小单元不再是单个像元，而是由若干像元组成的单个对象，分类的特征除了光谱特征以外，同时还包括对象的几何特征、纹理特征、拓扑或邻接关系等空间特征。无论是哪种分类方法，图像特征的提取都是图像分类的基本依据。

特征提取与特征选择的目的就是区分不同的地物类型并应用于遥感数字图像分类。

一、特征提取

遥感数字图像的地物特征可分为光谱特征和空间特征，而空间特征又包括几何特征、纹理特征、拓扑或邻接关系等。特征提取(feature extraction)是特征的确定和计算过程，是利用遥感图像进行信息提取(如分类、变化检测等)的基础性工作。特征提取的正确性和有效性直接决定图像识别和信息提取的准确性。

一般情况下，在地物众多的测量属性中，仅存在少数几个测量属性值能直接反映物体之间的差异，通常直接选择这几个属性作为特征变量来区分地物类型而摒弃其他属性。这些被摒弃的属性虽然并不能单独满足分类需求，但往往也存在可用于区分不同地物类别的微弱信息，为

了更加充分地利用地物的这些属性，通常把某些或者所有原始属性通过变换生成新的特征变量，从而增加地物之间的可分性。这种通过特征变换找出最能反映地物类别差异的新特征变量的过程就是特征提取。

对于遥感图像而言，地物原始的属性特征主要表现为光谱差异。在遥感图像分类过程中，除了可以直接利用地物在不同波段的光谱反射率差异来区分不同地物类型，还可以利用图像衍生的其他属性特征参与分类，例如，全局性的光谱特征统计变量(如 NDVI)，地物光谱特征在遥感图像上局部区域反映出来的纹理、大小、空间关系等空间属性。因此，遥感图像特征提取包括光谱特征提取和空间特征提取。但是，特征提取不是遥感图像分类的必须环节，如果原始光谱信息已经能够有效地区分地物类型，则可直接利用光谱特征进行分类。

用于遥感图像分类的属性特征非常多，它们之间可能相互独立，也可能具有高度相关性。在应用过程中，为了提高遥感图像分类精度和速度，需要筛选出有效的分类特征。这些有效的分类特征应该具有代表性，特征信息的冗余度应该最小，而且在各种干扰和环境改变的情况下还能最大限度地保持不变形。因此，良好的特征应该具有以下四个特点：第一，可区分性，即不同类别对象的特征值应具有明显的差异；第二，可靠性，即同类对象的特征值应该比较接近；第三，独立性，即描述一个对象所用的特征彼此之间相关性小；第四，数量少，特征属性的个数就是描述该对象的特征向量维数，在满足分类要求的前提下，尽可能少，以利于训练分类器的样本选择。

(一) 光谱特征提取

光谱特征反映为遥感图像中目标物的光谱分布及其灰度或者波段间的亮度比等，它通过原始波段间的点运算获得。在可见光-近红外遥感图像中，地物的光谱特征表现为地物在不同波段的反射率及其变换特征。尽管地物各波段的光谱属性均可用来区分不同地物，但它们区分的广度(如某一波段只能用来区分几种地物，不能区分更多的地物类型)或深度(如某一波段在不同地物之间仅具有较细微的差异)受到一定限制，如果将它们进行某种线性或非线性组合之后得到一个综合的指标，则可以更好地区分各种地物。所以，光谱特征提取的思想就是对多种光谱属性进行某种线性或非线性组合得到新的综合指标。用于遥感图像光谱特征提取的方法主要有以下三类。

1) 代数运算法

有时为了突出某些地物信息，可以对不同波段进行简单的代数运算以增强感兴趣地物的特征信息。代数运算法是对遥感原始波段数据进行代数运算，如加、减、乘、除、乘方、指数、对数等运算，其中最常见的方法为比值法，其目的是消除乘性因子误差的影响，或者增强某种信息和抑制其他信息。例如，植被指数 (NDVI) 、水体指数 (NDWI) 、建筑物指数 (NDBI) 等，都是根据比值法构造，它们能够增强相应信息的光谱特征。

2) 导数法

导数法主要应用于高光谱遥感图像处理，能够提取不同地物反射光谱变化特性参数，如植被吸收谷位置、红边位置等。导数光谱还能够有效抑制大气效应。

3) 变换法

变换法包括代数变换、时-频变换和彩色空间变换三种。其中，代数变换又包括线性变换(如缨帽变换、PCA 变换、最大噪声分量变换、最大最小自相关因子分析法、独立成分分析等)和非线性变换(如神经网络)；时-频变换是采用傅里叶变换、小波变换等将遥感图像变换到频率域，在频率域进行特征滤波、增强等处理，再将图像反变换到空间域，使得地物目标信号增强；彩色空间变换是将以 RGB 三基色表示的合成图像转换为 HSI、HSV 等色彩空间的合成图像，在 HSI 或 HSV 色彩空间进行增强处理后再逆变换到 RGB 空间，以突出目标地物的光谱特征。

(二) 纹理特征

纹理是遥感图像上的重要信息和基本特征，是进行图像分析和图像理解的重要信息源。纹理反映了图像灰度模式的空间分布，包含了图像的表面信息及其与周围环境的关系，兼顾了图像的宏观结构和微观结构。纹理是由纹理基元按某种确定性的规律或者某种统计规律排列组成，具有局部的随机性和整体的统计规律性。纹理结构反映图像亮度的空间变化，主要表现为以下三个方面的特性：第一，某种局部的序列性在比该序列更大的区域内不断重复出现；第二，序列是由基本部分(即纹理基元)非随机排列组成的；第三，在纹理区域内各部分具有大致相同的结构。

纹理并没有统一的明确定义和解释，一般可以从两种计算方法来理解纹理：随机性方法和结构性方法。随机性方法认为纹理是由一个二维的随机场生成的，纹理是二维随机场的一次实现，形成纹理中的每个像元都依赖于与周围像元的关系，因此纹理的特征可以采用统计方法来定量描述。结构化方法认为纹理由两部分组成：纹理基元和纹理基元的排列方式。纹理的形成依赖于纹理基元及其排列方式，相同的纹理基元而不同的排列方式会产生不同的纹理。纹理特征提取方法主要有统计法、模型法、信号处理法和结构法。主要方法见图 8.8。

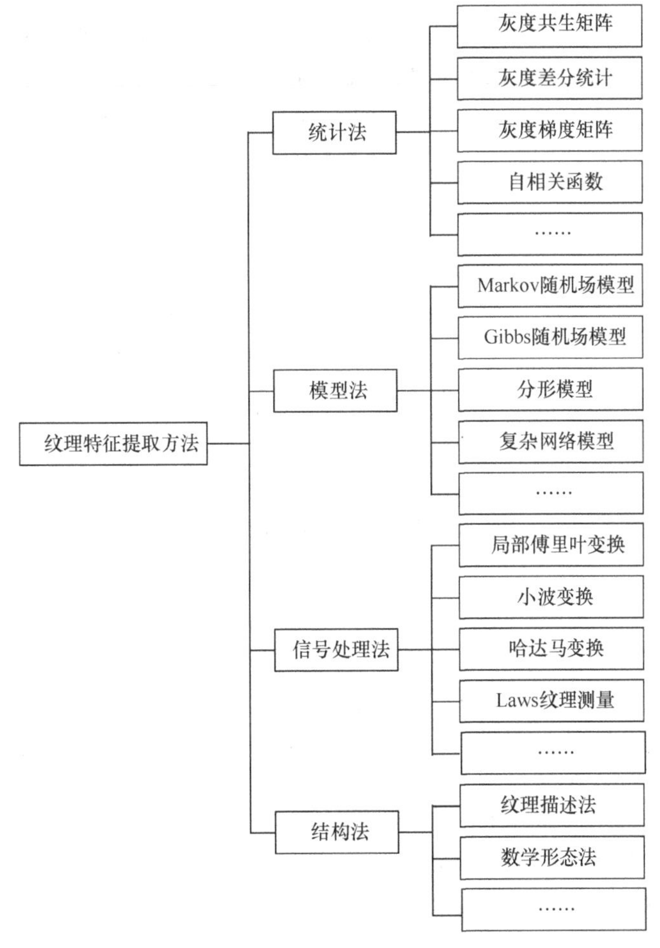

图 8.8　纹理特征提取方法分类

在遥感图像分类中，采用统计法提取纹理特征参数的应用最为广泛，其中以灰度共生矩阵(grey level co-occurrence matrix，GLCM)应用最具有代表性。

1. 灰度共生矩阵

灰度共生矩阵是通过研究灰度的空间相关特性来描述纹理的一种常用的纹理统计方法，其本身并不能作为纹理特征，而是通过灰度共生矩阵的能量或者相关统计特征来表征图像的纹理特征。

灰度共生矩阵的基本设计思想是，假定在图像中开一个固定大小的窗口，并将该窗口在图像的某一方向上移动一定距离得到一个新窗口，两个窗口相应位置的像元则构成像元对，像元对中两个像元的灰度值则构成了一组灰度值对组合。如果图像具有一定的纹理特征，则每个像元对的灰度值对组合不是唯一的，即存在重复出现的可能，灰度值对存在的统计规律在一定程度上反映了这个区域的纹理特征。

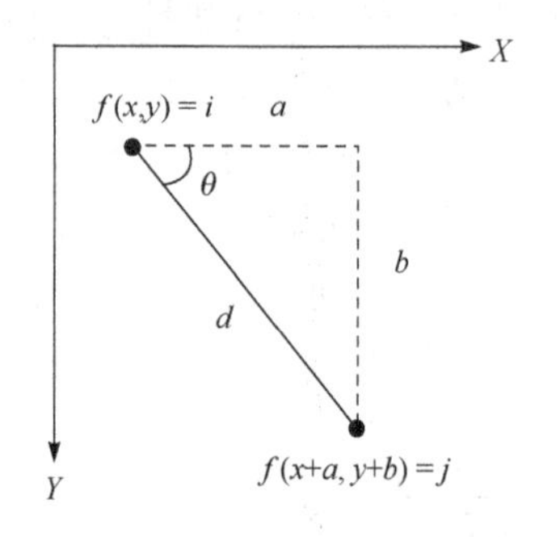

图 8.9 灰度共生矩阵计算原理

灰度共生矩阵描述了图像中局部区域或整个区域按照某个方向相邻像元或一定间距两个像元的灰度不变或发生变化的现象。如图 8.9 所示，在图像中任取一像元(x,y)及偏离它的另一像元$(x+a, y+b)$，该像元对的灰度值为(i, j)。令像元行列坐标(x, y)在整幅图像移动，则会得到各种(i, j)。设灰度值的级数为 L，则 i 与 j 的组合共有 L^2 种。对于整幅图像，统计每一种(i, j)值出现的次数，排列为一个方阵，再用(i, j)出现的总次数将它们归一化为出现的概率 $P[(i, j)/d, \theta]$，并称这样的方阵为灰度联合概率矩阵，也称灰度共生矩阵，其数学表达式为

$$P((i,j)/d,\theta)=\{[(x,y),(x+a,y+b)] \mid f(x,y)=i, f(x+a,y+b)=j; x=0,1,\cdots,N_x-1; y=0,1,\cdots,N_y-1\} \tag{8.19}$$

式中，$i, j = 0, 1, 2, \cdots, L-1$；$x, y$ 为图像中像元的行列坐标；N_x 和 N_y 分别为图像的行号和列号；d 为两像元点之间的空间距离(偏移距离)；θ 为两个像元点的连线与 X 轴的夹角(偏移方向)。

直接影响灰度共生矩阵计算结果的参数主要是偏移方向θ和偏移距离 d(或水平偏移 a 和垂直偏移 b)，其中，由于遥感数字图像是矩阵表示，偏移方向有八个，如图 8.10 所示。

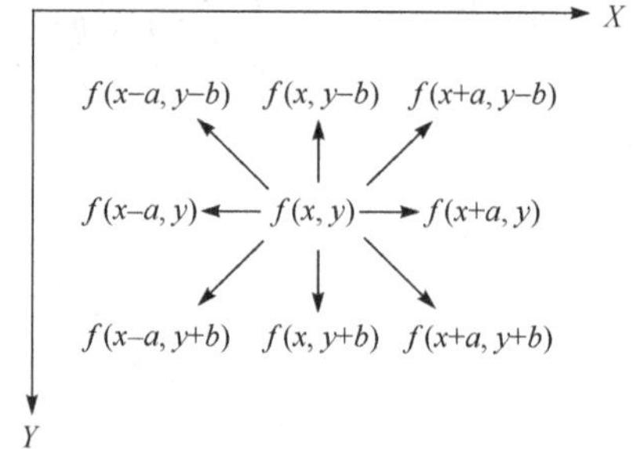

图 8.10 偏移方向与偏移距离

为了减少灰度共生矩阵计算的复杂度，偏移距离(a 或 b)一般取 1，当纹理的周期性较大时，偏移距离可以增大，一般为整数倍。

移动窗口大小和图像灰度级也会影响灰度共生矩阵计算的复杂度和性能。窗口选择太小，可能不能完整反映出整个图像的纹理特征；窗口选择太大，虽然纹理特征会比较完整，但计算量会很大。因此，灰度级变化比较缓的图像通常选用较大窗口；而灰度级变化快(即频率高)的图像通常选取较小窗口。一般情况下，基于局部区域的纹理特征分析时常采用 3×3 的窗口或是大于 3 的奇数窗口，但窗口越大结果会越模糊。

遥感图像原始灰度级一般都比较大，在进行纹理分析时，灰度级太多或太少，都可能使原本具有纹理规律的图像变得没有规律，对于发现纹理规律十分不利。因此在进行纹理分析之前，

需要进行图像灰阶合并，即人为设定 N(一般为原灰度级的 1/4 或 1/8)个灰度阈值范围。

图 8.11 为一个 3 × 3 的窗口区域的灰度共生矩阵生成示意图。

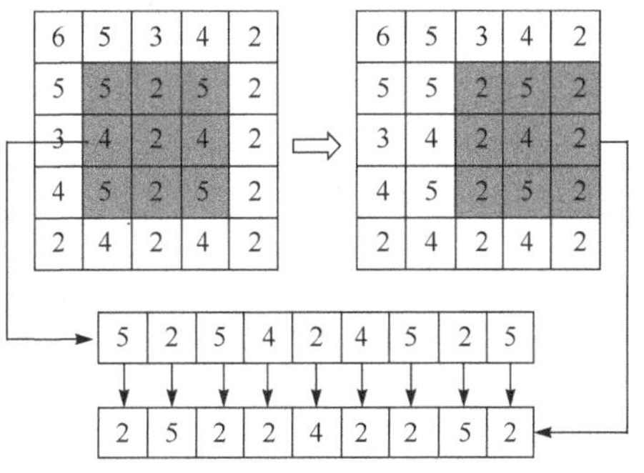

(a) 3×3窗口向右平移一个像元构建像元对

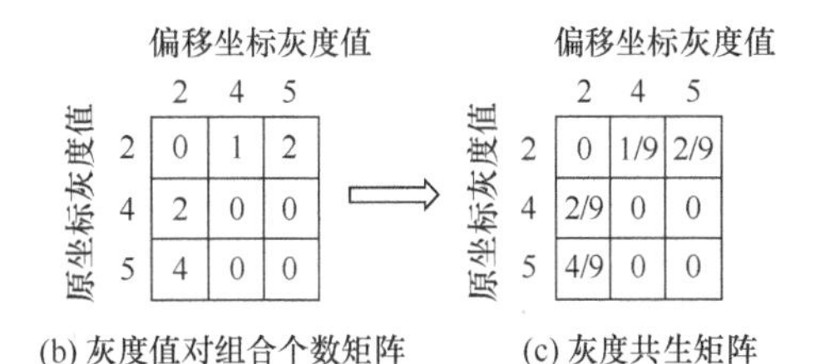

(b) 灰度值对组合个数矩阵　　(c) 灰度共生矩阵

图 8.11　灰度共生矩阵生成流程示意图

在灰度共生矩阵计算过程中，如果是针对整幅图像来计算局部纹理特征，结果为一个属性层；如果是针对图像中的各个对象来计算局部纹理特征，则每个对象都会有一个纹理特征参数。为了提高计算效率和参数的可比性，大多数情况下都是利用对象范围内的局部纹理特征参数的平均值来描述对象的纹理特征。

2. 常用灰度共生矩阵纹理测度

灰度共生矩阵并不能代表图像的纹理统计分析，应当用一种指数表达纹理统计的测度，即设计相应的纹理统计量。常用的纹理测度主要有以下八个，为简化表达方式，公式中用 $P_{i,j}$ 代替 $P[(i,j)/d,\theta]$。

1) 局部同质性

局部同质性(homogeneity)描述图像的局部均调性。当灰度共生矩阵数值沿着对角线集中时，表示图像的同质性越高，同质性值越大，因此它对向对角线集中的灰度共生矩阵(即低对比度图像)较为敏感。灰度共生矩阵的同质性与对比度(contrast)和能量(energy)之间都具有强的负相关关系，即保持对比度不变，当能量增加时同质性下降；保持能量不变时，当对比度增加时同质性下降。因此，同质性应是能量和对比度两者的共同作用。计算公式为

$$\mathrm{HOM}=\sum_{i,j=0}^{L-1}\frac{p_{i,j}}{1+(i+j)^2} \tag{8.20}$$

2) 对比度

对比度(contrast)用来衡量邻域内最大值和最小值之间的差异，当图像局部范围内的变化很大时，对比度值大。当灰度共生矩阵的位移为 1 时，对比度的定义描述的是空间频率(spatial frequency)。一个低对比度图像的灰度共生矩阵一定集中在主对角线上，将产生一个较小的对比度值，因此高对比度值对应着高对比度的纹理，即一阶纹理统计量对比度与灰度共生矩阵的对比度强烈相关，即当位移为“1”时它的对比度与空间频率高度相关。对比度计算中权重值呈指数增加(0, 1, 4, 9, …)，计算公式为

$$\mathrm{COM}=\sum_{i,j=0}^{L-1}P_{i,j}\cdot(i-j)^2 \tag{8.21}$$

3) 非相似性

非相似性(dissimilarity)计算中，随着灰度共生矩阵元素偏离对角线，其权重值是线性增加的(0, 1, 2, 3, …)。计算公式为

$$\mathrm{DIS}=\sum_{i,j=0}^{L-1}P_{i,j}\cdot\left|i-j\right| \tag{8.22}$$

4) 均值

均值(mean)是灰度共生矩阵中全部元素的平均值，计算公式为

$$\mu_{i,j}=\frac{1}{n^2}\cdot\sum_{i,j=0}^{L-1}P_{i,j} \tag{8.23}$$

式中，n 为灰度值对个数。

5) 标准差

标准差(standard deviation)是像元值与均值偏差的程度，与对比度和非相似性类似，计算公式为

$$\mathrm{STD}=\sqrt{\sum_{i,j=0}^{L-1}(p_{i,j}-\mu_{i,j})} \tag{8.24}$$

6) 熵

熵(entropy)是度量图像纹理特征杂乱程度的指标。当图像纹理极不一致时，灰度共生矩阵中各元素的值普遍偏小，表现为纹理具有较大的熵值。计算公式为

$$\mathrm{ENT}=\sum_{i,j=0}^{L-1}P_{i,j}\cdot(-\ln p_{i,j}) \tag{8.25}$$

7) 能量

能量(energy)又称为角二阶矩(angular second moment)，用于描述图像灰度分布的匀质性与一致性，当研究窗口内的灰度值分布为常数或具有周期性的形式时，能量值较大。能量与熵具有很强的负相关性，会产生非常相似的结果。但能量具有归一化的范围值，比熵更为常用。计算公式为

$$\mathrm{ENE}=\sum_{i,j=0}^{L-1}P_{i,j}^2 \tag{8.26}$$

8) 相关性

相关性(correlation)用来衡量相邻像元灰度值的线性依赖程度，反映图像中线性地物的方向性。当线性地物呈某一方向排列时，该方向的相关性较其他方向要高，尤其是位移的方向与纹理的方向一致时更是如此。较高的相关性(接近 1)表示像元对灰度之间呈线性关系。相关性适用于统计上具有线性可分性的、同质性较好的区域，即低纹理度区域。计算公式为

$$\mathrm{COR}=\sum_{i,j=0}^{L-1}\frac{p_{i,j}(i-\mu_i)(j-\mu_j)}{\sqrt{\sigma_i^2\cdot\sigma_j^2}} \tag{8.27}$$

式中，$\mu_i=\sum_{i=0}^{L-1}i\cdot\sum_{i=0}^{L-1}p_{i,j}$；$\sigma_i=\sum_{i=0}^{L-1}(i-\mu_i)^2\cdot\sum_{i=0}^{L-1}p_{i,j}$；$\mu_j$ 和 σ_j 的计算同理。

在选择以上八个纹理测度时应注意以下几点：第一，所有测度中均值作用最强，不仅囊括了几乎所有测试能够识别的类型，而且不同类型的识别率也是所有测试中较优的。第二，同质性是受能量和空间频率双重影响的纹理测度，即同质性是能量和对比度的结合体，且能量与对比度是完全可以分开的，因此有人建议一般不选用。第三，当研究图像上像元之间具有线性相关关系时，相关性或许是一个重要的测度，但相关性会将光谱上同质的区域和具有一定纹理的区域截然分开。因此当像元之间的线性依赖性不强时，不建议使用此测度。第四，能量优于熵，能选用能量就不用熵。

总之，能量与对比度是两个非常重要的参数，具有特定的纹理含义，能量随着图像空间频率的增加而增大，对比度则随着图像对比度的增大而增大，是两个完全不相关的测度，适合于区分各种纹理模式。

3. 基于灰度共生矩阵的纹理分析步骤

纹理分析是分析对应地物遥感图像特征的一个重要指标，对于判别地物种类具有十分重要的作用。其主要分析步骤为：将整幅图像或局部区域的图像像元灰阶进行压缩合并；设定灰度共生矩阵的灰度统计参数，包括纹理方向、偏移量等；生成灰度共生矩阵；选择灰度共生矩阵纹理统计测度，与图像中的标准地物的测度值进行比较，判定地物的属性归属。

（三）形状特征

形状是物体的基本特征之一，也是识别物体的重要参数。不同的物体具有不同的形状，同类物体具有相似的形状，因此常常用形状来区分不同类型的物体。

形状特征也是其几何特征，反映图像中地物对象本身或其子对象的形状信息，主要包括图像对象的面积、长宽比、长度、宽度、周长、形状指数、密度、不对称性等特征。形状特征不同于光谱和纹理等底层特征，它的表达以图像中的物体或区域(即对象)为基础，所以形状特征的提取首先要对图像进行分割，再对分割后的对象形状进行表示和描述。表达对象形状的方法很多，其形状特征描述参数也不尽相同。通常对于对象的形状表达分为两类：基于轮廓特征和基于区域特征。基于轮廓特征只是利用形状的外部边缘，一般认为光谱特征相同或相近的物体，其边界信息最丰富，地物形状特征通过其边界信息表达；而基于区域特征则是利用形状的目标区域整体信息，如组成对象的像元。

在目前的实际应用中，形状特征的提取方法对图像的预处理要求比较高，一般要求有较高的图像分割质量，而且自动而准确地提取目标图像中的形状特征非常困难，严重制约着形状特征在实际中的应用。因此，单独基于目标图像形状特征的应用一般仅限于比较容易识别的目标物体，且多作为特征变量之一参与分类。

（四）空间关系特征

空间关系是指图像中分割出来的多个目标之间的相互空间位置或相对方向关系，包括拓扑关系、方位关系和距离关系。空间关系是一种比较模糊的概念，通常很难用一个确定的表达式进行描述。它们常由一组相互联系但又有矛盾的条件所限定，因此仅用空间关系特征常常不能准确地表达图像内容，但可以加强对图像内容的区分描述能力，将空间关系特征与其他特征结合使用，可以提高图像分类精度。在传统的遥感图像分类应用中，纹理特征和形状特征已经足以应付目前的遥感图像分类问题，加之空间关系特征的属性描述和定义复杂，所以其应用较少。

二、特征选择

除了原始图像的光谱属性外，还可以通过光谱特征提取和空间特征提取获得更多的地物属性，然而并不是每个属性都能有效区分地物。特别是在对遥感图像进行分类时，并非特征选择越多越好，只有选择适量具有代表性的特征才能获得地物类别识别的准确度，因此在分类之前必须对这些属性进行筛选。

1. 特征变量选择原则

遥感数字图像分类的特征变量主要包括以下类型：特征变量可以是多光谱遥感图像中各个波段的像元值；原图像经过运算处理(如四则运算、PCA 变换、缨帽变换等)后的变量值；与遥感图像相匹配的非遥感变量(如坡度、高程等)也可作为特征变量。

为了减少数据冗余，提高分类精度，需要对各种特征变量进行选择。在进行特征变量选择时，需要根据待区分对象的特征进行反复实验，如植被分类可以采用绿度、植被指数，也可采用 K-T 变换后的绿度与亮度分量等。

因此，特征变量的选择原则为：方差越大，提供的信息量越大；相关性小，特征之间的相关性应该也比较小。

2. 特征变量选择方法

最佳指数法和波段指数法同时兼顾了相关性度量和信息量度量这两种重要指标，因而常用于遥感数字图像分类特征变量的判断与选择。

1) 最佳指数法

最佳指数法(optimum index factor，OIF)综合考虑了特征的标准差和相关性，其原理是图像数据的标准差越大，所包含的信息量也越多；而波段的相关系数越小，表明各波段的图像数据独立性越高，信息冗余度也就越小。其计算公式为

$$\mathrm{OIF}=\frac{\sum_{i=1}^{n}\sigma_i}{\sum_{j=1}^{m}\left|R_j\right|} \tag{8.28}$$

式中，n 为波段的分组个数，OIF 为从每组中各选出一个波段进行组合，所以 n 也是最终选择的波段个数，其分组原则是将相关性高的波段归为一组；σ_i 为 n 个波段中第 i 波段的标准差；m 为 n 个波段中两两波段间相关系数的总个数，取值为 C_n^2；R_j 为 m 个相关系数中的第 j 个。

OIF 的判断依据是，当某波段组合的 OIF 值最大时，该组合就是最佳波段组合。由于波长邻近的波段之间相关性较高，根据特征独立性原则常将多光谱数据划分为可见光波段组、近红外波段组和中红外波段组，再进行波段组合选择。

2) 波段指数法

标准差越大，表明波段的离散程度越大，所含的信息量越丰富；而波段的总体相关系数的绝对值越小，表明各波段的图像数据独立性越高，信息冗余度也就越小。波段指数的定义为，设 R_{ij} 为波段 i 和波段 j 之间的相关系数，根据 R_{ij} 的大小将多光谱数据分为 k 组，每组的波段数分别为 $n_1, n_2, \cdots, n_k$，则波段指数的计算公式为

$$P_i=\frac{\sigma_i}{R_w+R_a} \tag{8.29}$$

式中，P_i 为第 i 波段的波段指数；σ_i 为第 i 波段的标准差；R_w 为第 i 波段与其所在组内其他波段的相关系数的绝对值之和的平均值；R_a 为第 i 波段与其所在组外的其他波段的相关系数的绝对值之和。

波段指数法的判断标准是选择每组中波段指数最大的波段作为该组的最优波段，最后选出 k 个波段参与最终分类。

三、特征组合

特征组合涉及各个特征参与分类的先后顺序与权重两方面的内容。经过特征选择后形成的最优特征子集，对于某一具体分类问题，有些特征具有更好的区分能力，而另一些特征的区分

能力可能较弱，即各个特征对分类问题的贡献率不同。同时，这些特征在具体参与分类时，还可能会因为参与分类的先后顺序不一样而影响分类结果。

对于某些分类器而言，给不同特征赋予不同的权重再进行分类，则会得到不同的分类结果。如果 DEM 数据取值范围较大(远大于原始遥感灰度值范围)，坡度数据范围值较小，它们与 TM 传感器的多光谱数据一起作为特征参与分类，三者量纲不同，可能会导致明显不同的分类结果。处理方法可以将坡度、DEM 等数据拉伸到与原始光谱数据相近的数据范围。

决策树分类方法对特征组合的体现具有代表性。决策树的构建过程体现了各个特征变量出现的顺序，而且某一特征可能被多次使用，在分类过程中的贡献率不止一次，即它的权重相对于其他特征来说可能更大一些。在决策树的生成过程中，常用来表征特征重要度的指标主要有属性的信息增益率和特征贡献率等。

第三节　非监督分类

非监督分类也称聚类分析或点集群分类，是不加入任何先验知识，利用遥感图像特征的相似性，即自然聚类的特性进行的分类。分类结果区分了不同地物类别存在的差异，但不能确定类别的属性。类别的属性需要通过目视判读或实地调查后确定。

一、非监督分类概述

非监督分类的理论依据是：遥感图像上的同类地物在相同的表面结构特征、植被覆盖、光照等条件下，应当具有相同或相似的光谱特征，具有某种内在的相似性，理论上应归属于同一个光谱空间区域；不同的地物，其光谱信息特征不同，应归属于不同的光谱空间区域。其基本原理是：在事先不知道类别特征，也就是在没有先验类别作为样本的条件下，主要根据图像数据本身的统计特征及点集群分布特征，即像元间的相似性，从纯统计学的角度把像元按照相似性归成若干类别。其目的是使得属于同一类别的像元之间的差异(距离)尽可能小，而不同类别的像元间的差异尽可能大。因此，非监督分类不需要人工选择训练样本，仅需极小量的人工输入相关参数，计算机按照一定规则自动地将像元或空间等特征组成集群组，然后将每个集群组和参考数据比较，将其划分到某一类别中。非监督分类与监督分类的最大区别在于监督分类首先要确定类别，而非监督分类由图像数据的统计特征来决定，不需要事先给定类别。

由于没有利用地物类别的先验知识，非监督分类只能假设初始的参数，并通过预分类处理来形成类群，通过迭代使有关参数达到允许的范围为止。在特征变量确定后，非监督分类算法的关键是初始类别参数的选定。

非监督分类的基本过程如图 8.12 所示。

(1) 确定初始类别参数，即确定最初类别数和类别中心(点集群中心)。初始类别数根据分类目的、遥感数据及工作区实际类型等资料确定。

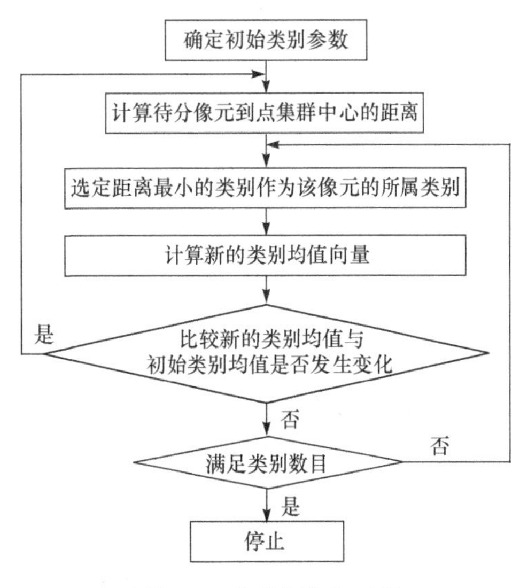

图 8.12　非监督分类过程

(2) 计算每个像元对应的特征向量到各点集群中心的距离。

(3) 选取距离最小的类别作为该像元所属类别。

(4) 计算新的类别均值向量，即将(3)的结果作为新类别的个体并计算其类别均值向量。

(5) 比较新的类别均值与初始类别均值，如果发生了改变，则以新的类别均值作为聚类中心，再从第(2)步开始进行迭代。

(6) 判别，计算归并后的类别数，若满足给定的类别数，则分类结束；若不满足，则重复上述(3)～(6)直到满足给定的类别数为止。

二、初始类别参数的选定方法

初始类别参数是指类别中心的图像特征的均值 M 及类别分布的协方差矩阵。常用的初始类别参数的选定方法有像元光谱特征比较法、总体直方图均衡定心法、最大最小距离选心法、局部直方图峰值定心法等。

1. 像元光谱特征比较法

首先，在遥感图像中定义一个抽样集，它可以是整幅图像的所有像元，也可以是按一定间隔抽样的像元；然后选定抽样集中任一像元作为第一个类别(初始类别)。给定一个光谱相似性比较阈值，依次把抽样集中每个像元的光谱特征与各初始类别的光谱特征进行比较，若该像元与其中一个初始类别相似，则作为该类中的一个成员；若不相似，则该像元作为一个新的初始类别。完成上述过程后，每个初始类别都包含了一定的成员，据此可计算各类中心的均值和协方差矩阵。像元光谱特征比较法具体过程见图 8.13。

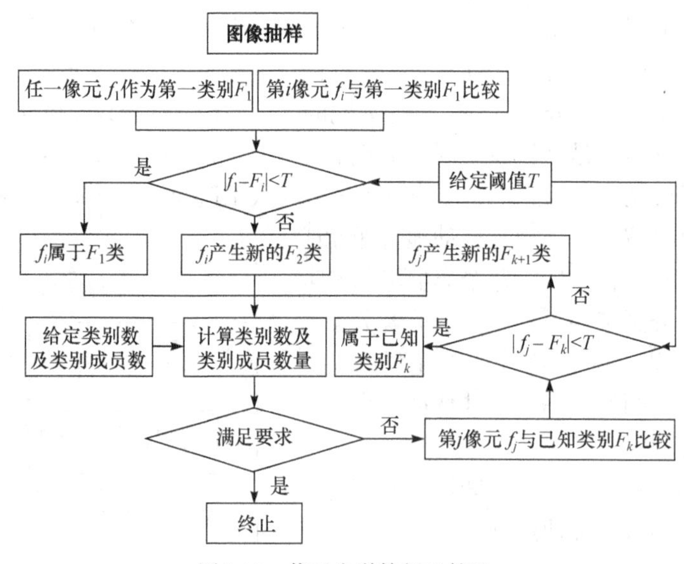

图 8.13 像元光谱特征比较法

2. 总体直方图均衡定心法

总体直方图均衡定心法是在总体直方图的基础上选定类别中心，主要分两步执行。

(1) 统计各波段总体直方图的均值和标准差，即计算多光谱图像各波段的均值 m_i 和标准差 σ_i $(i=1, 2, \cdots, k)$，k 为图像波段数目，即特征个数。

(2) 设初始类别数为 N，每个初始类别的中心位置 Z_j $(j=1, 2, \cdots, N)$ 可按式(8.30)确定：

$$Z_{ji} = m_i + \sigma_i[2(j-1)/(N-1)-1] \quad (i=1, 2, \cdots, k) \tag{8.30}$$

式中，m_i为均值；σ_i为标准差。

图 8.14 表示了 $N = 4$ 的初始类别中心。$Z_{1i} = m_i - \sigma_i; Z_{2i} = m_i - \sigma_i/3; Z_{3i} = m_i + \sigma_i/3$；$Z_{4i} = m_i + \sigma_i$。

不难证明，该方法所选定的初始类别中心是沿着通过整体集群中心的一条直线均匀散布的，并基本上包括在整体集群的范围之内。

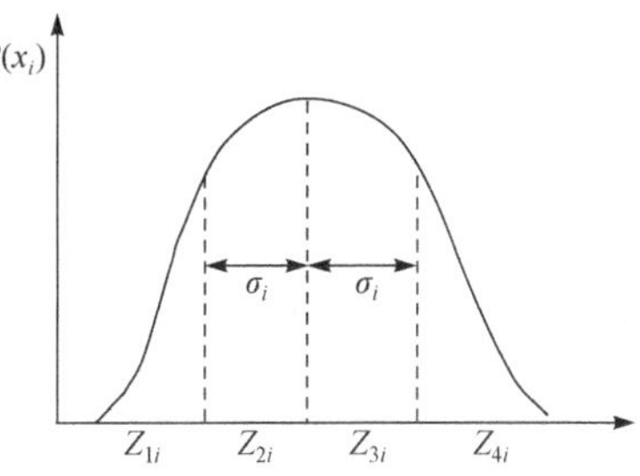

图 8.14　总体直方图均衡定心法

3. 最大最小距离选心法

该方法的原则是使各初始类别之间尽可能地保持最大距离，其效果优于像元光谱特征比较法和总体直方图均衡定心法。首先，在图像中按一定方式(如随机抽样、等间隔抽样)获取一个抽样像元集合$\{X\} = \{X_1, X_2, \cdots, X_n\}$，其中$n$为抽样个数。在图8.15中，设样本数为$n = 14$。

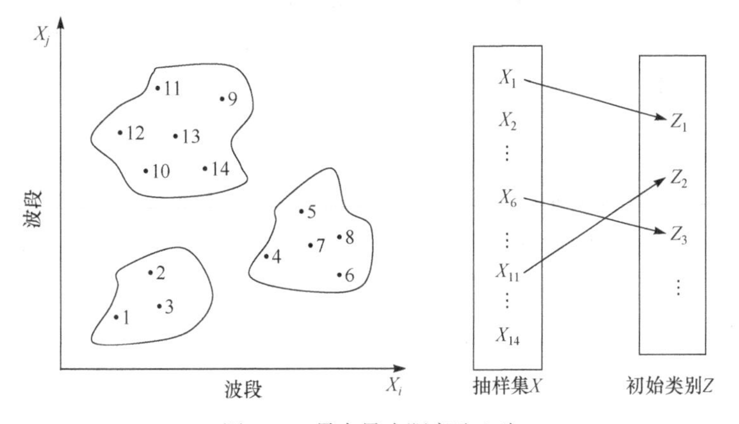

图 8.15　最大最小距离选心法

其次，按以下步骤确定类别中心：

(1) 取抽样集中任一像元(如X_1)作为第一个初始类别中心Z_1。

(2) 计算X_1与其他各抽样点之间的距离D。取距离最远的抽样点(如X_{11})作为第二个初始类别中心Z_2，即

$$D_{1k} = \max\{D_{12}, D_{13}, \cdots, D_{1n}\} \tag{8.31}$$

则

$$Z_2 = X_k \tag{8.32}$$

(3) 对于剩余的抽样点j，计算它到已有各初始类别中心的距离D_{ij} $(i = 1, 2, \cdots, m)$，m为已有初始类别数，并取其中的最小距离作为该点的代表距离D_j。

$$D_j = \min\{D_{1j}, D_{2j}, \cdots, D_{mj}\} \tag{8.33}$$

在此基础上，再对剩余点的最小距离D_j进行相互比较，取其中最大者对应的抽样点(如X_6)作为一个新的初始类别中心点(如$Z_3 = X_6$)。

(4) 重复以上步骤，直到初始类别的个数达到指定数目为止。

该方法与光谱特征比较法相比，不受阈值T的影响，与直方图方法相比，结果更接近实际

各类点集群的分布位置，所以这是一种较合理的方法。

4. 局部直方图峰值定心法

遥感图像直方图的分布是各地物类直方图叠加形成的，每个地物类别中心一般在本类别直方图的峰值位置，而该位置在图像的直方图中往往会表现为局部峰值。局部直方图峰值定心法以搜索直方图局部峰值为基础来选定初始类别的中心，其基本过程包括图像数据抽样集合的获取、建立直方图及搜索直方图局部峰值三个步骤。

图像各波段的亮度值是建立直方图的基础。为了减少数据量，通常采用按一定间隔的取样方法来获得图像的抽样数据集。依据抽样数据集，建立总体直方图，用以代表整幅图像的直方图。同时，为了保证被抽样数据的亮度为非噪声亮度，可以选定一个“纯度”阈值，当抽样像元亮度与周围像元亮度的差值超出该阈值时，应该将该像元摒弃。

三、非监督分类方法

非监督分类有多种方法，主要有*K*-均值算法，模糊*C*-均值算法，迭代式自组织数据分析算法(iterative self-organizing data analysis techniques algorithm，ISODATA)和等混合距离法。其中，*K*-均值算法和 ISODATA 算法效果较好、使用最多。在图像分类的初始阶段，可用非监督分类方法来探索数据的本来结构及其自然点集群的分布情况。

1. *K*-均值算法

K-均值(*K*-mean)算法也称为 *C*-均值算法，是一种动态聚类算法。其基本思想是：首先对样本集进行初始划分，通常是先按照某些规则选一些代表性像元作为聚类的初始中心，其次把其余的待分像元按照某种规则归属到各类别中，从而完成初始分类。初始分类完成后，需要重新计算各聚类中心，完成第一次迭代。然后，按照修改的聚类中心进行下一次迭代。修改方法是当一个像元按照某一规则归属到某一类别后，马上重新计算该类别的中心位置，并以新的中心位置进行下一次像元聚类，直到达到终止条件为止。可见，*K*-均值算法是一种典型的逐点修改的迭代动态聚类方法。

K-均值算法的聚类准则是使每一个分类中，像元点到该类别中心的距离的平方和最小。其收敛条件是对于图像中互不相交的任意一个类，计算该类中的像元值与该类均值差的平方和。将图像中所有类的差的平方和相加，并使相加后的值达到最小。

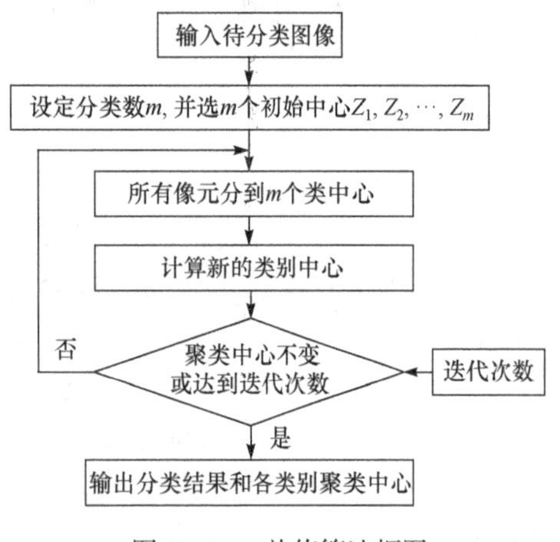

图 8.16　*K*-均值算法框图

设图像中总类别数为 m，各类的均值为 C，类内的像元数为 N，像元值为 f，那么，收敛条件是使得下式达到最小：

$$J=\sum_{i=1}^{m}\sum_{j=1}^{N_i}(f_{ij}-C_i)^2 \tag{8.34}$$

K-均值算法框图如图 8.16 所示。

计算步骤如下。

假设图像上的地物分为 m 类，m 为已知数。

第一步：根据确定的分类数，选取 m 个类的初始中心 $Z_1^{(1)}, Z_2^{(1)}, \cdots, Z_m^{(1)}$。初始中心的选择对聚类结果有一定的影响，使用如下几种方法。

(1) 根据问题的性质和经验确定类别数 m，从数据中找出直观上看比较适合的 m 个类的初始中心。

(2) 采用初始类别参数选定方法，确定类别中心。

(3) 将全部数据随机地分为 m 个类别，计算每类的重心并作为 m 个类的初始中心。

第二步：在第 k 次迭代中，对任一样本 X 按如下的方法把它调整到 m 个类别中的某一个类别中去。对于所有的 $i \neq j(i=1,2,\cdots,m)$，如果 $\left\|X-Z_j^{(k)}\right\|<\left\|X-Z_i^{(k)}\right\|$，则 $X \in S_j^{(k)}$，其中 $S_j^{(k)}$ 是以 $Z_j^{(k)}$ 为中心的类。

第三步：由第二步得到 $S_j^{(k)}$ 类新的中心 $Z_j^{(k+1)}$，$Z_j^{(k+1)}=\dfrac{1}{N_j}\sum\limits_{X \in S_j^k} X$，其中，$N_j$ 为 $S_j^{(k)}$ 类中的样本数。$Z_j^{(k+1)}$ 按照误差平方和 J 最小的原则确定。

第四步：对于所有的 $i=1, 2, \cdots, m$，如果 $Z_j^{(k+1)}=Z_j^{(k)}$ 或迭代次数达到要求，则迭代结束，否则转到第二步继续进行迭代。

K-均值方法的优点是实现简单，缺点是过分依赖初值且需要事先已知类别数，容易收敛于局部极值。该方法在迭代过程中没有调整类数的措施，产生的结果受所选聚类中心的数目、初始位置、类分布的几何性质和读入次序等因素影响较大。初始分类选择不同，最后的分类结果可能不同。在实际应用中，通常不使用随机方法初始化聚类中心，而是使用最大最小距离选心法、总体直方图均衡定心法、局部直方图峰值定心法等简单的聚类中心试探方法，找出较稳定的初始中心，以得到稳定的分类结果，提高分类效果。

2. 模糊 *C*-均值算法

模糊 C-均值(fuzzy C-means，FCM)算法是基于模数数学的相关理论，对 K-均值聚类算法进行改进后的一种分类方法。FCM 聚类准则与 K-均值聚类算法相同，即使得被划分到同一集群的像元之间相似度最大，而不同集群之间的相似度最小。它是在模式识别中常用的聚类方法，也是基于目标函数的模糊聚类算法理论中最完善、应用最广的一种算法。

相对于 FCM 算法，K-均值算法是一种硬分类，它将某一像元严格地划分到某个类别中，具有非此即彼的性质。而实际上遥感数据所反映的大多数地表覆盖类型在形态和类属方面存在模糊性，没有确定的边界来区分它们。这种情况在中、低空间分辨率遥感图像上更为明显。例如，林地和草地的边界、城镇和乡村的边界都是渐变的而不是确定的，因此需要考虑各像元属于某个类别的可能性(即隶属度)进行软分类，才能更好地区分地物。

FCM 是一种软分类，它通过计算各像元属于每个类别的隶属概率或隶属度，构建相应的模糊矩阵，从而实现图像分类。FCM 的基本思想可描述如下。

给定数据集 $X=\{x_1, x_2, \cdots, x_n\}$ 为 n 元数据集合，$x_j \in R^s$，即数据集合 X 中第 j 个元素是一个 s 维向量；即 $x_j=\{x_{j1}, x_{j2}, \cdots, x_{js}\}\ (j=1,2,\cdots,n)$。FCM 就是要将 X 划分为 C 类($2 \leqslant C \leqslant n$)，其中 $v=\{v_1, v_2, \cdots, v_n\}$ 为 C 个聚类中心。在模糊划分中，每一个样本点不是严格地被划分到某一类，而是以一定的隶属度属于某一类。令 u_{ij} 表示第 j 个样本点属于第 i 类的隶属度，其满足式(8.35)所示条件。

$$\sum_{i=1}^{c} u_{ij}=1 \quad (0 \leqslant u_{ij} \leqslant 1) \tag{8.35}$$

在 FCM 聚类算法中，隶属度矩阵和聚类中心分别为 $U=\{u_{ij}\}$ 和 $V=\{v_{ij}\}$，FCM 的目标函数为

$$J(U,V)=\sum_{i=1}^{c}\sum_{j=1}^{n}u_{ij}^{m}d_{ij}^{2} \tag{8.36}$$

式中，d_{ij} 为样本 x_j 与聚类中心 v_i 之间的距离；$m\geqslant 1$ 为模糊加权参数，表示控制分类矩阵 U 的模糊度，m 越大则分类的模糊程度越高。

FCM 算法是在满足式(8.35)和 $0<\sum_{j=1}^{n}u_{ij}<1$ 的条件下求解式(8.36)的最小值的过程，该过程是反复修改聚类中心矩阵和隶属度矩阵的分类过程。

对指定数据集进行 FCM 聚类时需要指定聚类类别数 C 和模糊加权参数 m，这两个关键参数直接影响聚类的有效性且没有一个公认的参数选择指导原则。一般而言，聚类类别数 C 根据分类效果和分类问题的先验知识确定，模糊加权参数 m 可直接采用推荐值 2。

3. ISODATA

ISODATA 即迭代式自组织数据分析算法，简称迭代法。这是一个最常用的非监督分类算法，在大多数图像处理系统或图像处理软件中都有这一算法。

ISODATA 与 K-均值算法有以下几点不同：第一，它不是每调整一个样本的类别就重新计算一次各类样本的均值，而是在把所有样本都调整完毕后才重新计算，前者称为逐个样本修正法，后者称为成批样本修正法。第二，ISODATA 不仅可以通过调整样本所属类别完成样本的聚类分析，而且可以自动地进行类别“合并”和“分裂”。“合并”操作就是当聚类结果中某一类中样本数太少，或两个类间距离太近时，进行合并。“分裂”操作是当聚类结果中某一类的某个特征类内方差太大时，进行分裂。第三，ISODATA 增加了一些针对聚类后的合并和分裂的控制参数，从而得到类数比较合理的聚类结果。例如，设置类别内各特征变量分布的相对标准差上限，如果超过该上限值，该类别就应该被“分裂”；设置每一类允许的最少样本数量，如果类别内样本数小于该值，该类别将会被“合并”；设置两类中心的最小距离下限，如果小于下限值，这两个类别也会被“合并”。

ISODATA 的主要步骤见图 8.17，算法描述如下。

(1) 控制参数设置。K 为预期的类别数目；N_c 为初始聚类中心个数(可以不等于 K)；TN 为每一类中允许的最少样本数目；TE 为类别内各特征变量分布的相对标准差上限；TC 为两类中心间的最小距离下限；NT 为在每次迭代中最多可以进行“合并”操作的次数；NS 为允许的最多迭代次数。

(2) 按距离最小规则将所有样本分配到各聚类中心所代表的类别。

(3) 依据 TN 判断合并：如果 w_i 类中的样本数 $N_j<\text{TN}$，则取消该类的中心 z_j，$N_c=N_c-1$，转至(2)。

(4) 计算分类后各类别的重心 W、类内平均距离 D_i 及总体平均距离 D_{mean}。

(5) 判断停止、分裂或合并。

若迭代次数 $I_p=\text{NS}$，则算法结束；若 $N_c\leqslant K/2$，则转(6)(将一些类分裂)；若 $N_c\geqslant 2K$，则转至(7)(跳过分裂处理)；若 $K/2<N_c<2K$，当迭代次数 I_p 为奇数时转至(6)(分裂操作)，迭代次数 I_p 为偶数时转至(7)(合并操作)。

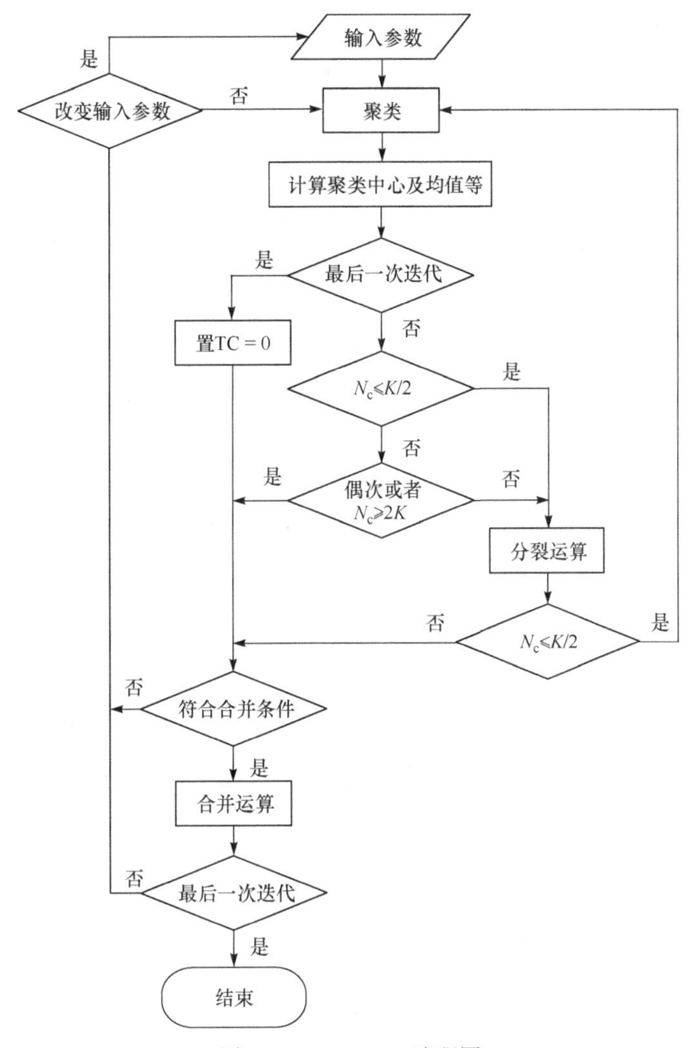

图 8.17　ISODATA 流程图

(6) 分裂操作。求出每一类内标准差向量 σ_j 中的最大分量 σ_{max}，若存在 $\sigma_{max} > \text{TE}$ 且 $D_i > D_{mean}$、$N_j > 2(\text{TN}+1)$(或 $N_c \leqslant K/2$)时，该类 w_j 分裂为两个类，原 z_j 取消且令 $N_c = N_c + 1$。两个新类的中心 z_{j+} 和 z_{j-} 分别是在原 z_j 中相应的分量上加上和减去 $k\sigma_{max}(0 < k \leqslant 1)$，而其他分量不变。分裂后，$I_p = I_p + 1$ 并转至步骤(2)。

(7) 合并处理。计算各类中心间的距离 $D_{ij}(i = 1, 2, \cdots, N_c - 1;\ j = 1, 2, \cdots, N_c)$。将 D_{ij} 与 TC 比较，并将小于 TC 的那些 D_{ij} 按递增次序排列，取前 NT 个。从最小的 D_{ij} 开始，将相应的两类合并，并计算合并后的聚类中心。在一次迭代中，某一类最多只能合并一次。$N_c = N_c -$(已合并掉的类别数)。

(8) 如果迭代次数 $I_p = \text{NS}$ 或过程收敛，则算法结束。否则，$I_p = I_p + 1$，若需要调整参数，则转至步骤(1)；若不改变参数，则转至步骤(2)。

4. 等混合距离法

等混合距离分类法(ISOMIX)与系统聚类法相反，它首先将所有像元看作一类，然后进行不断的分裂，最后得出分类结果。其基本思想是：先确定各类特征分组中心，然后计算待分类像元到各类特征分组中心的距离，在给定的某种阈值条件下，到某类分组中心的混合距离最小即认为待分像元属于此类。

假设一个类别的均值为 $M_i(i=1,2,\cdots,N)$，标准差为 $\sigma_i(i=1,2,\cdots,N)$，N 为类别数，则这个类别在分裂为两个波段后的聚类中心为

$$M_1=\begin{bmatrix} M_1-\sigma_1 \\ M_2-\sigma_2 \\ \vdots \\ M_N-\sigma_N \end{bmatrix} \qquad M_2=\begin{bmatrix} M_1+\sigma_1 \\ M_2+\sigma_2 \\ \vdots \\ M_N+\sigma_N \end{bmatrix} \tag{8.37}$$

两个像元 X 和 Y，x_i 和 y_i 表示其第 i 波段的灰度值，它们之间的混合距离定义为

$$D=\sum_{i=1}^{n}|x_i-y_i| \tag{8.38}$$

式中，D 为 n 个波段两个聚类中心的混合距离。如果每次分裂后两个聚类中心相近，则合并这两个聚类中心。合并的准则是利用两个聚类中心的欧氏距离来判定。如果距离小于事先设定的阈值，则合并两个聚类，距离 DI 表示为

$$\mathrm{DI}=\sqrt{\sum_{i=1}^{n}(\mathrm{class1}_i-\mathrm{class2}_i)^2} \tag{8.39}$$

以标准差作为分裂的阈值，以类别之间的距离作为合并的条件阈值，在整个过程中通过不断的“分裂—合并—分裂”最终达到分类的目的。具体算法步骤如下。

(1) 设定最大聚类数目、组内最小样本数、分裂阈值和合并阈值等。

(2) 首先认定整个图像为一个类别，计算其均值和标准差。

(3) 重复下面的运算，直到达到最大聚类数目或类别不能再分裂：①计算每个类别的均值和标准差；②如果类别标准差大于设定阈值，则分裂该类别；③如果聚类中两个类别的中心距离小于设定的合并阈值，则合并两个类别；④根据新得到的类别中心，利用混合距离重新划分图像数据到不同的类别。当算法收敛后就可以得到新的聚类中心时，完成等混合距离的聚类。

四、非监督分类的特点

1. 非监督分类法的优点

非监督分类法的主要优点表现为：

(1) 非监督分类不需要预先对所要分类的区域有广泛的了解和熟悉，而监督分类需要对所研究区域有很好的了解才能选择训练样本。但是，在非监督分类中仍需要有一定的知识来解释非监督分类得到的类别。

(2) 人为误差的机会减少。非监督分类只需要定义几个预先的参数，如类别数量、最大最小像元数量等；监督分类所要求的决策细节在非监督分类中都不需要，因此大大减少了人为误差。即使对分类图像有很强的看法偏差，也不会对分类结果有很大的影响。因此非监督分类产生的类别比监督分类所产生的类别内部更均质。

(3) 独特的、覆盖量小的类别均能够被识别，而不会像监督分类那样受训练样本选择或人为因素影响而丢失。

2. 非监督分类法的缺点

由于非监督分类对“自然”分组的依赖性及分类结果的光谱类别与信息类别的不一致性，

其分类结果体现出明显的局限性。

(1) 非监督分类形成的光谱类别与信息类别并不完全一一对应，因此需要通过目视判读建立两者之间的对应关系。

(2) 有时较难对产生的类别进行控制，人们的知识不能介入分类操作之中，因而产生的类别也许并不能让分析者满意。

(3) 图像中各类别的光谱特征会随时间、地形等变化，不同图像及不同时段的图像之间的光谱类别无法保持其连续性，从而使不同图像之间的对比变得困难。

第四节　监 督 分 类

一、监督分类概述

1. 监督分类的基本过程

监督分类是根据已知类别的样本像元识别其他未知类别像元的过程。

监督分类的基本过程是：首先根据已知样本类别和类别的先验知识确定判别准则，确定或设计并计算判别函数，然后将未知类别的样本数据代入判别函数，依据判别准则对该样本所属的类别进行判定。在这个过程中，利用已知类别样本的特征值求解判别函数的过程称为“学习”或“训练”，而利用判别函数判定未知样本类别的过程称为“分类”或“测试”。监督分类的基本过程如图 8.18 所示。

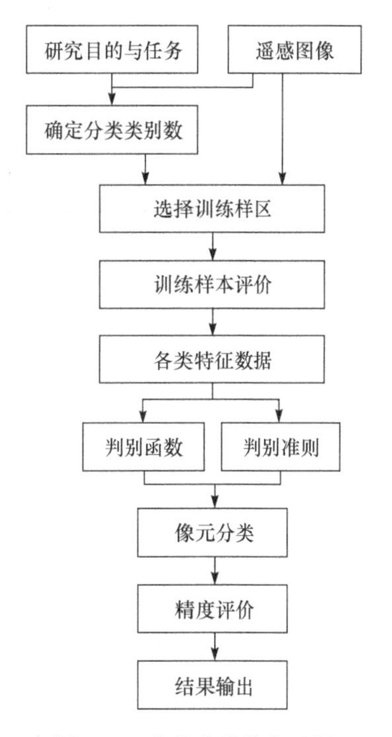

图 8.18　监督分类基本过程

2. 监督分类的主要方法

监督分类的算法很多，一些算法是基于感兴趣类别的概率分布，计算每类训练区的各种灰度特征，包括灰度平均值、均方差、纹理、波段间灰度值比例等特征，然后依据这些特征对图像各像元进行归类，完成分类任务。另一些算法则将整个多光谱空间划分为几个只包含某一特定类别的区域，这些区域以一些最佳平面作为分界。

监督分类的主要方法有：平行六面体法、最小距离法、最大似然法、光谱匹配分类法、最近邻法、决策树法等。

二、训练样本的选择与评价

训练区用来确定图像中已知类别像元的特征，这些特征对于监督分类来说是必不可少的。数量充足且有代表性的训练样本是成功分类的先决条件。训练样本在监督分类中的作用是获得待分类地物类型的特征光谱数据，建立判别函数，作为计算自动分类的依据。因此正确选择训练样区至关重要，其质量直接影响分类成果的可靠性。

在建立训练区之前，首先要根据工作要求收集研究区资料，包括地形图、土地利用现状图、土壤图、植被图、行政区划图等，以便确定分类对象和分类体系。

1. 训练样本的来源

在选择训练样区之前，解译者应该对研究区域有一定的了解并对遥感图像的特征有一定的认知。训练样区的来源主要有以下两种：第一，通过全球导航卫星系统(GNSS)实地记录的样本定位和属性信息；第二，在遥感图像上直接选取每一类别代表性的像元区域或是由用户指定一个中心像元，计算机自动评价其周边像元，选择与其相似的像元作为训练样区。

2. 训练样本的选择

选择的训练样本应能准确地代表整个区域内每个类别的光谱特征。

第一，训练样本的种类上要与待分区域的类别一致。

第二，训练样本的数目应能够提供各类足够的信息，能够克服各种偶然因素的影响，并能满足建立分类用判别函数的要求。样本数目与所采用的分类方法、特征空间的维数及各类别的空间分布有关。例如，最大似然法的训练样本个数至少要 $n+1$ 个(n 是特征空间维数)，才能保证协方差矩阵的非奇异性。一般情况下，每一类的训练样本个数至少是特征空间维数的 10～30 倍，当研究区域地物各类别的内部差异较小时，可以适当减少训练样本的数量。对于高维数据而言，随着维数的增加，所需训练样本的数量增多，只有足够的训练样本数据才能达到较高的分类结果。在样本数据有限的情况下，如果数据维数很高，分类精度在特征维数增加到一定数量后，会随着维数的增加而下降，解决方法是增大样本训练数量或对高维数据进行降维处理。

第三，训练的样本数据与分类图像在时间和空间上保持一致性，才能确定两者之间的对应关系。

第四，各训练样本必须与采用的分类方法所要求的分布一致。如果最大似然法假设各变量呈正态分布，训练样本也应尽量满足这一要求。同时，训练样本应该能代表研究区内各分类类别的特征差异，对于绝大多数分类器而言，同一类别的训练样本必须纯净(即不能包含其他类别)，所以训练样本应尽可能在各类目标地物分布区的中心选取。但对于 SVM 分类器而言，使用分布在类别边缘的混合像元训练样本可以获得比使用纯净训练样本更高的分类精度，因为类别边缘的混合像元训练样本有助于形成最优的决策边界(即超平面)。

在样本采集时，一般采用小区域连续采集、全局均匀分布的采集策略，这样既能满足样本的数量要求，又可以控制整个区域的类别特征。当同一类别在研究区内表现出不同的光谱特征时，需要选择分层采样，即把同一类别按照多个亚类别分别采集；或者根据不同的环境因子把图像分割成不同的子区域，然后在各个子区域分别采集训练样本，也称地理分层抽样。

3. 训练样本的评价

训练样本采集完成后，需要评价样本的质量，主要计算各类别训练样本的基本光谱特征信息，通过每个类别样本的基本统计值(如均值、标准方差、最大值、最小值、方差、协方差矩阵等)检查训练样本的代表性，判断其是否能表现不同类别的光谱特征，即不同类别的光谱特征的分离程度。如果两个类别样本特征向量的分离程度较小，应该重新选择训练样本；混分现象严重时，应该考虑把两个类别合并。训练样本质量评价主要有图表法和统计测量法两类。

1) 图表法

图表法是将训练样本的频数、均值、方差等绘制成线状或散点图，目视评价各类别训练样本的分布、离散度和相似性。常用的图表法包括均值图法、直方图法、特征空间多维图法等。

均值图法是把各类别在不同特征空间的样本点特征值求平均，构建一个折线图来判断不同类别在不同特征空间的分布情况。

直方图法是一种最简单的图表法。直方图可以显示不同样本的亮度值分布，通常训练样本的亮度值越集中，其代表性越好。因为多数参数分类器都假设正态分布，所以每类训练样本在每个波段的直方图应该趋于正态分布，只能有一个峰值。当其直方图有两个峰值时，则说明所选的训练样本中包含两种不同的类别，需要重新选择训练样本或对所选的训练样本重新赋予类别。有时也同时显示不同类别的样本在同一波段上的直方图以检查各样本之间的分离性，如果同一波段的不同类型样本直方图互相重叠，说明这两个训练样本均不具有代表性，需要重新选择、确定类别或合并类别。

特征空间多维图法是一种广泛用于评价训练样本的方法。该方法把训练样本的光谱特征向量显示在二维或三维窗口中，以直观地展现所有样本的光谱特征分布状态。在二维特征空间中，常常表现为椭圆形图，这些椭圆的重叠程度反映了类别之间的相似性。重叠程度越大，说明两个类别越难以区分。

2) 统计测量法

统计测量法是利用统计方法来定量评价训练样本之间的分离性。目前主要采用转换离散度、J-M 距离法来衡量训练样本的可分离性。

转换离散度和 J-M 距离的性质相似，这两个参数的取值范围都为 0.0～2.0。一般情况下，当参数大于 1.9 时，说明两个样本之间分离性好，属于可分类样本；当参数介于 1.7～1.9 之间时，样本也能较好地被区分；当参数小于 1.7 时，样本分离性不是很好，需要重新考虑样本；当参数小于 1.0 时，样本具有很强的相似性，可考虑将两个样本合并为一类。

总体而言，对于不同情况和数据源，监督分类中训练样本的选择和评价方法可能会不同，应该根据具体情况选择最方便、最有效的评价方法。一般情况下，遥感图像分类软件中会提供转换离散度和 J-M 距离的工具，可以定量地评价样本质量，一般适用于正态分布的样本；图表法可以直观地看出样本的可分性，但无法给出定量的参数，常在实验中使用。

4. 训练区的调整

在监督分类中，对训练样区的调整与优化具有十分重要的作用。选取的样区不同，分类结果就会有差异，甚至差异较大。

每一类别应选取多个分布在图像不同部位的训练区，但切勿选到过渡区或其他类别中。每个样区的样本数(像元数)视该类别分布面积大小而定。每类的样本数不能太少，至少应超过变量数，否则会降低分类的可信度。初选后应进行仔细的检验和反复的调整优化。具体方法如下。

(1) 对初选的训练样本区进行统计分析，从统计数据或波谱曲线图中观察各样本区的波谱特征是否符合该地类的一般波谱变化规律，剔除那些离散性过大的样本。

(2) 检查各类样本聚类中心分布状况，如果各类别的聚类中心较分散，而同类样本都聚集在该类别中心周围，表明这些样本都比较纯，代表性高。如果情况相反，那些混入别类分布区的样本必然导致错分误判，应该剔除。剔除后如果某些类别样本不够，应该补选。

(3) 训练样区经过初步调整优化后，进行样区分类检验，并分析分类检验报告，对某些分类精度不高的样本应做进一步的调整优化，直至检验报告中错分率明显降低为止，此时优化训练样区的工作基本完成，可以对研究区的整幅图像进行实际的分类处理。

还应该指出，在这种情况下获得的分类结果也不一定都很好，仍可能出现错分或漏分现象。因为训练样区只从像元波谱的代表性着眼，其假设遥感图像都较严格地对应于地物属性。实际上，同物异谱或异物同谱的现象并不鲜见。例如，同一农田，灌溉与否，土壤湿度差异很大；因作物品种、栽种日期、施肥管理水平不同，作物长相、生物量会有明显差别；处于阴阳坡的同类地物，照度不同，图像灰度自然不一，这些都必然造成错分。应采取先细分后归并的对策，即依据灌溉地、非灌溉地，阴坡、阳坡，作物品种类别、长势等导致波谱差异情况，在同一类内分组采样训练和分类，然后再进行归并。

对于异物同谱和近谱所导致的误分，如果这些异物各有一定的地理分布规律，可以采用地理控制法来纠正。例如，高层建筑的阴影与水塘、小河，高山草甸、低矮灌木与山坡中下部的草地林木，干旱区山前洪积扇形成的戈壁滩与平原碱化土等，单依靠光谱分类难免错分，但按地理分区(包括高程分带)进行分类，或分类后再按地域进行后处理能显著提高分类的精度。

还可能出现一种情况，即选取的训练样区未能包括所有的地物类别，以至分类后遗留下一些无类可归的像元。对此，如果分类目的不是普查性质，有探测重点，那么可以把这些无类可归的像元组成一个新的未知类来对待，这样最简单省事，当然也可以根据最近距离原则把这些像元归到已知类别中去。现有商业化的遥感图像软件一般都有这种消除漏分拒分像元的功能。至于对分类精度的影响如何，需具体分析。

三、监督分类方法

1. 平行六面体法

平行六面体(parallel piped)法又称盒式分类器，有时也称等级分割分类器，或者称平行六面体分类器(高维盒式分类器)，是一种最简单的监督分类器。

在二维即两个波段的情况下，各类训练样本的特征向量产生各自的矩形；在三维即三个波段的情况下，各类训练样本的特征向量产生真正的盒子；在多维即多个波段的情况下，各类训练样本的特征向量分别产生多维的盒子。

该方法的亮度值取值范围不是以样本的最大值和最小值来划分，而是以样本的均值和标准差来划分。每一个盒子为一类，盒子的中心是训练样本的均值向量，盒子的边界由样本类的标准差乘以分类者确定的系数来限定(图 8.19)。

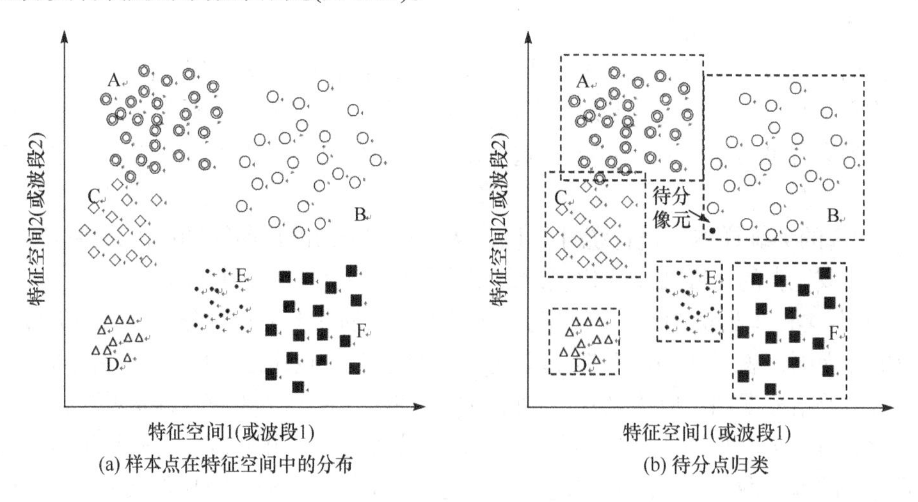

图 8.19　平行六面体法

设类别总数为 N_c，遥感图像波段的均值为 $M_i(i=1,2,\cdots,p)$，标准差为 S_i。对于 i 波段的像元值 x_i，进行如下比较：

$$\left|x_i - m_{ij}\right| < T \cdot S_{ij} \tag{8.40}$$

式中，$j=1,2,\cdots,N_c$；T 为人为设定阈值(一般取 1～3)。当满足条件时，当前像元归入 j 类。

该方法从大概率分布出发，采用 T 倍的标准差作为可信的分类边界，T 越大则类的范围越大。

这种方法的优点在于简单、快速，缺点在于波段之间相关或协方差高的类别易导致判定区域的相互重叠。当训练样本的亮度值范围不属于任何类别定义的亮度值范围时，会造成较多像元不属于任何类别的情况，需要继续利用其他算法进行分类，从而增加工作量。改进方法是把一个自然点集群分割为几个较小的平行多面体使之更加逼近实际的概率密度分布，从而提高分类的准确性。平行六面体法要求分割面与各特征轴正交，如果各类别在特征空间中呈倾斜分布，分类误差会较大。因此，运用该方法分类时，需要先进行 PCA，或采用其他方法对各轴进行相互独立的正交变换，然后再进行分类。

在多维空间中形成的数据集并非都沿着每一维(每个波段)数据的数轴方向分布，因而就将平行于各维数轴的盒子(立方体)的概念，修改为多维空间中方向较自由(可平行于数轴)的平行六面体概念。这种平行六面体的各个面不一定是矩形，而是平行四边形，但其分类的原则仍是盒式分类器的思想，因而平行六面体分类器更适合于高维遥感图像。

2. 最小距离法

最小距离(minimum distance)法是一种简化的分类方法，前提是假定图像中各类地物光谱信息呈多元正态分布，每一个类在 K 维特征空间中形成一个椭球状的点集群，依据像元距各类中心距离的远近决定其归属。

假设 K 维特征空间存在 m 个类别，某一像元 x 距哪类距离最小就判归哪类，即

$$d_i = \min_j d_{xj} \quad (j = 1, 2, \cdots, m) \tag{8.41}$$

式中，j 为类别序号；d_{xj} 为待分像元 x 到类 j 中心的距离，常用的有欧氏距离和马氏距离。

计算流程为：假定有 N_c 个类别，分别确定各个类别的训练区；根据训练区计算每个类别的平均值，作为类别中心；计算待判像元 x 与每一个类别中心的距离，并分别进行比较，取距离最小的类作为该像元的分类。依此方法逐个对每个像元判别归类。

最小距离法与非监督分类方法的统计量和分类原理是一致的。不同的是，监督分类是通过事先训练样本的方式确定类别数和类别中心，然后再进行分类。分类的精度取决于训练样本的准确与否。

最小距离法的优点是处理简单，计算速度快，可以在快速浏览分类概况中使用。缺点是分类精度不高，需要较多的训练样本以统计各类别的均值向量。

3. 最大似然法

1) 最大似然法的基本原理

在多类地物识别时，常采用某种统计方法建立一个判别函数，然后根据这个判别函数计算各待分类样本的归属概率，样本属于哪一类的概率最大就判定其属于哪一类，这就是最大似然(maximum likelihood)法。

最大似然法判别函数属于统计模式识别的参数方法，该方法要用到各类别的先验概率 $P(\omega_i)$ 和条件概率密度函数 $P(X \mid \omega_i)$(也称 ω_i 的似然概率)。其中，先验概率 $P(\omega_i)$ 通常根据先验知识获得(如样本的统计计算)或假定它们相等；而条件概率密度函数 $P(X \mid \omega_i)$ 则是首先假设其分布形式，然后利用训练样本计算分布函数的各个参数。若假设 $P(X \mid \omega_i)$ 服从正态分布，则贝叶斯分类器可转化为最小距离分类器进行分类。

把某个特征矢量 X 落入某类集群 ω_i 的条件概率密度函数 $P(X \mid \omega_i)$ 当成分类判别函数(概率判别函数)，把 X 落入某类集群的条件概率最大的类作为 X 的类别，这种判别规则就是贝叶斯

判别准则。最大似然法是基于贝叶斯准则的分类错误概率最小的一种非线性分类，也是应用最广泛的监督分类方法之一。如果各个类别训练区的特征服从正态分布，最大似然分类具有最好的分类结果。

假设遥感图像有 k 个地物类别，第 i 类地物用 $\omega_i(i=1,2,\cdots,k)$ 表示，每个类别发生的先验概率为 $P(\omega_i)$。设有未知类别的样本 X，在 ω_i 类中出现的条件概率密度函数为 $P(X\mid\omega_i)$，则根据贝叶斯公式可以得到样本 X 出现的后验概率 $P(\omega_i\mid \mathrm{X})$ 为

$$P(\omega_i\mid X)=\frac{P(X\mid\omega_i)P(\omega_i)}{P(X)}=\frac{P(X\mid\omega_i)P(\omega_i)}{\sum_{i=1}^{k}P(X\mid\omega_i)P(\omega_i)} \tag{8.42}$$

式中，$P(\omega_i)$ 为 ω_i 类出现的概率，也称先验概率；$P(X\mid\omega_i)$ 为在 ω_i 类中出现 X 的条件概率；$P(\omega_i\mid X)$ 为 X 属于 ω_i 类的后验概率。

因为 $P(X)$ 对每个类别都是一个常数，所以，判别函数可以简化为

$$P(\omega_i\mid X)=P(X\mid\omega_i)P(\omega_i) \tag{8.43}$$

由此可以得到贝叶斯判别准则：如果 $P(\omega_i\mid X)=\max_{j}^{k}P(\omega_j|X)$，则 $X\in\omega_i$。

贝叶斯分类器以样本 X 出现的后验概率为判别函数来确定样本 X 的所属类别。

2) 最大似然法分类的类型

根据先验概率信息可以将最大似然法分为以下三种类型。

(1) 没有先验概率的最大似然分类。实际中有时候缺少用来判断图像中哪一类会比其他类出现概率大的先验信息。通常假定 $P(\omega_i)$ 对每类均取相等的值，即每一类先验概率相同，所以后验概率 $P(\omega_i\mid \mathrm{X})$ 仅依赖于条件概率密度函数 $P(X\mid\omega_i)$。即判别函数为

$$P(\omega_i\mid \mathrm{X})=P(X\mid\omega_i) \tag{8.44}$$

其判别规则为：将未知像元划分到第 i 类，当且仅当

$$P(X\mid\omega_i)\geqslant P(X\mid\omega_j)\quad (i\neq j) \tag{8.45}$$

(2) 具有先验概率信息的最大似然分类。在大多数遥感应用中，某些地类出现的概率会大于其他类别。可以根据前期统计资料或实地考察，获得主要地物类型的分布概率。如某研究区域主要地物类型出现概率为：P(耕地)$=P(\omega_1)=0.3$，P(林地)$=P(\omega_2)=0.35$，P(建设用地)$=P(\omega_3)=0.2$，P(水域)$=P(\omega_4)=0.1$，P(未利用地)$=P(\omega_4)=0.05$。

有了这些信息，就可以通过采用合适的先验概率对每类进行加权，将这种有价值的先验知识纳入分类规则中。其判别规则为，将未知像元划分到第 i 类，当且仅当

$$P(\omega_i\mid X)=P(X\mid\omega_i)P(\omega_i)\geqslant P(\omega_j\mid X)=P(X\mid\omega_j)P(\omega_j)\quad (i\neq j) \tag{8.46}$$

(3) 基于正态分布概率密度函数的最大似然分类。地物在特征空间的聚类通常用特征点(或其他相应随机矢量)分布的概率密度函数 $P(X)$ 表示。从使用角度来看，如果特征空间中某一类的特征点较多地分布在该类均值附近，远离均值的点较少，此时假设特征点的统计分布属于正态分布是比较合理的，其概率密度函数可表达为

$$P(X)=\frac{|\Sigma|^{-1/2}}{(2\pi)^{n/2}}\exp\left[-\frac{1}{2}(X-M)^{\mathrm{T}}\cdot\sum{}^{-1}(X-M)\right] \tag{8.47}$$

其中，X为特征向量，即$X=[x_1,x_2,\cdots,x_n]$；$M=[m_1,m_2,\cdots,m_n]$为均值向量。

将式(8.47)代入式(8.43)，并简化后有贝叶斯判别函数：

$$P(\omega_i \mid X)=-\frac{1}{2}(X-M_i)^{\mathrm{T}}\cdot\sum_i^{-1}(X-M_i)-\frac{1}{2}\ln\left|\sum_i\right|+\ln P(\omega_i) \tag{8.48}$$

贝叶斯判别准则为，若对于所有可能的$j=1,2,\cdots,m\,(j\neq i)$，有$P(\omega_i \mid X)\geqslant P(\omega_j \mid X)$，则$X$属于$\omega_i$类。

3) 最大似然法的错分概率

贝叶斯分类器实际上是通过把观测样本的先验概率转化为它的后验概率，以此确定样本的所属类别。按照贝叶斯分类器对样本进行分类，其优越性在于能利用各类型的先验性分布知识及其概率，使错误分类的概率最小。

设$d_i(X)=P(\omega_i \mid X)$，并假设有两类地物，其概率判别函数的判别边界为$d_1(X)=d_2(X)$。当使用概率判别函数进行分类时，不可避免地会出现错分现象，分类错误的总概率是类别判别分界两侧做出不正确判别的概率之和，由后验概率函数重叠部分下的面积给出，如图 8.20 所示。贝叶斯判别边界使这个数错误最小，因为这个判别边界无论向左还是向右移动都将包括不是 1 类便是 2 类的一个更大的面积，从而增加总的错分概率。由此可见，贝叶斯判别规则是错分概率最小的最优准则。

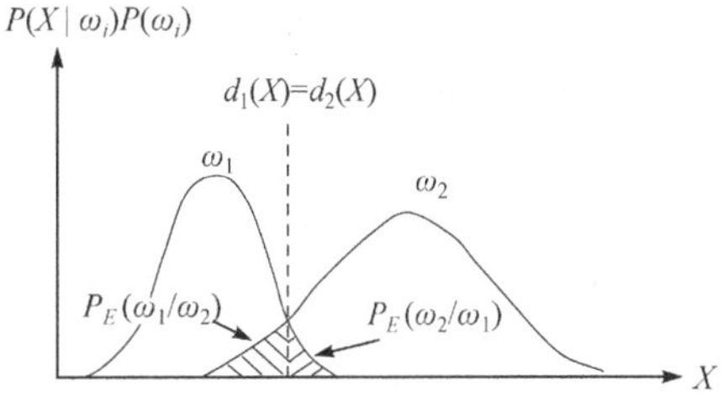

图 8.20　最大似然法分类的错分概率

4) 最大似然法与最小距离法的错分概率比较

在一维特征空间条件下，设有两类ω_1和ω_2，其后验概率分布如图 8.21 所示。其中，最小距离法以欧氏距离或计程距离为例。从图中可以看出，最大似然法总的错分概率小于最小距离法总的错分概率。马氏距离不仅与均值向量有关，还与协方差矩阵有关，相对比较复杂，其判别边界有可能不是两个均值向量的中点，其判别边界与集群的分布形状大小有关。

最大似然法考虑了各类别在不同特征变量上的内部方差及相关性，有效地解决了训练样本重叠区的类别归属问题，弥补了平行六面体法和最小距离法对该问题处理的不足。但是，如果两个以上的特征变量之间具有强相关性，那么协方差矩阵的逆矩阵可能不存在，所以在选择特征变量时应该注意该问题，最好选择相关性低的特征变量组合来参与分类。

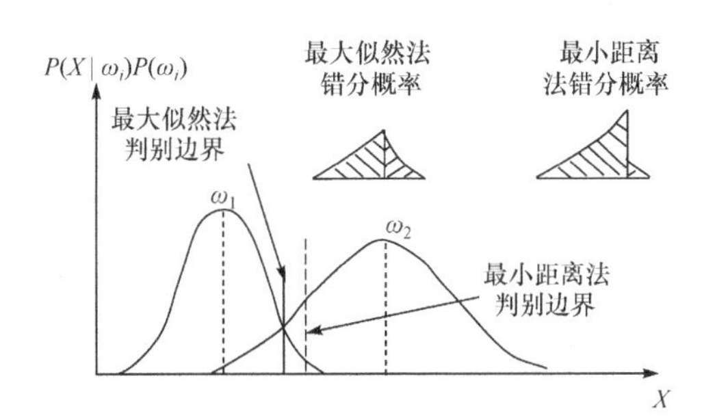

图 8.21　最大似然法和最小距离法判别边界及错分概率

4. 光谱匹配分类法

光谱匹配分类法通过对图像中的光谱曲线与目标光谱(参考光谱)曲线相似性或差异性的评估，分析对象像元的地物类别属性。参考光谱可以是定标后的实地或实验室光谱辐射计数据，或者采用端元分析法得到的端元光谱。该类方法主要依据高光谱数据特有的海量波谱特征，能够有效避免监督分类方法中训练样本与特征维数的关系问题，并主要适用于高光谱数据分类，主要包括光谱曲线匹配分类、光谱角匹配分类和二进制编码分类三种方法。

1) 光谱曲线匹配分类

高光谱遥感图像的光谱曲线匹配有两种方法。

方法一是将样本光谱的全部或者某一部分进行光谱曲线的特征函数拟合，通过计算像元光谱与样本光谱特征函数之间的拟合度来计算像元光谱隶属于某一样本的概率，如植被倒高斯模型、光谱吸收谷的函数模拟等，都可以用来分析获得待分类像元的光谱属性。

方法二是直接计算样本光谱矢量与每个像元光谱矢量之间的线性相似度，对于同一类地物具有很高的线性相似度，而对于非同一类地物则具有较低的线性相似度。假设样本 A 光谱的反射率曲线是 $R(\lambda)$，属于样本 A 的像元光谱矢量集合 B 为

$$B = [R_1(\lambda), R_2(\lambda), \cdots, R_n(\lambda)] \tag{8.49}$$

由于集合 B 中每个像元沿波长方向的变化受外界因素影响较大，即使是属于样本 A 类型，也不会完全波型耦合，属于同一类地物的光谱在整个波长范围内具有随机均匀分布的特性。如果把样本光谱曲线看作一条标准曲线，集合 B 中的每个像元光谱曲线应该是围绕这条标准曲线在一定范围内上下振荡的曲线，当这个范围在整个波长范围内足够小时，就可以认为集合 B 中每个矢量与样本 A 矢量相关，即具有较高的线性相似性。因此，通过考察两条光谱曲线在整个波长范围的差值曲线形状，就可以判断其是否属于同一类目标地物。

2) 光谱角匹配分类

光谱角匹配分类又称为光谱角方法或光谱角制图(spectral angle mapper，SAM)，它既是一种分类方法，也是一种光谱匹配技术。光谱角匹配分类通过估计像元光谱与样本光谱或端元(endmember)成分光谱的相似性(余弦距离)来进行。端元成分是混合像元中最纯的类型，它的光谱代表纯地物类(没有混合的单一地物类)光谱，并可作为分类中的标准光谱。通过光谱分解方法，可以从训练区中提取出端元成分。

光谱角匹配分类的工作步骤与其他监督分类方法一样，首先选择训练样本，然后比较训练样本与每一像元之间的相似系数，其值越高表明越接近训练样本的类型。因此，分类时还要选取阈值，大于阈值的像元与训练样本属同一地物类型，反之则不属于。

光谱角匹配分类方法的原理是：把光谱作为向量投影到 n 维空间，其维数为选取的所有波段数。n 维空间中，像元值被看作有方向和长度的向量，不同像元值之间形成的夹角称为光谱角。光谱角匹配分类就是将像元分配到相应的区间，角度值越小，相似性越高。该方法考虑的是光谱向量的方向而非光谱向量的长度，使用余弦距离作为地物类的相似性测度，对各类别的识别能力较强，产生的破碎分类单元较少。图 8.22 为地物的光谱曲线和二维特征空间地物向量的光谱角。

从图 8.22 中可以看出，未知地物 1 与参考地物 A 的光谱角大于与参考地物 B 的光谱角，则未知地物 1 属于参考地物 B；同理，未知地物 2 和未知地物 3 属于参考地物 A。需要注意的问题是，任意两个像元，如果其特征空间相差一个很大的常数(图 8.22 中的未知地物 2 和 3)，光谱角匹配分类会把它们归属于同一类，但最小距离法和最大似然法则会把它们归属于两个不同的类。

3) 二进制编码分类

二进制编码(binary encoding)分类是将某波段灰度值低于端元波谱平均值的像元编码为 0，

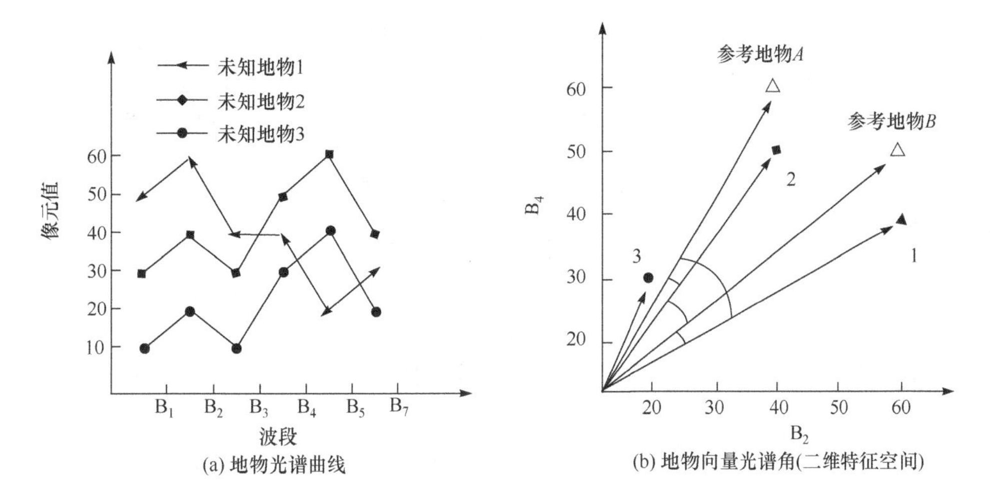

图 8.22　地物光谱曲线和光谱角

高于端元波谱平均值的像元编码为 1,并使用逻辑异或运算对每一种编码的参照波谱和分类波谱进行比较生成汉明距离(Hamming distance)，汉明距离越小，说明待分像元波谱与参考波谱越接近，则该像元被划分为参考波谱类别的可能性越大。

为了降低光谱曲线直接匹配的计算量，按照曲线凸凹变化特性或某一给定阈值，将光谱曲线转换为二值编码曲线。算法为

$$c_i(k)=\begin{cases}0 & 如果x(k)\leqslant T\\ I & 如果x(k)>T\end{cases} \tag{8.50}$$

式中，$x(k)$为像元在第 k 波段的反射率值；T 为阈值，一般是像元的所有光谱平均反射率值。光谱编码后，每个像元各波段对应的光谱值用 1 bit 码长表示。此时，像元光谱变为一个与波段数长度相同的编码序列。光谱匹配在二值编码曲线间进行。通过计算两个二进制码字之间的汉明距离来对两个已经编码为二进制的光谱进行比较：

$$\mathrm{Dist}_{\mathrm{Ham}}(c_i,c_j)=\sum_{k=1}^{N=\mathrm{bands}}[c_i(k)\oplus c_j(k)] \tag{8.51}$$

逐位比较两个码字，一致时输出 0，不一致时输出 1。因此，通过统计二进制数字不同的次数之和可以计算汉明距离，距离越小，光谱越相似。

这种简单的编码方式对原始像元光谱进行了压缩，去除了冗余信息，但无法最大限度地保留原始像元光谱特征，因而造成像元间光谱可分性降低，而且不能保证测量光谱与数据库光谱的匹配。因此该方法的分类精度不高，且严重依赖于阈值的选取。

多阈值光谱编码可以提高编码光谱的描述性能，解决单阈值的不足。例如，采用两个阈值 T_a 和 T_b 将光谱曲线划分为三个域：

$$c_i(k)=\begin{cases}00 & x(k)\leqslant T_a\\ 01 & T_a<x(k)\leqslant T_b\\ 11 & x(k)>T_b\end{cases} \tag{8.52}$$

这样像元在每个波段的反射率值编码为两位二进制数，像元的编码长度为波段数的两倍，能够更精确地对光谱进行描述。

此外，还可将光谱通道分为几段进行二值编码，段的选择可以根据光谱特征进行。一个常

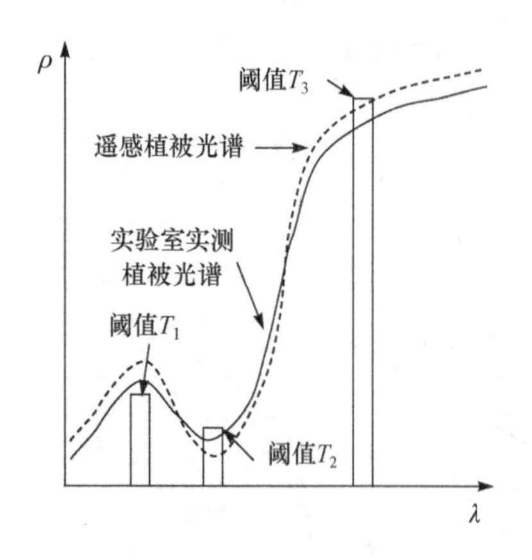

图 8.23　多阈值分段编码

用的原则是，阈值一般位于选定的吸收波段内，或者位于光谱的不连续位置处。例如，图 8.23 在选定的位置设定了三个不同的反射率阈值，使用二进制编码进行反射率匹配。

四、监督分类方法的特点

1. 监督分类法的优点

与非监督分类方法相比，监督分类方法具有以下优点：

(1) 可以控制适用于研究需要及区域地理特征的信息类别，即可以有选择性地决定分类类别，避免出现不必要的类别。

(2) 可以控制训练样区和训练样本的选择。

(3) 光谱类别与信息类别的匹配。

(4) 通过检验训练样本数据可以确定分类的准确性，估算分类误差。

(5) 避免了非监督分类对光谱集群类别的重新归类。

2. 监督分类法的缺点

虽然监督分类有其优点，但也存在一定的缺点，主要表现在以下几方面：

(1) 分类体系和训练样区的选择有主观因素的影响。有时定义的类别也许并不是图像中存在的自然类别，在多维数据空间中这些类别的区分度并不大。

(2) 训练样区的代表性有时不够典型。训练数据的选择通常是先参照信息类别，再参照光谱类别，因而其代表性有时不够典型。例如，选择的纯森林训练样区对于森林信息类别来说似乎非常精确，但由于区域内森林的密度、年龄、阴影等有许多差异，从而训练样区的代表性不高。

(3) 只能识别训练样本所定义的类别，对于某些未被定义的类别则不能被识别，容易造成类别的遗漏。

第五节　面向对象的遥感图像分类

传统的分类方法以图像像元为处理对象，即通过遥感传感器将测量到的地球表面的反射或辐射记录到图像上，再通过各种分析方法对图像的最小单元(即像元)进行处理。在像元的层次上，空间关系(距离、拓扑连接、方向特征)、空间模式，多尺度或区域结构等难以表现，而这些对于地学分析又很重要。在很多情形下，图像的语义信息是由有意义的图像对象及其相互关系来表达的，而非单个像元。图像的纹理特征提供了更多的图像信息，将图像分割成有意义的同质对象(homogeneous objects)，更有利于图像的分类和分析。

一、面向对象分类

1. 面向对象分类方法

面向对象分类方法又称为基于分割的图像分类方法，是 2000 年后出现的遥感图像分类方法。与传统分类方法不同的是，它首先对遥感图像进行分割，继而提取分割单元(图像分割)后所得到的内部属性相对一致或均质程度较高的图像区域(在地表覆盖中，这种单元就是斑块的各种特征)，并在特征空间中进行对象标识，从而完成分类。

面向对象的遥感图像分类需要：①充分挖掘图像各种特征，建立面向多特征的遥感图像分析理解方法体系；②改进已有的智能计算方法模型，包括基于统计的方法模型和基于人工神经网络的方法模型，使它们能够适应基于多种特征的遥感图像分析，能够融合知识处理的机制，提高遥感图像分析的效果；③基于计算机视觉中图像理解分层的思想，将知识划分为不同的层次，按照知识层次融合人工神经网络方法与专家系统方法，实现对遥感图像的高层理解。

面向对象的遥感图像分类的思想首先应用于商业遥感分类软件 eCognition(易康)中，并在2000 年推出了 1.0 版本(目前为 9.x 版本)。利用 eCognition 软件，用户可通过一种被称为多分辨率分割(multiresolution segmentation)的方法，将遥感图像分割成一系列的对象，计算和提取对象的相应特征，继而将分类方法应用于所获得的特征，从而最终完成相应的分类任务。

2. 面向对象的遥感图像分类基本流程

面向对象的遥感图像分类可分为特征提取与图像分割和图像分析两个阶段(图 8.24)。

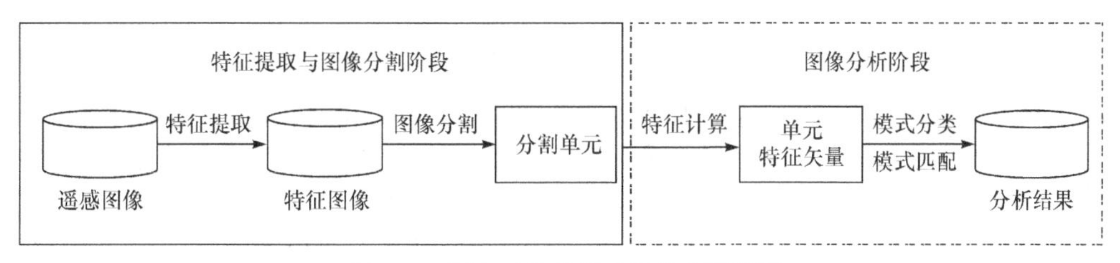

图 8.24　面向对象的遥感图像分析流程

1) 特征提取与图像分割

特征提取。面向对象的图像分类并不以像元作为识别的基本单元，而是充分利用图像对象及其相关信息，对地物特征进行详细划分。可用于对象分类的特征主要有形状特征、纹理特征、灰度特征和层次特征等。通过这些特征的提取可以较容易地区分不同类型的对象，例如，用对象之间的距离特征，可以区分出水体和房屋的阴影。

图像分割。图像分割就是给图像目标多边形一个特定的阈值，根据指定的色彩和形状的同质准则，基于对象异质性最小原则，将光谱信息类似的相邻像元合并为有意义的对象，使整幅图像的同质分割达到高度优化的程度。图像分割的目的是将图像划分成有意义的分离区域，形成初级的图像对象，为下一步分类提供信息载体和构建基础。分割的结果作为目标对象用于下一步分类。

分割前需要设置均质性因子。均质性因子包括光谱因子和形状因子，而形状因子又包括紧密度和光滑度，这些因子的合理设置对分割结果有很大影响。其中，光滑度指对象边界的光滑程度，通过平滑边界来优化图像对象；紧密度是指图像对象的紧凑程度，通过聚集度来优化对象。光滑度和紧密度这两个因子并不是对立的，一般情况下，如果要求得到边界比较平滑的结果，可将光滑度因子设置大一些。

2) 图像分析

图像分析阶段包括特征计算和图像分类两部分。

特征计算。第一步，建立分类体系。面向对象的分类方法在分割后的图像上提取地类的特征信息，创建类的成员函数，进行类别信息的提取。高分辨率多光谱遥感数据具有丰富的光谱和空间信息，便于认识地物目标的属性特征，有助于提高地物定位和判读精度，使得认识地物的内部差异、地表细节成为可能。第二步，选择训练样本。训练样本的选择需要对待分类图像所在的区域有所了解，或进行过初步的野外调查，或研究过有关图件和高精度的航片。训练样本的选择是监督分类最关键的部分，最终选择的训练样本应该能准确地代表整个区域内每个类别的光谱特征差异，同一类别训练样本必须是均质的，不能包含其他类别，也不能是其他类别之间的边界或混合像元；其大小、形状和位置必须能同时在图像和实地(或其他参考图)识别和定位。通过以上步骤获得关于单元的特征向量(也称模式)。

图像分类。通过模式识别方法或模式匹配，分割单元被归类到对应的模式(分类)，或者特定的目标(目标识别)。可以进行基于样本的监督分类和基于知识的模糊分类及二者结合分类。面向对象的信息提取有两种方法：标准最邻近法和成员函数法。eCognition 有最邻近(nearest neighbor，NN)和标准最邻近(standard NN)两种最邻近分类器。

最邻近分类器需要对每一个类别都定义样本和特征空间，此特征空间可以组合任意的特征，并利用给定类别的样本在特征空间中对图像对象进行分类。初始选用较少的样本，如三个样本进行分类，必然会有一些错分，但可以反复增加错分类别的样本，然后再次进行，不断优化分类结果。

标准最邻近法是基于样本的分类方法，即选取样本后再分类。通过定义特征空间，计算特征空间中图像对象间的距离，选择具有代表性的样本来实现某种信息的提取。定义特征空间时尽量使用少的特征来区分尽可能多的类型。在一个类描述中，如果使用太多的特征，会在特征空间中导致巨大的重复，使分类复杂化且会降低分类精度。标准最邻近分类方法是一种特殊的监督分类方法，只能建立一级分类，对于高分辨率遥感图像来说，其可分类别增多，类别内部异质性增大，基本不可能只在一种等级上提取每种地物类别，因此，地物类别信息分级提取是信息提取的一种发展趋势。

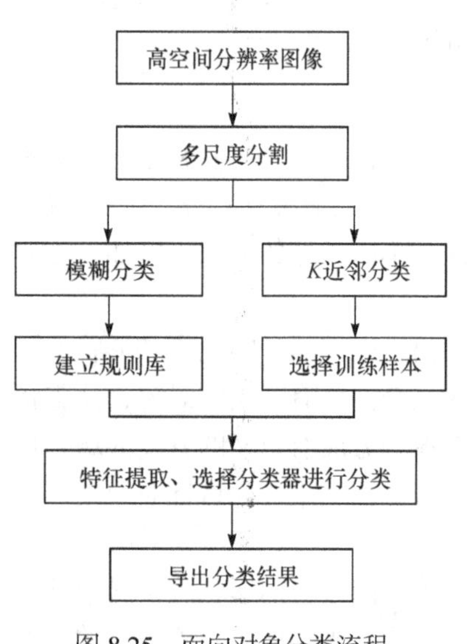

图 8.25　面向对象分类流程

最邻近法和标准最邻近法的主要差别是最邻近法的特征空间可以对每个单独的类别进行定义；而标准最邻近法的特征空间适用于整个工程和所有选择该最邻近分类器的类别。标准最邻近分类器非常有用，因为很多情况下在同一特征空间下区分类别才有意义。

高空间分辨率图像具有明确的边界和几何特征，更便于使用面向对象方法进行分割，然后计算获得新的图像特征，再进行图像分类。一个更为具体的面向对象的分类流程如图 8.25 所示。

面向对象的分类结果如图 8.26 所示。基于像元的分类是对单个像元的分类，为消除孤立像元需要进行大量后处理工作，如滤波(filter)、聚类等。面向对象的分类基于同质性区域，分类结果中图斑的完整性更好，且更易于解释。

3. 面向对象遥感图像分类的优点

(1) 改善图像分析和处理的结果。与直接基于像元的处理方式相比，基于对象的遥感图像分析和处理更符合人的逻辑思维习惯。通过合适的特征表达方法，可提取基于分割单元的各种特征，如形状特征、邻接特征、方位特征或距离特征等。通过这些特征，特定领域的知识和专家经验能以规则的形式融合到各类图像分析任务(如分类、目标识别等)中，通过不同程度的“推理”，改善图像分类结果。

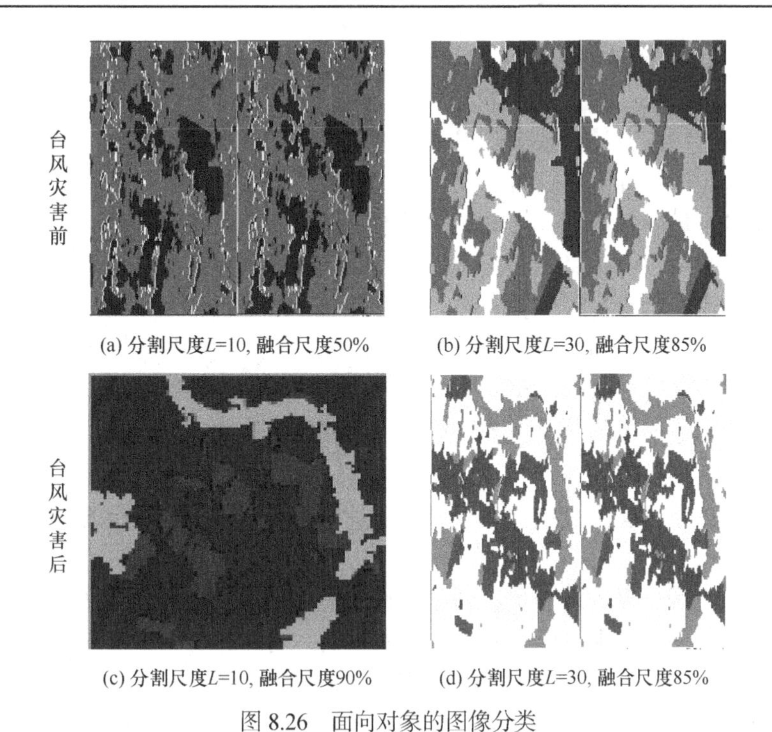

(a) 分割尺度L=10, 融合尺度50%　(b) 分割尺度L=30, 融合尺度85%

(c) 分割尺度L=10, 融合尺度90%　(d) 分割尺度L=30, 融合尺度85%

图 8.26　面向对象的图像分类

(2) 提升空间分析功能。引入各种空间特征，如距离、拓扑邻接、方向特征等，使得地理学的核心概念得以引入。分割获得的图斑使空间分析变得容易，从而提升图像的应用价值。

(3) 促成多源数据的融合，引导 GIS 和 RS 的整合。对于具有地理参考的数据而言，图像区域间的拓扑特征能够使这些不同的数据间建立具体的局部联系(concrete local relation)，从而使多源数据的融合成为可能，并在很大程度上引导 RS 和 GIS 的高度整合。

与传统的分析和处理相比，面向对象的遥感图像分类增加了图像分割这一环节，并需要计算分割产生的图斑的几何特征。因此，面向对象的分类需要选择更多的特征和计算资源。如果图像的噪声较多或几何特征的差异不明显，面向对象的分类可能不会表现出更多的优越性。

二、面向对象分类的典型软件工具及应用

1. 典型软件工具

面向对象分类的主要软件工具如表 8.1 所示，不同的软件各有其应用特色。其中，eCognition 主要用于高空间分辨率图像的面向对象分类，ENVI 和 ERDAS 中的模块与软件平台本身紧密集成在一起，功能更为综合。SPRING 是巴西国家太空研究院的软件，可注册下载使用。RHSEG 是 NASA 的软件，可免费下载使用。

表 8.1　常用的面向对象分类软件工具

软件名称	eCognition	ENVI feature extraction	SPRING	RHSEG
网站	http://www.ecognition. com/	http://www.harrisgeospatial.com/ProductsandTeChnology/Software/ENVI.aspx	http://www.dpi.inpe.br/spring/english/index.html	https://opensource.gsfc.nasa.gov/projects/HSEG/index.php
分割算法	区域增长	区域增长	区域增长/分水岭	区域增长

2. 基于 eCognition 软件的分类

1) 图像分割

以图像分割或边缘提取的方式，获得基本对象图斑。eCognition 软件执行的是一种多尺度的分割过程，在选定的尺度下进行与知识无关的原始图像对象提取。多尺度分割是从一个像元开始的自下至上的区域合并技术，小的图像对象可以合并到稍大的图像对象中去。在每一步骤中相邻的图像对象只要符合定义的异质最小生长的标准就合并，如果这个最小的扩张超出尺度参数定义的阈值范围，合并过程停止。

分割的最终目的是获得同质区域。在大多数情况下，遵循相关的均质标准进行的分割不能直接提取出小区域或者感兴趣的对象。分割过程中生成的区域是图像对象原型，它可以作为信息的载体和原型用于进一步的分类或者其他分割过程。多尺度分割(图 8.27)产生不同尺度的图像对象，图像对象不仅具备像元所不具备的多元特征，如斑块大小、形状、匀质性等，而且还具备斑块间相邻关系和层次继承关系等。特征的极大丰富，为进一步处理提供了更多信息。

2) 图像分类

获得分割图斑之后，再进行分类、划分地物类别。eCognition 软件采用模糊分类算法，给出每个对象隶属于某一类的隶属度，便于用户根据实际情况进行调整。同时，也可以按照最大隶属度产生确定的分类结果。在建立专家决策支持系统时，建立不同尺度的分类层次，在每一层次上分别定义对象的光谱特征、形状特征、纹理特征和相邻关系特征。

分类可使用各种图像特征。其中，光谱特征包括均值、方差、灰度比值；形状特征包括面积、长度、宽度、边界长度、长宽比、形状因子、密度、主方向、对称性、位置；对于线状地物包括线长、线宽、线长宽比、曲率、曲率与长度之比等；对于面状地物包括面积、周长、紧凑度、多边形边数、各边长度的方差、各边的平均长度、最长边的长度；纹理特征包括对象方差、面积、密度、对称性、主方向的均值和方差等。通过定义多种特征并指定不同权重，建立分类标准，然后对图像分类。分类时先在大尺度上分出“父类”，再根据实际需要对感兴趣的地物在小尺度上定义特征并分出“子类”。

一个模糊分类结果如图 8.28 所示。

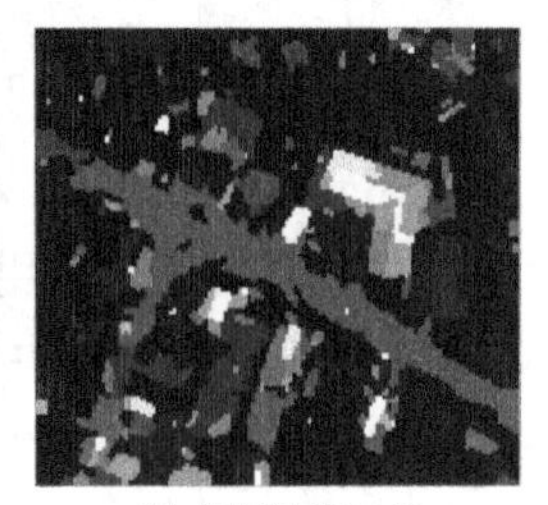

(a) 分割尺度L=10　(b) 分割尺度L=40

图 8.27　面向对象的图像分类

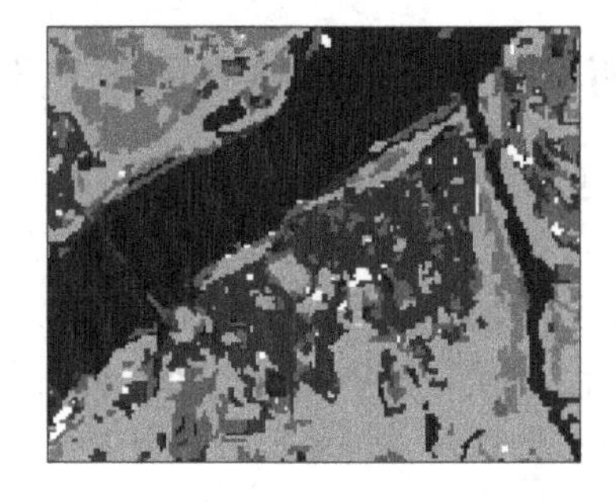

图 8.28　模糊分类算法产生的分类结果

3) 结果输出与精度评价

分类之后，可输出分类结果图或专题信息提取结果，并进行分类结果的类别特征量统计和精度评估，此步骤与传统图像分类方法相同。

一个基本完整的面向对象的高分辨率图像分类过程如图 8.29 所示。与像元级分类相比，面向对象分类增加了不同尺度分割的过程和多特征选择过程，分类器为模糊分类器和 KNN 分类器。

3. IDRISI 中的面向对象分类

面向对象的方法是基于分割单元(区域)进行的。首先使用分割方法将图像划分为具有同一性的区域，然后基于这些区域包括的信息进行分类。分割的目标是提高图像特征的表达性能。由于分割产生的区域比像元能够更好地表达地表景观，从而简化了图像分类的过程，减少了分类结果图像中的“椒盐”现象(孤立像元)，提高了分类结果的可用性。

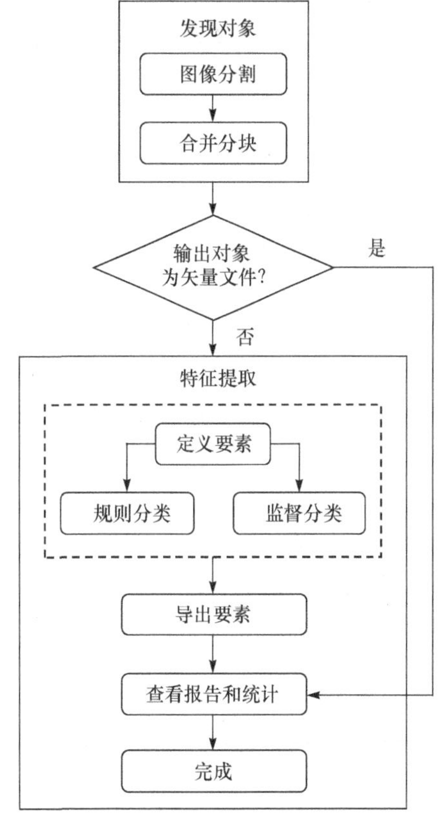

图 8.29　面向对象的高分辨率图像分类过程

基于分割的分类适用于中高空间分辨率的图像，对于地表覆盖和地表覆盖变化制图也可以提供补充信息。分割产生的区域中，光谱特征具有更好的一致性。受分割阈值的影响，小的阈值会产生更多的区域，大的阈值由于图像的综合会产生较少的区域。

IDRISI 软件的工作流程如下。

(1) 获得图像。使用用户定义的滤波器获得描述变异性信息的图像。一致的像元具有低方差，不同区域边界上的值具有高方差。多个特征的图像使用用户指定的权重进行加权以获得方差图像。

(2) 使用分水岭方法进行图像分割。获得的方差图像中的像元值类似于 DEM 中的高程值。如果这些值在一个流域中，则归入一个组，每个组具有唯一的 ID。

(3) 区域合并。初步获得的分割结果按照如下规则进行合并：区域必须相邻，区域内的值彼此最相似。两个区域间的均值和标准差的差异必须低于用户指定的阈值。阈值可调整，控制着综合的级别，值越大，输出的区域越少。

(4) 获得训练区。基于分割产生的区域选择建立训练区，获得类别的特征并选择典型的特征用于图像分类。

(5) 分类。从多个分类器中选用分类器进行分类，每个区域按照多数原则归入指定的类。由此产生的分类结果是基于区域的，各个类别的边界更为完整，更便于制图。

4. ENVI 中的面向对象分类

ENVI 中的面向对象分类流程如下。

(1) 选择图像和待使用的初始特征。选择特征的方法包括：基于案例或基于规则。初始特征的选择影响分割结果。

(2) 通过分割产生区域(每个区域即一个对象)，调整尺度参数，进行图像分割与合并。使用基于边的算法进行初始分割，使用基于 Lambda 的算法进行合并。

一般地，初始边的尺度为 50，然后逐步增加。通过对比图像显示的分割结果来确定合适的尺度。在这个过程中，使用的分割参数具有经验性，往往需要对照分割结果，通过多次交互调整后才能使用。对于数据量大的遥感图像，这是个费时的过程。初始边的尺度设置的原则是分割要产生足够的细节，但又不能太多。若太少，一些应该分割出来的区域被淹没，后期无法作为分类单元；若太多，失去了分割的意义。合并要能够保留边界。例如，对于 Landsat 图像，基于边的尺度为 50，合并的全 Lambda 的尺度为 40 比较合适。

(3) 确定训练区。根据案例产生训练区：选择典型的分割后的区域为训练区，并指定其类别。这个过程中指定的区域对于该类别必须具有充分的代表性。基于规则产生训练区：指定类别，然后指定该类别图像特征的值域范围。

(4) 选择用于分类的图像特征，包括光谱、纹理、空间特征三个特征类别。

(5) 选择分类算法进行分类，可从 KNN、SVM 中选择，并设置分类器相关参数。

三、影响面向对象分类效果的因素

一般认为，如果图像的可分割性比较好，获得的分类结果就比较好。例如，高空间分辨率的图像面域明显，容易得到较好的结果。影响面向对象分类效果的因素有很多，主要有以下几方面。

(1) 分割使用的参数和分类方法。这个问题与图像质量、图像分辨率、计算机视觉、相关算法等密切相关。能够自动分割且分割结果与目视的地物/目标分布比较一致的方法尚不多见。如果分割太粗，某个类对应的区域可能被遗漏；如果分割太细，后期处理工作量大。不同地物具有不同的空间尺度，单一尺度的分割结果不适用于所有的地物；多尺度分割则难以自动确定分割参数，需要人工交互确定。

(2) 训练区的代表性。从分割区域中选择训练区，依赖于区域的已有知识和地理背景知识。训练区的代表性与分类结果直接相关，训练区不完备，则可能漏掉某个类。如果图像很大(像元数高)，选择训练区会很费时。

(3) 选用的图像特征。图像特征应该能够自动选择。过多的特征可能产生冗余；少量的特征则代表性不足。

(4) 分类的方法和参数。不同的分类器和相同分类器的不同参数，分类结果可能会有很大的差异。

(5) 面向对象分类是计算密集型分类，需要较好的计算机硬件支持。

第六节　分类后处理与分类精度评价

一、分类后处理

分类完成后仅是得到原始分类结果，还需要对分类图像进行处理，使分类结果图像效果更好并满足相应要求。

1. 类别合并

对于非监督分类来说，预设的分类类别数一般要多于最终需要的分类类别数，因此在非监督分类结束后，需要根据实际情况将那些具有类似特征的类别或亚类进行合并。其主要步骤是将分类结果与原图像对照，判断每个类别的类别属性，然后对类别属性相同或相似或是需要合并的类别通过重新编码进行合并，并定义类别名称和颜色。

2. 分类平滑

受遥感图像噪声及分类方法本身的影响，不论是监督分类或者非监督分类还是决策树分类，分类结果中不可避免地会产生一些由少数几个像元组成的碎小图斑，它们既可能不符合实际情况，也可能不太符合视觉习惯，且一般难以达到最终的应用目的(如制图要求)。所以，从专题制图及实际应用的角度，有必要对分类结果再进行一些处理，以得到最终理想的分类结果或是满足相关制图要求，这些处理过程通常称为分类后处理。常用的针对碎小图斑的分类后处理方法主要有主/次要分析、聚类处理(clump classes)和过滤处理(sieve classes)。其处理的基本思路是给每个类别指定一个应保留的最小连片像元数量，将小于此数的孤立像元合并到与其相邻的或包围它的较大的连片像元类中。

1) 主/次要分析

主/次要分析采用类似于卷积滤波的方法将待处理像元归到相关类别之中。

主要分析(majority analysis)是将小图斑归并到周边像元占多数的类别中。滤波窗口大小不同，分析效果也存在差异，具体需要根据多次测试来目视选择较好的分析结果。该方法适用于具有大量椒盐噪声的分类图像，但是对线状目标有削弱作用，可能使原本连续的斑块被分割为几个不连续的图斑。图 8.30(a)中大量的碎小图斑被合并到附近面积较大的类别，结果见图 8.30(b)。

次要分析(minority analysis)是将变换核中占次要地位的像元的类别代替中心像元的类别。该方法主要是对单个或几个像元组成的小斑块进行扩大，会造成大斑块形成环形外框，小斑块内部形成空岛[图 8.30(c)]。

不论是主要分析还是次要分析，卷积模板(kernel size)必须为奇数但不一定为正方形，且模板的大小对结果会有较大影响。模板越大，分类图像越平滑。

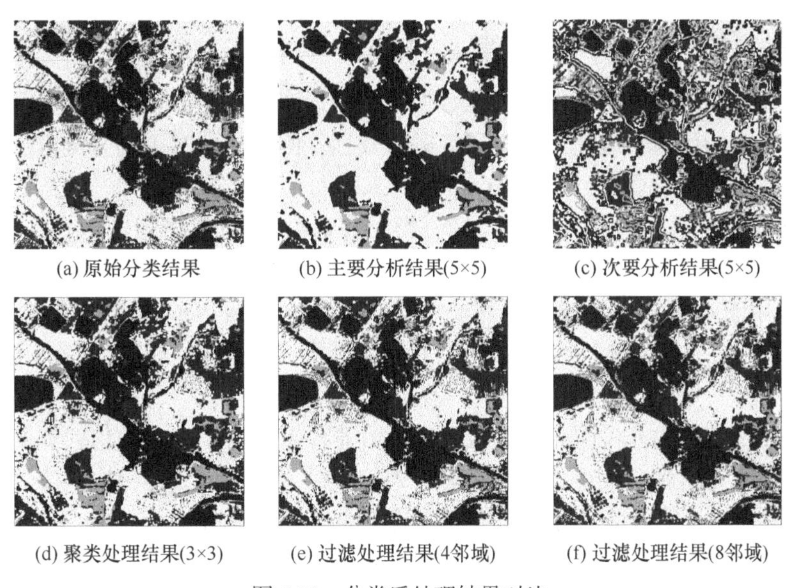

(a) 原始分类结果　(b) 主要分析结果(5×5)　(c) 次要分析结果(5×5)

(d) 聚类处理结果(3×3)　(e) 过滤处理结果(4邻域)　(f) 过滤处理结果(8邻域)

图 8.30 分类后处理结果对比

2) 聚类处理

聚类处理是运用形态学算子将相邻的类似分类区域聚类并合并为同一类型，可以解决分类图像中存在的空间不连续性问题。由于分类图像图斑内经常存在空属性像元或者其他类型的像元(分类区域中斑点或洞的存在)，从而造成斑块在空间上不连续，如道路或者河流被断开。低通滤波虽然可以用来平滑这些图像，但是类别信息会被邻近类别的编码干扰。聚类处理可以很好地将大面积零散分布的碎小图斑连接成片[图 8.30(d)]。

3) 过滤处理

过滤处理是将分类结果中较小的类别斑块定义为未分类别(unclassified)(即不考虑小图斑类别的归属)，即剔除碎小图斑，解决分类图像中出现的孤岛问题。其基本原理是分析单个像元与周围邻域像元类别的一致性，如果与中心像元类别相同的像元个数小于给定的阈值，则该像元被删除，并归属为未分类的像元。邻域关系不同，过滤结果也存在差异。一般有 4 邻域或 8 邻域两种方式，可比较图 8.30(e)与图 8.30(f)。

经过聚类处理后的分类结果已经把零散分布的碎小图斑连接起来，使得受其他条件影响而被离散化的地物得到合并，有利于地物信息的表达。但是，聚类处理后的结果仍然会存在一些孤立的小斑块，其地物信息的表达有可能是不正确的，这就需要重新定义其属性类别。因此过滤处理一般是在聚类处理的图像上进行，以解决聚类处理后仍然存在的小斑块问题。

聚类处理和过滤处理都可能存在图像边缘像元被定义为未分类类别，因此在图像处理之前应保证图像范围大于研究区范围。

3. 分类统计

分类统计是指从分类结果图像中提取相关统计信息，包括基本统计信息，如最大值、最小值、平均值、标准差、特征值、协方差矩阵、相关系数矩阵、各类别像元数量及占总像元数量的比例、分类精度，直方图或者从每个类别中提取的光谱曲线。光谱曲线可以用于确定各类别光谱特性，从而确定地物类别或者进一步检验分类精度。

二、分类精度评价概述

遥感数据分类的精度直接影响由遥感数据生成的地图和报告的正确性，以及将这些数据应用于自然资源调查的价值和应用于科学研究的有效性。因此，研究不同分类方法的精度评价对于遥感数据的使用非常重要。

分类精度的评价是通过某种方法，将分类图与标准图像(或参考图像)进行对比，分析它们之间的吻合度，然后用正确分类的百分比来表示分类精度的方法。现实中不可能存在准确的标准图像用于逐像元对比分析，因此目前常用的方式是从分类图像中选取一部分检验样本进行精度评价。检验样本的类别属性主要通过野外实地调查或基于高分辨率遥感图像解译得到。

图像的分类精度分为非位置精度和位置精度。非位置精度是一个数值，如面积、像元数量等表示的分类精度。这种精度评价方法没有考虑位置因素，使得分类精度偏高。早期的精度评价主要使用这种方法。位置精度分析是将分类的类别与其所在的空间位置进行统一检查，目前，普遍采用的对遥感图像模式识别结果进行精度评定的方法是混淆矩阵(confusion matrix)法。

1. 精度的相关概念及意义

1) 精度

精度是指“正确性”，即一幅不知道质量的图像和一幅假设准确的图像(参考图像)之间的吻合度。如果一幅分类图像的类别和位置都和参考图接近，称这幅分类图像是“精确的”，精度较高。

2) 详细度

详细度是指“细节”，通过降低详细度可以提高精度，即分类类别减少，有利于分类精度的提高。例如，第三次全国国土调查中一级类的耕地分为水田、水浇地和旱地，种植园地分为果园、茶园、橡胶园和其他园地，林地分为乔木林地、竹林地、灌木林地和其他林地。如果仅分到一级类，分类精度会很高，如果细分到二级类，分类精度会大大降低。虽然分类类别详细度越低，分类精度就越高，但类别详细度要能满足研究和应用需要。

2. 误差类型与特征

遥感图像分类产生的误差主要有位置误差和分类误差两种类型。位置误差是指各类别边界不准确；分类误差也称属性误差，是指类别识别错误。误差的主要特征如下。

(1) 误差并非随机分布在图像上，而是具有空间上的系统性和规律性。不同类别的误差并非随机分布，而是可能优先与某一类别相关联。

(2) 一般来说，错分像元在空间上并不是单独出现的，而是按照一定的形状和分布位置成群出现的。例如，误差像元往往成群出现在类别的边界附近。

(3) 误差与地块有着明确的空间关系，如出现在地块边缘或地块内部。

3. 检验样本的选取

遥感图像的观察范围大，所覆盖的地物类型较多，因此检验样本必须具有代表性，以便有效估计总体参数，更重要的是检验样本要便于野外实地调查或基于高分辨率遥感图像获取其属性类别。

检验样本的目的是给分类精度评价提供样本数据，这些样本将直接代表总体。目前在实际应用中最常采用的采样方法有简单随机采样、系统随机采样、分层随机采样、分层系统分散采样及集群采样等。各种方法各具优缺点，经实践与研究证实，简单随机采样、分层随机采样和集群采样的结果更可靠。

1) 简单随机采样

简单随机采样是在分类图上随机地选择一定数量的像元，然后比较这些像元的类别和标准类别之间的一致性。这种采样方法的优点在于其统计上和参数上的简易性。因为这种采样方法中，所有样本空间中的像元被选中的概率是相同的。因此，所计算出的有关总体的参数估计也是无偏的。但是，这种方法采样出的像元类别和标准类别对应的时候花费的时间相对比较多，且容易忽略或遗漏稀少类型，使精度评价可靠性降低。

2) 分层随机采样

在专题图中选择个体像元的随机样本进行比较，该方法具有更多的统计学意义，因为它避免了采用相关的近邻像元。但以这种趋向于更多数目的样本点来表述，一些非常小的类别可能根本不会被表述，因此，标记小类别的准确性评价会出现偏差。为确保小类别得到充分表达，一种广泛采用的方法就是分层随机采样，首先确定图像分类的一个分层集合，然后，在每个层面上进行随机采样。

分层随机采样是分别对每个类别进行随机采样。这种采样方法能够保证在采样空间或者类型选取上的均匀性及代表性。如何分层依据精度评价的目标而异，常用的分层有地理区、自然生态区、行政区或者分类后的类别等。在每层内采样的方式可以是简单随机或系统采样。一般情况下，随机采样就可以取得很好的样本。另外，在利用分层采样时应该注意类别在空间分布上的自相关性。采样时应该抽取空间上相互独立的样本，避免空间分布上的相关关系。

这些分层可以是专题图上任意合适的区域分割，如栅格单元，最适合采用的分层是专题类本身。因此，应该在每个主题类中选择随机样本来评价该类的分类精度。

分层随机采样的优势在于：所有层不管占整个区域的比例多小，都将为其分配样本进行误差评价。如果没有分层，那么对于区域中所占比例较小的类别，就很难找到足够的样本。而其不足在于：它必须在专题图完成后才能将样本分配到不同的层中，而且很少能获得与遥感数据采集同一天的地面参考验证信息。

3) 集群采样

集群采样是先在研究区内选定几个样本区域，然后在这些样本区域内再抽取若干样本点。这种方法能够在有限的空间范围内取得更多的样本，便于野外调查和样本数据的采集。该方法适用于范围较大的研究区域。

精度评价时，检验样本数量的选择非常重要。一般情况下，样本数量太少，无法满足总体估计的要求；样本数量越多，总体估计的可信度越高，但过多的样本又会增加野外调查的工作量。所以每个类别的样本数量应该有一定的限制。每个类别的检验样本至少为 50 个；当区域较大或者分类类别较多时，每类检验样本应该有 75～100 个；样本数量也可根据每个类别的面积比例进行调整。

三、精度评价方法

精度评价就是对两幅地图进行比较，其中一幅是基于遥感数据的分类图，也就是需要评价的分类图，另一幅是假定标准图，作为比较的标准。参考图本身的准确性对评价非常重要。如果假定标准图本身存在较大误差，那么基于假定标准图所进行的精度评定也不正确。因此，在进行精度评定的时候，必须首先分析假定标准图的准确度。假定标准图尽量选择与需要评价的分类图时间一致的，并且，假定标准图应该是经过野外勘察、实地调查，确定分类正确的图。

精度评价有时只是比较两幅图之间是否有差异和差异的大小，并不需要假设一幅图(假定标准图)比另一幅图更精确，例如，比较不同传感器获得的同一区域数据的差异，或是比较由不同解译人员对同一区域的图像分类的结果差异，这时就不需要假设哪幅图的精度高，因为评价的目标只是确定两幅图之间的差异有多大。

一般认为假定标准图是“正确的”地图，另一幅图要进行精度评价，两幅地图必须进行配准，使用相同的分类系统，以及具有相当的详细度。如果两幅图在细节、类别数量或内容等方面不一致，就不适合进行精度评价。

精度评价的方法一般有面积精度评价法和位置精度评价法。

(一) 面积精度评价法

面积精度评价法又称非具体位置精度评价法，主要通过比较两幅图上每种类别的数量(如面积、像元数目等)差异来表示分类精度。它仅考虑两幅图类别数量的一致性，而没有考虑位置上的一致性，类别之间的错分结果彼此平衡，在一定程度上抵消了分类误差，使分类精度偏高。例如，在图像的某些区域估计的森林面积比例偏大，而在另一区域却偏小，两者可以补偿，因此在类别总面积的报表中并不能把该误差显示出来。如图 8.31 所示，三种地物类型面积精度都非常高，接近 100%，但每一类地物的位置精度却非常低。

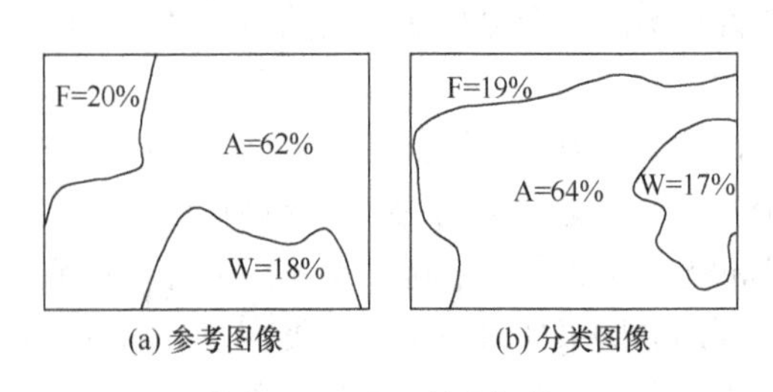

(a) 参考图像　　(b) 分类图像

图 8.31　面积精度评价

(二) 位置精度评价法

位置精度评价法是通过比较两幅图位置之间一致性的方法进行评价，将分类的类别与其所在的空间位置进行统一检查。一般两幅图进行位置比较时是以遥感图像中的像元为单元，也可以两幅图中由均质像元形成的范围为单元进行比较。位置精度评价法目前普遍采用混淆矩阵的方法，即以Kappa系数评价整个分类图的精度，以条件Kappa系数评价单一类别的精度。混淆矩阵中，检验用的假定标准图类别来源有三种，第一种是分类前选择训练区和训练样本时确定的各个类别及其空间分布图，第二种是类别已知的局部范围的专业类型图，第三种是实地调查的结果。

1. 混淆矩阵

混淆矩阵又称误差矩阵，是表示误差的标准形式，反映分类结果对实际地面类别的表达情况。它不仅能表示每种类别的总误差，还能表示类别的误分(混淆的类别)。混淆矩阵一般由 $n \times n$ 矩阵阵列组成，用来表示分类结果的精度，其中 n 代表类别数。

要生成正确的混淆矩阵，必须考虑以下因素：参考数据的收集、分类方案、采样方案、空间自相关性、样本量和样本单元。

需要注意的是，混淆矩阵方法只适用于“硬”分类，即假定图像中各个类别之间相互具有完全性和排他性，每一个位置只属于某一种类型。这种假设可能与实际情况差异较大，特别是在低空间分辨率图像中。对于“软”分类结果的评价，常用条件熵、互信息、参数化的广义Morisita指数等来描述。

混淆矩阵(表8.2)的列方向依次为实际类别(检验数据)的第1类，第2类，…，第 n 类；矩阵的行方向依次为分类结果(被评价对象)各类别的第1类，第2类，…，第 n 类。矩阵主对角线(从左上到右下的对角线)上的数字就是分类正确的像元数或百分比，值越大或百分比越高，分类精度越高。主对角线以外的数字就是错分的像元数或百分比，数值或百分比越小，错分率就越小，精度就越高。主对角线上像元数的和除以参与计算混淆矩阵的像元总数，就是分类精度的初步估计。

混淆矩阵有时是为了选择训练区和确定训练样本而构建的。对初选的训练区进行一次试分类，以确定训练样本各类的混淆程度。通常要求不混淆的像元数达到80%以上的类才可以作为训练样本类。

表8.2　混淆矩阵样表

图像类别	检验数据			行和
	X	*Y*	*Z*	
X	*A*	*E*	*F*	*G*
Y	*B*			
Z	*C*			
列和	*D*			

2. 精度评价指标

混淆矩阵有四种描述性精度指标：Kappa系数、总体精度(overall accuracy，OA)、制图精度(producer’s accuracy，PA)和用户精度(consumer’s accuracy，CA)。同时，混淆矩阵也能反映各类别的漏分误差(error of omission，EO)和错分误差(error of commission，EC)。

1) 总体精度

总体精度(OA)：混淆矩阵中正确的样本总数与所有样本总数的比值，它表明了每一个随机样本的分类结果与真实类型相一致的概率。

如果先验概率相同，则

$$\mathrm{OA} = \sum_{i=1}^{n} P_{ii} / N \times 100\% \tag{8.53}$$

式中，P_{ii}为第 i 类对角线像元值；N 为总像元数。

如果先验概率不同，则总体精度应为各分类正确率的加权和，即

$$\mathrm{OA} = \sum_{i=1}^{n} \mathrm{PA}_i R_i \tag{8.54}$$

式中，PA_i为第 i 类的制图精度，即第 i 类的正确率；R_i为第 i 类的先验概率。

2) 用户精度

用户精度(CA)表示某类别的正确像元总数占实际被分到该类像元的总数比例，它表示从分类结果图中任取一个随机样本，其所具有的类型与地面实际类型相同条件下的概率，表示分类结果中各类别的可信度，即这幅图的可靠性。

$$\mathrm{CA} = A/G \times 100\% = 100\% - 错分误差 \tag{8.55}$$

3) 制图精度

制图精度(PA)又称生产者精度，表示某类别的正确像元占该类总参考像元的比例，它表示实际的任意一个随机样本与标准图上同一地点的分类结果相一致的条件概率，用于比较各分类方法的好坏。

$$\mathrm{PA} = A/D \times 100\% = 100\% - 漏分误差 \tag{8.56}$$

4) 错分误差

错分误差(EC)又称运行误差，是图像的某一类地物被错分到其他类别的百分比。

$$\mathrm{EC} = (E + F)/G \times 100\% \tag{8.57}$$

5) 漏分误差

漏分误差(EO)又称结果误差，是实际的某一类地物被错误地分到其他类别的百分比。

$$\mathrm{EO} = (B + C) / D \times 100\% \tag{8.58}$$

6) Kappa 系数

Kappa 系数是一个测定两幅图之间吻合度或精度的指标，可以表示为

$$K = \frac{N\sum_{i=1}^{m} x_{ii} - \sum_{i=1}^{m}(x_{i+} \cdot x_{+i})}{N^2 - \sum_{i=1}^{m}(x_{i+} \cdot x_{+i})} \tag{8.59}$$

式中，m 为混淆矩阵中总列数(即总的类别数)；x_{ii} 为混淆矩阵中第 i 行第 i 列上像元数量(即正确分类的数目)；x_{i+} 和 x_{+i} 分别为第 i 行和第 i 列的总像元数量；N 为用于精度评估的总像元数量。

混淆矩阵的总精度只用到了位于对角线上的像元数量，而 Kappa 系数既考虑到了对角线上

正确分类的像元，同时也考虑到了不在对角线上各种漏分和错分的误差，因此这两个指标往往不一致。在一般精度评价中，应同时计算以上各种指标，以便尽可能地得到更多信息。研究认为，Kappa 系数与分类精度有如表 8.3 所示的关系。

表 8.3　分类精度与 Kappa 统计值

K(Kappa 系数)	分类精度	*K*(Kappa 系数)	分类精度
<0.00	很差	0.40～0.60	好
0.00～0.20	差	0.60～0.80	很好
0.20～0.40	一般	0.80～1.00	极好

在统计学中，一般把 Kappa 系数列为非参数统计(检验)方法，用来衡量两个人对同一物体进行评价时，其评定结论的一致性。1 表示有很好的一致性，0 表示一致性不比可能性(偶然性)更好。大于 0.75 表示评价人之间有很好的一致性，而小于 0.40 则表示一致性不好(表 8.4)。

表 8.4　Kappa 系数值的意义

Kappa 系数	意义
<0	评价者间的意见一致程度还不如偶然的。说明一致程度比偶然造成的还差，两次检查结果很不一致，在实际应用中无意义
0	评价者间的意见一致程度是依据偶然的。说明两次判断的结果是偶然造成的
>0	说明有意义。Kappa 系数越大，一致性越好
<0.4	说明一致程度不够理想
⩾0.75	说明已经取得相当满意的一致程度
1	评价者间的意见完全一致，说明两次判断的结果完全一致

3. 留一个交叉验证

留一个(Leave-one-out，LOO)交叉验证方法也是一种有意义的精度评价方法，它不依赖于扩展像元的检验集合。它建立在以下基础上，即去掉训练像元集中的一个，然后用剩余样本训练分类器，并采用训练的分类器标识去掉的像元。替换该像元，去掉另一个像元，此过程反复进行。对训练集上的所有像元进行上述处理，然后确定平均分类精度。倘若原始训练集是有代表性的，则该方法能够产生分类精度的无偏估计。

留一个交叉验证方法是交叉验证的一个特例。在交叉验证中，可用的标记像元被分到 k 个子集中，其中一个子集作为检验数据，其他的所有子集组成训练集。

4. 位置精度评价法的应用

表 8.5 是一个混淆矩阵的示例。从表中可以看出，284 个耕地实测样本，只有 245 个被正确分类识别，有 12 个样本被识别为园地，4 个样本被识别为林地，4 个样本被识别为草地，2 个样本被识别为水域，17 个样本被识别为建设用地。因此对于遥感分类得到的耕地类别，有一部分被漏分出去，也有一部分被误分进来。

表 8.5　混淆矩阵示例

分类类别	实测类别(检验数据)						
	耕地	园地	林地	草地	水域	建设用地	分类样本总数
耕地	245	30				5	280
园地	12	198	8			2	220
林地	4	7	348	20		1	380
草地	4	7	9	180			200
水域	2				93		95
建设用地	17	14			9	285	325
实测样本总数	284	256	365	200	102	293	1500

从基于混淆矩阵的精度评价(表 8.6)来看，此次分类的总体精度达到 89.93%，Kappa 系数达到 0.88，因此可以认为此次分类的精度是很高的。对于耕地而言，用户精度为 87.50%，表明分类图像中有 87.50%的耕地属于地表真实的耕地；制图精度为 86.27%，说明耕地中有 86.27%被正确地分类为耕地。从错分误差(运行误差)来看，耕地错分误差最大，分类结果中有 12.5%被错分为耕地；从漏分误差(结果误差)来看，园地漏分误差最大，真实园地中有 22.66%未被正确地分为园地。

表 8.6　基于混淆矩阵的精度评价

类别名称	用户精度/%	制图精度/%	错分误差/%	漏分误差/%
耕地	87.50	86.27	12.5	13.73
园地	90.00	77.34	10.0	22.66
林地	91.58	95.34	8.4	4.66
草地	90.00	90.00	10.0	10.00
水域	97.89	91.18	2.1	8.82
建设用地	87.69	97.27	12.3	2.73
总体分类精度：89.93%，Kappa 系数：0.88				

四、提高分类精度的策略

(一) 影响遥感图像分类的主要因素

遥感图像计算机分类算法设计的主要依据是地物光谱数据，受遥感图像自身特点的制约及分类方法的限制，直接影响遥感图像分类精度。

1. 未能充分利用遥感图像提供的多种信息

遥感数字图像计算机分类的依据是像元的多光谱特征，成熟的分类方法并没有充分考虑相邻像元间的关系。例如，被湖泊包围的岛屿，通过分类仅能将陆地和水体区别，但不能将岛屿与邻近的陆地(假定二者地面覆盖类型相同，具有同样的光谱特征)识别出来。这种方法的主要缺陷在于地物识别与分类中没有利用到地物空间关系等方面的信息。

统计模式识别以像元作为基本单元，主要依据地物的光谱信息，未能利用图像中提取的形状和空间位置特征，其本质是地物光谱特征的分类。例如，根据水体的光谱特征，在分类过程中可以识别构成水体的像元，但无法确定一定空间范围的水体究竟是湖泊还是河流。因此，图像分类后，可以利用分类结果，将这些目标对象进行重组，在区域分割或边界跟踪的基础上抽取遥感图像形态、纹理和空间关系等特征，然后利用这些特征对图像进行解译。

2. 遥感图像自身特性的制约

遥感数字图像分类结果在没有经过专家检验和多次纠正的情况下，分类精度一般不超过90%，且受分类详细度影响，其原因除了与选用的分类方法有关外，还存在着影响遥感图像分类精度的几个客观因素。

1) 遥感图像的制约

遥感图像反映的主要是地球表层系统的二维空间信息，其中，高程变化对地理环境的影响没有得到充分反映，导致分类信息不完整。遥感信息传递过程中的局限性及遥感信息之间的复杂相关性决定了遥感信息的不确定性和多解性，这是制约遥感图像分类精度的主要原因。

遥感图像的空间分辨率变化也在不同程度上影响分类精度。空间分辨率较低的遥感图像像元中包含的并不一定是单种地物类型信息，往往是多种混合地物类型信息。混合像元值可能不同于任何一种类别的光谱值，而被误分到其他类别。混合像元主要出现在地块边界，无论使用哪种分类方法，都会不可避免地产生误分现象。对于高空间分辨率遥感图像，复杂程度较大的同类地物的差异往往被夸大，“同物异谱”问题更为严重，造成了分类的复杂性。

2) 大气状况的影响

地物辐射的电磁波信息必须经过大气层才能到达传感器，大气的吸收和散射会对目标地物的电磁波产生影响，其中大气吸收使得目标地物的电磁波辐射衰减，到达传感器的能量减少；散射会引起电磁波行进方向的变化，非目标地物发射的电磁波也会因为散射而进入传感器，这样就导致遥感图像灰度级产生一个偏移量。对多时相的图像进行分类处理时，由于不同时间大气成分及湿度不同，散射影响也不同。因此，遥感图像中的灰度值并不完全反映目标地物辐射电磁波的特征。为了提高遥感图像分类的精度，在图像分类之前一般需要进行大气纠正。

3) 下垫面的影响

下垫面的覆盖类型和起伏状态对分类具有一定影响。下垫面的覆盖类型多种多样，受传感器空间分辨率的限制，农田中的植被、土壤和水渠，石质山地中稀疏的灌丛和裸露的岩石均可以形成混合像元，它们对遥感图像分类的精度影响很大。这种情况可以在分类之前进行混合像元的分解，把它们分解成子像元后再分类。分布在山区阳面与阴面的同一类地物，单位面积上接收的太阳光能量不同，地物电磁波辐射能量也不同，其灰度值也存在差异，容易造成分类错误。在地形起伏变化较大时，可以采用比值图像代替原图像进行分类，以消除地形起伏的影响。

4) 地面景观特征差异的影响

简单、均一的地面分类误差比较小，复杂、多样化的地面分类误差比较大。影响地面景观变化的主要因素包括：地块大小、地块大小的变化、地块特征、类别数量、类别排列、每种类别的地块数量、地块形状和与周围地块的光谱反差等。不同的区域、同一区域的不同季节地面景观因素都呈现不同特征。因此，某一具体图像的误差不能根据其他区域或其他时间已有的经验进行预测。

5) 其他因素的影响

图像中的云朵会使目标地物的电磁波辐射衰减，影响图像分类。当图像中仅有少量云朵时，分类之前可以采用去噪声的方法进行清除。多时相图像分类时，不同时相的图像成像时光照条件存在差别，同一地物电磁波辐射量存在差别，也会对分类产生影响。地物边界的多样性使得判定类别的边界往往很困难。例如，湖泊和陆地具有明确的界限，但森林和草地的界线则不明显，不少地物类型间还存在着过渡地带，要准确地识别其边界非常困难。因此，提高遥感图像分类精度，既需要对图像进行分类前处理，也需要选择适当的分类方法。

3. 图像处理及分类方法的影响

1) 不合理的预处理等因素引起的误差

在遥感图像的预处理中进行的辐射和几何校正可能对后续分类引入某些误差，如几何校正的重采样可能会改变某些像元的原始数据，引起分类结果的不正确。

2) 分类系统或分类方法的影响

遥感图像分类时所采用的分类系统或分类方法不同会产生分类结果误差。目前的分类方法多是基于像元的，即确定或调试好分类模型后逐像元计算其所属的类别。分类主要依据光谱信息，而遥感图像的空间信息、结构信息未得到充分利用。例如，目视分析能发现的地质上的隐伏构造和环形构造通过分类方法很难提取。又如，土地利用判读时所依据的几何形状、大小、位置等标志，尚难以通过满意的定量描述作为图像特征引入分类中。分类所依靠的光谱信息随环境、时相千变万化，大量的“同物异谱”及“异物同谱”现象影响着计算机分类的精度。例如，裸露花岗岩与城市混凝土的光谱值很容易混淆，分类过程中可能错误地将信息类别指定给光谱类别。

一般来说，非监督分类结果误差比监督分类结果误差大。遥感图像分类时所采用的分类方法、步骤等对分类结果都有一定的影响。例如，监督分类中，对于一般的遥感图像，最大似然分类法的精度高于其他监督分类方法的精度。

建立在常见统计方法之上的分类算法，一般有以下几个缺陷：初始条件的确定有一定的随机性；很难确定全局最优分类特征、中心向量和最佳类别个数；分类过程中难以融合地学专家知识，监督分类结果往往取决于训练样本的选择，很难找到统一的、量化的标准，分类工作具有不可重复性。

4. 人为因素的影响

即使是目前成熟的计算机分类方法，都在不同程度上受到人为因素的控制，并对分类结果产生如下影响。

(1) 遥感图像目视解译产生的误差：在遥感图像目视解译过程中，地物类别的误分、过度概括、配准误差、解译详细程度等因素引起的误差。

(2) 人为的因素对分类精度的影响：特征样本的选择、分类参数的设置等均可能对分类精度产生影响。

(二) 监督分类与非监督分类的集成

1. 监督分类与非监督分类的区别

监督分类与非监督分类的根本区别在于是否利用训练样区来获取先验类别知识。监督分类根据训练样区提供的样本选择特征参数，建立判别函数，对待分类像元进行分类。因此，训练样区选择是监督分类的关键。若不熟悉区域情况，选择足够数量的训练场地的工作量会比较大，操作者需要将相同比例尺的数字地形图叠加在遥感图像上，根据地形图上的已知地物类型圈定分类用的训练样区。由于训练样区要求有代表性，训练样本的选择要考虑地物光谱特征，样本数目要能满足分类的要求，有时这些条件不易达到，这是监督分类的不足之处。

相比之下，非监督分类不需要更多的先验知识，它根据地物光谱特征的统计特性进行分类。因此，非监督分类方法简单，且分类具有一定的精度。严格说来，分类效果的优劣需要经过实际调查来检验。当光谱特征能够和唯一的地物类型(通常指水体、不同植被类型、土地利用类型、土壤类型等)相对应时，非监督分类可取得较好的分类效果。当两个地物类型对应的光谱特征类型差异很小时，非监督分类效果不如监督分类效果好。

2. 监督分类与非监督分类的集成

由于遥感数据的数据量大、类别多及“同物异谱”和“异物同谱”现象的存在，用单一的分类方法对图像进行分类，其精度往往不能满足应用的目的和要求。实际中可采用监督分类与非监督分类相结合的方法对图像进行分类，取长补短，使分类的效率和精度进一步提高。

基于最大似然原理的监督分类的优势在于如果空间聚类呈正态分布，那么它会减小分类误差，且分类速度较快。监督分类的主要缺陷是在分类前必须划定性质单一的训练样区，而这可以通过非监督分类法来进行。即通过非监督分类法将一定区域聚类成不同的单一类别，监督分类法再利用这些单一类别区域“训练”计算机。通过“训练”后的数据对其他区域进行分类，通过“训练”后的数据对其他区域进行分类，可以避免非监督分类法对整个图像进行分类时速度较慢的缺点，在保证分类精度的前提下，分类速度得到了提高。具体可按以下步骤进行。

第一步：选择一些有代表性的区域进行非监督分类。这些区域应尽可能包括所有感兴趣的地物类别。这些区域的选择与监督分类训练样区的选择要求相反，监督分类训练样区要求尽可能单一，而这里选择的区域要求包含类别尽可能多，以便所有感兴趣的地物类别都能得到聚类。

第二步：获得多个聚类类别的先验知识。这些先验知识的获取可以通过判读和实地调查来得到。聚类的类别作为监督分类的训练样区。

第三步：特征选择。选择最适合的特征图像进行后续分类。

第四步：使用监督分类法对整个图像进行分类。根据前几步获得的先验知识及聚类后的样本数据设计分类器，并对整个图像区域进行分类。

第五步：输出标记图像。由于分类结束后图像的类别信息也已确定，可以将整幅图像标记为相应类别输出。

监督分类与非监督分类复合分类方法，改变了传统的单一的分类方法对图像进行分类的弊端，弥补了其不足，为图像分类开辟了广阔前景。

(三) 非光谱信息在遥感图像分类中的应用

非光谱信息也称为辅助数据，是指用于帮助图像分析和分类的非图像信息，包括航空像片、地面摄影像片、野外考察资料、各种专题地图、报告和文献等。在数字图像分析中，辅助数据通常是被转换成数字化的格式，如 GIS 中的各种地形图、土壤图、植被图等。

数字化的辅助数据一般有两种方式：一是将辅助层简单地加到图像现有的光谱数据中，将辅助层看作另一个单一的图像波段，并将这种复合数据的图像进行监督或非监督分类；二是使用分类分层法，将光谱图像先进行分类，然后利用辅助数据将其分成几个层，将每个层按照一定的规则重新分类或者精确化初始的分类结果。这种方法可以根据辅助数据将所研究的重点类别或者难以分类的类别独立出来，允许复杂的分类算法有效运用于这些类别中，从而提高分类精度。

利用辅助数据的一个主要障碍是辅助数据和遥感数据之间的不匹配。因为多数辅助数据并不是服务于遥感数据应用的，所以其数字化辅助数据对应的比例尺、分辨率、时间、精度等很少与遥感图像相匹配。当其应用于遥感图像分类时，应对其进行预处理，以保证与图像之间的物理匹配。但这种处理容易引起额外的误差，阻碍辅助数据的有效应用。另外，随着数字化辅助数据的增多，特别是各种地理信息库的建立，选择哪种辅助数据也成了一个重要的决策问题。

在实际分类过程中，一些非光谱形成的特征，如地形、纹理结构等与地物类型的关系也十分密切。因此也可以将这些信息的空间位置与图像配准，作为一个特征参与分类。

1. 高程信息在遥感图像分类中的应用

受地形起伏的影响，地物的光谱反射特性产生变化，并且不同地物的生长地域往往受海拔或坡度坡向的影响，所以，将高程信息作为辅助信息参与分类将有助于提高分类的精度。例如，引入高程信息有助于对针叶林和阔叶林的分类，因为针叶林和阔叶林的生长与海拔有密切关系。另外，土壤类型、岩石类型、地质类型、水系及水系类型也都与地形有着密切的关系。

地形信息可以用地形图数字化后的数字地面模型作为地面高程的“图像”。地面高程的“图像”可以直接与多光谱图像一起对分类器进行训练，也可以将地形分成一些较宽的高程带，将多光谱图像按高程带切片(或分层)，然后分别进行分类。

按高程带分层分类时，将高程带的每一个带区作为掩模图像，并用数字过滤的方法把原始图像分割成不同的区域图像。每个区域图像对应于某个高程带，并独立地在每个区域图像中实施常规的分类处理，最后把各带区分类结果图像拼合起来形成最终的分类图像。两种方法的实质是一样的，同理可利用坡度、坡向等地形信息。

高程信息在分类中的应用主要体现在不同地物类别在不同高程中出现的先验概率不同。假设高程信息的引入并不显著地改变随机变量的统计分布特征，则带有高程信息的贝叶斯判决函数只需将新的先验概率代替原来的先验概率即可，余下的运算相同。这种方法在实际处理时，根据地面高程的“图像”确认每个像元的高程，然后选取相应的先验概率，应用一般的监督分类法进行分类。

2. 纹理信息在遥感图像分类中的应用

纹理信息有时也用来提高分类的效果，特别是在地物光谱特性相似时。如林地与草地，草地的纹理比林地的纹理要细密得多，但二者的光谱特性相似，这时候加入纹理信息辅助分类是比较有效的。

纹理信息参与分类的一种方法与前面讲述的引入高程参与分类的方法类似，也是通过改变判决函数中的先验概率实现的。通过计算每个像元的纹理信息，选取不同的先验概率对不同纹理地物进行加权，使分类结果更加合理。另一种方法是先利用多光谱信息对遥感图像进行自动分类，然后再利用纹理信息对光谱分类的结果进行进一步的细分。例如，在光谱数据分类的基础上，对属于每一类的像元，再利用纹理信息进行二次分类。

第七节　遥感数字图像其他分类方法简介

遥感图像的监督分类和非监督分类方法，是图像分类的最基本、最常用的两类方法。传统的监督分类和非监督分类方法虽然各有优势，但是也都存在一定的不足，如 *K*-均值聚类分类精度低，分类精度依赖于初始聚类中心；最大似然法计算强度大，且要求数据服从正态分布；最小距离法没有考虑各类别的协方差矩阵，对训练样本数目要求低等，其分类结果由于遥感图像本身的空间分辨率及“同物异谱”“异物同谱”现象的存在，往往出现较多的错分、漏分现象，导致分类精度不高。尤其是近年来针对高光谱数据的广泛应用，各种新理论、新方法相继出现，对传统的计算机分类方法提出了新的要求。无论是监督分类还是非监督分类，都是依据地物的光谱特性的点独立原则来进行分类的，且都采用统计方法，只是根据各波段灰度数据的统计特征进行，加上遥感数据分辨率的限制，一般图像的像元很多是混合像元，带有混合光谱信息的特点，致使计算机分类面临着诸多模糊对象，不能确定其究竟属于哪一类地物，因此人们不断尝试新方法来加以改善。

近年来的研究大多将传统方法与新方法相结合，即在非监督分类和监督分类的基础上，运用新方法来改进，减少错分和漏分情况，不同程度地提高了分类精度。新方法主要有决策树分类法、模糊分类法、神经网络分类法、专家系统分类法、多特征融合法及基于频谱特征的分类法等。

一、模糊分类法

模糊数学理论和方法在遥感分类中得到了比较广泛的应用。基于模糊数学的分类方法属于监督分类。

1. 模糊分类法的基本原理

设有 n 个样本，记为 $U=\{U_i, i=1,2,\cdots,n\}$，要将它们分成 m 类，这一过程实际上是求一个划分矩阵 $A=[a_{ij}]$，其中：

$$a_{ij}=\begin{cases}1 & \text{表示第}j\text{个样本属于第}i\text{类}\\ 0 & \text{否则}\end{cases}$$

矩阵 A 称作样本集 U 的一个划分，显然不同的 A 可以给出不同的分类结果。把对样本集 U 的所有划分称作 U 的划分空间，记为 M，这样聚类过程就是从样本集 U 的划分空间 M 中找出最佳划分矩阵的过程。

在实际问题中，样本的归属存在模糊性，因此 A 是模糊关系矩阵，$A=[a_{ij}]$满足以下条件：①$a_{ij}\in[0, 1]$，它表示样本 U_j 属于第 i 类的隶属度，a_{ij} 为隶属函数；②A 中每列元素之和为 1，即一个样本对各类的隶属度之和为 1；③A 中每行元素之和大于 0，即表示每类不为空集。

以模糊关系矩阵 A 对样本集 U 进行分类的过程称为软分类。为了得到合理的分类结果，定义聚类准则如下：

$$J_b(A,V)=\sum_{k=1}^{n}\sum_{i=1}^{m}(a_{ik})^b\cdot\|U_k-V_i\|^2 \tag{8.60}$$

式中，A 为模糊关系矩阵；V 为聚类中心；m 为类别数；n 为样本数；$\|U_k-V_i\|$ 表示样本 U_j 到第 i 类的聚类中心 V_i 的距离(如欧氏距离等)；b 为权系数，b 越大，分类越模糊，一般情况下 $b\geqslant 1$，当 $b=0$ 时就是硬分类。

在聚类准则最优的情况下可以求得软化分矩阵和分类中心，当 $b>1$ 和 $U_k\neq V_i$时，可用式(8.61)和式(8.62)求 a_{ij} 和 V_i。

$$a_{ij}=\frac{1}{\sum_{k=1}^{m}\left(\frac{\|U_j-V_i\|}{\|U_j-V_k\|}\right)^{\frac{2}{b-1}}}\quad (i\leqslant m; j\leqslant n) \tag{8.61}$$

$$V_i = \frac{\sum_{k=1}^{n}(a_{ik})^b U_k}{\sum_{k=1}^{n}(a_{ik})^b} \quad (i \leqslant m) \tag{8.62}$$

2. 模糊分类法的基本计算步骤

具体步骤如下。

第一步：给出初始化 A。

第二步：按照式(8.62)计算聚类中心 $V_i(i=1,2,3,\cdots,m)$。

第三步：根据 V_i 和式(8.61)计算出新的分类矩阵 A^*。

第四步：如果 $\max|a_{ij}^* - a_{ij}| < \delta$，则 A^* 和 V 即为所求，否则转到第二步，继续进行迭代处理，其中 δ 是预先给定的阈值。

第五步：以模糊矩阵 A^* 为基础对样本集 U 中的样本进行分类。方法之一就是 U_j 分到 A^* 的第 j 列中数值最大的元素所对应的类别中去。

遥感图像每一像元中包括了多种地物，在分类处理时有两种情形。其一为特殊情形，即将遥感图像上的每一像元看作地面上一个单一的地物，有 0 或 1 两种取值状态。这是常规分类方法产生的分类结果。其二为一般情形，将遥感图像上的每一像元看作地面上多种地物的混合，具体属于哪种地物具有模糊性。换言之，一个像元可以有不同的隶属值，隶属于不止一个地物类，遥感图像分类处理的大多数问题均属此列，这只有应用模糊数学理论才能解决。

进行模糊分类，关键在于隶属函数的确定和计算。隶属函数定义了遥感图像中像元与地物类的隶属关系，据此进行的分类会得到更为合理的结果。然而，隶属函数值的计算需要占用更多的时间和存储量，对计算机硬件有较高的要求。

二、专家系统分类方法

专家系统于 20 世纪 60 年代逐渐发展起来，并很快成为人工智能的一个重要分支。它通过计算机模拟专家的思维、推理、判断和决策过程解决某一具体问题。建立专家系统需要很多的时间和知识的积累，所建立的系统在专题领域内往往是有效的或是有参考价值的。

1. 遥感图像解译专家系统的基本结构

遥感图像解译专家系统是模式识别与人工智能技术相结合的产物。它应用人工智能技术，运用遥感图像解译专家的经验和方法，模拟遥感图像目视解译的具体思维过程进行遥感图像解译。它使用人工智能语言基于某一领域的专家分析方法或经验，对地物的多种属性进行分析判断、确定类别。专家的经验和知识以某种形式表示，如规则 IF <条件> THEN < 结果 >< CF >(其中 CF 为可信度)，诸多知识产生知识库。待处理的对象按某种形式将其所有属性组合在一起作为一个事实，然后由一条条事实组成事实库。每一个事实与知识库中的每一个知识按一定的推理方式进行匹配，当一个事物的属性满足知识中的条件项，或大部分满足时，则按知识中的 THEN 以置信度确定归属。

遥感图像解译专家系统的组成主要包括三大部分(图 8.32)。

1) 图像处理与特征提取子系统

它包括获取遥感图像，进行图像处理，利用地面控制点对图像进行精校正；在图像处理的基础上进行分类；通过区域分割和边界跟踪，进行地物的形状特征和空间关系特征的提取；每个地物的位置数据和属性特征数据通过系统接口送入遥感图像解译专家系统，存储在遥感图像数据库中。

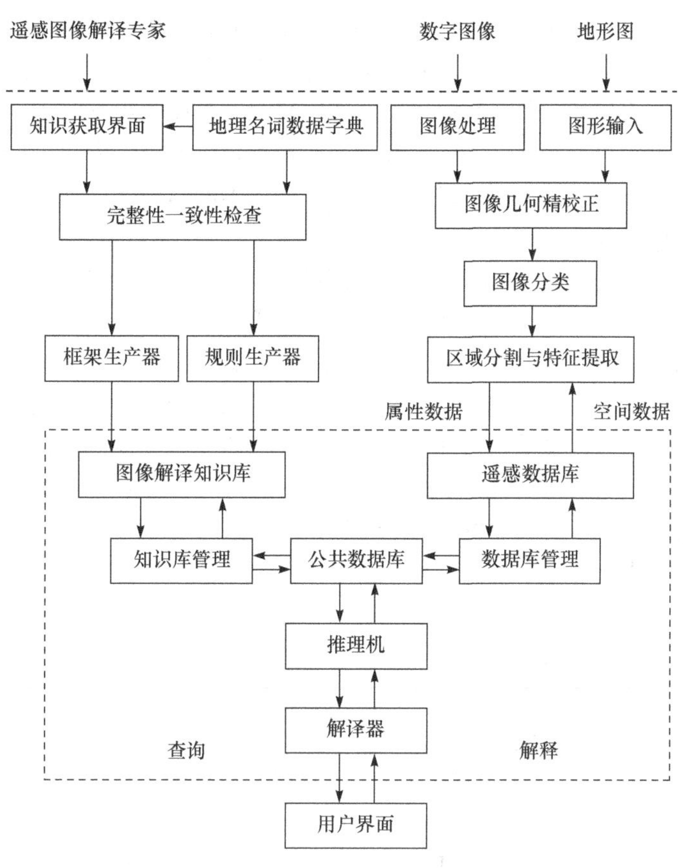

图 8.32　遥感图像解译专家系统结构

2) 知识获取系统

通过知识获取界面获取遥感图像解译专家知识，对知识进行完整性和一致性检查，通过规则产生器和框架产生器将专家知识形式化表示，将专家知识通过系统接口送入遥感图像解译专家系统中，存储在知识库中。

3) 狭义的专家系统

由遥感图像数据库和数据管理模块、知识库和管理模块、推理机和编译器构成。

以城镇分类为例,专家分类器可以让专业人员输入 IKONOS 的 1 m 分辨率图像和高程 DEM 来区分某些光谱相似却是不同材料的屋顶和道路表面。同样，基于 DEM 信息，在几何形状上相似的两个要素可以区分为建筑物屋顶和停车场。

此外，用户还可以给某些变量设置可变的置信度来表达其重要性。例如，土壤数据在土地覆盖制图方面通常是最重要的，但是高程数据在林业应用中可能是关键因素。

专家分类器建立了两个机制。第一，它使各领域专家能够通过简单的拖拉图解界面的方式建立决策树以形成一个新的知识库，这一树形图包括专家在对同样数据进行人工分析时所考虑的规则、条件和变量的顺序。第二，它给了一个导引(wizard)帮助，有助于非专家的普通用户将知识库应用到自己的数据中。用户输入所需要的数据集，它就可以自动地按应用软件提供的功能通过决策树进行分析以得到一个相应的结论。

2. ERDAS 遥感图像处理软件中专家分类系统的应用

随着计算机软件技术迅猛发展，各种商用遥感图像处理系统陆续开发出了“专家系统分类器”(expert classifier)，便于分类使用。以 ERDAS 图像处理软件中的专家分类器为例，它有两个程序。在第一个程序中，不同领域的专家可以通过简单的拖放图标的方式建立决策树，形成一个知识库，其中包括专家对同样数据进行人工分析时所考虑的规则、条件和顺序。第二个程序提供了一个导引界面，帮助普通用户将知识库应用到自己的数据中，提示用户输入所需要的数据集，自动通过决策树进行分析，以便得到一个较准确的结果。这种分类器其实也融合了分层分类的思想。

以 ERDAS IMAGINE 为例。Earth Sat 公司使用传统的统计分类器对 TM 图像进行了土地覆盖分类，他们还在寻找一种可行的方法以便将某一类别再细分，并且要区分高密度和低密度城区。在 Landsat TM 图像中，城区相对容易按光谱来识别，但是单独的光谱采样不能区分城区密度，而图像纹理可以解决这个问题。纹理是在某一小区域内光谱变化的频率，而城区有丰富的纹理，这是因为城区里有许多要素，如房子、花园、道路及停车场等，在相对小的区域导致不同的光谱响应，而高密度区域产生较多的图像纹理。为此，用 ERDAS IMAGINE 的可视化建模工具(model maker)建立了一个统计模型，用于计算纹理信息(以 7×7 矩阵为基础)。在专家分类器中，用特定光谱阈值分割产生城镇区域。这样，基于光谱和图像纹理数据的组合，IMAGINE 的专家分类器就可以成功地区分出不同密度区。在确定结果的过程中，还能为纹理值设置一个高于光谱数据的置信度，较大的纹理值和较高的光谱被确认为高密度城区，而低纹理值和低光谱则是低密度城区。

另外，专家系统技术还能应用于 1m 卫星图像的分类。在高空间分辨率的图像中，因为有更多的地面要素相互影响，除了光谱响应外，还必须分析纹理、形状、大小和许多其他特征。

作为决策支持系统的另一个例子是由 ERDAS 为军事用户建立的知识库，其目的是建立一个决策系统，能够让部队指挥员确定在给定的地形中哪些地方是某种运输车辆能够穿行的。这样的知识库主要包括了部队各种运输工具的性能说明和容差，诸如所能攀爬的最大坡度和某种牵引力下所需的地表条件等。输入某一地区土地类型图、DEM 和当前气象信息等条件之后，IMAGINE 专家分类器就可以给出每一种运输工具所能穿越区域的专题地图。

三、人工神经网络方法

人工神经网络(artificial neural network，ANN)方法可用于非监督分类，如自组织映射神经网络(self-organization map，SOM)；也可用于监督分类，此时往往称为模式识别。

1. 人工神经网络的基本结构

人工神经网络是由大量处理单元(神经元)相互连接的网络结构，是人脑的某种抽象、简化和模拟。人工神经网络的信息处理是由神经元之间的相互作用来实现的，知识和信息的存储是分布式的网络结构，网络的学习和决策过程取决于各神经元的动态变化过程。人工神经网络的神经元通常采用非线性的激活函数，可模拟大规模的非线性复杂系统。

人工神经网络可以模拟人脑神经元活动的过程，其中包括对信息的加工、处理、存储、搜索等过程。人工神经网络以信息的分布存储和并行处理为基础，具有自组织、自学习的功能，在许多方面更接近于人脑对信息的处理方法。人工神经网络具有模拟人的形象思维的能力，反映了人脑功能的若干基本特性。与传统统计方法相比，在数据具有不同的统计分布时可能会获得理想的分类结果。因此人工神经网络方法在遥感图像信息提取和分类中得到了广泛应用。

图 8.33 是一个典型的前向反馈神经网络模型，各层之间通过激活函数连接。

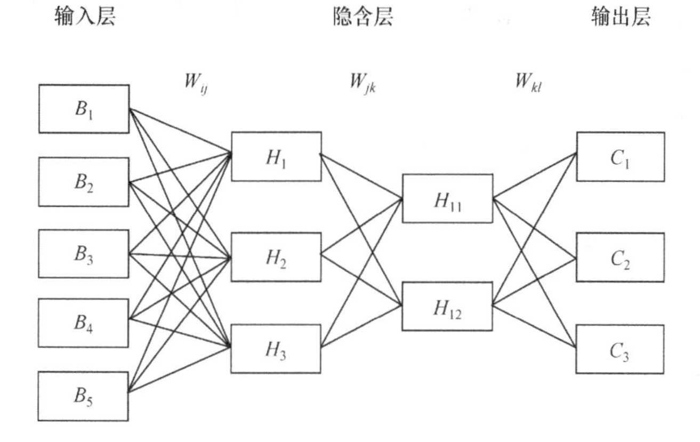

图 8.33 前向反馈神经网络模型

在图 8.33 中，方框内为神经元，或称为节点。B_i 是分类使用的图像的波段和特征，$i=1,2,3,4,5$。W 为激活函数，常用的是 Sigmoid 函数，$s(x)=\dfrac{1}{1+\mathrm{e}^{-x}}$。$H$ 为隐含层，用来模拟输入数据的非线性模式。网络可以有多个隐含层，每层的节点可以不同，但节点数过少，可能低估，节点数过多，可能会过度拟合。实际应用中，一般隐含层为两个，每层的节点不多于 3 个。C_j 是训练区的地物类别标记，$j=1,2,3$。

2. 神经元模型

1) 阈值单元模型

这是美国心理学家 McCulloch 和数学家 Pilts 于 1943 年提出的，又称 MP 模型。该模型处理 0、1 二值离散信息，不考虑神经元的活性度，也不考虑输入与输出之间的延时，是最基本的神经元模型。

2) 准线性单元模型

准线性单元模型采用连续的信息作为线性输入，然后通过神经元的线性组合或非线性激活函数两种类型来实现输出。前一种输出主要用于一些逻辑操作；神经元计算主要为后一种情况，即通过激活函数 $f(x)$(一般用 Sigmoid 函数)来获得输出。

3) 概率神经元模型

输入输出信号采用 0 与 1 的二值离散信息，神经元用概率状态变化规则进行模型化。

3. 网络结构

按照网络的连接结构可以分为以下三种类型。

1) 前向网络

前向网络通常包含若干层，在这种网络中，只有前后相邻两层之间的神经元相互联结，各神经元之间没有反馈，每个神经元从前一层接收多个输入，并只有一个输出送给下一层的各个神经元。

2) 反馈网络

反馈网络输出层与输入层之间有反馈，每个节点同时接收外来的和来自其他节点的反馈输入，也包括神经元输出信号返回的输入。

3) 相互结合型网络

相互结合型网络又称网状结构，各个神经元都可能相互双向联结。如果某一时刻从神经网络外部施加一个输入，各个神经元相互作用进行信息处理，直到网络所有神经元的活性度或输出值收敛于某个平均值。

4. 学习规则

人工神经网络学习规则主要有以下四种。

1) 联想学习

联想学习是指模拟人脑的联想功能，将时空上接近的事物或性质上相似的事物通过形象思维联结起来。典型联想学习规则是心理学家 Hebb 于 1949 年提出的学习行为的突触联系和神经群理论，称为 Hebb 学习规则。

2) 误差传播学习

误差传播学习以 1986 年 Rumelhart 等提出的具有普遍意义的 δ 规则[即误差反向传播(error back propagation，BP 算法]最为典型。广义 δ 规则中，误差由输出层逐层反向传至输入层，而输出则是正向传播，直至给出网络的最终响应。在前向网络的监督学习中，常采用误差传播学习规则。BP 学习算法被广泛应用于模式识别、预测等领域，在遥感图像的处理和分析中也是最典型的。但 BP 学习算法存在学习速度缓慢，容易出现局部极小、网络结构难以确定等缺点。结合误差传播学习和竞争学习的径向基函数(radial basis function，RBF)算法可在一定程度上克服 BP 算法的上述缺点。

3) 概率式学习

概率式学习从统计力学、分子热力学和概率论关于系统稳态能量的标准出发，进行神经网络学习。

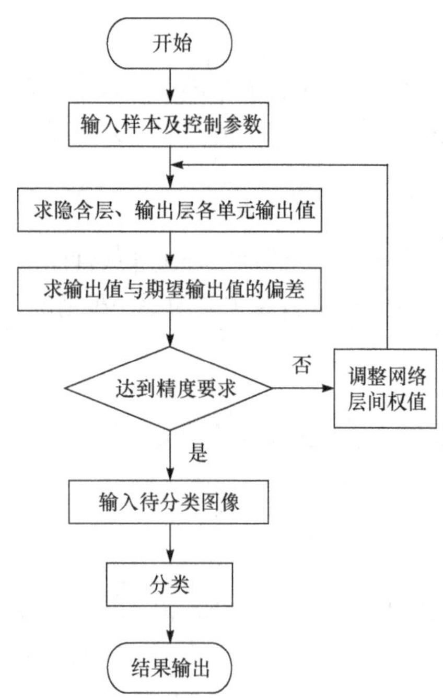

图 8.34　人工神经网络分类流程

4) 竞争学习

竞争学习属于非监督学习方式。在神经网络中的兴奋性或抑制性联结机制中引入竞争机制的学习方式，这种学习方式利用了不同层间的神经元发生的兴奋性联结，以及同一层内距离接近的神经元发生的兴奋性联结，距离较远的神经元之间则产生抑制性联结。

神经网络分类流程如图 8.34 所示。

5. 人工神经网络分类方法的特点

1) 人工神经网络分类方法的优点

第一，神经网络是模拟大脑神经系统储存和处理信息过程而抽象出来的一种数学模型，具有良好的容错性和鲁棒性，可通过学习获得网络的各种参数，无须像统计模式识别那样对原始类别做概率分布假设，这对于复杂的、背景知识不够清楚的地区图像的分类比较有效。

第二，在输入层和输出层之间增加了隐含层，节点之间通过权重来连接，且具有自我调节能力，能方便地利用各种类型的多源数据(遥感的或非遥感的)进行综合研究，有利于提高分类精度。

第三，判别函数是非线性的，能在特征空间形成复杂的非线性决策边界进行分类。

2) 人工神经网络分类方法的不足

第一，对训练数据集的选择较为敏感。

第二，需要花费大量时间进行学习；建立训练模型；相关的参数多且需不断调整才能得到较好的分类结果；如果训练数据集大、特征多，特征选择和模型建立需要很多时间。

第三，学习容易陷入低谷而不能跳出，有时网络不能收敛。

第四，神经网络模型被认为是黑箱的，很难给出神经元之间权值的物理意义，无法给出明确的决策规则和决策边界。

由于这些原因，在处理现实世界中的一些关键问题时，神经网络通常被认为是不可信赖的。在使用神经网络时，分析人员可能发现很难理解手头上的问题，因为神经网络缺乏洞察数据集特性的解释能力。由于同样的原因，很难整合专业化知识来简化、加速或改进图像分类。但是，在样本充分逼近总体、特征有效的情况下，神经网络建立的分类模型具有实际应用价值，可能会解决其他方法无法解决的分类问题。

习　题

1. 如何理解模式与模式识别？
2. 如何理解特征点集群？不同特征点集群有何特点？
3. 遥感数字图像分类的基本原理和技术流程是什么？主要有哪些分类方法？各有何特点？
4. 遥感数字图像分类的主要判别函数有哪些？各有何特点？
5. 什么是特征、特征提取和特征选择？特征提取和特征选择之间有何关系？
6. 举例说明灰度共生矩阵的计算过程。
7. 特征选择的基本原则是什么？特征变量选择有哪些主要方法？
8. 简述非监督分类的理论依据、基本原理、目的和分类过程。
9. 非监督分类初始类别参数选定有哪些主要方法？各有何特点？
10. 简述 *K*-均值算法的过程和主要步骤，并举例对某图像进行 *K*-均值算法分类。
11. 什么是训练样本？如何选择和评价训练样本？
12. 监督分类和非监督分类各有哪些主要分类方法？各有何特点及适用条件？试绘制一幅遥感图像分类方法的谱系图。
13. 最大似然法的基本假设是什么？如何在最大似然法中引入先验概率信息？
14. 用遥感软件对图像进行 *K*-均值和 ISODATA 分类法非监督分类，比较不同参数对分类结果的影响。
15. 用遥感软件对图像进行最小距离法和最大似然法分类，比较分类结果。
16. 遥感图像分类后处理包括哪些主要工作？各有何作用？
17. 用遥感软件对图像分类结果进行平滑处理，并比较平滑处理方法对最终结果的影响。
18. 什么是遥感图像分类精度评价？举例说明常用的分类精度评价指标及其计算方法。
19. 影响遥感图像分类精度的主要因素有哪些？如何提高遥感图像分类精度？

第九章　遥感数字图像匹配与镶嵌

第一节　遥感数字图像匹配

图像配准技术是近年来发展迅速的影像处理技术之一，是对来自不同时间、不同传感器或不同视角的同一区域景物的两幅图像或多幅图像进行匹配、叠加的过程，已成为图像处理、模式识别、计算机视觉等领域的重要研究课题，在立体测图、图像镶嵌和变化检测、图像融合中都得到了充分应用。

早期图像匹配方法以角点检测与匹配为主，包括从 Harris 角点检测算子到 FAST(features from accelerated segment test)检测算子，以及对这类角点检测算子的改进方法。SIFT(scale invariant feature transform)方法的提出将研究者的思维从角点检测中解放出来，是迄今被该方向引用最多的技术。目前，SIFT 类方法不再占据主导地位，基于深度学习的图像匹配方法逐步兴起，这类图像匹配不再依据研究者的观察和专业知识，而是依靠数据的训练，匹配精确度更高。

根据对图像特征的选择，图像匹配方法一般可分为基于灰度的图像匹配和基于特征的图像匹配两大类。

一、遥感数字图像匹配原理

遥感数字图像的匹配是一种面向应用的遥感数字图像处理技术，是遥感数字图像处理和应用的重要环节之一。

使用不同的传感器可获得同一地区不同时刻的图像(多时相图像)。图像匹配将多幅图像中的同名地物通过几何变换实现重叠。利用相关算法，可以实现图像的自动匹配。

图像匹配的基本假设是相同的地物具有相似的光谱特征。通过对两个图像做相对移动，找出其相似性量度值最大或差别最小的位置作为匹配位置。例如，在图 9.1 中，如果以(a)图作为参考图像或标准图像，以(b)图作为待匹配图像，则可在(a)图中选择几个包含未变化特征的图像块作为模板或窗口 T_i；在(b)图中对应于每个模板 T_i 的位置上划定一个子区 S_i 作为搜索区窗口，并使 $S_i > T_i$ 后将每个模块 T_i 放在与 i 对应的搜索区 S_i 中，逐行逐列移动，计算 T_i 与其在 S_i 所覆盖部分的相似性值，该值最大的位置就是(b)图与(a)图匹配的位置。

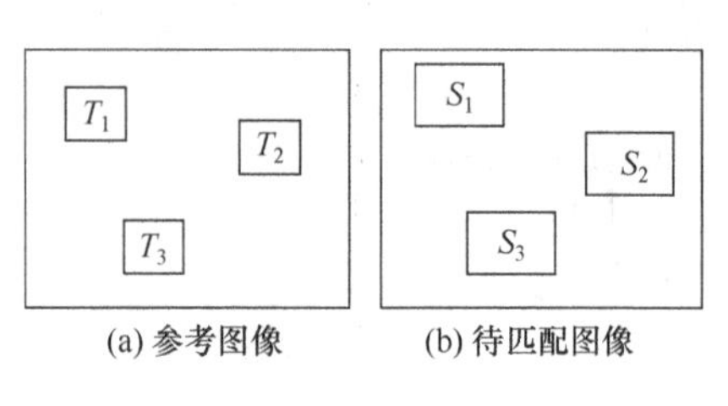

图 9.1　图像匹配基本原理

1. 遥感数字图像匹配的定义

在遥感数字图像的应用过程中，对于来自不同传感器的数据融合，利用不同条件、不同时间获得的遥感数字图像进行变化检测，从立体像对获取三维信息，以及基于模型的对象识别等，这些多源图像一般存在相对的几何差异和辐射差异，通常情况下均需要进行图像匹配。遥感数字图像匹配就是确定一个新的图像(称为待匹配图像)和一个基准图像之间的变换关系，即将两个不同图像进行叠加，将其中的图像之一进行变换，匹配其中对应于相同物理位置的像元点，尽可能地消除图像间存在的差异。

2. 遥感数字图像匹配的数学描述

设 $I_1(x,y)$ 为图像区域 A 的成像，$I_2(x,y)$ 中不仅包含图像区域 A，还包含与区域 A 相连的其他图像区域，则图像匹配是两幅图像的空间位置和灰度的映射，记为

$$I_2(x,y)=g\{I_1[f(x,y)]\} \tag{9.1}$$

式中，f 为二维空域坐标变换，它把空域坐标 x，y 变换成空域坐标 x'，y'，即 $(x',y')=f(x,y)$；g 为一维强度变换。

匹配问题就是要找到最优的空域变换 f 和强度变换 g，且重点是得到最优的空域变换 f，以进一步达到配准、定位、识别、差异分析等目的。空域几何变换 f 的模型，最一般的形式是透视变换，而最常用的是仿射变换、刚体变换等。

(1) 仿射变换是比较常用的匹配变换模型，可以配准从同一视点不同位置对同一场景成像的两幅图像，常用式(9.2)和式(9.3)表示

$$\begin{bmatrix} x' \\ y' \end{bmatrix}=\begin{bmatrix} a_{11} & a_{12} \\ a_{21} & a_{22} \end{bmatrix}\begin{bmatrix} x \\ y \end{bmatrix}+\begin{bmatrix} c \\ d \end{bmatrix} \tag{9.2}$$

$$\begin{bmatrix} a_{11} & a_{12} \\ a_{21} & a_{22} \end{bmatrix}=\begin{bmatrix} \cos\theta & \sin\theta \\ -\sin\theta & \cos\theta \end{bmatrix}\begin{bmatrix} S_x & 0 \\ 0 & S_y \end{bmatrix}\begin{bmatrix} 1 & \delta_x \\ 0 & 1 \end{bmatrix}\begin{bmatrix} 1 & 0 \\ \delta_y & 1 \end{bmatrix} \tag{9.3}$$

式中，θ 为二维平面旋转角；c，d 为二维平面的位移因子；S_x，S_y 为水平方向和垂直方向的比例因子；δ_x，δ_y 为水平方向和垂直方向的剪切因子。如果 δ_x，δ_y 为 1，则仿射变换简化为刚体变换。图像匹配问题实际上是上述参数的最优化问题。

(2) 刚体变换即在目标或传感器运动过程中，目标在图像中保持其相对形状和大小。刚体变换即平移、旋转、缩放的组合，用方程表示如下：

$$\begin{bmatrix} x' \\ y' \end{bmatrix}=\begin{bmatrix} c \\ d \end{bmatrix}+S\begin{bmatrix} \cos\theta & -\sin\theta \\ \sin\theta & \cos\theta \end{bmatrix}\begin{bmatrix} x \\ y \end{bmatrix} \tag{9.4}$$

式中，c、d 分别为二维平面的位移因子；S 为缩放因子；θ 为旋转角，这四个参数将输入图像的点 (x,y) 映射到参考图像的点 (x',y')。

刚体变换实际上是仿射变换的一个特例，因此，通常也将平移、旋转、缩放组合的刚体变换称为典型仿射变换。

(3) 其他如透视变换、多项式变换等，也是全局匹配时常用的变换模型。而对于复杂三维场景的投影失真，以及传感器的非线性失真和其他变形，还需要考虑局部变换，如三角网变换、橡皮泥(rubber sheet)变换等。

在对几何失真有所了解的基础上，建立相应的变换模型(映射函数)，可准确地反映图像之间的失配程度。通常对于平坦的表面成像，图像的几何变形分为平移、旋转、缩放、拉伸和倾斜等基本变形或者其中几个基本变形的组合。平移变换主要由传感器的不同方位引起，而缩放变换则主要是受传感器高度变化的影响，传感器视角变化可引起拉伸和倾斜。

3. 遥感数字图像匹配过程与要素

图像匹配可以看作特征空间(feature space)、搜索空间(search space)、搜索策略(search strategy)和相似性度量(similarity metric)这四个要素的不同选择组合。

图像匹配的主要过程(图 9.2)为：首先从待匹配图像和基准图像中提取一个或多个特征构成

特征空间，然后确定某种相似性准则来比较待匹配图像和基准图像的特征，再对特征进行搜索匹配，使用最终得到的变换模型参数对待匹配图像进行纠正，实现与基准图像的匹配。

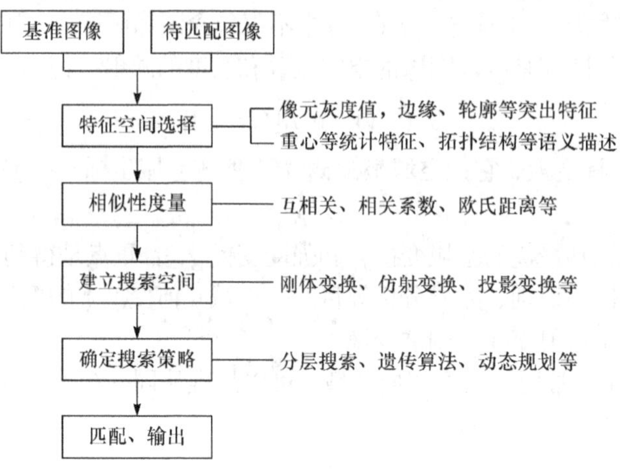

图 9.2　遥感数字图像匹配主要过程

1) 特征空间选择

特征空间选择就是确定用于匹配的特征，所确定的匹配特征直接影响匹配性能、搜索空间、噪声等不确定因素对匹配算法的影响。用于匹配的特征常有以下几类：直接使用像元灰度值，如灰度互相关算法；边缘、轮廓、表面、角点、线的交叉点等特征点；统计特征，如不变矩特征、重心；其他高级特征和综合描述，如拓扑结构、直方图不变特征、频域相关、图像模糊信息、图像投影特征、局部分形特征、基于奇异值分解或 PCA 的特征等。特征空间选择过程中，通常选择对各种图像差异或畸变具有不变性的特征。Brown(1992)总结了用于图像匹配的图像特征(表 9.1)。

表 9.1　用于匹配的图像特征及其特性

图像特征	特征的特性
原始的亮度及派生特征	像元亮度值、直方图不变特征、模糊信息、投影特征、局部分形特征、奇异值分解、PCA、局部熵差等(最常用的信息)
边缘	边缘、表面、轮廓(反映图像的内部结构，对噪声不敏感)
突出特征	角点、线交叉点、封闭区域中心、边缘局部弯曲最大的点等(反映图像的内部结构，能够精确定位)
统计特征	矩不变量等(用到所有的信息，有利于进行具有相似性变形的图像匹配)
高级特征	结构特征、合成特征、语义网络(使用相互关系及其他高级特征信息，适合于非精确和局部匹配)
相对于模型的匹配	地理图、对象模型(精确的内部结构，仅有一个图像存在噪声)

2) 相似性度量

相似性度量用于衡量待匹配图像特征之间的相似性，它的选择与待匹配的图像特征密切相关，通常定义为某种代价函数或距离函数的形式，决定了图像参与匹配的因素，以减弱未校正畸变对匹配性能的影响。对于灰度相关算法，一般采用相关作为相似性度量，如互相关、相关系数、相位相关等；而对于特征匹配算法，一般采用各种距离函数作为特征的相似性度量，如欧氏距离、绝对距离、Hausdorff 距离等。常见的相似性度量准则及特点见表 9.2。

表 9.2　常见相似性度量准则及特点

相似性度量准则	特点
归一化互相关函数	抗白噪声，但不能克服局部畸变，很难确定尖锐相关峰的位置
相关系数	抗白噪声，但不能克服局部畸变，很难确定尖锐相关峰的位置，但内有绝对度量的特点
相位相关	能克服与频率有关的噪声
亮度的绝对差之和	匹配运算速度快，在没有局部畸变的情况下能快速发现匹配的位置
边缘的绝对差之和	用“Chamer”方法，能快速完成匹配，抗图像局部畸变
逐点亮度差变化计数	适合不相似图像匹配
高级准则	结构匹配、树或图的距离匹配、基于感兴趣的特征或关系的匹配等

3) 搜索空间

图像匹配问题是一个参数的最优估计问题，待估计参数组成的空间就是搜索空间。简单地理解，就是输入图像的特征与基准图像的特征之间建立起的各种可能的对应关系，即对基准图像特征进行各种可能的变换，所有这些可能的变换的集合就是搜索空间。因此，成像畸变的类型和强度决定了搜索空间的组成和范围。

搜索算法就是在搜索空间中找到一个最优的变换，使得相似性度量达到最大值。搜索算法对于减少计算量有重要意义。搜索空间越复杂，选择合理的搜索算法越重要。

4) 搜索策略

在大多数情况下，搜索空间是所有可能变换的集合。搜索策略就是通过合适的搜索方法在搜索空间进行搜索，找出平移、旋转等变换参数的最优估计，使得图像之间经过变换后的相似性最大。搜索策略主要有穷尽搜索、分层搜索、多精度技术、松弛技术、Hough 变换、树和图匹配、动态规划、启发式搜索、模拟退火算法、遗传算法、人工神经网络等，这些搜索策略各有优缺点。搜索策略的选择是由搜索范围及寻找最优解的难度所决定的。

二、遥感数字图像匹配的特征选择与性能评估

1. 遥感数字图像匹配的特征选择

遥感数字图像中可用于特征匹配且有意义的突出结构特征，主要有点(区域角点、线交叉点、曲线上曲率较大的点等)、线(区域边界、海岸线、道路、河流、桥梁、铁路等)和区域(如森林、湖泊、农田、水库等)。

1) 点特征

图像的点特征主要是指图像中的明显点，如角点、圆点、拐点、交叉点等。点特征的探测是图像处理的重要步骤，它为图像匹配、图像融合、时间序列分析、模式识别等提供进一步处理的信息。

2) 线特征

线特征可以是通常意义上的线段，如目标轮廓、海岸线、道路等。线相关一般表示为线端点和中点的匹配。

3) 区域特征

通常用区域的重心表示，它们对于旋转、尺度、扭曲等不敏感，而且能克服随机噪声、亮

度变化。区域特征探测主要采用分割方法，分割精度对后续匹配质量影响显著。

2. 基于特征的图像匹配步骤

基于特征的图像匹配通常包含以下四个步骤。

(1) 特征探测。对图像中的突出目标(如具有封闭边界的区域、边缘、轮廓、线交点、角点等)用人工或自动的方法进行探测。在处理过程中，可以进一步对这些特征用代表性的点(如重心、线端点、角点等)来表示。

(2) 特征匹配。主要是建立待匹配图像与基准图像上已探测特征之间的对应关系。各种特征描述子和相似性度量及特征之间的空间关系被用于寻找同名特征。

(3) 变换模型估计。通过已建立的同名特征估计待匹配图像和基准图像之间的映射函数和参数。

(4) 图像重采样和转换。用映射函数将待匹配图像进行变换，从而与基准图像匹配。在非整数坐标上的图像亮度值由合适的内插方法计算得到。

3. 遥感数字图像匹配的性能评估

图像匹配算法的性能可以从匹配速度、匹配精度、匹配概率和匹配适应性四个指标进行评估。

匹配速度是指匹配算法运行的效率，由算法的计算量和算法结构(并行或串行)决定。而算法总的计算量与计算量及搜索次数有关。并行运算效率高，但对计算机硬件要求较高。一个好的匹配算法要求其具有较高的效率，能够满足应用需求。

匹配精度由图像匹配误差决定，即估计匹配点与实际匹配点之间的偏差，采用均方根误差 RMSE 描述。RMSE 越小，匹配误差越小，匹配精度越高；反之误差越大，匹配精度越低。

匹配概率是指每次匹配操作能够把匹配误差限定在精度范围的概率，是正确匹配次数与总匹配次数的比值。它不仅与算法本身有关，还和匹配区域的特征密切相关。通常结构特征密集的区域匹配概率大，变化缓慢的区域匹配概率小。

匹配适应性指匹配算法是否适用于不同来源的图像数据。好的匹配算法要求能够适应多类型传感器图像和图像之间的成像畸变，适用范围广。

三、基于灰度的遥感数字图像匹配

基于灰度的遥感数字图像匹配方法通常直接利用整幅模板图像的灰度信息，建立模板图像和输入图像之间的相似性度量，寻找使相似性度量值最大或最小的变换模型的参数值。基于灰度的图像匹配算法的性能取决于相似性度量、搜索策略和模板窗口大小的选择。由于大窗口中的景物可能存在遮挡或图像不光滑的情况，会出现误匹配的问题；而小窗口又不能覆盖足够的强度变化。基于灰度的图像匹配方法能够获得较高的精度和鲁棒性，但是因为需要将匹配点邻域的灰度值都考虑进来，所以计算量大、效率较低。另外，在信息贫乏区和畸变区域的匹配效果不佳。

根据相似性度量选择的不同，基于灰度的图像匹配方法主要有互相关法和互信息法等。

1. 互相关法

互相关性(cross - correlation)利用图像间相似性最大化的原理来实现图像匹配，采用互相关函数作为相关性测度。通过计算模板图像与搜索窗口之间的互相关值来确定图像匹配的程度。当互相关值最大时，图像和模板达到匹配。

令 $S_i(m,n)$是 S_i 中位于(m,n)处与 T_i 相同大小的图像块，T_i 与 $S_i(m,n)$的互相关系数计算公式为

$$r_{ST}(m,n)=\sum_j\sum_k T(j,k)S(j+m,k+n) \tag{9.5}$$

式中，m、n 为行列方向偏移的坐标。当对应的位置相互匹配时，互相关系数具有最大值。

为了避免由于图像中不同部位平均亮度值的差别而造成 r_{ST} 伪峰值，可先对图像块 T_i 和 $S_i(m,n)$进行归一化处理，然后再计算互相关系数。令 $\overline{T}$ 、$\overline{S}(m,n)$ 分别为对应图像块的平均亮度值，归一化后的图像块为

$$\hat{T}(j,k)=\frac{T(j,k)-\overline{T}}{\sqrt{\sum_j\sum_k[T(j,k)-\overline{T}]^2}} \tag{9.6}$$

$$\hat{S}(i+m,j+n)=\frac{S(j+m,k+n)-\overline{S}(m,n)}{\sqrt{\sum_j\sum_k[S(j+m,k+n)-\overline{S}(m,n)]^2}} \tag{9.7}$$

式(9.5)改写为

$$\hat{r}_{ST}(m,n)=\sum_j\sum_k\hat{T}(j,k)\hat{S}(j+m,k+n) \tag{9.8}$$

式中，$\hat{r}_{ST}(m,n)$ 为归一化互相关(normalized cross correlation，NCC)系数。在搜索区 S_i 中，使 $\hat{r}_{ST}$ 得到最大值的坐标位置 (m,n) 就是 T_i 与 S_i 相匹配的位置。

$\hat{r}_{ST}(m,n)$ 也可以由式(9.9)求得

$$\hat{r}_{ST}(m,n)=\frac{\sum_j\sum_k T(j,k)S(j+m,k+n)-\overline{T}\,\overline{S}(m,n)}{\sigma_T\sigma_S(m,n)} \tag{9.9}$$

式中，σ_T、$\sigma_S(m,n)$分别为 T_i、$S_i(m,n)$的标准差。

2. 互信息法

互信息(mutual information，MI)是信息论中的一个测度，通常用于描述两个随机变量的统计相关性，或一个变量包含另一个变量中信息的多少，表示两个随机变量之间的依赖程度，一般用熵(entropy)来表示。互信息法利用互信息作为相似性测度，当两幅图像达到匹配，它们的交互信息量达到最大值。由于该测度不需要对不同成像模式下图像亮度间的关系作任何假设，也不需要对图像进行分割或任何预处理，因而广泛应用于遥感数字图像的匹配。

对于遥感数字图像而言，亮度级越多，像元亮度值越分散，熵值越大；同时，熵也是灰度直方图形态的一个测度，当图像直方图具有一个或多个峰值时，熵值一般较小；反之，若直方图比较平坦，熵值较大。当两幅遥感数字图像在空间位置匹配时，其重叠部分所对应像元对的亮度互信息达到最大值，以此时对应的变换参数作为空间变换参数，通过空间变换达到图像匹配的目的。

图像 A 和图像 B 之间的互信息可用概率表示为

$$\mathrm{MI}_{AB}=\sum_{k=0}^{L}\sum_{i=0}^{L}P_{AB}(k,i)\log_2\frac{P_{AB}(k,i)}{P_A(k)\times P_B(i)} \tag{9.10}$$

式中，L 为最大灰度级别数；$P_A(k)$为灰度级 k 在图 A 中出现的概率；$P_B(i)$为灰度级 i 在图 B 中出现的概率；$P_{AB}(k,i)$为两个图像的联合概率密度(可以看作图像 A 和 B 的归一化联合灰度直方图)。对于灰度图像而言，灰度级越多，像元灰度值越分散，熵值越大。

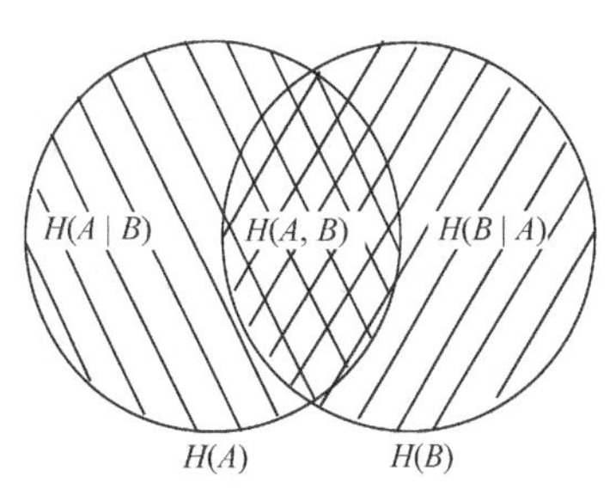

图 9.3　图像 A 与图像 B 的互信息

如图 9.3 所示，图像 A 和 B 的互信息可用信息熵表示为

$$\mathrm{MI}(A,B) = H(A) - H(A|B) = H(B) - H(B|A) = H(A) + H(B) - H(A, B) \tag{9.11}$$

其中，信息熵与概率具有以下关系

$$H(A) = -\sum_{k} P_A(k)\log P_A(k) \tag{9.12}$$

$$H(A, B) = -\sum_{k,i} P_{A,B}(k,i)\log P_{A,B}(k,i) \tag{9.13}$$

如果 A 与 B 完全依赖，则有

$$H(A) = H(B) = H(A,B) \tag{9.14}$$

即 $\mathrm{MI}(A, B)$取最大值。

互信息用于图像匹配的基本原理是：当两幅图像的空间位置实现匹配时，其重叠部分所对应像元的亮度互信息达到最大值，以此时对应的变换参数作为空间变换参数，通过空间变换达到图像匹配的目的。

因此，采用互信息法进行图像匹配时，图像 A 与经过变换 T 后的图像 B 的互信息可表示为

$$\mathrm{MI}(A, T_\beta(B)) = H(A) + H(T_\beta(B)) - H(A, T_\beta(B)) \tag{9.15}$$

基于互信息的图像匹配过程本质上是一个多参数最优化过程：

$$T_{\beta^*} = \arg\max_{\beta} \mathrm{MI}[A,\ T_\beta(B)] \tag{9.16}$$

即寻找互信息量最大时所对应的变换矩阵 T 的解，β 为矩阵 T 中所对应的转换参数向量，其最优值β^*可以通过不同的搜索方法获得。

四、基于特征的遥感数字图像匹配

基于灰度的遥感数字图像匹配方法直接完全地利用了所有的灰度信息，但对光照变化过于敏感。与基于灰度的图像匹配方法不同的是，基于特征的图像匹配方法对光照条件变化呈现出很好的鲁棒性，具有更高的可靠性，尤其适合于不同传感器图像和成像条件变化较大的图像匹配。

基于特征的图像匹配方法首先需要对图像进行特征提取，然后根据相似性原则对两幅图像的特征进行匹配，选取变换模型，通过合适的搜索策略求取变换的最优化参数，再利用求取的参数对输入图像进行坐标变换和插值。因为该方法不是基于灰度而是基于提取的特征，压缩了图像的信息量，所以计算量小，速度较快；同时对图像灰度变化具有鲁棒性，能够适应图像偏移、旋转的情况。基于特征的图像匹配方法匹配的效果主要取决于特征提取和特征匹配的精度，难点在于如何在自动、稳定、一致的特征提取和匹配过程中消除特征的模糊性和不一致性。由于特征提取过程压缩了图像信息，其对不同场景类型的适应能力不如基于灰度的图像匹配方法。

1. 基于特征的遥感数字图像匹配过程

点特征可以直接用于遥感数字图像匹配，线特征和区域特征需要经过某种变换或处理得到可以用于匹配的关键点。基于特征的遥感数字图像匹配一般过程如图 9.4 所示。无论采用何种关键点，都需要经过关键点提取、关键点描述和关键点匹配，最终匹配的关键点即可作为遥感数字图像匹配所需要的控制点。

2. 基于特征的遥感数字图像匹配类型

基于特征的遥感数字图像匹配方法可分为局部不变特征点匹配、线特征匹配和区域特征匹配三种类型。

1) 局部不变特征点匹配

局部不变特征点匹配在图像匹配领域中发展最早，也比较成熟。一幅图像的特征点由两部分组成：关键点和描述子。关键点是指特征点在图像中的位置，具有方向、尺度等信息；描述子通常是一个向量，用于描述关键点邻域的像元信息。在进行特征点匹配时，通常只需在向量空间对两个描述子进行比较，距离相近则判定为同一个特征点，角点、边缘点等都可以作为潜在特征点。局部不变特征点匹配方法主要有基于小波变换的边缘点提取法、角点检测法、兴趣算子法等。

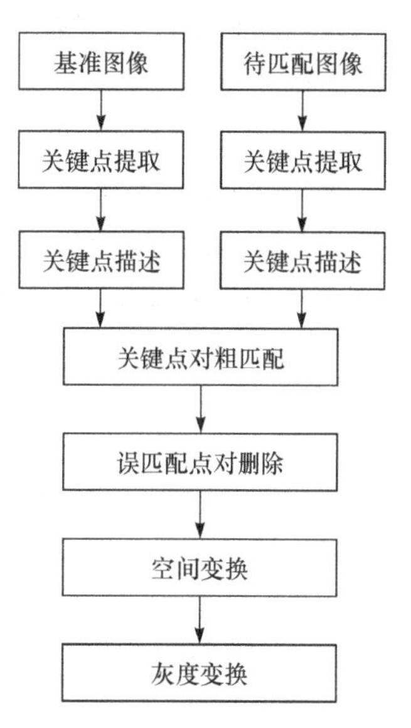

图 9.4　基于特征的遥感数字图像匹配过程

角点检测算法中最常用的是基于图像灰度的方法，如 Harris 算法。Harris 算法通过两个正交方向上强度的变化率对角点进行定义，其本身存在尺度固定、像元定位精度低、伪角点较多和计算量大等问题。在此基础上，有诸多改进算法。如将多分辨率思想引入 Harris 角点，解决 Harris 算法不具有尺度变化的问题；在 Harris 算法中两次筛选候选点集，利用最小二乘加权距离法实现角点亚像元定位，可大幅度提高角点检测效率和精度；将灰度差分及模板与 Harris 算法相结合，解决 Harris 算法中存在较多伪角点和计算量大等问题。这些特征点匹配算法都是基于人工设计的检测器，深度学习的快速发展使其在遥感数字图像匹配领域的应用成为现实。

基于深度学习的方法不仅可以学习特征检测器，还可用于对特征描述符进行学习。

在遥感数字图像处理领域，随着遥感数字图像分辨率的提高，对图像匹配性能提出更高要求，原本适用于低分辨率的匹配方法可能不再适用。为此，有学者对细节纹理信息丰富的高分辨率光学及 SAR(synthetic aperture radar)遥感数字图像进行分析，提出一种特征级高分辨率遥感数字图像快速自动匹配方法。该方法首先对匹配图像和待匹配图像进行 Haar 小波变换，将其变换到低频近似图像再进行后续处理，以提高图像匹配速度；其次对光学图像和 SAR 图像分别采用 Canny 算子和 ROA(ratio of averages)算子进行边缘特征提取，并将边缘线特征转换成点特征；再次通过匹配图像和待匹配图像中每对特征点之间的最小和次小角度之比确定初始匹配点对，并通过对随机抽样一致性算法添加约束条件来滤除错误匹配点对；最后采用分块均匀提取匹配点对的方法进一步提高匹配精度。该方法能快速实现并具有较高的配准精度和较好的鲁棒性。

2) 线特征匹配

线特征匹配方法可以大致分基于单线段匹配方法、基于线段组方法和基于共面线-点不变量(line point，LP)方法。

在基于单线段匹配方法中，MSLD(mean standard deviation line descriptor)方法通过统计像元支持区域内每个子区域四个方向的梯度向量构建描述子矩阵，进而提高描述符的鲁棒性。MSLD 对具有适当变化的纹理图像有较好的匹配效果，可以应用在三维重建和目标识别等领域，但该方法对尺度变化敏感。区域仿射变换和 MSLD 相结合，利用核线约束确定匹配图像对应的同名支持域，并对该支持域进行仿射变换以统一该区域大小，实现不同尺度图像上直线的可靠匹配。

当像对间旋转角度过大时，单线段匹配方法的匹配准确率不高，可以采用线段组匹配方法通过更多的几何信息解决这一问题。基于线段局部聚类的方式提出半局部特征 LS(line signature)用于宽基线像对匹配，并采用多尺度方案提高尺度变化下的鲁棒性。

基于线段组匹配方法对线段端点有高度依赖性，图像变换及部分遮挡可能导致端点位置不准确，进而影响匹配效果。利用线及其邻域点的局部几何信息构造共面线-点不变量(LP)用于线匹配。LP 包括："一线 + 两点"构成的仿射不变量和"一线 + 四点"构成的投影不变量。该投影不变量可以直接用于线匹配而无须复杂的组合优化。

3) 区域特征匹配

区域特征具有较高的不变性与稳定性，在多数图像中可以重复检测，与其他检测器具有一定的互补性，被广泛应用于图像识别、图像检索、图像拼接、三维重建等领域。基于计算机技术的树理论进行稳定特征提取的拓扑方法 TBMR(tree-based morse regions)以 Morse 理论为基础定义临界点：最大值点、最小值点和鞍点分别对应最大树叶子节点、最小树叶子节点和分叉节点。TBMR 区域对应树中具有唯一子节点和至少具有一个兄弟节点的节点。该方法仅依赖拓扑信息，完全继承形状空间不变性，对视角变化具有鲁棒性，计算速度快，常用于图像配准和三维重建。

近年来，基于深度学习的图像区域匹配成为研究热点，卷积神经网络(convolutional neural network，CNN)在局部图像区域匹配的应用中，根据是否存在度量层可以分为两类。第一类为具有度量层的方法，这类网络通常把图像块对匹配问题视为二分类问题。例如，MatchNet 通过 CNN 进行图像区域特征提取和相似性度量；基于空间尺度双通道深度卷积神经网络方法(BBS-2chDCNN)在双通道深度卷积神经网络(2chDCNN)前端加入空间尺度卷积层，以加强整体网络的抗尺度特性，该方法适用于处理异源、多时相、多分辨率的卫星影像，较传统匹配方法能提取到更为丰富的同名点，能明显提高卫星影像的配准率。第二类方法不存在度量层，这类网络的输出即为特征描述符，在某些应用中可以直接代替传统描述符。

深度学习的方法开启了研究者检测与匹配图像稳定特征的新思路，通过深度神经网络可以进行特征提取、方向估计与描述等工作。采用卷积神经网络提取特征的优点为：第一，由于卷积和池化计算的性质，图像中的平移部分对于最后的特征向量没有影响，从这一角度说，提取到的特征不易过拟合；第二，与其他方法相比，CNN 提取出的特征更加稳定，能有效提高匹配准确率；第三，可以利用不同卷积、池化和最后输出的特征向量控制整体模型的拟合能力，在过拟合时可以降低特征向量的维数，在欠拟合时可以提高卷积层的输出维数，相比于其他特征提取方法更加灵活。

目前，特征描述符主要分为两类：人工设计描述符和基于学习描述符。人工设计描述符主要靠直觉和研究者的专业知识驱动，基于学习描述符由数据驱动。与基于学习描述符的方法相比，人工设计描述符在性能方面相对较差，而优点是不需要数据或者只需要少量数据，计算时间较快；基于学习的描述符性能更高，参数的选择可能需要端到端的梯度下降法进行训练，需要大量数据参与训练，计算时间相对较慢。

第二节　遥感数字图像镶嵌

由于幅宽等因素限制，传感器成像一次覆盖区域总是有限的。而在多数情况下用户的分析区域往往包括多景影像，此时需要将若干影像进行拼接，生成目标区域的完整影像，以便于获取更多、更准确的关于感兴趣区域的信息。

遥感数字图像镶嵌(mosaicing)又称影像镶嵌、图像拼接，是指由于幅宽等因素限制，需要将两景或多景遥感影像按照统一坐标系和灰度要求拼接在一起，构成一幅目标区域的完整影像的技术过程。

遥感数字图像镶嵌可以对没有经过几何校正的、但经过图像配准处理的多幅图像进行拼接，也可对已校正到某个标准地图投影和大地水准面的多幅图像进行拼接。参与拼接的图像可以是不同时间同一传感器获取的图像，也可以是不同时间不同传感器获取的图像，但要求图像之间具有一定的重叠度。

遥感数字图像镶嵌的流程通常包括预处理、几何校正与配准、重叠区拼接、色调调整、镶嵌处理、质量评价等步骤。其中影像配准、镶嵌线生成与重叠区处理、色调调整等是关键技术环节。

一、遥感数字图像镶嵌的技术流程与质量评价

1. 遥感数字图像镶嵌的技术流程

通常镶嵌中需考虑图像间的地理坐标关系，对每景图像进行几何校正与图像匹配，将它们变换到统一的坐标系中，然后进行裁剪和重叠区处理，再将裁剪后的多景图像镶嵌在一起，消除色彩差异，最后形成一幅镶嵌影像。

对有地理坐标的遥感数字图像进行镶嵌时，可直接进入裁剪和重叠区处理步骤。经过几何粗校正和精校正的图像数据，在精校正的过程中，往往会建立畸变图像空间与地图制图用的标准空间(校正空间)之间的某种对应关系，并利用这种对应关系把图像的全部像元变换到地图制图用的标准空间中，从而获得相应的地理坐标。对于这种已经含有地理坐标的图像，直接利用图像间位置的相互关系，裁剪有效区域，处理多景影像的重叠区，消除色彩差异，就可最终完成镶嵌。

对无地理坐标的遥感数字图像进行镶嵌时，由于缺少两景图像的位置关系(通常因为图像没有经过几何校正，可能存在几何变形配准不佳的问题)，镶嵌的第一步即解决如何充分利用两景图像重叠区的信息，对两景图像进行配准以获得正确的相对位置，并且对其中一景图像进行几何校正(一景为参考影像，另一景为待校正影像)，消除图像的形变。在上述步骤完成后，再进行镶嵌的余下步骤。如果需要生成彩色图像，则将两景图像所属的各波段影像分别做相同的几何配准处理。

遥感数字图像镶嵌的主要技术流程如图 9.5 所示，主要包含以下关键步骤。

(1) 预处理。依据影像源的特点和应用需要，进行辐射校正、去条带和斑点噪声等预处理，同时需要进行有效数值、镶嵌成像波段选择等操作。

(2) 图像配准。对于没有经过精校正或者两幅图像地理坐标偏差较大时，通过人工或自动匹配算法设计变换函数，把待校正影像变换到参考影像上，实现点对的有效匹配；对于多波段影像，考虑到相机的成像原理，通常采用统一的变换函数。

(3) 镶嵌线生成。利用获得的两幅图像的重叠区，通过几何特征、灰度计算等算法设置镶嵌线，确定两幅图像镶嵌拼接的接缝。

(4) 色调调整。解决相邻图像的灰度色调差异带来的影响，避免出现明显的镶嵌痕迹，实现图像无缝镶嵌。对于多波段图像通常需要逐波段分别调整。

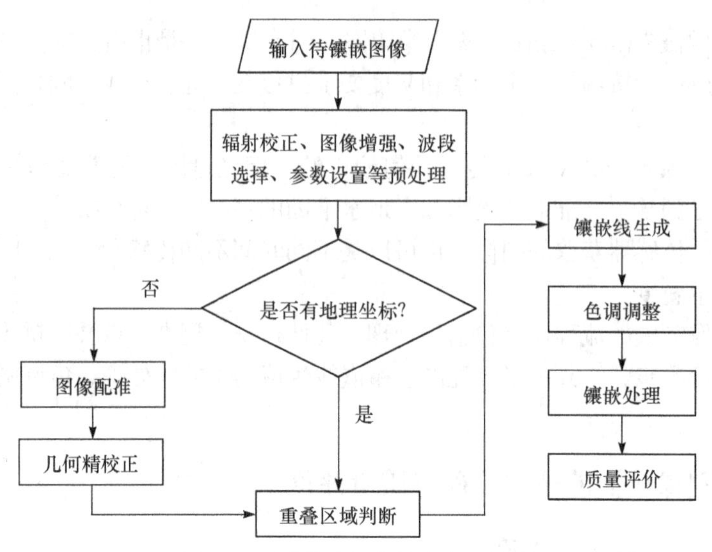

图 9.5　遥感数字图像镶嵌主要流程

2. 遥感数字图像镶嵌质量评价

针对遥感数字图像镶嵌的应用目的，成图后图像质量评价内容主要为图像色调和拼接区域的衔接效果，应该做到色调均一、无明显接缝差异。

(1) 主观质量评价，主要对镶嵌结果图像的辐射精度、纹理信息进行主观评价，是否有明显的接缝线，是否有错位，色调是否均匀，可针对纹理、色调等镶嵌特性对产品效果进行判定。

(2) 客观质量评价，主要从镶嵌结果图像的辐射精度、纹理信息进行客观评价。

图像的辐射精度常通过图像像元灰度均值方差、峰值信噪比来体现，相应指标的高低是对处理中引入调整信息的客观衡量。

图像的纹理信息常通过比较镶嵌前后的图像纹理特征进行评判，可通过图像信息相关性等指标来体现，形成对图像视觉效果的量化评价。

二、图像镶嵌方法

根据图像数据是否含有地理信息，遥感数字图像镶嵌可分为有地理坐标的图像镶嵌和无地理坐标的图像镶嵌。

(一) 有地理坐标的图像镶嵌

经过几何精校正后的遥感数字图像均具有明确的地理坐标，其拼接主要通过遥感数字图像处理软件实现，主要步骤如下。

(1) 将每景影像校正到相同的地图投影和大地水准面。在理想情况下，采用相同的灰度重采样方法和相同的分辨率对待镶嵌的多幅图像进行校正。

(2) 选定其中一幅图像为基准图像。基准图像与相邻的待镶嵌图像有一定程度的重叠。亮度调整和几何镶嵌都以重叠区域为准，重叠区域确定得准确与否直接影响镶嵌效果。重叠区域有以下两种确定方法：①手工移位匹配法。例如，ENVI 中有一个基于像元的图像镶嵌模块，使用时将两幅图像显示于屏幕上，移动后一幅图像，使两幅图像不断改变相对位置，当所有纹理细节达到最佳吻合时，两幅图像便达到几何位置的完全重叠，从而确定两幅图像的重叠范围。②利用校正后图像的地理信息，如 ENVI 中的基于地理坐标的影像镶嵌模块。

(3) 确定重叠区亮度。为避免在镶嵌图像中留下明显的镶嵌缝，常通过羽化方法对镶嵌图像的接边线进行羽化处理，指定羽化距离并沿着边缘或接边线进行羽化，原理如图 9.6 所示。

边缘羽化(edge feathering)是指按指定像元距离对图像重叠区域进行均衡化处理，如图 9.6(a)所示。例如，如果指定的距离为 20 个像元，在边缘处将会全部使用基准影像来输出拼接影像；在距边缘线指定的距离(即 20 个像元位置)，全部使用第 2 景影像来输出镶嵌图像；在距离边缘线 10 像元的距离处，基准影像和第 2 景影像各占 50%来混合计算输出镶嵌图像。

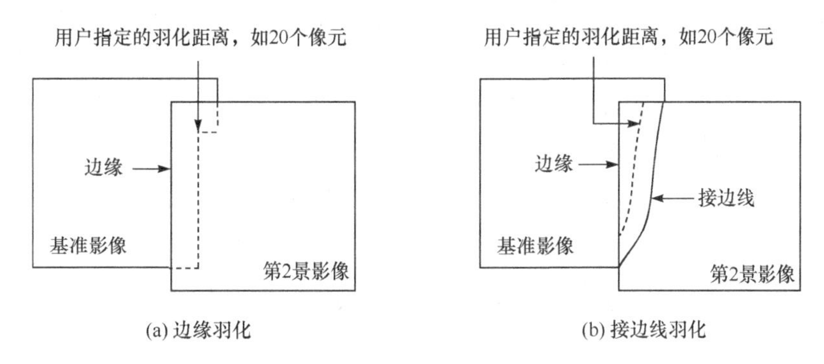

图 9.6　边缘羽化和接边线羽化

接边线羽化(seamline feathering)是指按距接边线特定距离范围内，对图像重叠区域进行均衡化处理，如图 9.6(b)所示。例如，如果指定的距离为 20 个像元，在接边线处将会全部使用第 2 景影像来输出镶嵌图像；而距接边线在指定的距离(20 个像元)之外时，则全部使用基准影像来输出镶嵌影像；在距离接边线 10 像元的距离处，基准影像和第 2 景影像各占 50%来混合计算输出镶嵌图像。

(4) 对待镶嵌图像进行亮度调整。亮度调整的目的是去除不同时相或不同成像条件导致的辐射差异，保证镶嵌后的图像反差一致，亮度接近。例如，ENVI 采用颜色平衡的方法，尽量避免由于镶嵌图像颜色不一致而影响镶嵌效果。以基准图像为准，统计各镶嵌图像的直方图(可以选择整幅基准图像或者重叠区域的直方图)，采用直方图匹配法匹配其他镶嵌图像，使得镶嵌图像具有相近的灰度特征。

(二) 无地理坐标的图像镶嵌

无地理坐标的遥感数字图像也就是未经过几何精校正的遥感数字图像，其自动镶嵌过程包括配准和融合两部分。配准是根据图像之间的变换模型，将待镶嵌图像统一到同一坐标系中。融合则是将配准后的图像合成为一幅完整的镶嵌图像。

1. 配准

图像镶嵌中的配准包括局部配准和全局调整两部分。

局部配准是求解相邻两幅图像间的变换关系，即采用基于灰度的图像匹配方法或基于特征的图像匹配方法，求解二维平面变换关系。局部匹配只能精确对齐相邻两幅图像，如果直接使用局部匹配参数构成一个完整的多幅图像镶嵌，匹配误差的积累会导致后续图像的镶嵌出现较大误差。

全局调整是处理多幅图像镶嵌在一起的误差累积，以实现多幅图像的精确镶嵌。如果匹配不准确，镶嵌后会产生双重影像。对于局部匹配出现的误差累积问题，一般通过全局调整来获得全局一致性的匹配参数，从而全局最小化所有图像间的匹配误差。捆绑调整是一种常用的全局调整方法，其具体实现步骤如下。

首先，选取一幅图像作为参考图像，其他图像都向该平面变换以得到最终的镶嵌图像。为了计算每幅图像到参考平面的对应矩阵，需要首先查找出与这幅图像特征匹配最多的重叠图像作为最佳的相邻图像。假设 H_{ij} 表示图像 I_i 到最佳相邻图像 I_j 的对应矩阵，已经得到 I_j 到参考平面的对应矩阵 H_j，则 I_i 到参考平面的对应矩阵 $H_i = H_{ij}H_j$。

其次，将待镶嵌图像逐幅加进调整器中，假设当前一轮调整中调整器的图像有$\{F_1, F_2, \cdots, F_m\}$，对当前的图像集合进行优化调整。从剩余的图像中挑选与调整器中图像集$\{F_1, F_2, \cdots, F_m\}$的某图像 F_j 具有最佳匹配效果的图像 I_i，将 I_i 放入调整器中作为 F_{m+1}，同时优化调整器内的各幅图像到参考平面的对应变换矩阵。重复此过程，直到所有的图像都参与优化调整。

优化过程是直接计算每幅图像 I_i 和其相邻图像 I_j 上的特征匹配对经过参考平面变换后的距离值，通过这个距离值的最小化来调整相邻图像间的对应矩阵，从而达到调整 H_i 的目的。若 u_i^k 代表图像 I_i 的第 k 个特征点，u_i^k 与 u_j^l 是图像 I_i 与图像 I_j 对应的一对特征点，H_i 为图像 I_i 到参考平面的对应矩阵，H_j 为图像 I_j 到参考平面的对应矩阵，则 u_i^k 映射到图像 I_j 后与 u_j^l 的坐标差为

$$r_{i,j}^k = u_j^k - H_j^{-1} H_i u_i^k \tag{9.17}$$

目标函数的表达式为

$$e = \sum_{i=1}^{n} \sum_{j \in I(i)} \sum_{k \in N(i,j)} \left\| r_{i,j}^k \right\|^2 \tag{9.18}$$

式中，n 为图像的个数；$I(i)$为与图像 i 有匹配点的图像集合；$N(i,j)$为图像 i 与图像 j 之间对应点的个数。式(9.18)可以采用 Levenberg-Marquardt(L-M)算法进行迭代求解。

2. 融合

精确匹配可以较好地解决双重影像问题，但难以克服融合重影和灰度值差异。图像融合可以有效解决以上问题。常用的图像融合方法，如加权平均法、最佳缝合线法，可以有效解决图像镶嵌后的灰度差异现象。

1) 加权平均法

加权平均法的主要思想是在重叠部分由前一幅图像逐渐过渡到第二幅图像，即将图像重叠区域的像元值按一定的权值相加合成新的图像。由于图像匹配很难保证子像元级的精度，简单的平均值法不一定能有效消除灰度值差异，而广泛应用的加权平均算法具有比较好的效果。

在图像重叠区域内，按照每个像元点在两幅图像上的距离关系进行加权，距离关系为距图像四个边界的最小值 $\min(d_1,d_2,d_3,d_4)$，则像元的权重公式为

$$\omega_k(X) = 1/\min(d_1, d_2, d_3, d_4) \tag{9.19}$$

像元灰度计算公式为

$$C(X) = \frac{\sum_k \omega_k(X) I_k(X)}{\sum_k \omega_k(X)} \tag{9.20}$$

该方法强调离重叠中心近的像元的贡献，减少图像边界处像元的影响，从而减少误差。

2) 最佳缝合线法

最佳缝合线法的主要思想是在两幅图像的重叠区间找到一条最佳的缝合线，使得缝合线上的两幅图像间的能量差最小，在最终的镶嵌图中，缝合线两边分别取来自不同图像上的像元点，从而有效地减少“重影”的存在。动态规划法常用于寻找最佳缝合线。

将两幅原始图像匹配后的图像区域分成两部分，每一部分对应原始图像的相应部分，定义具有如下特征的一条理想的缝合线对匹配后的图像区域进行分割：第一，在灰度上，缝合线上的像元点在两幅原始图像的差值最小；第二，在几何结构上，缝合线上的像元点在两幅原始图像上的结构最相似。

定义目标函数为

$$E(x,y)=E_{\text{intensity}}(x,y)^2+E_{\text{geometry}}(x,y) \tag{9.21}$$

式中，$E_{\text{intensity}}$为原始两幅图像上重叠像元点的灰度差值；E_{geometry}为两幅原始图像上重叠像元点的结构差值，可通过计算梯度差值得到。最佳缝合线上目标函数值为最小。

利用式(9.21)可以将两幅图像重叠部分进行差运算，生成灰度差值图像和结构差值图像，然后运用动态规划的思想寻找一个最佳的缝合线。具体步骤如下。

第一步，初始化。重叠区域的第一行各列像元对应一条缝合线，其强度值初始化为各个点的准则值。

第二步，扩展。已经计算缝合线强度的一行向下扩展，直到最后一行为止。扩展原则是将每个缝合线的当前点分别与该点紧邻的下一行中的三个像元准则值相加，然后进行比较，取强度值之和最小的列作为该缝合线的扩展方向，更新此缝合线的强度值为最小的强度值之和，并将缝合线的当前点更新为得到最小强度值之和所对应的下一行中的列。

第三步，选择最佳缝合线。从所有缝合线中选取强度值最小的作为最佳缝合线。

三、镶嵌图像处理

1. 镶嵌线生成

镶嵌线，也称拼接线或接缝线，是在图像镶嵌过程中，在相邻的两个图像的重叠区域内，按照一定规则选择一条线作为两个图像的接边线。这样能改变接边处差异较大的问题，如没有精确匹配等。在待镶嵌图像的重叠区内选择一条曲线，按照这条曲线把图像拼接起来，待镶嵌图像按照这条曲线拼接后，当曲线两侧的亮度变化不显著或最小时，就认为找到了镶嵌线。常选择重叠区域的河流、道路、排水沟等地物，沿着它们绘制接边线。常用的镶嵌线生成有人工和自动等多种方法，在实际处理中通常相互结合，流程见图9.7。

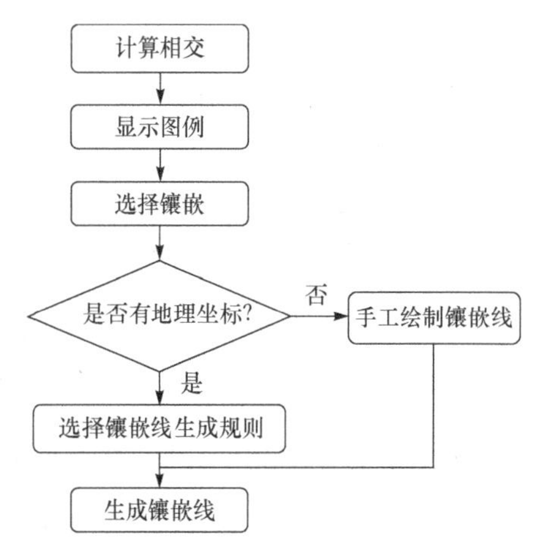

图9.7　镶嵌线生成流程图

镶嵌线自动生成的方法主要有灰度差最小法、中线法、基于地形设定法等。

1) 灰度差最小法

假定现在要对左右两幅相邻图像A和B进行镶嵌，如图9.8所示，这两幅图像间存在一宽为L的重叠区域，要在重叠区内找出一条接缝线。此时只要找出这条线在每一行的交点即可，为此可取一长度为d的一维窗口，让窗口在一行内逐点滑动，计算出每一点处A和B两幅图像在窗口内各个对应像元点的亮度值绝对差的和，最小的值即为镶嵌线在这一行的位置，计算公式为

$$\min\sum_{j=0}^{d-1}|g_A(i,j_0+j)-g_B(i,j_0+j)| \quad (j_0=1,2,\cdots,L-d+1) \tag{9.22}$$

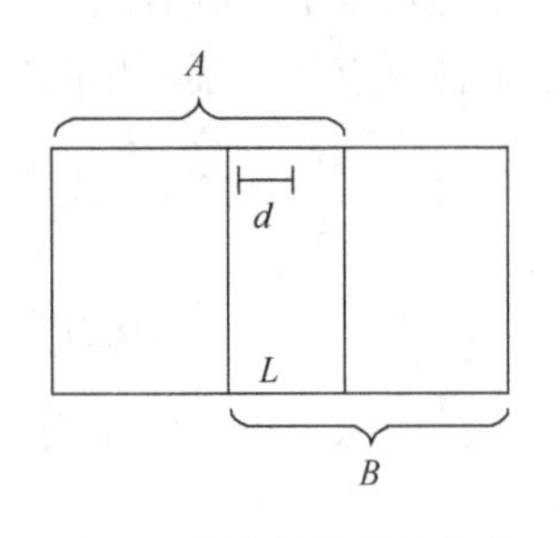

图 9.8 影像镶嵌接缝线确定示意图

式中，$g_A(i,j_0+j)$和$g_B(i,j_0+j)$为影像A和B在重叠区(i,j_0+j)处的亮度值；j_0为窗口在左端点；i为窗口所在的图像行数。

满足上述条件的点就是接缝点，所有接缝点的连线就是镶嵌线。

2) 中线法

矩形情况是图像镶嵌相交区域最常出现的情形，多幅图像镶嵌中会出现相交区为不规则多边形的情况。一般采用沿着边界向多边形内侧平移边界算法来计算划分多边形的连线点。以相交区的中点连线为接边线。相交区如果为上下关系，接边线为从左至右算；如果为左右关系，接边线则为从上至下算。

3) 基于地形设定法

实际应用中，常依据 DEM 数据进行地形局部修正，通过对地物的线特征与边缘轮廓特征设计镶嵌线，实现高精度配准和无缝镶嵌，满足变化监测、地物解译等视觉效果需求。该方法考虑地物因素较多，比较复杂，目前还没有较为实用的自动处理算法。

2. 重叠区处理

重叠区处理主要是对相交区图像数据进行计算和选取。很多情况下图像镶嵌都是以两幅图像为基础，不考虑多幅图像同时进行镶嵌。卫星图像或者航拍图像镶嵌前做校正后，图像中有用部分可能并不是矩形，因此重叠区域的数据处理需要针对处理目标采用不同的处理方法。对于图像之间尤其是在拼接处存在的亮度差异，还需要进行色调调整。

下面以图 9.9 所示的上下相邻的两幅图像重叠区的亮度值的确定为例进行说明。设重叠区行数为L，图像E的重叠部分为第K行到第$L+K-1$行，图像H的重叠部分为第 1 行到第L行，$g_E(i,j)$和$g_H(i,j)$分别表示图像E和图像H的亮度值，$g(i,j)$为重叠区的亮度值。

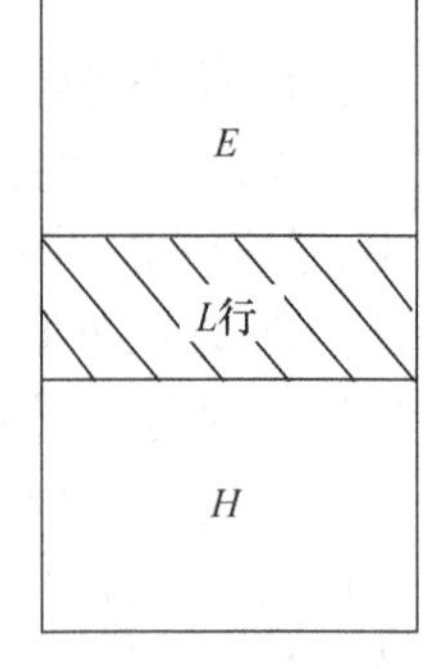

图 9.9 重叠区亮度确定示意图

图像调整后的亮度值，其行数为 1 到L，此时重叠区亮度值的计算要以列为单位进行(左右镶嵌的情况则要以行为单位进行)。下面以第j列的亮度值的确定为例来说明常用的三种计算方法。

(1) 把两幅图像对应像元的平均值作为重叠区像元点的亮度值，即

$$g(i,j)=\frac{1}{2}[g_E(i+K-1,j)+g_H(i,j)] \quad (i=1,2,\cdots,L) \tag{9.23}$$

(2) 把两幅待镶嵌图像中亮度值最大的作为重叠区像元点的亮度值，即

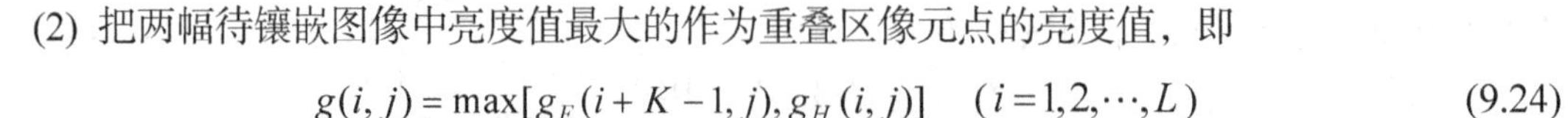

$$g(i,j)=\max[g_E(i+K-1,j),g_H(i,j)] \quad (i=1,2,\cdots,L) \tag{9.24}$$

(3) 取两幅图像对应像元亮度值的线性加权和，即

$$g(i,j)=\frac{L-i}{L}g_E(i+K-1,j)+\frac{i}{L}g_H(i,j) \tag{9.25}$$

3. 色调调整

因为不同时相、摄影质量、边缘减光及其扫描质量等原因，以及后期校正处理的不同，镶嵌中采用的图像间的亮度也难免存在一定的差异，所以需要对待镶嵌图像的重叠区域进行再匹配并进行接边调整，以解决相邻图像的亮度差异带来的影响，避免出现明显的镶嵌痕迹，从而实现影像无缝镶嵌。色调调整应以反差适中、影像清晰、色彩美观、信息丰富、便于目视解译为准则。

图 9.10 是利用 ENVI 软件示例数据进行镶嵌的结果，其中(a)和(b)为原始影像，(c)和(d)是进行色调调整前后的对比图，经色调调整后，消除了明显的镶嵌痕迹，改善了制图效果。

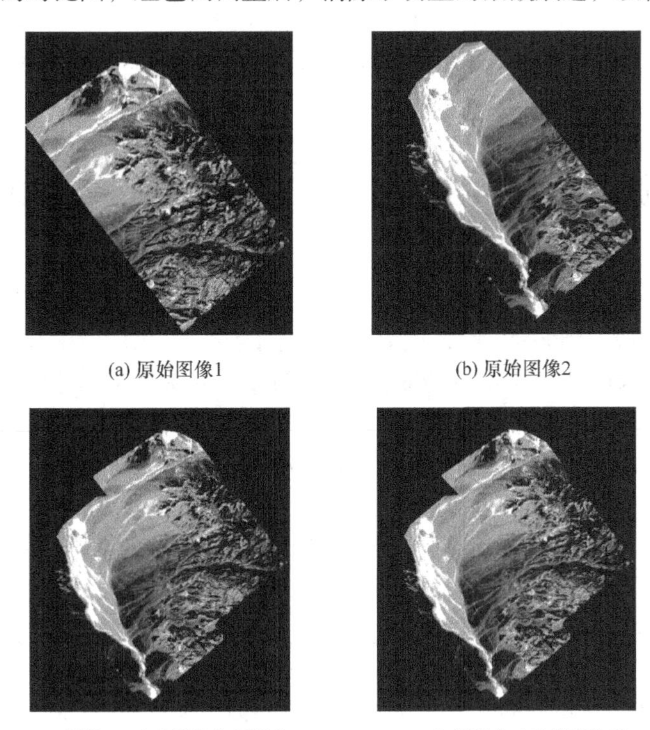

(a) 原始图像1　(b) 原始图像2

(c) 拼接后，尚未进行色调调整　(d) 色调调整后的镶嵌效果

图 9.10　图像镶嵌

色调调整中确定调色的参考区域非常重要，主要有使用全图和使用重叠区两种方案，需要根据图像特点和对重叠区的处理要求进行适当选择。前者一般是将整幅图像与参考图像进行比对，如直方图匹配或者增强等处理，但是有可能在全图色彩均衡的情况下，局部尤其是重叠区图像成像时的不均匀，产生较大的色调差异，使得匀色效果不够理想。后者考虑了这种问题的可能，采用重叠区影像灰度信息进行匀色处理，然后把色彩调整的模型运用到整个图像进行色调处理，可避免局部色调差异。但这种方法可能导致图像其他区域色彩失真，因此不适用于重叠区灰度分布与全图差异较大的情况。

1) 基于统计分析的色调调整方法

直方图匹配算法是最常用的基于统计分析的方法，其一般步骤如下所述。设 s、u 分别为待匹配图像及标准图像，G 是最大灰度级，则定义函数：

$$p_s(s_k)=\frac{N_k}{N}\ p_u(u_k)=\frac{M_k}{M}\quad (k=0,1,2,\cdots,G-1) \tag{9.26}$$

式中，N_k、M_k分别为 s、u 图像中灰度级为 k 的像元点数；N、M 分别为 s、u 图像的总像元数。

直方图匹配方法主要有以下三个步骤。

(1) 对待匹配图 s 进行灰度均衡化变换：

$$f_k = \sum_{i=0}^{k} p_s(s_i) \quad (k = 0,1,2,\cdots,G-1) \tag{9.27}$$

(2) 计算标准图 u 的直方图均衡化变换：

$$g_l = \sum_{j=0}^{l} p_u(u_j) \quad (l = 0,1,2,\cdots,G-1) \tag{9.28}$$

(3) 将原始直方图对应到规定直方图，即找到 $p_s(s_i)$与 $p_u(u_j)$的对应关系。

2) 基于图像变换的色调调整方法

Wallis 变换是一种比较特殊的线性滤波器，实际上它是一种局部图像变换，该变换使不同的图像或图像的不同位置的灰度方差和均值具有近似相等的数值。Wallis 滤波器的一般形式为

$$g_c(x, y) = g(x, y)\, r_1 + r_0 \tag{9.29}$$

式中，参数 $r_1 = cv_s/(cv_c + cv_s/c)$ 、$r_0 = bm_s + (1 - b - r_1)m_c$ 分别为乘性系数和加性系数。当 $r_1 > 1$ 时，该变换为高通滤波；当 $r_1 < 1$ 时，该变换为低通滤波。m_c 为图像中某一像元一定邻域的影像灰度均值；v_c 为图像中某一像元一定邻域的灰度方差。m_s 为图像均值的目标值，它应选择图像动态范围的中值；v_s 为图像方差的目标值。c 为图像反差扩展常数，取值范围为[0, 1]，该系数应随着处理窗口的增大而增大。b 为图像亮度系数，取值范围为[0, 1]，当 $b \to 1$ 时，图像的均值被强制到 m_s。

对整个测区的图像利用 Wallis 算子进行色差调整时，往往是在测区中选择一张色调具有代表性的图像作为色调基准图像。首先统计出基准图像的均值与方差作为 Wallis 处理时的标准均值与标准方差，然后对测区中的其他待处理图像利用标准均值与标准方差进行 Wallis 滤波处理。图 9.11 为 Wallis 变换匀色处理的流程图。

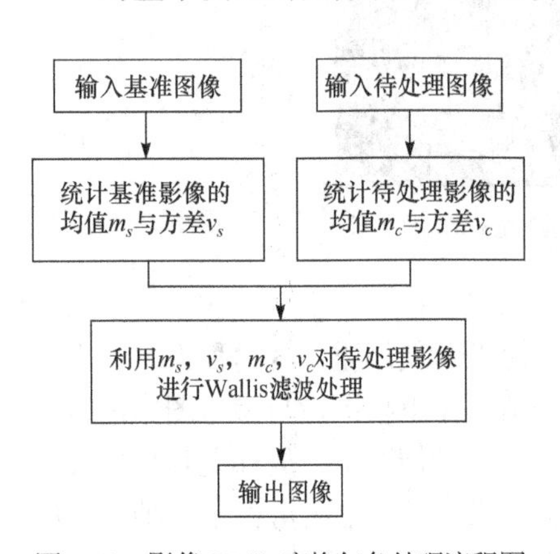

图 9.11　影像 Wallis 变换匀色处理流程图

3) 基于镶嵌线羽化的色调调整方法

镶嵌线羽化是指将镶嵌线两侧的图像色调过渡均匀、自然，不留镶嵌的痕迹。镶嵌线可以是直线，也可以是曲线。在图像几何拼接阶段，可以手工或自动确定图像之间的镶嵌线，在记录每一条镶嵌线位置的同时，记录该镶嵌线的拓扑属性，即该镶嵌线是左右像片之间的，还是上下像片之间的。对于镶嵌后的整幅影像中的每一条镶嵌线，如果它是左右像片之间的镶嵌线，则统计拼接缝左右两侧一定范围内的灰度差，然后将灰度差在拼接缝左右两侧的一定范围内强制改正；如果它是上下像片之间的镶嵌线，则统计拼接缝上下两侧一定范围内的灰度差，然后将灰度差在拼接缝上下两侧的一定范围内强制改正。这个过程通常形象地称为羽化处理。

如图 9.12 所示，曲线 a、b、c、d、e 和 f 是左右像片之间的镶嵌线，由于多种因素的影响，通常在镶嵌线位置会形成明显的拼接缝。该算法首先统计镶嵌线上任意一像元位置两侧一定范围 L 内的灰度差 Δg，然后将灰度差 Δg 在镶嵌线上该像元位置左右两侧一定范围 w 内改正，参数 w 称为改正宽度。由于上述处理过程是沿镶嵌线逐像元进行的，为了避免改正结果出现条纹效应，每个像元位置的灰度差 Δg 应在该像元位置前后的多个位置上共同统计得到。改正宽度 w 的大小与灰度差 Δg 成正比，Δg 越大，改正宽度 w 也越大。灰度改正时，离拼接缝越近的像点，灰度值改正得越多，离拼接缝越远的像点，灰度值改正得越少，即到拼接缝的距离为 d 的像点的灰度值改正量 $\Delta g'$ 为

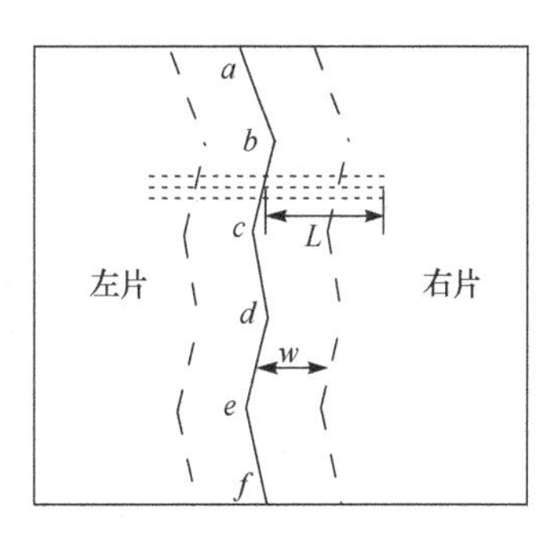

图 9.12　镶嵌线羽化算法示意图

$$\Delta g' = \frac{\omega - d}{\omega} \Delta g \tag{9.30}$$

在羽化处理前，应分别将每幅图像灰度调整到基本一致，以减轻镶嵌拼接缝消除工作量，提高镶嵌效率。

习　题

1. 什么是遥感数字图像匹配？简述图像匹配的主要过程和要素。
2. 简述图像匹配特征选择及主要步骤。
3. 简述基于特征的图像匹配的主要过程和类型，并分析其特点。
4. 简述图像镶嵌的主要技术流程。
5. 应用遥感软件实现多幅遥感数字图像的镶嵌，并分析镶嵌线选择的特点及对后续处理过程的影响。
6. 在遥感数字图像镶嵌过程中，为什么要进行色调调整？列出至少三种色调调整方法，并分析其适用性。

主要参考文献

陈奋, 赵忠明, 杨健. 2005. 高分辨率遥感影像的云阴影去除. 计算机工程与应用, 35:180-182

陈闻畅. 2005. IKONOS 成像机理及立体测图精度研究. 武汉: 武汉大学硕士学位论文

陈晓玲, 赵红梅, 黄家柱, 等. 2013. 遥感原理与应用实验教程. 北京: 科学出版社

邓书斌, 陈秋锦, 杜会建, 等. 2014. ENVI 遥感图像处理方法. 北京: 高等教育出版社

杜培军. 2006. 遥感原理与应用. 徐州: 中国矿业大学出版社

杜学飞. 2008. 模型机航空近景摄影测量系统的开发. 武汉: 中国科学院研究生院(武汉岩土力学研究所)硕士学位论文

范大昭, 董杨, 张永生. 2018. 卫星影像匹配的深度卷积神经网络方法. 测绘学报, 47(6): 844-853

冯学智, 肖鹏峰, 赵书河, 等. 2011. 遥感数字图像处理与应用. 北京:商务印书馆

巩前胜. 2018. 多源遥感图像局部细节分层匹配方法优化仿真. 计算机仿真, 35(3): 229-233

关元秀, 程晓阳. 2008. 高分辨率卫星影像处理指南. 北京: 科学出版社

何梦梦, 郭擎, 李安, 等. 2018. 特征级高分辨率遥感图像快速自动配准. 遥感学报, 22 (2): 277-292

环境保护部卫星环境应用中心, 中国环境监测总站. 2013. 生态环境遥感监测技术. 北京: 中国环境出版社

贾迪, 朱宁丹, 杨宁华. 等. 2019. 图像匹配方法研究综述. 中国图象图形学报, 24(5): 677-699

贾永红. 2010. 数字图像处理. 2 版. 武汉: 武汉大学出版社

姜小光, 唐伶俐, 王长耀, 等. 2002. 高光谱数据的光谱信息特点及面向对象的特征参数选择——以北京顺义区为例. 遥感技术与应用, 17(2): 59-65

李德仁, 周月琴, 金为铣. 2001. 摄影测量与遥感概论. 北京: 测绘出版社

李立钢. 2006. 星载遥感影像几何精校正方法研究及系统设计. 西安: 中国科学院研究生院(西安光学精密机械研究所)博士学位论文

刘朝霞, 安居白, 邵峰. 2014. 航空遥感图像配准技术. 北京: 科学出版社

刘朝霞, 邵峰, 景雨, 等. 2018. 图结构在航空遥感图像特征点匹配中的应用. 计算机工程与应用, 54(1): 19-24

刘家福, 刘吉平, 姜海玲. 2017. eCognition 数字图像处理方法. 北京: 科学出版社

刘丽, 匡纲要. 2009. 图像纹理特征提取方法综述. 中国图象图形学报, 14(4): 622-635

栾庆祖, 刘慧平, 肖志强. 2007. 遥感影像的正射校正方法比较. 遥感技术与应用, 22(6): 743-747

马建文, 李启青, 哈斯巴干, 等. 2005. 遥感数据智能处理方法与程序设计. 北京: 科学出版社

梅安新, 彭望琭, 秦其明, 等. 2001. 遥感导论. 北京: 高等教育出版社

倪国强, 刘琼. 2004. 多源图像配准技术分析与展望. 光电工程, 31(9): 1-6

钱乐祥. 2004. 遥感数字影像处理与地理特征提取. 北京: 科学出版社

乔瑞亭, 孙和利, 李欣. 2008. 摄影与空中测量学. 武汉: 武汉大学出版社

日本遥感研究会. 2011. 遥感精解(修订版). 刘勇卫译. 北京: 测绘出版社

沙晋明. 2017. 遥感原理与应用. 北京: 科学出版社

宋佳乾, 汪西原. 2018. 改进 SIFT 算法和 NSCT 相结合的遥感图像匹配算法. 测绘通报, (9): 34-38

苏红军, 杜培军, 盛业华. 2008. 高光谱影像波段选择算法研究. 计算机应用研究, 4: 1093-1096

苏娟. 2014. 遥感图像获取与处理. 北京: 清华大学出版社

孙丹峰. 2002. IKONOS 全色与多光谱数据融合方法的比较研究. 遥感技术与应用, 17(1): 41-45

孙家抦. 2013. 遥感原理与应用. 3 版. 武汉: 武汉大学出版社

孙雪强, 黄旻, 张桂峰, 等. 2019. 基于改进 SIFT 的多光谱图像匹配算法. 计算机科学, 46(4): 280-284

汤国安, 张友顺, 刘咏梅, 等. 2004. 遥感数字图像处理. 北京: 科学出版社

王红梅, 张科, 李言俊. 2004. 图像匹配研究进展. 计算机工程与应用, 19:42-44

王竞雪, 张雪, 朱红, 等. 2018. 结合区域仿射变换的 MSLD 描述子与直线段匹配. 信号处理, 34(2) : 183-191

王黎明, 田庆久, 程伟. 2007. 地形校正方法应用对比研究//全国遥感技术学术交流会. 第 16 届全国遥感技术学术交流会论文集. 北京: 地质出版社

韦玉春, 汤国安, 汪闽, 等. 2019. 遥感数字图像处理教程. 3 版. 北京:科学出版社
吴静. 2018. 遥感数字图像处理. 北京: 中国林业出版社
许录平. 2017. 数字图像处理. 2 版. 北京:科学出版社
严泰来, 王鹏新. 2008. 遥感技术与农业应用. 北京:中国农业大学出版社
杨俊. 2007. 遥感影像中的阴影处理方法研究. 北京: 中国科学院遥感应用研究所博士学位论文
杨俊, 赵忠明. 2007. 基于归一化 RGB 色彩模型的阴影处理方法. 光电工程, 34(12):92-96
杨俊, 赵忠明, 杨健. 2008. 一种高分辨率遥感影像阴影去除方法. 武汉大学学报(信息科学版), 33(1):17-20
杨可明. 2016. 遥感原理与应用. 徐州: 中国矿业大学出版社
杨幸彬, 吕京国, 江珊, 等. 2018. 高分辨率遥感影像 DSM 的改进半全局匹配生成方法. 测绘学报, 47(10): 1372-1384
袁修孝, 袁巍, 陈时雨. 2018. 基于图论的遥感影像误匹配点自动探测方法. 武汉大学学报(信息科学版), 43(12) : 1854-1860
张过. 2005. 缺少控制点的高分辨率卫星遥感影像几何纠正. 武汉: 武汉大学博士学位论文
张卉. 2009. 高分辨率遥感影像的多特征模糊分类算法研究. 北京: 中国农业大学硕士学位论文
张剑清, 张勇, 程莹. 2005. 基于新模型的高分辨率遥感影像光束法区域网平差. 武汉大学学报(信息科学版):30(8):659-663
张克军. 2007. 遥感图像特征提取方法研究. 西安: 西北工业大学硕士学位论文
张力, 张祖勋, 张剑. 1999. Wallis 滤波在影像匹配中的应用. 武汉测绘科技大学学报, 23(4): 320-323
张维胜. 2007. 星载 SAR 图像摄影测量方法研究. 北京: 中国科学院遥感应用研究所博士学位论文
张永生, 戴晨光, 张云彬, 等. 2005. 天基多源遥感信息融合——理论、算法与应用系统. 北京:科学出版社
张永生, 巩丹超. 2004. 高分辨率遥感卫星应用. 北京: 科学出版社
张祖勋, 张剑清. 1997. 数字摄影测量学. 武汉: 武汉测绘科技大学出版社
赵锋伟, 李吉成, 沈振康. 2002. 景象匹配技术研究. 系统工程与电子技术, 24(12):110-113
赵鸿志. 2007. 缺少控制点的 SPOT-5 卫星遥感影像目标定位研究. 北京: 中国科学院遥感应用研究所硕士学位论文
赵书河. 2008. 多源遥感影像融合技术与应用. 南京:南京大学出版社
赵银娣. 2015. 遥感数字图像处理教程——IDL 编程实现. 北京: 测绘出版社
赵英时. 2013. 遥感应用分析原理与方法. 2 版. 北京:科学出版社
赵忠明, 孟瑜, 汪承仪, 等. 2014. 遥感图像处理. 北京:科学出版社
朱虹. 2013. 数字图像处理基础与应用. 北京:清华大学出版社
朱宁龙. 2018. 基于海岸线状特征匹配的近海域卫星遥感影像定位. 海军航空工程学院学报, 33(2): 187-193
朱述龙, 史文中, 张艳, 等. 2004. 线阵推扫式影像近似几何校正算法的精度比较. 遥感学报, 8(3): 220-226
朱述龙, 朱宝山, 王卫红. 2006. 遥感图像处理与应用. 北京: 科学出版社
朱文泉, 林文鹏. 2015. 遥感数字图像处理——原理与方法. 北京:高等教育出版社
邹承明, 徐泽前, 薛栋. 2015. 一种基于分块匹配的 SIFT 算法. 计算机科学, 42(4): 311-315
邹晓军. 2008. 摄影测量基础. 郑州: 黄河水利出版社
Baig M H A, Zhang L, Shuai T, et al. 2014. Derivation of a tasseled cap transformation based on Landsat 8 at satellite reflectance. Remote Sensing Letters, 5(5): 423-431
Baldi P, Brunak S, Chauvin Y, et al. 2000. Assessing the accuracy of prediction algorithms for classification: An overview. Bioinfornaties, 16(5): 412-424
Brown L G. 1992. A survey of image registration techniques. Computing Surveys, 24(4): 325-376
Cap. IEEE Transactions on Geoscience and Remote Sensing, GE-22(3): 256-263
Castleman K R. 2002. 数字图像处理. 朱志刚, 林学訚, 石定机译. 北京: 电子工业出版社
Crist E P, Laurin R, Cicone R C . 1986. Vegetation and soils information contained in transformed thematic mapper data. Proceedings of IGARSS'86 Symposium.Zurich, Switzerland
Fan B, Wu F C, Hu Z Y. 2012. Robust line matching through line-point invariants. Pattern Recognition, 45(2): 794-805

Foody G M, Mathur A. 2006. The use of small training sets containing mixed pixel for accurate hard image classification: training on mixed spectral responses for classification by a SVM. Remote Sensing of Environment, 103(2): 179-189

Han X F, Leung T, Jia Y Q, et al. 2015. MatchNet: unifying feature and metric learning for patch-based matching.Proceedings of 2015 IEEE Conference on Computer Vision and Pattern Recognition. Boston, USA

Harris C, Stephens M. 1988. A combined corner and edge detector. Proceedings of the 4th Alvey Vision Conference. Manchester，United Kingdom

Horne J H. 2003. A tasseled cap transformation for IKONOS images. The American Society for Photogrammetry and Remote Sensing. ASPRS 2003 Annual Conference Proceedings. Alaska,USA

Huang C, Wylie B, Yang L, et al. 2002. Derivation of a tasseled cap transformation based on Landsat 7 at-satellite reflectance. International Journal of Remote Sensing, 23(8): 1741-1748

Jensen J R. 2004. Introductory Digital Image Processing: A Remote Sensing Perspective. 3rd ed. New Jersey: Prentice Hall

Jensen J R. 2018. 遥感数字影像处理导论. 陈晓玲, 张展, 侯雪姣, 等译. 北京: 机械工业出版社

Lillesand T M, Kiefer R W. 1994. Remote Sensing and Image Interpretation. 3rd ed . New York: John Wiley & Sons

Lillesand T M, Kiefer R W, Chipman J W. 2015. Remote Sensing and Image Interpretation. 7th ed. Hoboken: John Wiley & Sons

Lowe D G. 2004. Distinctive image features from scale-invariant keypoints. International Journal of Computer Vision, 60(2): 91-110

Richards J A. 2015. 遥感数字图像分析导论. 5 版. 张钧萍, 谷延锋, 陈雨时译. 北京：电子工业出版社

Rosten E, Drummond T. 2006. Machine learning for high-speed corner detection.The 9th European Conference on Computer Vision. Graz, Austria.

Rosten E, Porter R, Drummond T. 2010. Faster and better: a machine learning approach to corner detection. IEEE Transactions on Pattern Analysis and Machine Intelligence, 32(1): 105-119

Schowengerdt R A. 2018. 遥感图像处理模型与方法. 3 版. 尤红建, 龙辉, 王思远, 等译. 北京：中国工信出版集团，电子工业出版社

Sheng L, Huang J, Tang X. 2011. A tasseled cap transformation for CBERS-02B CCD data. Journal of Zhejiang University Science (B), 12(9): 780-786

Song C, Woodcock C E, Soto K C, et al. 2001. Classification and change detection using Landsat TM data: When and how to correct atmospheric effects? Remote Sensing of Environment, 75: 230-244

Tao C V, Hu Y. 2001. A comprehensive study of the rational function model for photogrammetric processing. Photogrammetric Engineering & Remote Sensing, 67(12): 1347-1358

Tao C V, Yong H. 2002. 3-D reconstruction method based on the rational function model. Photogrammetric Engineering & Remote Sensing, 68(7): 705-714

Toutin T, Cheng P. 2000. Demystification of IKONOS. Earth Observation Magazine, 9(7): 17-20

Vencent R K. 1973. Spectral ratio imaging methods for geological remote sensing from aircraft and utilization of remotely sensed saga//American Society of Photogrammetry. Proceeding of the Management Utilization of Remote Sensing Data Conference. Sioux Falls: NASA Technical Reports Server

Verdie Y, Yi K M, Fua P, et al. 2015. TILDE: a temporally invariant learned detector. Proceedings of 2015 IEEE Conference on Computer Vision and Pattern Recognition. Boston, USA

Wang L, Neumann U, You S Y. 2009. Wide-baseline image matching using line signatures. The 12th International Conference on Computer Vision. Kyoto, Japan

Wang Z H, Wu F C, Hu Z Y. 2009. MSLD：A robust descriptor for line matching. Pattern Recognition, 42 (5): 941-953

Xu Y C, Monasse P, Géraud T, et al. 2014. Tree-based Morse regions: A topological approach to local feature detection. IEEE Transactions on Image Processing, 23(12): 5612-5625
Ye Y X, Shan J, Hao S Y, et al. 2018. A local phase based invariant feature for remote sensing image matching. ISPRS Journal of Photogrammetry and Remote Sensing, 142(8): 205-221